建筑结构隔震理论与试验

祁 皑　颜学渊　吴应雄（著）

吉林大学出版社

图书在版编目（CIP）数据

建筑结构隔震理论与试验 / 祁皑，颜学渊，吴应雄
著. —— 长春：吉林大学出版社，2021.1
    ISBN 978-7-5692-7822-4

    Ⅰ.①建… Ⅱ.①祁… ②颜… ③吴… Ⅲ.①建筑结
构—隔振—研究 Ⅳ.①TU3

    中国版本图书馆CIP数据核字(2020)第237093号

书　　名	建筑结构隔震理论与试验
	JIANZHU JIEGOU GEZHEN LILUN YU SHIYAN

作　　者	祁皑 颜学渊 吴应雄 著
策划编辑	朱进
责任编辑	朱进
责任校对	张文涛
装帧设计	王强
出版发行	吉林大学出版社
社　　址	长春市人民大街4059号
邮政编码	130021
发行电话	0431-89580028/29/21
网　　址	http://www.jlup.com.cn
电子邮箱	jdcbs@jlu.edu.cn
印　　刷	北京兴星伟业印刷有限公司
开　　本	787mm×1092mm　　1/16
印　　张	30.5
字　　数	590千字
版　　次	2021年1月　第1版
印　　次	2021年1月　第1次
书　　号	ISBN 978-7-5692-7822-4
定　　价	126.00元

前　言

　　建筑结构抵御地震的方法，经历了从"抗震"到"隔震"的发展。传统抗震方法是通过加大结构截面与配筋，靠的是结构自身的承载力和塑性变形能力来抵御地震，这不仅增加了工程总造价，还增加了建筑物自重，间接又导致地震力增大。对于一些内部设备有较高保护要求的建筑，或不允许结构进入塑性阶段的建筑，如核电站、纪念性建筑等，传统抗震方法难以满足要求。隔震技术能很好地解决这一难题。其基本思想是在建筑基础与上部结构之间设置柔性隔震层，以隔震层发生较大位移为代价，大大阻隔了地震能量向上部结构传输，使上部结构保持在弹性工作状态，保证了建筑结构的安全。

　　"隔震"思想由来已久。我国古代已有了朴素的"隔震"思想。西安市的小雁塔建于唐代，其基础与地基连接处采用圆弧形的球面，使之形成类似于"不倒翁"的结构，历经了两次较大的地震而不倒。现代意义上最早的基础隔震建筑可追溯到1969年在前南斯拉夫建成的一所小学，其采用的隔震元件仅仅是天然橡胶块，竖向刚度小，且易产生侧鼓问题。经过国内外学者及工程技术人员几十年的科研工作和技术创新，隔震支座得到了极大的发展与改善，叠层钢板橡胶隔震支座、铅芯支座、三维隔震支座等相继问世。同时，隔震方式也由最初基本的基础隔震发展到了层间隔震、竖向隔震、三维隔震等。在工程实践方面，隔震技术展示了优异的防震效果。例如，2013年四川雅安7级地震中，已采取隔震措施的芦山县人民医院门诊综合楼主体结构未出现裂缝，仅墙面乳胶漆层脱落。

　　隔震技术逐渐趋于成熟，但仍存在着一些技术问题需要深入研究及阐明，如高层隔震结构的高宽比限值问题、层间隔震结构的参数优化问题、特殊结构的隔震问题等等。作者从2004年开始，针对隔震技术中仍存在的这些研究课题，指导博士及硕士研究生开展了一系列试验研究及理论分析，取得了丰硕成果。现将这些成果汇编于本书。

　　本书写作大纲由祁皑提出，颜学渊安排并编撰了各章节内容，博士生刘旭宏、杨绵越进行了排版及校对。本书共分为14章。第1~2章介绍了高层隔震结构的高宽比限值问题、动力特性及隔震效果；第3~5章介绍了底层柱顶隔震框架结构的振动台试验、失效模式及设计方法；第6~7章介绍了层间隔震的试验及理论研究；第8~9章介绍了大底盘上塔楼隔震结构的有限元分析及振动台试验；第10章介绍了基础隔震结构的动力特性测试；第11章介绍了三维隔震抗倾覆系统的地震响应分析；第12~13章介绍了巨-子抗震结构与隔震结构的有限元分析及振动台试验；第14章介绍了巨型框架三维隔震结构的有限元分析。本书的研究得到了国家级和省级各类基金的长期资助，包括国家自然科学基金项目（50378020、51108092、51578160、51778149）、福建省自然科学基金（2011J05127、2018Y0057）、福建省青年科技人才创新资助项目（2002J014、TJ2002-32）、福建省科技重点项目（2006Y0018）、福建省教育厅科技项目（JA15050）、福建省高校杰出青年科研人才计划项目（TM2015-18）等。学术界和工程界的一些单位和专家给本书也提出了很多宝贵意见，在此一并表示感谢。

　　本书稿虽经过多次讨论和校对，但可能仍存在一些纰漏和不足之处，敬请读者和专家同仁多多指正。

作者

土木工程防震减灾信息化国家地方联合工程研究中心

2020 年 12 月

目 录

第 1 章 高层隔震结构高宽比限值研究

1.1 引言

将高层隔震结构简化为三质点模型，推导高层隔震结构体系高宽比限值的计算公式，确定了与高宽比限值的极值相对应的临界周期，考察了在临界周期附近高宽比限值的变化情况，高宽比限值的变化规律有较全面的了解，并根据橡胶隔震支座的容许压应力及容许位移确定了高层隔震结构的最大基本周期，考虑了隔震支座的布置及 $P-\Delta$ 效应对高宽比限值的影响，最终给出高层隔震结构的高宽比限值的建议值，并通过两个实例计算来验证本章推导的高宽比限值。

1.2 高层隔震结构简化模型

1.2.1 两质点模型

隔震结构的两质点模型由一个上部等效质点和一个隔震层质点组成。上部等效质点是上部子结构按第一振型等效，且是考虑了动能和基底剪力相等的准则得出的。上部等效质点的等效质量为

$$m_{s,eq} = \frac{\left(\sum_{i=1}^{n} m_i U_1(i)\right)^2}{\sum_{i=1}^{n} m_i U^2{}_1(i)} \tag{1-1}$$

式中，$U_1(i)$ 为原上部结构第一振型第 i 质点的位移。

上部等效质点的等效刚度为

$$k_{s,eq} = \left(\frac{\sum_{i=1}^{n} m_i U_1(i)}{\sum_{i=1}^{n} m_i U^2{}_1(i)}\right)^2 \sum_{i=1}^{n} \sum_{j=1}^{n} k_{s,ij} U_1(i) U_1(j) \tag{1-2}$$

式中，$k_{s,ij}$ 为子结构刚度矩阵中第 i 列 j 行上的元素。对于剪切型结构，式（1-2）可变为

$$k_{s,eq} = \left(\frac{\sum_{i=1}^{n} m_i U_1(i)}{\sum_{i=1}^{n} m_i U^2_1(i)} \right)^2 \sum_{i=1}^{n} \sum_{j=1}^{n} k_{s,i} (U_1(i) - U_1(i-1))^2 \qquad (1-3)$$

等效基本频率可根据已求得的 $m_{s,eq}$ 和 $k_{s,eq}$ 按以下公式计算

$$\omega^2_{s,eq} = \frac{k_{s,eq}}{m_{s,eq}} \qquad (1-4)$$

1.2.2 三质点模型

悬臂等截面直杆剪切的振型为

$$\Phi_n(x) = C_1 \sin \lambda_n x \qquad (1-5)$$

式中，C_1 为任意实数；$\lambda_n = \frac{(2n-1)\pi}{2L} (n = 1,2,3,\cdots)$；$L$ 为杆件的长度。等效剪切模型与悬臂等截面直杆前两阶振型相似，如图 1-1 所示，L 为悬臂等截面直杆的长度，h_s 为除隔震层以外上部结构的总高度。

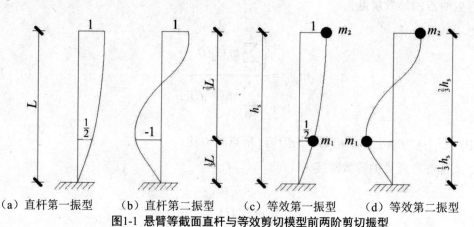

（a）直杆第一振型　　（b）直杆第二振型　　（c）等效第一振型　　（d）等效第二振型
图1-1 悬臂等截面直杆与等效剪切模型前两阶剪切振型

设将上部子结构等效为两质点结构的质量矩阵与刚度矩阵分别为

$$\overline{M} = \begin{pmatrix} m_1 & 0 \\ 0 & m_2 \end{pmatrix}; \quad \overline{K} = \begin{pmatrix} k_{11} & k_{12} \\ k_{21} & k_{22} \end{pmatrix} \qquad (1-6)$$

则频率和振型分别为

$$\begin{cases} \omega_{U1}^2 = \dfrac{1}{2}\left[\dfrac{k_{11}}{m_1} + \dfrac{k_{22}}{m_2} - \sqrt{\left(\dfrac{k_{11}}{m_1} + \dfrac{k_{22}}{m_2}\right)^2 - 4\dfrac{k_{11}k_{22} - k_{12}k_{21}}{m_1 m_2}} \right] \\ \omega_{U2}^2 = \dfrac{1}{2}\left[\dfrac{k_{11}}{m_1} + \dfrac{k_{22}}{m_2} + \sqrt{\left(\dfrac{k_{11}}{m_1} + \dfrac{k_{22}}{m_2}\right)^2 - 4\dfrac{k_{11}k_{22} - k_{12}k_{21}}{m_1 m_2}} \right] \end{cases} \quad (1\text{-}7)$$

$$\begin{cases} \dfrac{\varphi_{11}}{\varphi_{12}} = -\dfrac{k_{12}}{k_{11} - m_1 \omega_{U1}^2} = -\dfrac{k_{22} - m_2 \omega_{U1}^2}{k_{21}} \\ \dfrac{\varphi_{12}}{\varphi_{22}} = -\dfrac{k_{12}}{k_{11} - m_1 \omega_{U2}^2} = -\dfrac{k_{22} - m_2 \omega_{U2}^2}{k_{21}} \end{cases} \quad (1\text{-}8)$$

令两质点模型的两阶振型与悬臂等截面直杆剪切的前两阶振型相似，则

$$\begin{cases} \dfrac{\varphi_{11}}{\varphi_{21}} = \dfrac{1}{2} \\ \dfrac{\varphi_{12}}{\varphi_{22}} = -1 \end{cases} \quad (1\text{-}9)$$

联立式（1-8）和式（1-9）可求得，

$$k_{11} = \frac{m_1 \left(2\omega_{U2}^2 + \omega_{U1}^2\right)}{3} \quad (1\text{-}10)$$

$$k_{12} = \frac{1}{3} m_1 \left(\omega_{U1}^2 - \omega_{U2}^2\right) \quad (1\text{-}11)$$

$$k_{21} = \frac{2}{3} m_2 \left(\omega_{U1}^2 - \omega_{U2}^2\right) \quad (1\text{-}12)$$

$$k_{22} = \frac{m_2 \left(\omega_{U2}^2 + 2\omega_{U1}^2\right)}{3} \quad (1\text{-}13)$$

由 $k_{12} = k_{21}$，可得 $m_2 = \dfrac{m_1}{2}$，且悬臂等截面直杆剪切模型的前两阶的频率比为

$\omega_{U1} : \omega_{U2} = 1 : 3$ [1]，得到等效两质点子结构的质量矩阵与刚度矩阵分别为

$$\overline{M} = \begin{pmatrix} m_1 & 0 \\ 0 & \dfrac{m_1}{2} \end{pmatrix}; \quad \overline{K} = \begin{pmatrix} \dfrac{19}{3} & -\dfrac{8}{3} \\ -\dfrac{8}{3} & \dfrac{11}{6} \end{pmatrix} m_1 \omega_{U1}^2 \tag{1-14}$$

对应于这样的质量矩阵和刚度矩阵，其模型形象化的构造如图 1-2 所示（左侧两质点），由图 1-2 可知其刚度矩阵为

$$\overline{K} = \begin{pmatrix} k_1 + k_2 & -k_2 \\ -k_2 & k_2 + k_3 \end{pmatrix} \tag{1-15}$$

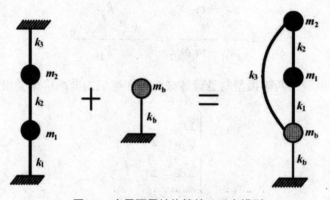

图1-2   高层隔震结构等效三质点模型

它不同于一般意义的两质点模型（没有刚度 k_3），这个问题可以这样解释：从单纯的数学角度来看，两质点（两自由度）构成的系统的刚度矩阵（即式（1-6）中的 $\overline{K}$）为式（1-15）的形式，当系统的前两阶模态满足与上述的悬臂等截面直杆剪切相似时，k_3 为非零常数；当 $k_3 = 0$ 时，模型即为一般意义的两质点模型。

将式（1-15）与式（1-14）对比，可得

$$k_1 = \frac{11}{3} m_1 \omega_{U1}^2 \tag{1-16}$$

$$k_2 = \frac{8}{3} m_1 \omega_{U1}^2 \tag{1-17}$$

$$k_3 = -\frac{5}{6} m_1 \omega_{U1}^2 \tag{1-18}$$

将上部结构两质点与隔震层单质点组成三质点模型如图 1-2 所示，其质量矩阵和刚度矩阵分别为

$$
\boldsymbol{M}_{\mathrm{eff3}} = \begin{pmatrix} m_b & 0 & 0 \\ 0 & m_1 & 0 \\ 0 & 0 & m_2 \end{pmatrix}, \quad \boldsymbol{K}_{\mathrm{eff3}} = \begin{pmatrix} k_b+k_1+k_3 & -k_1 & -k_3 \\ -k_1 & k_1+k_2 & -k_2 \\ -k_3 & -k_2 & k_2+k_3 \end{pmatrix} \quad (1\text{-}19)
$$

式中，m_b 和 k_b 分别为隔震层质量和刚度（如图 1-2 右侧 3 质点所示），由式（1-14）可得 $m_1 = \dfrac{2}{3} m_s$、$m_2 = \dfrac{1}{3} m_s$（m_s 为除隔震层以外上部结构总质量），则

$$
\boldsymbol{M}_{\mathrm{eff3}} = \begin{pmatrix} \upsilon & 0 & 0 \\ 0 & 2/3 & 0 \\ 0 & 0 & 1/3 \end{pmatrix} m_s, \quad \boldsymbol{K}_{\mathrm{eff3}} = \begin{pmatrix} b+1.889 & -2.444 & 0.556 \\ -2.444 & 4.222 & -1.778 \\ 0.556 & -1.778 & 1.222 \end{pmatrix} m_s \omega_{\mathrm{U1}}^2,
$$

$$(1\text{-}20)$$

式中，$m_b = \upsilon m_s$；$k_b = b m_s \omega_{\mathrm{U1}}^2$。令三质点等效模型的阻尼与刚度成比例，非经典阻尼矩阵的构造可参照文献[2]，如式（1-21），

$$
\boldsymbol{C}_{\mathrm{eff3}} = \frac{2\zeta_{\mathrm{U1}}}{\omega_{\mathrm{U1}}} \begin{pmatrix} \dfrac{\omega_{\mathrm{U1}}\zeta_b}{\zeta_{\mathrm{U1}}\omega_b} k_b+k_1+k_3 & -k_1 & -k_3 \\ -k_1 & k_1+k_2 & -k_2 \\ -k_3 & -k_2 & k_2+k_3 \end{pmatrix}
$$

$$(1\text{-}21)$$

$$
= 2\zeta_{\mathrm{U1}} m_s \omega_{\mathrm{U1}} \begin{pmatrix} \dfrac{\omega_{\mathrm{U1}}\zeta_b}{\zeta_{\mathrm{U1}}\omega_b} b+1.889 & -2.444 & 0.556 \\ -2.444 & 4.222 & -1.778 \\ 0.556 & -1.778 & 1.222 \end{pmatrix}
$$

式中，ω_{U1} 为隔震层固定时上部结构的基本自振频率；ζ_{U1} 为与 ω_{U1} 对应的阻尼比；ω_b 为高层隔震结构的基本自振频率；ζ_b 为与 ω_b 对应的阻尼比。

1.3 高层隔震结构高宽比限值的推导

1.3.1 基本假定

本章的研究对象为适合采用叠层橡胶隔震支座的高层隔震结构。做如下假定：

（1）橡胶隔震支座对称布置；

（2）橡胶隔震支座的水平刚度和竖向刚度与支座的全面积成正比；

（3）橡胶隔震层顶部的梁板结构为平面内刚度无穷大；

（4）橡胶隔震支座在各种工况下不出现拉应力。

1.3.2 边缘隔震支座受力分析

计算边缘隔震支座轴力时，充分考虑竖向力（包含重力荷载代表值及竖向地震作用）及倾覆力矩（包含重力荷载代表值、水平地震作用和竖向地震作用）引起的轴力。

1.竖向力在边缘隔震支座上产生的轴力

1）重力荷载代表值在边缘隔震支座上产生的轴力 N_G

$$N_G = \frac{G}{K_v} K_{vB} \tag{1-22}$$

式中，G 为隔震层以上结构总重力荷载代表值，K_{vB} 为边缘支座的竖向刚度，K_v 为隔震层总竖向刚度。

2）竖向地震作用在边缘隔震支座上产生的轴力 N_{FEv}

《建筑抗震设计规范》（GB50011-2010，2016 版）规定，隔震结构竖向地震作用在 8 度和 9 度时分别不应小于隔震层以上结构总重力荷载代表值的 20% 和 40%。本书取其下限，即

$$F_{Ev} = \mu G \tag{1-23}$$

式中，μ 为竖向地震影响系数，分别等于 0（7 度）、0.2 或 0.3（8 度 0.2g 或 0.3g）、0.4（9 度）。

根据基本假定（2），有

$$N_{FEv} = \frac{F_{Ev}}{K_v} K_{vB} = \frac{\mu G}{K_v} K_{vB} \tag{1-24}$$

2.倾覆力矩在边缘隔震支座上产生的轴力

采用前文推导的等效三质点简化模型计算倾覆力矩在边缘隔震支座上产生的轴

力，倾覆力矩的计算公式采用振型分解反应谱法推导。为此，改变隔震层刚度，做等效三质点模型周期比 $R_{TIU} = T_{I1} / T_{U1}$（$T_{I1}$ 为隔震结构基本周期；T_{U1} 为抗震结构基本周期）在 1.6～3.0 之间变化时的等效三质点简化模型三阶振型图如 1-3 所示，可以直观地看出，二、三阶振型并无太大变化，而第一振型则有较大变化。

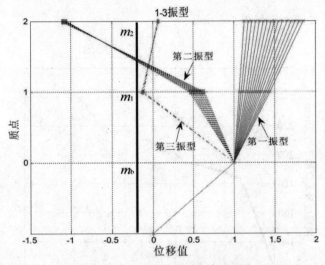

图1-3 等效三质点模型三阶振型

为进一步分析等效三质点简化模型的三阶振型，以某 15 层框架结构为考察对象，此结构的各层质量和刚度如表 1-1 所示，Ⅱ类场地，特征周期为 0.4s，抗震设防烈度为 8 度，基本周期为 1.48s。

表1-1　15层框架结构质量和刚度

楼层	刚度/kN·m^{-1}	质量/t
11～15	1689100	1028.72
6～10	1775100	1028.72
1～5	1830000	1028.72
0	—	1047.11

注：0 代表隔震层。

将上述 15 层框架结构等效为三质点简化模型，对其输入单向 El Centro、Taft 和人工波，峰值调至 400gal（8 度罕遇），得到此结构的平均隔震层最大位移如图 1-4 所示，其表明随周期变化的隔震层位移在容许范围内。令此结构的简化模型在三种波下的平均顶部最大加速度和平均基底最大剪力在隔震后与隔震前的比分别为

$R_{\text{aIU}} = \dfrac{\overline{a}_{\text{Imax}}}{\overline{a}_{\text{Umax}}}$（$\overline{a}_{\text{Imax}}$、$\overline{a}_{\text{Umax}}$ 为隔震后和隔震前的平均顶部最大加速度）和

$R_{\text{vIU}} = \dfrac{\overline{v}_{\text{Imax}}}{\overline{v}_{\text{Umax}}}$（$\overline{v}_{\text{Imax}}$、$\overline{v}_{\text{Umax}}$ 为隔震后和隔震前的平均基底最大剪力）。R_{aIU}、R_{vIU} 与 R_{TIU} 的关系，如图 1-5 和图 1-6 所示。

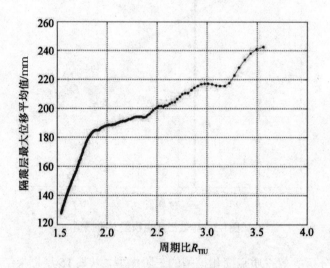

图1-4　平均隔震层最大位移

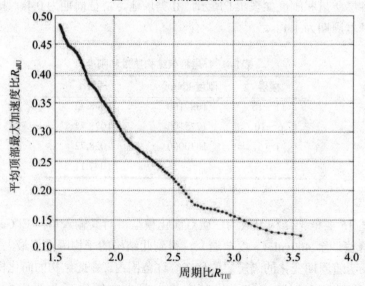

图1-5　平均顶部最大加速度比

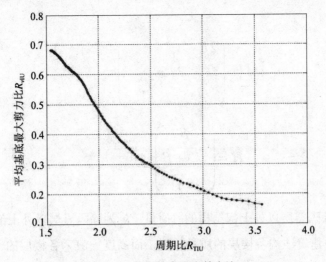

图1-6 平均基底最大剪力比

结构在隔震以后一般都要求基底剪力减少一半以上，可以看出此时周期比在 2 左右，此时顶部平均加速度比为 0.33，即顶部加速度的减震效果较好，综合考虑以上各因素，同时为保守估计高层隔震结构的高宽比限值，尽量取得倾覆力矩在边缘隔震支座上产生轴力的较大值，则取等效隔震结构周期比为 2（下文如无特别说明，均取 $R_{TIU} = 2$），则前三阶振型为

$$\varphi_1 = \begin{pmatrix} 1 \\ 1.23 \\ 1.431 \end{pmatrix}; \quad \varphi_2 = \begin{pmatrix} 1 \\ 0.536 \\ -1.064 \end{pmatrix}; \quad \varphi_3 = \begin{pmatrix} 1 \\ -0.1218 \\ 0.0676 \end{pmatrix} \tag{1-25}$$

1）水平地震作用产生的倾覆力矩在边缘隔震支座上产生的轴力 N_{MEh}

第 j 振型，第 i 质点受到的水平地震作用为

$$F_{Ehij} = a_j \gamma_j \varphi_j(i) G_i \tag{1-26}$$

第 j 振型，第 i 质点受到的水平地震作用对基底产生的弯矩为

$$M_{Ehij} = a_j \gamma_j \varphi_j(i) G_i h_i \tag{1-27}$$

第 j 振型受到的水平地震作用对基底产生的弯矩为

$$M_{Ehij} = a_j \gamma_j \varphi_j^{T} [M] \overline{H} g \tag{1-28}$$

式中，

$$[\boldsymbol{M}] = \begin{pmatrix} 2\beta & & \\ & 2/3 & \\ & & 1/3 \end{pmatrix} m_{\mathrm{s}} \qquad (1\text{-}29)$$

$$\overline{\boldsymbol{H}} = \begin{pmatrix} \beta \\ 1/3 + \beta \\ 1 + \beta \end{pmatrix} h_{\mathrm{s}} \qquad (1\text{-}30)$$

式中，m_{s} 为除隔震层以外上部结构的总质量；h_{s} 为除隔震层以外上部结构的总高度，由于隔震层与建筑结构各楼层的质量相近，而高度一般为各楼层的一半左右（1.5～1.8m），所以，$\beta = h_{\mathrm{b}}/h_{\mathrm{s}}$，$2\beta = m_{\mathrm{b}}/m_{\mathrm{s}}$。

水平地震作用对基底产生的总弯矩为

$$M_{\mathrm{Eh}} = \sqrt{\sum_{j=1}^{3} \left| M_{\mathrm{Eh}j} \right|^2} g = \sqrt{\sum_{j=1}^{3} \left| a_j \gamma_j \varphi_j^T [\boldsymbol{M}] \overline{\boldsymbol{H}} \right|^2} g \qquad (1\text{-}31)$$

将式（1-25）（1-29）（1-30）代入式（1-28），则

$$\left.\begin{aligned} \left| M_{\mathrm{Eh1}} \right| &= a_1 \left| \frac{(2\beta + 1.297)(2\beta^2 + 1.297\beta + 0.75)}{(2\beta + 1.69)} \right| m_{\mathrm{s}} h_{\mathrm{s}} g \\ \left| M_{\mathrm{Eh2}} \right| &= a_2 \left| \frac{(2\beta + 0.0023)(2\beta^2 + 0.0023\beta - 0.236)}{(2\beta + 0.57)} \right| m_{\mathrm{s}} h_{\mathrm{s}} g \\ \left| M_{\mathrm{Eh3}} \right| &= a_3 \left| \frac{(2\beta - 0.0587)(2\beta^2 - 0.0587\beta - 0.00456)}{(2\beta + 0.0114)} \right| m_{\mathrm{s}} h_{\mathrm{s}} g \end{aligned}\right\} \quad (1\text{-}32)$$

令

$$\left.\begin{aligned} \rho_{\mathrm{Eh1}} &= \frac{(2\beta + 1.297)(2\beta^2 + 1.297\beta + 0.75)}{(2\beta + 1.69)} \\ \rho_{\mathrm{Eh2}} &= \frac{(2\beta + 0.0023)(2\beta^2 + 0.0023\beta - 0.236)}{(2\beta + 0.57)} \\ \rho_{\mathrm{Eh3}} &= \frac{(2\beta - 0.0587)(2\beta^2 - 0.0587\beta - 0.00456)}{(2\beta + 0.0114)} \end{aligned}\right\} \quad (1\text{-}33)$$

则

$$
\left.\begin{array}{l}
\left|\boldsymbol{M}_{\mathrm{Eh1}}\right| = a_1 \left|\rho_{\mathrm{Eh1}}\right| m_s h_s g \\
\left|\boldsymbol{M}_{\mathrm{Eh2}}\right| = a_2 \left|\rho_{\mathrm{Eh2}}\right| m_s h_s g \\
\left|\boldsymbol{M}_{\mathrm{Eh3}}\right| = a_3 \left|\rho_{\mathrm{Eh3}}\right| m_s h_s g
\end{array}\right\}
\qquad (1\text{-}34)
$$

令 β 在 0.01（约 50 层）和 0.033（约 15 层）之间变化，考察 $\left|\rho_{\mathrm{Eh1}}\right|$、$\left|\rho_{\mathrm{Eh2}}\right|$ 和 $\left|\rho_{\mathrm{Eh3}}\right|$ 的变化情况，做图 1-7。

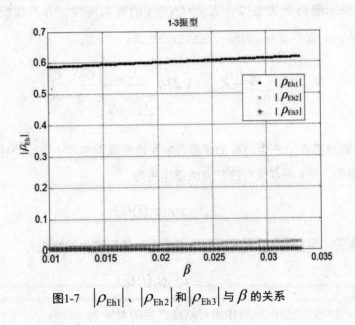

图1-7 $\left|\rho_{\mathrm{Eh1}}\right|$、$\left|\rho_{\mathrm{Eh2}}\right|$ 和 $\left|\rho_{\mathrm{Eh3}}\right|$ 与 β 的关系

从图 1-7 中可知，β 的取值对 $\left|\rho_{\mathrm{Eh1}}\right|$、$\left|\rho_{\mathrm{Eh2}}\right|$ 和 $\left|\rho_{\mathrm{Eh3}}\right|$ 值变化影响不太大，略微呈递增趋势，为保守估计高层隔震结构的高宽比限值，尽量取得水平倾覆力矩在边缘隔震支座上产生的轴力的较大值，取 $\beta = 0.033$，则

$$
\left.\begin{array}{l}
\left|\boldsymbol{M}_{\mathrm{Eh1}}\right| = 0.617 a_1 m_s h_s g \\
\left|\boldsymbol{M}_{\mathrm{Eh2}}\right| = 0.025 a_2 m_s h_s g \\
\left|\boldsymbol{M}_{\mathrm{Eh3}}\right| = 0.0004 a_3 m_s h_s g
\end{array}\right\}
\qquad (1\text{-}35)
$$

由于 $\boldsymbol{M}_{\mathrm{Eh2}}$ 和 $\boldsymbol{M}_{\mathrm{Eh3}}$ 与 $\boldsymbol{M}_{\mathrm{Eh1}}$ 不在一个数量级上，因此将 $\boldsymbol{M}_{\mathrm{Eh2}}$ 和 $\boldsymbol{M}_{\mathrm{Eh3}}$ 忽略，则

$$M_{Eh} = \sqrt{\sum_{j=1}^{3} \left| M_{Ehj} \right|^2} = \left| M_{Eh1} \right| = 0.617 a_1 m_s h_s g \qquad (1\text{-}36)$$

根据基本假定（1），可以认为隔震层发生弯曲变形时，其中性轴通过宽度中心，则隔震层的转动刚度

$$K_\theta = \frac{B^2}{4} \sum_{i=1}^{n} K_{vi} \eta_i^2 \qquad (1\text{-}37)$$

式中，B 表示隔震层的宽度；K_{vi} 为支座 i 的竖向刚度；n 为橡胶支座的个数；$\eta_i = 2x_i / B$，x_i 表示支座 i 到隔震层形心的距离。

$$N_{MEh} = \frac{M_{Eh}}{K_\theta} \frac{B}{2} K_{vB} = 1.234 \frac{K_{vB}}{\sum_{i=1}^{n} K_{vi} \eta_i^2} \frac{G_s S_1}{g} \frac{h_s}{B} \qquad (1\text{-}38)$$

2）竖向地震作用产生的附加倾覆力矩在边缘隔震支座上产生的轴力 N_{MEh}

第 j 振型，第 i 质点受到的竖向地震作用为

$$F_{Evij} = \mu \gamma_j \varphi_j(i) G_i \qquad (1\text{-}39)$$

第 j 振型，第 i 质点受到的竖向地震作用对基底产生的弯矩为

$$E_{Evij} = \mu \gamma_j \varphi_j(i) G_i x_i \qquad (1\text{-}40)$$

第 j 振型受到的竖向地震作用对基底产生的弯矩为

$$\begin{aligned}
E_{Evij} &= \mu \gamma_j \varphi_j^T [M] X_b g \\
&= \mu \frac{\left(\varphi_j^T [M] I\right)\left(\varphi_j^T [M] X_b\right)}{\varphi_j^T [M] \varphi_j} x_{bj} g \\
&= \mu \left(\varphi_j^T [M] I\right) x_{bj} g
\end{aligned} \qquad (1\text{-}41)$$

式中，x_{bj} 为第 j 振型隔震层的最大水平位移，且 $x_{bj} = a_j \gamma_j \varphi_j^T [M] \delta_b g$，得

$$E_{Evj} = \mu a_j \frac{\left(\varphi_j^T [M] I\right)^2 \varphi_j^T [M] X_b}{\varphi_j^T [M] \varphi_j} g^2 \qquad (1\text{-}42)$$

竖向地震作用对基底产生的总弯矩为

$$E_{\mathrm{Ev}} = \sqrt{\sum_{j=1}^{3}\left|E_{\mathrm{Ev}j}\right|^2} = \mu\sqrt{\sum_{j=1}^{3}\left|a_j\frac{\left(\varphi_j^{\mathrm{T}}[M]I\right)^2\varphi_j^{\mathrm{T}}[M]X_{\mathrm{b}}}{\varphi_j^{\mathrm{T}}[M]\varphi_j}\right|^2}\,g^2 \qquad (1\text{-}43)$$

式中，δ_b 由三质点等效简化模型中的 $k_{\mathrm{eff}3}$ 推导而来，其推导如下：

$$k_{\mathrm{eff}3} = \begin{pmatrix} b+1.889 & -2.444 & 0.556 \\ -2.444 & 4.222 & -1.778 \\ 0.556 & -1.778 & 1.222 \end{pmatrix} m_s\omega_{\mathrm{U1}}^2 \qquad (1\text{-}44)$$

式中，ω_{U1}^2 为隔震前高层抗震结构的基本频率。

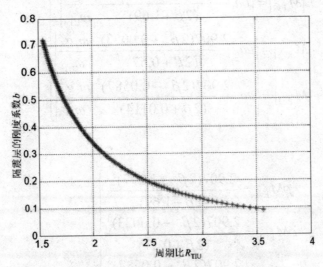

图1-8　隔震层刚度系数与周期比的关系

由图 1-8 可知，当隔震前后周期比 $R_{\mathrm{TIU}} = 2$，可得 $b = 0.343$，则

$$k_{\mathrm{eff}3} = \begin{pmatrix} 2.232 & -2.444 & 0.556 \\ -2.444 & 4.222 & -1.778 \\ 0.556 & -1.778 & 1.222 \end{pmatrix} m_s\omega_{\mathrm{U1}}^2 \qquad (1\text{-}45)$$

$$\delta_{\text{eff}3} = \begin{pmatrix} 2.907 & 2.907 & 2.907 \\ 2.907 & 3.5186 & 3.7969 \\ 2.907 & 3.7969 & 5.0201 \end{pmatrix} \frac{1}{m_s \omega_{U1}^2} \tag{1-46}$$

取 $\delta_{\text{eff}3}$ 的第一列元素，可得

$$\delta_b = \begin{pmatrix} 2.907 \\ 2.907 \\ 2.907 \end{pmatrix} \frac{1}{m_s \omega_{U1}^2} \tag{1-47}$$

将式（1-25）（1-29）（1-30）及（1-47）代入式（1-42），整理得

$$\left.\begin{aligned} |M_{\text{Ev1}}| &= \left| \mu a_1 \frac{2.907(2\beta^2 + 1.297)^3}{(2\beta + 1.69)} \frac{m_s g^2}{\omega_{U1}^2} \right| \\ |M_{\text{Ev2}}| &= \left| \mu a_2 \frac{2.907(2\beta^2 + 0.0023)^3}{(2\beta + 0.57)} \frac{m_s g^2}{\omega_{U1}^2} \right| \\ |M_{\text{Ev3}}| &= \left| \mu a_3 \frac{2.907(2\beta^2 - 0.0587)^3}{(2\beta + 0.0114)} \frac{m_s g^2}{\omega_{U1}^2} \right| \end{aligned}\right\} \tag{1-48}$$

令

$$\left.\begin{aligned} \rho M_{\text{Ev1}} &= \frac{2.907(2\beta^2 + 1.297)^3}{(2\beta + 1.69)} \\ \rho M_{\text{Ev2}} &= \frac{2.907(2\beta^2 + 0.0023)^3}{(2\beta + 0.57)} \\ \rho M_{\text{Ev3}} &= \frac{2.907(2\beta^2 - 0.0587)^3}{(2\beta + 0.0114)} \end{aligned}\right\} \tag{1-49}$$

则

$$\left.\begin{aligned}
\left|M_{\mathrm{Ev1}}\right| &= \mu a_1 \left|\rho_{\mathrm{Ev1}}\right| \frac{m_s g^2}{\omega_{\mathrm{U1}}^2} \\
\left|M_{\mathrm{Ev2}}\right| &= \mu a_2 \left|\rho_{\mathrm{Ev2}}\right| \frac{m_s g^2}{\omega_{\mathrm{U1}}^2} \\
\left|M_{\mathrm{Ev3}}\right| &= \mu a_3 \left|\rho_{\mathrm{Ev3}}\right| \frac{m_s g^2}{\omega_{\mathrm{U1}}^2}
\end{aligned}\right\} \qquad (1\text{-}50)$$

令 β 在 0.01（约 50 层）和 0.033（约 15 层）之间变化，考察 $\left|\rho_{\mathrm{Ev1}}\right|$、$\left|\rho_{\mathrm{Ev2}}\right|$ 和 $\left|\rho_{\mathrm{Ev3}}\right|$ 的变化情况，做图 1-9。

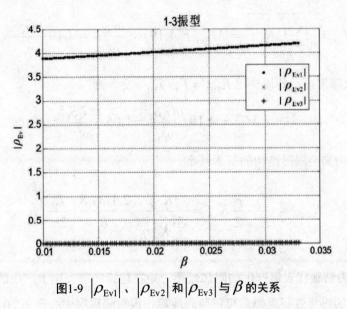

图1-9 $\left|\rho_{\mathrm{Ev1}}\right|$、$\left|\rho_{\mathrm{Ev2}}\right|$ 和 $\left|\rho_{\mathrm{Ev3}}\right|$ 与 β 的关系

从图 1-9 中可知，β 的取值对 $\left|\rho_{\mathrm{Ev1}}\right|$、$\left|\rho_{\mathrm{Ev2}}\right|$ 和 $\left|\rho_{\mathrm{Ev3}}\right|$ 值变化影响不太大，略微呈单调递增趋势，为保守估计高层隔震结构的高宽比限值，尽量取得水平倾覆力矩在边缘隔震支座上产生的轴力的较大值，取 $\beta = 0.033$，则

$$\left.\begin{array}{l} \left|M_{Ev1}\right| = 4.19\mu a_1 \dfrac{m_s g^2}{\omega_{U1}^2} \\[3mm] \left|M_{Ev2}\right| = 0.00144\mu a_2 \dfrac{m_s g^2}{\omega_{U1}^2} \\[3mm] \left|M_{Ev3}\right| = 0.00001\mu a_3 \dfrac{m_s g^2}{\omega_{U1}^2} \end{array}\right\} \tag{1-51}$$

由于 M_{Ev2}、M_{Ev3} 与 M_{Ev1} 不在一个数量级，因此将 M_{Ev2} 和 M_{Ev3} 忽略，则竖向地震作用对隔震层中心产生的附加倾覆力矩为

$$M_{Ev} = \sqrt{\sum_{j=1}^{3}\left|M_{Evj}\right|^2} = \left|M_{Ev1}\right| = 4.19\mu a_1 \frac{m_s g^2}{\omega_{U1}^2} = 4.19\frac{\mu G_s S_1}{\omega_{U1}^2} \tag{1-52}$$

仍然取隔震前后的周期比 $R_{TIU} = T_{I1}/T_{U1} = 2$，则

$$M_{Ev} = 4.19\frac{\mu G_s S_1}{\omega_{U1}^2} = 1.05\frac{\mu G_s S_1}{\omega_{I1}^2} \tag{1-53}$$

式中，ω_{I1} 为高层隔震结构的基本频率

$$N_{MEv} = \frac{M_{Ev}}{K_\theta}\frac{B}{2}K_{vB} = \frac{K_{vB}}{\sum\limits_{i=1}^{n}K_{vi}\eta_i^2}\frac{2.1\mu G_s S}{B}\left(\frac{T_{I1}}{2\pi}\right)^2 \tag{1-54}$$

3）重力荷载代表值产生的附加倾覆力矩在边缘隔震支座上产生的轴力 N_{MG}

与 2）的推导过程类似，可得竖向地震作用对隔震层中心产生的附加倾覆力矩为

$$M_G = 1.05\frac{G_s S_1}{\omega_{I1}^2} \tag{1-55}$$

则

$$N_{MG} = \frac{K_{vB}}{\sum\limits_{i=1}^{n}K_{vi}\eta_i^2}\frac{2.1\mu G_s S}{B}\left(\frac{T_{I1}}{2\pi}\right)^2 \tag{1-56}$$

1.3.3 高宽比限值公式

1.边缘隔震支座不出现拉应力时的轴力最不利组合

竖向地震作用方向向上时，对于边缘隔震支座不出现拉应力为控制条件的情况更为不利。若保证边缘隔震支座不出现拉应力，必须满足下式：

$$\gamma_{Eh}N_{MEh} + \gamma_G N_{MG} + \gamma_{EV}(N_{FEv} - N_{MEv}) \leqslant \gamma_G N_G \tag{1-57}$$

式中，荷载分项系数 γ_{Eh} 取 1.3；γ_{Ev} 取 1.0；γ_G 对结构有利时取 1.0，不利时取 1.2。

将式（1-22）（1-24）（1-38）（1-54）和（1-56）代入式（1-57），整理得

$$\frac{h_s + (1.575 - 1.313\mu)g\left(\dfrac{T_{I1}}{2\pi}\right)^2}{B} \leqslant \frac{\displaystyle\sum_{i=1}^{n} K_{vi}\eta_i^2}{K_v} \frac{(1-\mu)g}{1.6S_1} \frac{G}{G_s} \tag{1-58}$$

2.边缘隔震支座压应力不超过容许值时的轴力最不利组合

竖向地震作用方向向下时，对于边缘隔震支座压应力不超过容许值为控制条件的情况更为不利。若保证边缘隔震支座压应力不超过容许值，必须满足下式：

$$\gamma_{Eh}N_{MEh} + \gamma_G N_{MG} + \gamma_{EV}(N_{FEh} - N_{MEh}) + \gamma_G N_G \leqslant A_B[\sigma] \tag{1-59}$$

式中，荷载分项系数 γ_{Eh} 取 1.3；γ_{Ev} 取 1.0；γ_G 取 1.2（对结构不利）；A_B 为一侧边缘隔震支座的面积；$[\sigma]$ 为橡胶隔震支座压应力容许值。

将式（1-22）（1-24）（1-38）（1-54）和（1-56）代入式（1-59），整理得

$$\frac{h_s + (1.575 - 1.313\mu)g\left(\dfrac{2\pi}{T_{I1}}\right)^2}{B} \leqslant \frac{\displaystyle\sum_{i=1}^{n} K_{vi}\eta_i^2}{K_v} \frac{\dfrac{A_B[\sigma]}{m_s}\dfrac{K_V}{K_{VB}} - (1.2+\mu)\dfrac{G}{G_s}g}{1.6S_1} \tag{1-60}$$

令 A 为隔震层所有支座的总面积。根据基本假定（2）可得

$$\frac{A_B K_V}{K_{VB}} = A \tag{1-61}$$

再令 $A = \dfrac{k_b}{\beta_b}$（k_b 为隔震层水平刚度），考虑到

$$\left(\frac{2\pi}{T_{\text{I1}}}\right)^2 = \omega_{\text{I1}}^2 = \frac{\varphi_1^{\text{T}} k_{\text{eff}3} \varphi_1}{\varphi_1^{\text{T}} [M] \varphi_1} \qquad (1\text{-}62)$$

将式（1-25）（1-29）（1-45）代入上式，整理得

$$\left(\frac{2\pi}{T_{\text{I1}}}\right)^2 = \frac{k_{\text{b}}}{1.279m} \qquad (1\text{-}63)$$

式中，m 为隔震层上部高层结构总质量，则式（1-60）变为

$$\frac{h_{\text{s}} + (1.575 - 1.313\mu)g\left(\frac{2\pi}{T_{\text{I1}}}\right)^2}{B} \leqslant \frac{\sum_{i=1}^{n} K_{\text{v}i}\eta_i^2}{K_{\text{v}}} \frac{1.279 \dfrac{\left(\dfrac{2\pi}{T_{\text{I1}}}\right)^2 [\sigma]}{\beta_{\text{b}}} - (1.2 + \mu)}{1.6S_1} \frac{G}{G_{\text{s}}}$$

$$(1\text{-}64)$$

1.4 高层隔震结构高宽比限值与隔震基本周期的关系

1.4.1 临界周期

由式（1-58）和式（1-64）可知，当

$$(1 - \mu)g < 1.279 \frac{\left(\dfrac{2\pi}{T_{\text{I1}}}\right)^2 [\sigma]}{\beta_{\text{b}}} - (1.2 + \mu)g \qquad (1\text{-}65)$$

即

$$T_{\text{I1}} < 2\pi \sqrt{\frac{[\sigma]}{1.72\beta_{\text{b}}g}} \qquad (1\text{-}66)$$

时，高宽比限值由边缘支座不产生拉应力控制。反之，高宽比限值由边缘支座压应力不超过容许值控制。所以，定义临界周期

$$T_{\text{Cr}} < 2\pi \sqrt{\frac{[\sigma]}{1.72\beta_{\text{b}}g}} \qquad (1\text{-}67)$$

T_{cr} 与选用的隔震支座及建筑类别有关，容许压应力 $[\sigma]$ 对于甲类、乙类、丙类

建筑分别是 10MPa、12MPa 和 15MPa，但 β_b 的取值跨越很大，如表 1-2 所示，考虑到高层隔震结构较多使用直径 400～1000mm 的普通隔震支座，并会使用一些铅芯隔震支座，因此取有代表性的 $\beta_b = 3.5 \times 10^6 \, \text{N/m}^3$ 计算 T_{cr}，表 1-3 给出了由式（1-67）计算的与不同建筑类别对应的 T_{cr}。

表1-2　橡胶隔震支座 β_b

普通橡胶隔震支座	GZP400	GZP500	GZP600	GZP700	GZP800	GZP900	GZP1000
$\beta_b / \text{N} \cdot \text{m}^{-3}$	4731.8	3380.9	2954.6	2952.2	2032.3	2007.2	2005.8
铅芯橡胶隔震支座	GZY400	GZY500	GZY600	GZY700	GZY800	GZY900	GZY1000
$\beta_b / \text{N} \cdot \text{m}^{-3}$	5339.6	3814.6	5167.2	5165.7	3551.1	3506.9	3507.8

表1-3　不同建筑类别对应的 T_{cr}

甲类建筑 $[\sigma] = 10 \, \text{MPa}$	乙类建筑 $[\sigma] = 12 \, \text{MPa}$	丙类建筑 $[\sigma] = 15 \, \text{MPa}$
2.57s	2.82s	3.14s

注：$\beta_b = 3.5 \times 10^6 \, \text{N/m}^3$

1.4.2 高宽比限值与隔震基本周期的关系

1.高宽比限值由边缘隔震支座不产生拉应力控制的情况（$T_{I1} < T_{cr}$）

高层隔震结构的第一振型对应振子的绝对最大加速度

$$S_1 = a_1 g \tag{1-68}$$

式中，a_1 为第一振型地震影响系数。

将式（1-68）代入式（1-58）得到下式

$$\frac{h_s + (1.575 - 1.313\mu)g\left(\frac{2\pi}{T_{I1}}\right)^2}{B} \leqslant \frac{\sum_{i=1}^{n} K_{vi} \eta_i^2}{K_v} \frac{(1-\mu)}{1.6a_1} \frac{G}{G_s} \tag{1-69}$$

移项后得

$$\frac{h_s}{B} \leqslant \frac{\sum\limits_{i=1}^{n} K_{vi}\eta_i^2}{K_v}\frac{(1-\mu)}{1.6a_1}\frac{G}{G_s} - \frac{(1.575-1.313\mu)g\left(\dfrac{T_{I1}}{2\pi}\right)^2}{B} \tag{1-70}$$

很明显上式无法得到关于 h_s/B 的显式。

由于高层隔震结构的基本周期总是大于场地的特征周期，a_1 随着隔震基本周期 T_{I1} 的增加而减小，所以式（1-70）右边多项式中第一项随着隔震基本周期 T_{I1} 的增加而增大；第二项也随着隔震基本周期 T_{I1} 的增加而增大。两项相减，不能直接判断其单调性。用 $\psi_T(T_{I1})$ 来表示右边多项式中第二项，则

$$\psi_T(T_{I1}) = \frac{(1.575-1.313\mu)g\left(\dfrac{2\pi}{T_{I1}}\right)^2}{B}$$

$$= \frac{\dfrac{(1.575-1.313\mu)}{a_1}a_1g\left(\dfrac{2\pi}{T_{I1}}\right)^2}{B} = \frac{(1.575-1.313\mu)}{a_1}\frac{\Delta_1}{B} \tag{1-71}$$

由上文可知，高层隔震结构第一振型振子的位移 Δ_1 与结构宽度 B 的比值一般很小，因此可忽略右边第二项的影响，近似地认为 h_s/B 在由边缘隔震支座不产生拉应力控制的情况下，随着隔震基本周期 T_{I1} 的增加而增加。令

$$\Delta h = (1.575-1.313\mu)g\left(\frac{2\pi}{T_{I1}}\right)^2 \tag{1-72}$$

$$h = \Delta h + h_s \tag{1-73}$$

则式（1-58）变为，

$$\frac{h}{B} \leqslant \frac{\sum\limits_{i=1}^{n} K_{vi}\eta_i^2}{K_v}\frac{(1-\mu)}{1.6a_1}\frac{G}{G_s} \tag{1-74}$$

由式（1-74）可看出，h/B 随着隔震基本周期 T_{I1} 的增加而增大。可见，由边缘隔震支座不产生拉应力控制的情况下，h/B 与 h_s/B 具有相同的单调性。

2.高宽比限值由边缘隔震支座的压应力不超过容许值控制的情况（$T_{I1} > T_{cr}$）

将式（1-68）代入式（1-64）得到下式

$$\frac{h_s + (1.575 - 1.313\mu)g\left(\frac{2\pi}{T_{I1}}\right)^2}{B} \leq \frac{\sum\limits_{i=1}^{n} K_{vi}\eta_i^2}{K_v} \frac{1.279\dfrac{\left(\frac{2\pi}{T_{I1}}\right)^2[\sigma]}{\beta_b g} - (1.2 + \mu)}{1.6a_1}\frac{G}{G_s}$$

（1-75）

移项后得

$$\frac{h_s}{B} \leq \frac{\sum\limits_{i=1}^{n} K_{vi}\eta_i^2}{K_v} \frac{1.279\dfrac{\left(\frac{2\pi}{T_{I1}}\right)^2[\sigma]}{\beta_b g} - (1.2 + \mu)}{1.6a_1}\frac{G}{G_s} - \frac{(1.575 - 1.313\mu)g\left(\frac{2\pi}{T_{I1}}\right)^2}{B}$$

（1-76）

式（1-76）右边多项式中第一项的分子和分母都随着隔震基本周期 T_{I1} 的增加而减小，无法直接判断其单调性，需对其进行求导；第二项随着隔震基本周期 T_{I1} 的增加而增大。

用 $\psi_C(T_{I1})$ 来表示式（1-76）右边多项式中第一项，则

$$\psi_C(T_{I1}) = \frac{\sum\limits_{i=1}^{n} K_{vi}\eta_i^2}{K_v} \frac{1.279\dfrac{\left(\frac{2\pi}{T_{I1}}\right)^2[\sigma]}{\beta_b g} - (1.2 + \mu)}{1.6a_1}\frac{G}{G_s}$$

（1-77）

（1）当 $T_g < T_{I1} < 5T_g$ 时，由《建筑抗震设计规范》（01版）可知，此时

$$a_1 = \left(\frac{T_g}{T_{I1}}\right)^\gamma \eta_2 a_{max}$$

（1-78）

式中，T_g 为场地的特征周期；η_2 和 γ 分别为水平地震影响系数曲线中的阻尼调整系数和曲线下降段衰减指数，由下式确定

$$\gamma = 0.9 + \frac{0.05 - \zeta}{0.5 + 5\zeta} \qquad (1\text{-}79)$$

$$\eta_2 = 1 + \frac{0.05 - \zeta}{0.06 + 1.7\zeta} \qquad (1\text{-}80)$$

当 $\eta_2 < 0.55$ 时，取 $\eta_2 = 0.55$。故

$$\psi_C(T_{I1}) = \frac{\sum\limits_{i=1}^{n} K_{vi}\eta_i^2}{K_v} \frac{1.279 \dfrac{\left(\dfrac{2\pi}{T_{I1}}\right)^2 [\sigma]}{\beta_b g} - (1.2 + \mu)}{1.6} \frac{G}{G_s} \frac{1}{(T_g / T_{I1})^{\gamma} \eta_2 a_{\max}} \qquad (1\text{-}81)$$

$$\psi'_C(T_{I1}) = \frac{\sum\limits_{i=1}^{n} K_{si}\eta_i^2}{K_v} P \frac{G}{G_s} \qquad (1\text{-}82)$$

其中，$P = \dfrac{-1.279(2 - \gamma)\dfrac{4\pi^2 T_g^{\gamma}[\sigma]}{1.6\beta_b T_{I1}^{\gamma+3} g}\eta_2 a_{\max}}{[(T_g / T)^{\gamma} \eta_2 a_{\max}]^2} - \dfrac{\gamma \dfrac{(1.2 + \mu)}{1.6} \dfrac{T_g^{\gamma}}{T_{I1}^{\gamma+1}}\eta_2 a_{\max}}{[(T_g / T)^{\gamma} \eta_2 a_{\max}]^2}$，很明显，

在高层隔震结构的阻尼范围内（$\xi \geqslant 0.05$），$\gamma \leqslant 0.9$，上式小于零。

（2）当 $T > 5T_g$ 时，由《建筑抗震设计规范》可知

$$a_1 = [\eta_2 \cdot 0.2^{\gamma} - \eta_1(T_{I1} - 5T_g)]a_{\max} \qquad (1\text{-}83)$$

式中，η_1 为地震影响系数曲线中直线下降段的斜率调整系数，由下式确定

$$\eta_1 = \frac{0.02 + (0.05 - \xi)}{8} \qquad (1\text{-}84)$$

当 $\eta_1 < 0$ 时，取 $\eta_1 = 0$。故

$$\psi_C(T_{I1}) = \frac{\sum_{i=1}^{n} K_{vi}\eta_i^2}{K_v} \frac{1.279\dfrac{\left(\dfrac{2\pi}{T_{I1}}\right)^2 [\sigma]}{\beta_b g} - (1.2+\mu)}{1.6} \frac{G}{G_s}$$

$$\times \frac{1}{[\eta_2 \cdot 0.2^\gamma - \eta_1(T_{I1}-5T_g)]a_{max}} \tag{1-85}$$

$$\psi'_C(T_{I1}) = \frac{\sum_{i=1}^{n} K_{vi}\eta_i^2}{K_v} \left\{ \frac{1.279\dfrac{\left(\dfrac{2\pi}{T_{I1}}\right)^2 [\sigma]4\pi^2}{1.6\beta_b T_{I1}^3 g}(-2\eta_2 \cdot 0.2^\gamma + 3\eta_1 T_{I1} + 10\eta_1 T_g)}{[\eta_2 \cdot 0.2^\gamma - \eta_1(T_{I1}-5T_g)]^2 a_{max}} \right.$$

$$\left. - \frac{\eta_1 \dfrac{(1.2+\mu)}{1.6}}{[\eta_2 \cdot 0.2^\gamma - \eta_1(T_{I1}-5T_g)]^2 a_{max}} \right\} \tag{1-86}$$

令

$$\psi_0 = -2\eta_2 \cdot 0.2^\gamma + 3\eta_1 T_{I1} + 10\eta_1 T_g \tag{1-87}$$

考察上式的正负。表 1-4 给出了隔震层阻尼比和场地卓越周期不同时，$\psi_0 = 0$ 所对应的隔震基本周期。

表 1-4　$\psi_0 = 0$ 所对应的基本周期

阻尼比	T_{I1}								
	I 类场地			II 类场地			III 类场地		
	一组	二组	三组	一组	二组	三组	一组	二组	三组
0.05	7.00	6.83	6.66	6.66	6.50	6.33	6.33	6.00	5.66
0.10	8.83	8.66	8.49	8.49	8.33	8.16	8.16	7.83	7.49
0.15	15.38	15.21	15.05	15.05	14.88	14.71	14.71	14.38	14.05
0.20	91.15	90.98	90.82	90.82	90.65	90.48	90.48	90.15	89.82

高层隔震结构的基本周期一般在 2～5s 之间，要比表中的数值小，所以，在基本周期的合理取值范围内，$\psi_0 < 0$，即式（1-86）小于零。

由式（1-86）的值小于零可以判定，$\psi_c(T_{I1})$ 随着高层隔震结构基本周期 T_{I1} 的增大而减小。因此，由式（1-76）可以看出，当高层隔震结构的高宽比限值由边缘隔震支座的压应力不超过容许值控制时，h_s / B 随着隔震基本周期 T_{I1} 的增加而减小。

同样，把式（1-72）（1-73）代入式（1-64），则（1-64）式变为

$$\frac{h}{B} \leqslant \frac{\sum\limits_{i=1}^{n} K_{vi}\eta_i^2}{K_v} \frac{1.279 \dfrac{\left(\dfrac{2\pi}{T_{I1}}\right)^2 [\sigma]}{\beta_b g} - (1.2+\mu)}{1.6a_1} \frac{G}{G_s} \qquad （1-88）$$

由式（1-88）可以看出，h / B 也随着隔震基本周期的增加而减小。可见，由边缘隔震支座压应力不超过容许值控制的情况下，h / B 与 h_s / B 具有相同的单调性。

当不考虑竖向力（重力荷载代表值和竖向地震作用）产生的附加倾覆力矩时，$N_{MEv} = 0$，$N_{MG} = 0$，则由边缘隔震支座不出现拉应力和压应力不超过容许值控制下的高宽比限值公式分别为

$$\frac{h_s}{B} \leqslant \frac{\sum\limits_{i=1}^{n} K_{vi}\eta_i^2}{K_v} \frac{(1-\mu)}{1.6a_1} \frac{G}{G_s} \qquad （1-89）$$

$$\frac{h_s}{B} \leqslant \frac{\sum\limits_{i=1}^{n} K_{vi}\eta_i^2}{K_v} \frac{1.279 \dfrac{\left(\dfrac{2\pi}{T_{I1}}\right)^2 [\sigma]}{\beta_b g} - (1.2+\mu)}{1.6a_1} \frac{G}{G_s} \qquad （1-90）$$

将式（1-74）、式（1-88）与式（1-89）、式（1-90）进行比较后发现，不考虑竖向力产生的附加倾覆力矩时，$\Delta h = 0$，即 $h = h_s$。可见，h / B 即为不考虑竖向力产生的附加倾覆力矩影响时得到的高宽比限值。为了简单起见，近似地将高层隔震结构的高宽比限值用 h / B 来表示，当考虑竖向力产生的附加倾覆力矩时，可对已求得的 h / B 中的 h 按下式进行修正得到高层隔震结构的实际设计最大取用高度（隔震结构布置确定以后，B 则已知）。

$$h_s = h - \Delta h \qquad (1\text{-}91)$$

3.高层隔震结构高宽比限值的计算公式

上文研究表明，当 $T_{11} < T_{cr}$ 时，高宽比限值 h/B 是隔震基本周期 T_{11} 的增函数；当 $T_{11} > T_{cr}$ 时，高宽比限值 h/B 是隔震基本周期 T_{11} 的减函数。因此，$T_{11} = T_{cr}$ 时，高宽比限值将取得极大值。由此结论可以得出高层隔震结构高宽比限值的计算公式如下：

$$\left(\frac{h}{B}\right)_{\max} \leq \frac{\sum\limits_{i=1}^{n} K_{vi}\eta_i^2}{K_v} \frac{(1-\mu)}{1.6a_{1T_{cr}}} \frac{G}{G_s} \qquad (1\text{-}92)$$

式中，$a_{1T_{cr}}$ 为隔震基本周期是 T_{cr} 时对应的地震影响系数。

令

$$\eta_0 = \frac{\sum\limits_{i=1}^{n} K_{vi}\eta_i^2}{K_v} \qquad (1\text{-}93)$$

则式（1-92）变为

$$\left(\frac{h}{B}\right)_{\max} \leq \eta_0 \frac{(1-\mu)}{1.6a_{1T_{cr}}} \frac{G}{G_s} \qquad (1\text{-}94)$$

4.高层隔震结构高宽比限值与隔震基本周期的关系

为考察高层隔震结构在基本周期没有取得临界周期 T_{cr} 时的高宽比限值，作高层隔震结构高宽比限值与隔震基本周期的关系图如图 1-10～图 1-12 所示，○、+、☆、□、×、*和△分别代表 $T_{cr} = 0.25$、$T_{cr} = 0.30$、$T_{cr} = 0.35$、$T_{cr} = 0.40$、$T_{cr} = 0.45$、$T_{cr} = 0.55$、和 $T_{cr} = 0.65$ 等不同场地类别。

从图 1-10～图 1-12 中可以看出，当 $T_{11} < T_{cr}$ 时，高层隔震结构高宽比限值的降低并不明显，尤其是场地条件较好的 I、II 类场地，高层隔震结构高宽比限值几乎与 $T_{11} = T_{cr}$ 时的高宽比限值相等；而 $T_{11} > T_{cr}$ 时高宽比限值的降低比较明显。

因此，在设计时，如果仅从提高高层隔震结构的高宽比限值这一个方面考虑，建议将高层隔震结构的基本周期调整到临界周期附近，或略微偏小的值，可使得接近于高宽比限值的极值。若高层隔震结构最大隔震基本周期都无法达到临界周期，从图1-10、图1-11和图1-12中可以看出其高宽比限值较高宽比限值的极值也不会减少太多。

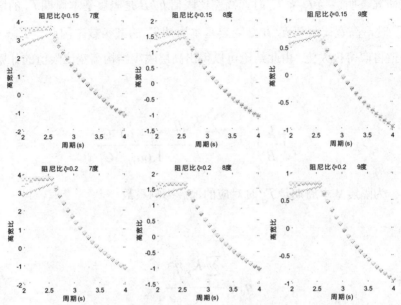

图1-10　甲类高层隔震建筑高宽比限值与隔震基本周期的关系

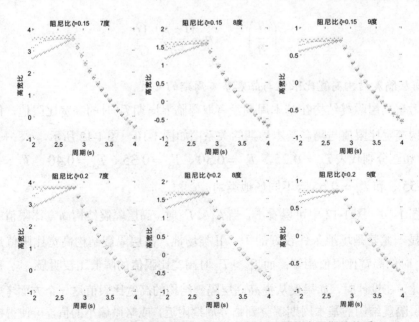

图1-11　乙类高层隔震建筑高宽比限值与隔震基本周期的关系

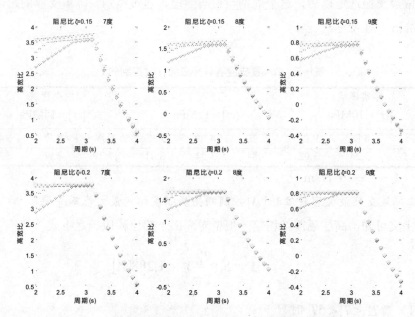

图1-12　丙类高层隔震建筑高宽比限值与隔震基本周期的关系

1.4.3 高层隔震结构的最大隔震基本周期

1.由边缘隔震支座的压应力不超过容许值控制的最大基本周期

当高宽比限值由边缘隔震支座压应力不超过容许值$[\sigma]$控制时，高宽比限值由式（1-88）计算。由式（1-88）可以看出，若

$$1.279\frac{\left(\dfrac{2\pi}{T_{\text{II}}}\right)[\sigma]}{\beta_b g}-(1.2+\mu)\leq 0 \qquad (1\text{-}95)$$

则

$$h/B\leq 0 \qquad (1\text{-}96)$$

所以，满足式（1-95）的最大基本周期就是由隔震支座最大容许压应力控制下高层隔震结构的最大基本周期$T_{\sigma\max}$。可得

$$T_{\sigma\max}=2\pi\sqrt{\frac{1.279[\sigma]}{\beta_b g(1.2+\mu)}} \qquad (1\text{-}97)$$

当隔震支座选定以后，这个周期与设防烈度、建筑类别及隔震支座的选用有关，表 1-5 给出了对应的 $T_{\sigma max}$。

表1-5　由隔震支座容许压应力 $[\sigma]$ 控制的 $T_{\sigma max}$

甲类建筑 $[\sigma]=10\text{MPa}$			乙类建筑 $[\sigma]=12\text{MPa}$			丙类建筑 $[\sigma]=15\text{MPa}$		
7 度	8 度	9 度	7 度	8 度	9 度	7 度	8 度	9 度
3.5	3.24	3.02	3.84	3.54	3.31	4.29	3.96	3.71

注：$\beta_b = 3.5 \times 10^6 \, \text{N}/\text{m}^3$

2.由隔震支座最大容许位移 $[\Delta]$ 控制的高层隔震结构最大基本周期

由上文可知，高层隔震结构第一振型对应振子的位移应满足下式

$$\Delta_1 = S_1 (\frac{T_{11}}{2\pi})^2 < 1.288[\Delta] \tag{1-98}$$

（1）当 $T_g < T < 5T_g$ 时

$$T_{\Delta max}^{2-\gamma} = 1.288 \frac{4\pi^2 [\Delta]}{\eta_2 a_1 g T_g^{\gamma}} \tag{1-99}$$

其中，γ 和 η_2 分别由上文中式（1-79）（1-80）计算。

（2）当 $T > 5T_g$ 时

$$T_{\Delta max}^2 [\eta_2 \cdot 0.2^{\gamma} - \eta_1 (T_{\Delta max} - 5T_g)] = 1.288 \frac{4\pi^2 [\Delta]}{a_1 g} \tag{1-100}$$

其中，η_1 由式（1-84）计算。

由式（1-100）中可以看出，$T_{\Delta max}$ 与建筑类别无关，但与设防烈度、场地类别、隔震层阻尼比和隔震层的最大容许位移有关，表 1-6～表 1-8 给出了各种情况下的 $T_{\Delta max}$ 值。

3.高层隔震结构最大基本周期的确定

高层隔震结构的最大基本周期应为

$$T_{max} = \min\{T_{\sigma max}, T_{\Delta max}\} \tag{1-101}$$

将表 1-5 和表 1-6~表 1-8 中的数据进行比较，可得到表 1-9 中针对不同建筑类别、场地条件、隔震层阻尼比、设防烈度等工况下的最大隔震基本周期 $T_{\max}$。

表1-6　最大容许位移 $[\Delta]$ 控制的最大隔震基本周期 $T_{\Delta\max}$（s）（7度）

阻尼比 ζ	I 类场地			II 类场地			III 类场地		
	一组	二组	三组	一组	二组	三组	一组	二组	三组
0.05	3.70	3.64	3.58	3.58	3.53	3.48	3.48	3.38	3.30
0.1	3.96	3.91	3.87	3.87	3.82	3.78	3.78	3.69	3.62
0.15	3.96	3.94	3.91	3.91	3.89	3.86	3.86	3.82	3.77
0.2	3.88	3.87	3.87	3.87	3.87	3.86	3.86	3.85	3.85

注：$[\Delta]$=250mm

表1-7　最大容许位移 $[\Delta]$ 控制的最大隔震基本周期 $T_{\Delta\max}$（s）（8度）

阻尼比 ζ	I 类场地			II 类场地			III 类场地		
	一组	二组	三组	一组	二组	三组	一组	二组	三组
0.05	3.70	3.64	3.58	3.58	3.53	3.48	3.48	3.38	3.30
0.1	3.96	3.91	3.87	3.87	3.82	3.78	3.78	3.69	3.62
0.15	3.96	3.94	3.91	3.91	3.89	3.86	3.86	3.82	3.77
0.2	3.88	3.87	3.87	3.87	3.87	3.86	3.86	3.85	3.85

注：$[\Delta]$=250mm

表1-8　最大容许位移 $[\Delta]$ 控制的最大隔震基本周期 $T_{\Delta\max}$（s）（9度）

阻尼比 ζ	I 类场地			II 类场地			III 类场地		
	一组	二组	三组	一组	二组	三组	一组	二组	三组
0.05	3.70	3.64	3.58	3.58	3.53	3.48	3.48	3.38	3.30
0.1	3.96	3.91	3.87	3.87	3.82	3.78	3.78	3.69	3.62
0.15	3.96	3.94	3.91	3.91	3.89	3.86	3.86	3.82	3.77
0.2	3.88	3.87	3.87	3.87	3.87	3.86	3.86	3.85	3.85

注：$[\Delta]$=250mm

表1-9　高层隔震结构的最大基本周期 $T_{\max}$ （s）

设防烈度	阻尼比	甲类建筑								
		Ⅰ类场地			Ⅱ类场地			Ⅲ类场地		
		一组	二组	三组	一组	二组	三组	一组	二组	三组
7 度	0.05	3.50	3.50	3.50	3.50	3.50	3.50	3.50	3.50	3.50
	0.1	3.50	3.50	3.50	3.50	3.50	3.50	3.50	3.50	3.50
	0.15	3.50	3.50	3.50	3.50	3.50	3.50	3.50	3.50	3.50
	0.2	3.50	3.50	3.50	3.50	3.50	3.50	3.50	3.50	3.50

设防烈度	阻尼比	乙类建筑								
		Ⅰ类场地			Ⅱ类场地			Ⅲ类场地		
		一组	二组	三组	一组	二组	三组	一组	二组	三组
7 度	0.05	3.70	3.64	3.58	3.58	3.53	3.48	3.48	3.38	3.30
	0.1	3.84	3.84	3.84	3.84	3.82	3.78	3.78	3.69	3.62
	0.15	3.84	3.84	3.84	3.84	3.84	3.84	3.84	3.82	3.77
	0.2	3.84	3.84	3.84	3.84	3.84	3.84	3.84	3.84	3.84

设防烈度	阻尼比	丙类建筑								
		Ⅰ类场地			Ⅱ类场地			Ⅲ类场地		
		一组	二组	三组	一组	二组	三组	一组	二组	三组
7 度	0.05	3.70	3.64	3.58	3.58	3.53	3.48	3.48	3.38	3.30
	0.1	3.96	3.91	3.87	3.87	3.82	3.78	3.78	3.69	3.62
	0.15	3.96	3.94	3.91	3.91	3.89	3.86	3.86	3.82	3.77
	0.2	3.88	3.87	3.87	3.87	3.87	3.86	3.86	3.85	3.85

设防烈度	阻尼比	甲类建筑								
		Ⅰ类场地			Ⅱ类场地			Ⅲ类场地		
		一组	二组	三组	一组	二组	三组	一组	二组	三组
8 度	0.05	2.61	2.57	[2.54]	[2.54]	[2.51]	[2.48]	[2.48]	[2.23]	[1.95]
	0.1	2.82	2.79	2.76	2.76	2.73	2.71	2.71	2.67	[2.34]
	0.15	2.88	2.86	2.85	2.85	2.83	2.82	2.82	2.78	2.57
	0.2	2.88	2.88	2.87	2.87	2.87	2.87	2.87	2.86	2.73

续表 1-9

设防烈度	阻尼比	乙类建筑								
		Ⅰ类场地			Ⅱ类场地			Ⅲ类场地		
		一组	二组	三组	一组	二组	三组	一组	二组	三组
8度	0.05	2.61	2.57	2.54	2.54	2.51	2.48	2.48	2.23	1.95
	0.1	2.82	2.79	2.76	2.76	2.73	2.71	2.71	2.67	2.34
	0.15	2.88	2.86	2.85	2.85	2.83	2.82	2.82	2.78	2.57
	0.2	2.88	2.88	2.87	2.87	2.87	2.87	2.87	2.86	2.73

设防烈度	阻尼比	丙类建筑								
		Ⅰ类场地			Ⅱ类场地			Ⅲ类场地		
		一组	二组	三组	一组	二组	三组	一组	二组	三组
8度	0.05	2.29	2.61	2.57	2.54	2.54	2.51	2.48	2.48	2.23
	0.1	2.48	2.82	2.79	2.76	2.76	2.73	2.71	2.71	2.67
	0.15	2.55	2.88	2.86	2.85	2.85	2.83	2.82	2.82	2.78
	0.2	2.56	2.88	2.88	2.87	2.87	2.87	2.87	2.87	2.86

设防烈度	阻尼比	甲类建筑								
		Ⅰ类场地			Ⅱ类场地			Ⅲ类场地		
		一组	二组	三组	一组	二组	三组	一组	二组	三组
9度	0.05	2.04	2.01	1.99	1.99	1.94	1.76	1.76	1.49	1.30
	0.1	2.21	2.19	2.17	2.17	2.15	2.13	2.13	1.82	1.59
	0.15	2.28	2.27	2.25	2.25	2.24	2.34	2.34	2.01	1.77
	0.2	2.30	2.30	2.30	2.30	2.30	2.29	2.29	2.14	1.89

设防烈度	阻尼比	乙类建筑								
		Ⅰ类场地			Ⅱ类场地			Ⅲ类场地		
		一组	二组	三组	一组	二组	三组	一组	二组	三组
9度	0.05	2.04	2.01	1.99	1.99	1.94	1.76	1.76	1.49	1.30
	0.1	2.21	2.19	2.17	2.17	2.15	2.13	2.13	1.82	1.59
	0.15	2.28	2.27	2.25	2.25	2.24	2.34	2.34	2.01	1.77
	0.2	2.30	2.30	2.30	2.30	2.30	2.29	2.29	2.14	1.89

续表 1-9

设防烈度	阻尼比	丙类建筑								
		Ⅰ类场地			Ⅱ类场地			Ⅲ类场地		
		一组	二组	三组	一组	二组	三组	一组	二组	三组
9度	0.05	2.04	2.01	1.99	1.99	1.94	1.76	1.76	1.49	1.30
	0.1	2.21	2.19	2.17	2.17	2.15	2.13	2.13	1.82	1.59
	0.15	2.28	2.27	2.25	2.25	2.24	2.34	2.34	2.01	1.77
	0.2	2.30	2.30	2.30	2.30	2.30	2.29	2.29	2.14	1.89

注：1. $[\Delta]$=250mm；2. 表中数字 <u>‾</u> 表示 $T_{\max} = T_{\sigma\max} > T_{cr}$ 的情况，表中数字 $\boxed{\bullet}$ 表示 $T_{\max} = T_{\Delta\max} < T_{cr}$ 的情况，其余的数字为 $T_{\max} = T_{\Delta\max} > T_{cr}$ 的情况。

从表 1-9 中可以看出：1）最大隔震基本周期 $T_{\max}$ 可分为三种情况：①$T_{\max} = T_{\sigma\max} > T_{cr}$；②$T_{\max} = T_{\Delta\max} < T_{cr}$；③$T_{\max} = T_{\Delta\max} > T_{cr}$。2）7 度区和部分 8 度区，最大隔震基本周期由最大容许压应力控制，与场地条件和隔震层的阻尼比无关，选择 $[\sigma]$ 较大的支座可以提高 $T_{\max}$；8 度区的其余部分和 9 度区，最大隔震基本周期由最大容许位移控制，与建筑类别无关，选择 $[\Delta]$ 较大的支座可以提高 $T_{\max}$。

1.5 隔震支座的布置对高层隔震结构高宽比限值的影响

隔震支座的布置一般由上部结构形式决定，通常在框架结构的每根柱子底下或砌体结构的纵横墙相交处以及剪力墙下等距布置。根据其他要求调整支座布置方式的余地很小，因此我们需要合理地考虑支座的不同布置对高层隔震结构高宽比限值的影响。表 1-10 给出了几种常见隔震支座布置情况下的 $\eta_0 (\eta_0 = \sum_{i=1}^{n} K_{vi}\eta_i^2 / K_v)$ 值。

表 1-10　支座布置影响系数 η_0

单跨	双等跨	三等跨	三跨	四等跨	五等跨	六等跨	七等跨	八等跨
1.00	0.67	0.56	0.515	0.50	0.47	0.44	0.43	0.42

注：表中的"三跨"指的是边跨为 5.1m、中跨为 2.1m 的三跨结构。

1.6 高层隔震结构高宽比限值的确定

1.6.1 高层隔震结构高宽比限值的确定

由上文研究可知，高层隔震结构的高宽比限值与高层隔震结构的基本周期、隔震层的阻尼比、隔震支座的布置、设防烈度、场地类别和建筑类别等参数有关。

高层隔震结构的高宽比限值对应的基本周期 $T_{\text{I}1}$ 为

$$T_{\text{I}1} = \min\{T_{\text{cr}}, T_{\Delta\max}, T_{\sigma\max}\} \tag{1-102}$$

其可以分为三种情况：

①$T_{\text{I}1} = T_{\sigma\max} > T_{\text{cr}}$；②$T_{\text{I}1} = T_{\Delta\max} > T_{\text{cr}}$；③$T_{\text{I}1} = T_{\Delta\max} < T_{\text{cr}}$

$$\left(\frac{h}{B}\right)_{\max} \frac{G_{\text{s}}}{G} / \eta_0 = \frac{1-\mu}{1.6 a_1(T_{\text{I}1})} \tag{1-103}$$

由于在高层隔震结构中 $G \approx G_{\text{s}}$，为了保守估计高层隔震结构的高宽比限值，取 $\dfrac{G_{\text{s}}}{G} = 1$，则式（1-103）变为

$$\left(\frac{h}{B}\right)_{\max} / \eta_0 = \frac{1-\mu}{1.6 a_1(T_{\text{I}1})} \tag{1-104}$$

将 $T_{\text{I}1}$ 代入上式求得的 $(h/B)_{\max} / \eta_0$ 如表 1-11 所示。

表1-11　隔震结构 $(h/B)_{\max} / \eta_0$ 值

设防烈度	阻尼比	甲类建筑								
		I 类场地			II 类场地			III 类场地		
		一组	二组	三组	一组	二组	三组	一组	二组	三组
7 度	0.05	6.0	5.9	5.7	5.7	5.6	5.5	5.5	5.0	4.3
	0.10	6.9	6.8	6.7	6.7	6.5	6.4	6.4	5.9	5.1
	0.15	7.2	7.2	7.1	7.1	7.0	6.9	6.9	6.5	5.7
	0.20	7.3	7.3	7.3	7.3	7.3	7.3	7.3	6.9	6.0
8 度	0.05	2.7	2.6	2.5	2.5	2.5	2.4	2.4	2.0	1.5
	0.10	3.1	3.0	3.0	3.0	2.9	2.9	2.9	2.6	2.1
	0.15	3.2	3.2	3.2	3.2	3.1	3.1	3.1	2.9	2.5
	0.20	3.3	3.2	3.2	3.2	3.2	3.2	3.2	3.1	2.7
9 度	0.05	1.2	1.2	1.2	1.2	1.1	1.1	0.9	0.7	0.5
	0.10	1.4	1.4	1.4	1.4	1.4	1.3	1.3	0.9	0.7
	0.15	1.5	1.5	1.5	1.5	1.5	1.5	1.5	1.1	0.9
	0.20	1.6	1.6	1.6	1.6	1.6	1.6	1.6	1.3	1.0

续表 1-11

设防烈度	阻尼比	乙类建筑								
		I 类场地			II 类场地			III 类场地		
		一组	二组	三组	一组	二组	三组	一组	二组	三组
7 度	0.05	6.1	6.0	5.9	5.9	5.7	5.6	5.6	5.4	4.7
	0.10	7.0	6.9	6.8	6.8	6.7	6.5	6.5	6.3	5.6
	0.15	7.3	7.2	7.2	7.2	7.1	7.0	7.0	6.9	6.1
	0.20	7.3	7.3	7.3	7.3	7.3	7.3	7.3	7.3	6.5
8 度	0.05	2.7	2.6	2.5	2.5	2.5	2.4	2.4	2.0	1.5
	0.10	3.1	3.1	3.0	3.0	2.9	2.9	2.9	2.7	2.1
	0.15	3.3	3.2	3.2	3.2	3.2	3.1	3.1	3.1	2.5
	0.20	3.3	3.3	3.2	3.2	3.2	3.2	3.2	3.2	2.8
9 度	0.05	1.2	1.2	1.2	1.2	1.1	1.1	0.9	0.7	0.5
	0.10	1.4	1.4	1.4	1.4	1.4	1.3	1.3	0.9	0.7
	0.15	1.5	1.5	1.5	1.5	1.5	1.5	1.5	1.1	0.9
	0.20	1.6	1.6	1.6	1.6	1.6	1.6	1.6	1.3	1.0

设防烈度	阻尼比	丙类建筑								
		I 类场地			II 类场地			III 类场地		
		一组	二组	三组	一组	二组	三组	一组	二组	三组
7 度	0.05	6.3	6.2	6.0	6.0	5.9	5.8	5.8	5.5	5.2
	0.10	7.2	7.1	6.9	6.9	6.8	6.7	6.7	6.4	6.1
	0.15	7.4	7.4	7.3	7.3	7.2	7.1	7.1	7.0	6.7
	0.20	7.4	7.3	7.3	7.3	7.3	7.3	7.3	7.3	7.1
8 度	0.05	2.7	2.6	2.5	2.5	2.5	2.4	2.4	2.0	1.5
	0.10	3.1	3.1	3.0	3.0	2.9	2.9	2.9	2.7	2.1
	0.15	3.3	3.2	3.2	3.2	3.2	3.1	3.1	3.1	2.5
	0.20	3.3	3.3	3.2	3.2	3.2	3.2	3.2	3.2	2.8
9 度	0.05	1.2	1.2	1.2	1.2	1.1	1.1	0.9	0.7	0.5
	0.10	1.4	1.4	1.4	1.4	1.4	1.3	1.3	0.9	0.7
	0.15	1.5	1.5	1.5	1.5	1.5	1.5	1.5	1.1	0.9
	0.20	1.6	1.6	1.6	1.6	1.6	1.6	1.6	1.3	1.0

1.6.2 简化

为了使结果及结论便于实践的应用,对表中的计算结果和对以上的计算过程进行分析,将表 1-11 中的计算结果进行如下简化:

(1)与采用的隔震基本周期 T_{I1} 相比,I 类场地上的特征周期较小。因此,在 I 类场地上,甲、乙、丙类建筑的高宽比限值几乎一致。

(2)9 度罕遇时,计算高宽比限值采用的隔震基本周期 $T_{I1} = T_{\Delta max}$,与建筑类别无关。

（3）罕遇地震，普通隔震支座的阻尼比在 0.1 左右，为了简化并保证有一定的安全储备，将阻尼比为 0.15 时的数值作为最终的结果。对于有铅芯和阻尼器等有附加阻尼装置的情况，这个结果是偏安全的。

表 1-12 给出了简化后的 $(h/B)_{\max}/\eta_0$ 值，并在表 1-13 中给出了具有代表性的 $\eta_0 = 0.515$（相当于两侧为房间，中间为走廊）时高层隔震结构的高宽比限值。

表 1-14 和表 1-15 分别给出了 $\beta_b=5.0\times10^6\mathrm{N/m^3}$ 和 $\beta_b=2.5\times10^6\mathrm{N/m^3}$（即与 $\beta_b=3.5\times10^6\mathrm{N/m^3}$ 时具有不同的临界周期）且 $\eta_0 = 0.515$（相当于两侧为房间，中间为走廊）时高层隔震结构的高宽比限值。可以看出，二者的值与表 1-13 相差甚少，这是由于设计反应谱的直线下降段的"下降"并不明显，使得隔震基本周期在这一段变化时高层隔震结构的地震响应相差不大。因此，可以将表 1-12 和表 1-13 作为高层隔震结构高宽比限值的参考。

1.6.3 修正

当隔震结构的布置确定后，宽度 B 一般也确定了，根据表 1-9 中的 η_0 和表 1-11 中的 $(h/B)_{\max}/\eta_0$，并根据已知的宽度 B，即可得出 h。当考虑竖向力产生的附加倾覆力矩影响下的除隔震层以外的上部结构实际设计高度 h_s 由式（1-72）和式（1-91）得到

$$h_s = h - \Delta h \tag{1-105}$$

$$\Delta h = (1.575 - 1.313\mu)g\left(\frac{T_{\mathrm{I1}}}{2\pi}\right)^2 \tag{1-106}$$

Δh 可做如下考虑：

（1）7 度罕遇时，隔震基本周期 $T_{\mathrm{I1}} = T_{\mathrm{cr}}$；8 度罕遇时，甲类与乙类建筑隔震基本周期 $T_{\mathrm{I1}} = T_{\mathrm{cr}}$，而丙类建筑隔震基本周期 T_{I1} 都在 2.8s 左右，取 $T_{\mathrm{I1}} = 2.8\mathrm{s}$，则 Δh 与场地条件无关，而与建筑类别、设防烈度有关。

（2）9 度罕遇时，隔震基本周期 $T_{\mathrm{I1}} = T_{\Delta\max}$，则 Δh 与建筑类别无关，而与场地条件、设防烈度有关。表 1-16 给出了不同工况所对应的 Δh 值。

表1-12　简化后的 $(h/B)_{max}/\eta_0$ 值

设防烈度	甲类建筑						
	I 类场地	II 类场地			III 类场地		
		一组	二组	三组	一组	二组	三组
7 度	7.3	7.1	7.0	6.9	6.9	6.5	5.7
8 度	3.2	3.2	3.1	3.1	3.1	2.9	2.5

设防烈度	乙类建筑						
	I 类场地	II 类场地			III 类场地		
		一组	二组	三组	一组	二组	三组
7 度	7.3	7.2	7.1	7.0	7.0	6.9	6.1
8 度	3.2	3.2	3.2	3.1	3.1	3.1	2.5

设防烈度	丙类建筑						
	I 类场地	II 类场地			III 类场地		
		一组	二组	三组	一组	二组	三组
7 度	7.3	7.3	7.2	7.1	7.1	7.0	6.7
8 度	3.2	3.2	3.2	3.1	3.1	3.1	2.5
9 度	1.5	1.5	1.5	1.5	1.5	1.1	0.9

表1-13　高层隔震结构高宽比限值 $(h/B)_{max}(\beta_b = 3.5 \times 10_6 \, N/m^3)$

设防烈度	甲类建筑						
	I 类场地	II 类场地			III 类场地		
		一组	二组	三组	一组	二组	三组
7 度	3.8	3.7	3.6	3.6	3.6	3.3	2.9
8 度	1.6	1.6	1.6	1.6	1.6	1.5	1.3

设防烈度	乙类建筑						
	I 类场地	II 类场地			III 类场地		
		一组	二组	三组	一组	二组	三组
7 度	3.8	3.7	3.7	3.6	3.6	3.6	3.1
8 度	1.6	1.6	1.6	1.6	1.6	1.6	1.3

续表

设防烈度	丙类建筑						
	I 类场地	II 类场地			III 类场地		
		一组	二组	三组	一组	二组	三组
7 度	3.8	3.8	3.7	3.7	3.7	3.6	3.5
8 度	1.6	1.6	1.6	1.6	1.6	1.6	1.3
9 度	0.8	0.8	0.8	0.8	0.8	0.6	0.5

注：$[\Delta] = 250mm$；$\eta_0 = 0.515$。

表 1-14　高层隔震结构高宽比限值 $(h/B)_{max}$ $(\beta_s = 5.0 \times 10_6 \, N/m^3)$

设防烈度	甲类建筑						
	I 类场地	II 类场地			III 类场地		
		一组	二组	三组	一组	二组	三组
7 度	3.7	3.7	3.6	3.6	3.6	3.3	2.9
8 度	1.6	1.6	1.6	1.5	1.6	1.5	1.3

设防烈度	乙类建筑						
	I 类场地	II 类场地			III 类场地		
		一组	二组	三组	一组	二组	三组
7 度	3.7	3.7	3.7	3.6	3.6	3.6	3.1
8 度	1.6	1.6	1.6	1.5	1.6	1.6	1.3

设防烈度	丙类建筑						
	I 类场地	II 类场地			III 类场地		
		一组	二组	三组	一组	二组	三组
7 度	3.7	3.7	3.7	3.7	3.7	3.6	3.5
8 度	1.6	1.6	1.6	1.6	1.6	1.6	1.3
9 度	0.8	0.8	0.8	0.7	0.7	0.6	0.5

注：$[\Delta] = 250mm$；$\eta_0 = 0.515$。

表 1-15　高层隔震结构高宽比限值 $(h/B)_{max}$ $(\beta_b = 2.5 \times 10_6\,\mathrm{N/m^3})$

设防烈度	甲类建筑						
	I 类场地	II 类场地			III 类场地		
		一组	二组	三组	一组	二组	三组
7 度	3.8	3.8	3.6	3.6	3.6	3.3	2.9
8 度	1.7	1.6	1.6	1.6	1.6	1.5	1.3
设防烈度	乙类建筑						
	I 类场地	II 类场地			III 类场地		
		一组	二组	三组	一组	二组	三组
7 度	3.8	3.8	3.7	3.6	3.6	3.6	3.1
8 度	1.7	1.6	1.6	1.6	1.6	1.6	1.3
设防烈度	丙类建筑						
	I 类场地	II 类场地			III 类场地		
		一组	二组	三组	一组	二组	三组
7 度	3.8	3.8	3.7	3.7	3.7	3.6	3.5
8 度	1.7	1.7	1.6	1.6	1.6	1.6	1.3
9 度	0.8	0.8	0.8	0.8	0.8	0.6	0.5
设防烈度	I 类场地	II 类场地			III 类场地		
		一组	二组	三组	一组	二组	三组
9 度	0.8	0.8	0.8	0.8	0.8	0.6	0.5

注：$[\Delta] = 250\mathrm{mm}$；$\eta_0 = 0.515$。

表1-16　Δh 值

设防烈度	甲类建筑	乙类建筑	丙类建筑	设防烈度	甲类建筑	乙类建筑	丙类建筑
7 度	2.6	3.2	3.9	8 度	2.2	2.6	3.3

设防烈度	I 类场地			II 类场地			III 类场地		
	一组	二组	三组	一组	二组	三组	一组	二组	三组
9 度	1.4	1.4	1.3	1.3	1.3	1.5	1.5	1.1	0.8

1.7　算例分析

本节对两个不同的算例进行计算分析，以验证本章推导出的考虑竖向力产生的附加倾覆力矩影响下高层隔震结构高宽比限值的适用性。

当隔震结构的平面布置确定后，宽度 B 和支座布置影响系数 η_0 一般也确定了，把 B 和 η_0 代入表 1-11 可求出不考虑竖向力产生的附加倾覆力矩影响下的高度 h，再扣去表 1-12 中相应的 Δh 值，即可得到考虑竖向力产生的附加倾覆力矩影响下的实际设计高度 h_s 和高宽比限值 h_s / B。对本节给出的算例用 ETABS 软件分别建立其对应不同高度 h_s' 的空间模型，即考查当 h_s' 为何值时，边缘隔震支座出现拉应力、边缘隔震支座压应力超过容许值或隔震支座超过容许位移。将此时得到的 h_s' / B 与理论推导得出的 h_s / B 进行对比，以验证理论公式计算所得高宽比限值的适用性。

（1）算例一：某一商住楼隔震建筑，结构平面图如图 1-13 所示。第 1、2 层层高为 3.6m，第 3、4 层高为 3.3m，标准层层高为 3m，丙类建筑，建筑场地为 II 类，抗震设防烈度为 7 度。对其进行初步隔震设计，将隔震层设置在基础顶部与一层柱底之间，隔震层层高 1.8m，隔震层采用 28 个 GZP350、20 个 GZP700、18 个 GZP800 和 4 个 GZY700 的隔震支座，如图 1-13 所示。支座参数如表 1-17 和表 1-18 所示，由表中的参数计算得 $\beta_b = 3973.9\text{N} / \text{m}^3$，$T_{cr} = 2.94\text{s}$。

由图 1-13 可知，宽度 $B = 14.9\text{m}$，结构横向近似四等跨，查表 1-11 和表 1-16，可求得本算例（丙类建筑，建筑场地为 II 类，抗震设防烈度为 7 度）考虑竖向力产生的附加倾覆力矩影响下的实际设计高度 $h_s = 51.7\text{m}$ 和高宽比限值 $h_s / B = 3.47$。

用 ETABS 软件分别建立对应不同高度 h_s' 的空间模型，沿结构横向输入单向 El Centro 波，峰值调至 220gal，由于结构不是完全对称，因此选取对称轴右侧所有边缘隔震支座作为考察对象，计算所得它们的受力和变形状态如表 1-19 所示。表中的"边缘支座出现拉应力"为边缘任何一个隔震支座出现拉应力即满足条件，其余两个考察项类似。表 1-20 给出了算例一达到高宽比限值时边缘各隔震支座的受力和变形状态。

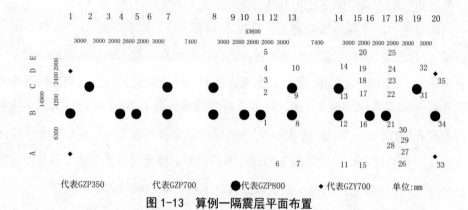

图1-13　算例一隔震层平面布置

表1-17　普通橡胶隔震支座性能参数

型号	橡胶直径 /mm	橡胶总厚度 /mm	支座高度 /mm	1次形状系数	2次形状系数	水平刚度 K_{eq} /(N·m⁻¹)	阻尼比 ζ_{eq}/%	竖向刚度 K_v /(kN·m⁻¹)
GZP350	350	60.0	132.50	25.5	5.83	878	5.0	1412
GZP400	400	68.6	132.50	25.5	5.83	1041	5.0	1613
GZP500	500	96.0	164.00	25.5	5.21	1162	5.0	1801
GZP600	600	110.0	185.00	29.4	5.45	1461	5.0	2600
GZP700	700	110.0	216.50	34.5	6.36	1988	5.0	3900
GZP800	800	160.0	282.00	39.0	5.00	1785	5.0	4050
GZP900	900	162.0	278.80	37.0	5.6	2231	5.0	4870

表1-18　铅芯橡胶隔震支座性能参数

橡胶直径 /mm	橡胶总厚度 /mm	支座高度 /mm	1次形状系数	2次形状系数	水平力学性能			
					屈服后刚度 K_d/N·m⁻¹	屈服力 Q_d/kN	水平刚度 K_{eq}/N·m⁻¹	阻尼比 ζ_{eq}/%
350	60.0	132.50	26.2	5.83	508	32.70	878	23
400	68.6	132.50	26.2	5.83	512	42.70	1041	23
500	96.0	164.00	26.0	5.21	719	66.73	1162	23
600	110.0	185.00	30.0	5.45	904	96.08	1461	23
700	110.0	216.50	35.0	6.36	1230	130.78	1988	23
800	160.0	282.00	40.0	5.00	1104	170.82	1785	23
900	162.0	278.80	37.5	5.6	1381	216.19	2231	23
350	60.0	132.50	26.2	5.83	508	32.70	580	14.0
400	68.6	132.50	26.2	5.83	780	42.70	671	14.0
500	96.0	164.00	26.0	5.21	719	66.73	749	14.0
600	110.0	185.00	30.0	5.45	871	96.08	941	14.0
700	110.0	216.50	35.0	6.36	1094	130.78	1281	14.0
800	160.0	282.00	40.0	5.00	1489	170.82	1151	14.0
900	162.0	278.80	37.5	5.6	1337	216.19	1438	14.0

水平力学性能为剪切变形$\gamma=250\%$时的特性值；多遇时的水平力学性能为剪切变形$\gamma=100\%$时的特性值。

表 1-19　算例一取不同高度 $h_s{}'$ 时隔震支座的受力和变形状态

$h_s{}'$	基本周期/s	边缘支座 出现拉应力	边缘支座压应力 超过容许值	支座水平位移 超过容许值
45.7	2.69	\	\	\
48.7	2.80	\	\	\
51.7	2.91	√	√	\
54.7	3.02	√	√	\

表1-20　算例一达到高宽比限值时边缘各隔震支座的受力和变形状态

隔震支座序号	压应力 容许值/N	边缘支座 出现拉应力/N	边缘支座压应力 超过容许值/N	支座水平位移 超过容许值
6	5550000	3568800.16	4738442.66	\
7	5550000	3059237.87	4569182.34	\
11	5550000	3034029.59	4669878.87	\
15	5550000	3544365.45	5080964.81	\
26	1380000	906180.64	1380679.25（√）	\
33	5770500	1958754.23	4128221.08	\
35	5770500	1589870.35	2950428.31	\
32	5550000	542089.32	3341233.25	\
25	5550000	-72482.8（√）	4659279.67	\
20	5550000	-73630.1（√）	4675493.7	\
14	5550000	822386.16	3777078.52	\
10	5550000	828836.25	3769640.24	\
5	5550000	-57523.1（√）	4650072.7	\

由表 1-19 可以看出，当 $h_s{}'=51.7\text{m}$、隔震基本周期为 2.91s（即接近临界周期 2.94s）时，边缘隔震支座开始出现拉应力，边缘隔震支座的压应力也超过容许值，所以由空间模型计算所得的 $h_s{}'/B=51.9/14.9=3.5$，与本书所推导的高层隔震结构高宽比限值 3.47 几乎一致。由表 1-20 可以看出，除了 5、20、25、26 以外的许多边缘隔震支座不是将要出现拉应力，就是压应力将要逼近容许值（由于地震波在正负两个方向上并不对称，所以单个隔震支座并不会在一次地震波时程中既出现拉应力，压应力又超过容许值），这说明此结构确是在临界周期附近取得了高宽比限值极值的近似值，而并非由于设计不合理隔震层平面局部出现拉应力或局部压应力超过容许值。

适度调整楼层的恒载，以改变结构重力荷载代表值、质量改变结构的周期，考察高宽比限值在 T_{cr} 附近的取值情况，从表 1-21 可以看出，当 $T_{11}<T_{cr}$ 时，结构的高宽比限值并没有下降，而当 $T_{11}>T_{cr}$ 时，结构的高宽比限值有所下降，这与前文的分析结论一致。

表1-21　算例一高宽比限值在T_{cr}附近的取值

周期取值区间	基本周期（s）	h_s'	边缘支座出现拉应力	边缘支座压应力超过容许值	支座水平位移超过容许值
$T_{11} < T_{cr}$	2.75	48.7	\	\	\
	2.85	48.7	\	\	\
$T_{11} > T_{cr}$	3.13	48.7	\	√	\
	3.12	45.7	\	\	\
	3.24	45.7	\	√	\
	3.25	42.7	\	\	\

（2）算例二：某一科研综合楼建筑，结构平面图如图1-14所示。层高为3.0m，丙类建筑，建筑场地为Ⅱ类，抗震设防烈度为8度。对其进行初步隔震设计，将隔震层设置在基础顶部与一层柱底之间，隔震层层高1.5m，隔震层采用25个GZP500、20个GZP700、15个GZP800和4个GZY700的隔震支座，如图1-14所示，支座参数见表1-17和表1-18，由表中的参数计算得$\beta_b = 3363.3 \text{N/m}^3$，$T_{cr} = 3.19s$。

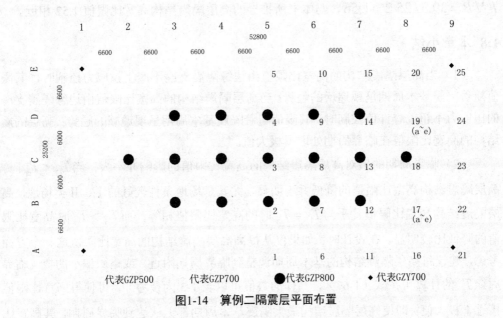

图1-14　算例二隔震层平面布置

由图1-14可知，宽度$B = 25.2\text{m}$，结构横向近似四等跨，通过查表1-11和表1-16，可求得本算例（丙类建筑，建筑场地为Ⅱ类，抗震设防烈度为8度）考虑竖向力产生的附加倾覆力矩影响下的实际设计高度 $h_s = 38.22\text{m}$ 和高宽比限值 $h_s / B = 1.52$。

用 ETABS 软件分别建立对应不同高度 h_s' 的空间模型，沿结构横向输入单向 El Centro 波，峰值调至 400gal，由于结构沿横向和纵向都对称，因此选取 1、6、11、16、21 等边缘隔震支座作为考察对象，计算所得它们的受力和变形状态如表 1-22 所示。表中的"边缘支座出现拉应力"为边缘任何一个隔震支座出现拉应力即满足条件，其余两个考察项类似。

表 1-22　算例二取不同高度 h_s' 时隔震支座的受力和变形状态

h_s'	基本周期/s	边缘支座 出现拉应力	边缘支座压应力 超过容许值	支座水平位移 超过容许值
33.3	2.63	\	\	\
36.3	2.75	\	\	\
39.3	2.88	\	\	√
42.3	3.00	\	\	√

由表 1-22 可以看出，当 $h_s' = 39.3\text{m}$、基本周期为 2.88s（即小于临界周期 3.19s）时，支座水平位移超过容许值，所以由空间模型计算所得的 $h_s' / B = 39.3 / 25.2 = 1.56$，与本书所推导的高层隔震结构高宽比限值 1.52 相近。

1.8　本章小结

（1）当高层隔震结构的高宽比限值由边缘隔震支座不产生拉应力控制时，其限值随着隔震基本周期呈现递增的趋势；当高层隔震结构的高宽比限值由边缘隔震支座的压应力不超过容许值控制时，其限值随着隔震基本周期呈现递减的趋势；高层隔震结构的高宽比限值在临界周期处取得极大值。

（2）临界周期的值对高层隔震结构的高宽比限值的影响并不大；当 $T_{11} < T_{cr}$ 时，高层隔震结构高宽比限值的降低并不明显，尤其是场地条件较好的 I、II 类场地，高层隔震结构高宽比限值几乎与 $T_{11} = T_{cr}$ 时的高宽比限值相等；而 $T_{11} > T_{cr}$ 时高宽比限值的降低比较明显。在设计时，如果仅从提高高层隔震结构的高宽比限值这一个方面考虑，建议将高层隔震结构的基本周期调整到临界周期附近，或略微偏小的值（临界周期 T_{cr} 的计算可按式（1-67），具体的数值可以表 1-3 为参考），可使得高宽比限值接近于极大值。即使高层隔震结构最大隔震基本周期都无法达到临界周期，其高宽比限值较高宽比限值的极大值也不会减少太多。

（3）7 度区和部分 8 度区，最大隔震基本周期由最大容许压应力控制，与场地条件和隔震层的阻尼比无关，选择直径较大的支座可以提高 T_{max}；8 度区的其余部分和 9 度区，最大隔震基本周期由最大容许位移控制，与建筑类别无关，选择支座容许位移 $[\Delta]$ 较大的支座可以提高 T_{max}。

（4）罕遇 7 度的所有建筑类别和 8 度罕遇部分甲类及乙类，取得高层隔震结构高宽比限值最大值的隔震基本周期 $T_{I1} = T_{cr}$；8 度罕遇的丙类、部分甲类及部分乙类和 9 度罕遇的所有建筑类别，取得高层隔震结构高宽比限值最大值的隔震基本周期 $T_{I1} = T_{\Delta max}$，与建筑类别无关。与采用的隔震基本周期 T_{I1} 相比，Ⅰ 类场地的特征周期较小，因此，建筑类别为甲、乙、丙的结构在 Ⅰ 类场地上的高宽比限值一致。

（5）在考虑竖向力产生的附加倾覆力矩的情形下进行高层隔震结构设计时，可先求得在不考虑附加倾覆力矩的情况下得到的 $(h/B)_{max}/\eta_0$，已知 $(h_s/B)_{max}/\eta_0$、宽度 B 和支座布置形式后，对求得的 h 按式（1-105）进行修正，即得到设计中除隔震层以外上部结构的实际采用高度 h_s。

（6）由两个算例计算结果可以看出，理论公式计算所得的考虑竖向力产生的附加倾覆力矩影响下高层隔震结构高宽比限值具有较好的适用性，与用空间杆系模型计算验证所得的高宽比限值吻合较好。所以本书计算所得的高层隔震结构高宽比限值可为实际高层隔震结构设计提供参考。

第 2 章　高层隔震结构振动台试验

2.1 引言

高层隔震结构在世界范围内应用越来越多，但其在强震作用下的观测数据较少，震害经验方面也存在不足，这在一定程度上制约了隔震技术的发展与应用。因此需要对高层隔震结构在高烈度地震作用下的性能进行更深入的研究。本章以某商务办公中心 C、D 座高层结构为工程背景，对两个 1∶35 的缩尺模型分别进行隔震与非隔震振动台对比试验。由于试验条件的限制，只进行水平方向上的单向和双向地震波输入，不考虑竖向地震分量的影响。本章介绍了振动台试验方案及过程，通过对比分析两种结构的试验现象、地震响应和隔震层的动力反应，研究其在地震作用下的动力特性、隔震效果和失效模式。

2.2 工程简介

商务办公中心 C、D 座为双塔对称的高层结构，见图 2-1。主楼结构在平面布置上呈规则矩形，见图 2-2，结构类型为框架-抗震墙结构，两侧主楼中，连廊相接处的竖向构件为型钢混凝土柱、普通钢筋混凝土柱和抗震墙核心筒，在两侧主楼的中心部位各设置了两个抗震墙核芯筒。该结构地上 15 层，地下室 2 层，标准层高度 4m，结构整体总长度 210m，宽度 27.6m，建筑高度 60.2m。连廊结构设置在建筑标高40.7~56.7m 处，采用刚性连接方式与两侧塔楼相连。

图2-1　商务办公中心三维效果

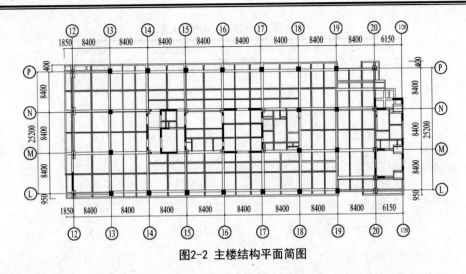

图2-2 主楼结构平面简图

原试验模型是研究大跨度连体高层结构多维多点激励下的抗震性能[3]，由于连廊结构在较小地震输入下已发生破坏，此时两侧的主楼结构经测试后并未发生损伤，因此可将连廊拆除后分成两栋高层结构分别进行隔震与非隔震试验。

2.3 结构模型设计

2.3.1 模型相似比

模型相似关系确定步骤如下：

1.确定几何相似比 S_l

商务办公中心 C、D 座结构单栋主楼的高度为 60.2m，长度为 74.9m，宽度为 27.6m。根据试验室振动台台面尺寸，将试验几何相似比确定为 1/35。

2.确定应力相似比 S_σ

根据缩尺模型的尺寸限制和试验特点，试验选用微粒混凝土和镀锌铁丝作为主要模型材料，并进行相关的材料性质测定试验，根据试验结果，确定应力相似比 $S_\sigma(S_\sigma = S_E)$ 为 1/3.2。

3.确定时间相似比 S_t

考虑振动台设备条件以及以往有关试验研究经验等因素，本次试验将时间相似比确定为 1/7。

确定了几何相似比 S_l、弹性模量相似比 S_E 和时间相似比 S_t 后，依据似量纲分析方法推导出其他的相似比关系，如表 2-1 所示。

表2-1 结构模型相似关系

物理参数	相似系数符号	计算公式	相似系数
尺寸	S_1	—	1/35
弹性模量	S_E	—	1/3.2
时间	S_t	—	1/7
加速度	S_a	$S_a = S_1 / S_t^2$	1.4
质量	S_m	$S_m = S_E S_1^2 / S_a$	1/10310
频率	S_f	$S_f = 1 / S_t$	9.59
速度	S_v	$S_v = \sqrt{S_1 S_a}$	1/3.8
位移	S_u	$S_u = S_1$	1/35
应力	S_σ	$S_\sigma = S_E$	1/3.2
应变	S_ε	$S_\varepsilon = 1$	1.00
力	S_F	$S_F = S_E S_1^2$	1/3920

　　从表 2-1 中可以得到该模型的加速度相似比为 1.4，而重力加速度相似比为 1。两者相似比不相等的现象称之为重力失真效应。但是从试验精度方面考虑，任何加速度相似系数必须一致。因此，采用增加配重的方法来解决这一客观问题。

2.3.2 模型自重及配重

　　在对试验模型进行配重之前，首先根据原型结构质量、模型结构质量和质量相似比计算出模型结构每层楼板所需要的配重质量。然后选用密度比较大的铁块作为配重块，将其均匀对称地分布在各层楼板上。这种增加配重的方法只增加了结构的重量，而不增加结构的强度和刚度，各层的配重情况见表 2-2。

　　结构模型的底座采用厚度 12mm、长度 2.5m、宽度 2.2m 的钢板和厚度 100mm，长度 2.4m，宽度 1.3m 的 C40 钢筋混凝土板组合而成，重量为 1.4t。结构模型的总高度为 1.72m。单边结构模型的总重量为 2.96t，其中模型自重 1.3t，配重块重量 1.66t。主楼加上底座的总重量为 4.36t。

表2-2 结构模型塔楼各层质量和配重

模型层号	标高/mm	模型自重/kg	质量比	配重/kg
15 层	1730	51.3	9.70E-05	0
14 层	1607	66.4	9.70E-05	80
13 层	1492	90.5	9.70E-05	100
12 层	1377	94.6	9.70E-05	100
11 层	1262	91.8	9.70E-05	100
10 层	1147	97.4	9.70E-05	100
9 层	1032	94.5	9.70E-05	100
8 层	917	94.2	9.70E-05	120
7 层	802	94.2	9.70E-05	120
6 层	687	94.2	9.70E-05	120
5 层	572	94.2	9.70E-05	120
4 层	457	81.6	9.70E-05	150
3 层	367	91.2	9.70E-05	150
2 层	252	110.9	9.70E-05	150
1 层	86	80.5	9.70E-05	150

2.3.3 模型主要材料和支座性能参数

1.微粒混凝土力学性能试验

在模型结构施工前，按照不同配合比制作了各种强度的微粒混凝土试块(图 2-3)，对各种强度的微粒混凝土试块进行材性试验(图 2-4)，测得不同配合比的微粒混凝土的抗压强度和弹性模量，确定模型的微粒混凝土施工的配合比。试验得到的微粒混凝土配合比如表 2-3 所示，其材料性能如表 2-4 所示。

图2-3 微粒混凝土试块

图2-4 微粒混凝土试块材性试验

表2-3   微粒混凝土的配合比

立方体混凝土	微粒混凝土配合比			
抗压强度/MPa	水泥/kg·m⁻³	水/kg·m⁻³	砂/kg·m⁻³	石灰/kg·m⁻³
30	195	280	1300	103
40	228	280	1300	69
45	267	310	1200	53
50	286	310	1200	34
60	345	310	1200	6

表2-4   微粒混凝土材料抗压强度和弹性模量

层数	弹性模量/MPa	微粒混凝土抗压强度/MPa
14~15 层	12.5	8.1
11~13 层	13.1	8.6
4~10 层	14.4	9.5
1~3 层	15.5	12.7
平均值	13.9	9.7

2.镀锌铁丝力学性能试验

本次试验采用的镀锌铁丝有 14#、16#、18#、20#和 22#五种型号。在模型制作之前，材性试验得到的镀锌铁丝的抗拉强度和屈服强度如表 2-5 所示。

表2-5　镀锌铁丝的强度指标

型号	抗拉强度/MPa	抗拉强度平均值/MPa	屈服强度/MPa	屈服强度平均值/MPa
14#	348		233	
	336	339	225	227
	333		223	
16#	329		220	
	368	354	248	237
	365		244	
18#	378		253	
	373	375	250	251
	375		251	
20#	398		267	
	395	389	264	261
	374		251	
22#	390		261	
	416	396	279	265
	380		256	

3.隔震支座性能参数

隔震支座的几何参数和剖面视图见表 2-6 和图 2-5。

表2-6　隔震支座几何参数

钢板厚度	钢板层数	橡胶厚度	橡胶层数	橡胶直径	钢板直径
4	13	1.5	14	105	110

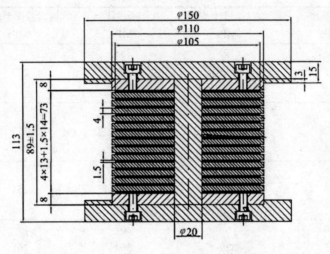

图2-5　隔震支座剖面视图

根据支座的水平向剪切力学性能试验，绘制出如图 2-6 所示的支座滞回曲线。

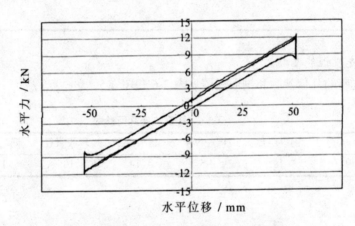

图2-6　支座水平性能测试曲线(100%剪应变)

2.3.4　试验模型制作与安装

　　试验模型制作之前，首先进行底座浇捣，同时预留模型首层结构中柱的纵向铁丝笼、剪力墙铁丝网以及镀锌铁皮管。模型施工过程中，按照简化后的结构梁柱截面尺寸将塑料泡沫切割成一定形状，然后绑扎放置上用于模拟钢筋的铁丝及铁丝网，同时固定好外模板进行微粒混凝土的浇捣，待该层微粒混凝土凝结硬化后再安置上层的塑料模板及配筋。模型制作安装过程及最终试验模型全景如图 2-7~图 2-12 所示。

图2-7　模型底座

图2-8　固定首层铁丝笼和铁丝网

图2-9　隔震支座的安装

图2-10　模型的吊装与安装

图2-11　隔震结构模型

图2-12　非隔震结构模型

2.4　试验系统和试验方案

2.4.1　试验系统

地震模拟振动台三台阵系统(图 2-13)主要包括三个水平三自由度振动台，本次试验为单体建筑，在中间台(4m×4m)上进行，最大承载力为 22t。地震模拟振动台三台阵系统中的中间台基本性能参数如表 2-7 所示。

表2-7　4m×4m地震模拟振动台(1#台)主要技术参数

台面尺寸	4m×4m
振动方向	水平三向(x、y向和水平转角)
台面自重	9 650kg
最大有效载荷	22 000kg
台面最大位移	±250 mm
台面最大转角	$-13^{\circ} \sim +19^{\circ}$
台面满载最大加速度	x向1.5g；y向1.2g
单独台面连续正弦波振动速度	75cm/s
单独台面地震波振动(10s)的峰值速度	105cm/s
最大倾覆力矩	600kN·m
最大偏心力矩	110kN·m
最大偏心	0.5m
工作频率范围	0.1～50Hz
振动波形	周期波、随机波、地震波
控制方式	数控

图2-13　地震模拟振动台三台阵系统

加速度计采用 DH610 型（主要参数见表 2-8）、DH612 型磁电式振动传感器，加速度传感器见图 2-14；三向力传感器采用 YBY-450 型，轴向最大量程 450kN，横向最大量程为 150kN，见图 2-15。

表2-8　DH610型拾振器主要技术指标

挡位		0	1	2	3
参量		加速度	小速度	中速度	大速度
灵敏度/（v·s/m）		0.3	15	5	0.3
最大量程	加速度/(m/s²)	30	/	/	/
	速度/ (m/s)	/	0.125	0.3	0.6
频率范围/Hz		0.25～80	1～100	0.3～100	0.1～100
输出负荷电阻/kΩ		10000	10000	10000	10000
尺寸，重量		63mm×63mm×63mm，550g			

图2-14　加速度传感器

图2-15　三向力传感器

　　数据采集系统共有128个采集通道，其中加速度采集通道40个，应变采集通道64个，速度4个，位移16个，其他4个，并在软件和硬件中都预留了可以扩采的通道。每个通道的最大采用频率都在20kHz以上。数据采集结果通过DEWESoft 7.0程序记录，如图2-16~图2-17所示。

图2-16　128通道的数字采集器　　　　图2-17　传感信号采集

2.4.2 传感器布置

本次试验研究隔震与非隔震结构在地震作用下的频率、振型、阻尼比、地震反应特征、上部结构以及隔震层的破坏模式。因此，结合本试验的实际情况，主要测点布置如下所述。

1.加速度传感器布置

在振动台面分别布设横向及纵向加速度传感器各 2 个(共计 4 个)，测量台面加速度的真实输入情况。为了得到结构的振型及不同地震激励时的动力响应，在隔震结构隔震层、3 层、6 层、9 层、12 层、15 层分别布设 x 向及 y 向各 2 个(每层 4 个，共 24 个)加速度传感器，在非隔震结构 3 层、6 层、9 层、12 层、14 层、15 层分别布设 x 向及 y 向各 2 个(每层 4 个，共 24 个)加速度传感器。试验中各个加速度传感器的安装位置及测试方向如表 2-9、图 2-18 和图 2-19 所示。

表2-9　DH610、DH 612型磁电式振动传感器编号

楼层	隔震模型				非隔震模型			
	A 点	B 点	C 点	D 点	A' 点	B' 点	C' 点	D' 点
	x 向	x 向	y 向	y 向	x 向	x 向	y 向	y 向
15 层	A25	A26	A27	A28	A53	A54	A55	A56
14 层	\	\	\	\	A49	A50	A51	A52
12 层	A21	A22	A23	A24	A45	A46	A47	A48
9 层	A17	A18	A19	A20	A41	A42	A43	A44
6 层	A13	A14	A15	A16	A37	A38	A39	A40
3 层	A09	A10	A11	A12	A33	A34	A35	A36
隔震层	A05	A06	A07	A08	\	\	\	\
台面	A01	A02	A03	A04	A29	A30	A31	A32

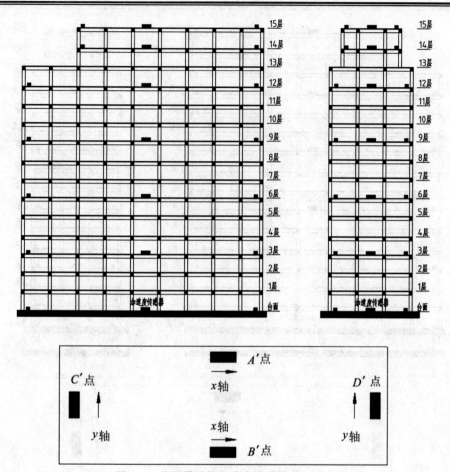

图2-18 非隔震结构加速度传感器平立面布置

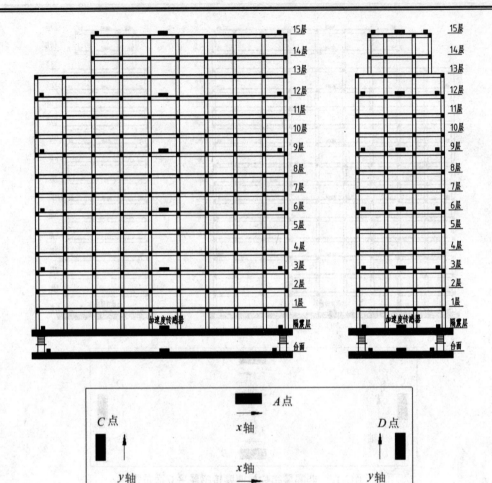

图2-19　隔震结构加速度传感器平立面布置

2.三向力传感器布置

三向力传感器与隔震支座连接，可以测得隔震支座 x 向、y 向和 z 向的轴力变化时程曲线，进而研究隔震支座的受力情况。三向力传感器的安装位置见表 2-10 和图 2-20 所示。

表2-10　三向力传感器编号

楼层	A1 点	A2 点	A3 点	A4 点
隔震层	A1	A2	A3	A4

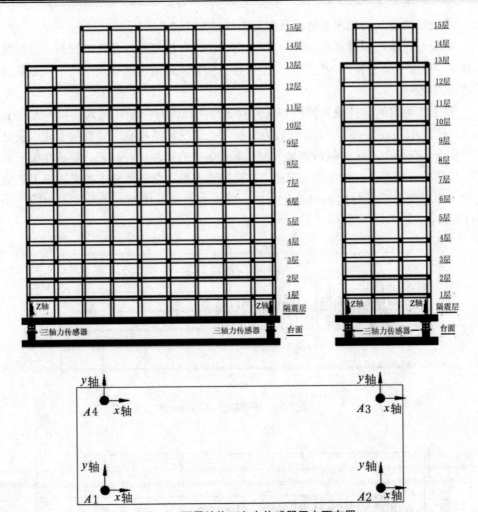

图2-20 隔震结构三向力传感器平立面布置

2.4.3 试验工况

结合《建筑抗震计设规范》的相关要求，选定 El-Centro 波、Taft 波和安评人工波作为试验地震动输入。

①工程场地天然波：根据结构所在Ⅱ类场地，选用El-Centro波及Taft波作为天然波输入，下文简称为E波和T波；

②工程场地人工波：根据设计院提供的安评人工波，考虑时间压缩比及峰值放大系数进行输入；

③增补工况中，采用未经压缩的天然地震波El-Centro波在振动台最大输出下进行地震动输入。

各地震动输入的加速度时程及频谱图如图2-21~2-24所示。

试验首先输入频谱宽度为0.1~50Hz白噪声，对模型进行白噪声扫频，测量模型的频率、振型等动力特性，然后对模型在各方向输入地震激励，观察在不同地震激励下的动力响应。

基于实验目的，按地震波的输入方向分为：长轴方向(x向)输入、短轴方向(y向)输入、双轴方向(x向$+y$向)输入。同时为分析每个工况后结构自振特性的变化以及是否发生损伤，在下个工况加载前都输入时长为120s的白噪声进行扫频。最后在模型没有明显破坏的情况下，实验增补工况中，对模型输入振动台最大输出的未压缩天然地震波来考察模型在破坏时的响应变化规律。隔震与非隔震模型的试验工况相同，如表2-11所示。

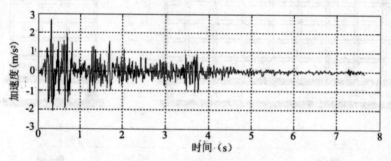

图2-21　压缩后的El-Centro波

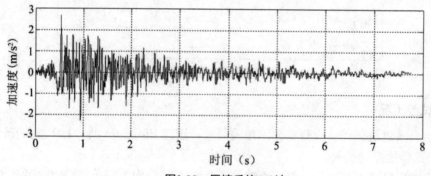

图2-22　压缩后的Taft波

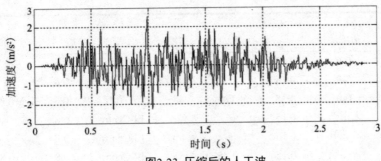

图2-23 压缩后的人工波

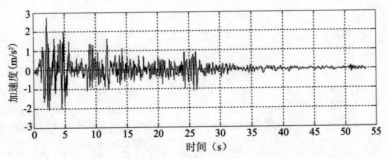

图2-24 天然El-Centro波

表2-11 试验工况

试验工况	输入地震波	加速度峰(g)	输入方向	试验工况	输入地震波	加速度峰(g)	输入方向
1	白噪声	—	x	31	El-Centro	0.4	x
2	白噪声		y	32	El-Centro	0.4	y
3	白噪声	—	$x+0.85y$	33	El-Centro	0.4	$x+0.85y$
4	El-Centro	0.05	x	34	Taft	0.4	x
5	El-Centro	0.05	y	35	Taft	0.4	y
6	El-Centro	0.05	$x+0.85y$	36	Taft	0.4	$x+0.85y$
7	Taft	0.05	x	37	人工波	0.4	x
8	Taft	0.05	y	37	人工波	0.4	y
9	Taft	0.05	$x+0.85y$	39	人工波	0.4	$x+0.85y$
10	人工波	0.05	x	40	El-Centro	0.6	x
11	人工波	0.05	y	41	El-Centro	0.6	y
12	人工波	0.05	$x+0.85y$	42	El-Centro	0.6	$x+0.85y$
13	El-Centro	0.15	x	43	Taft	0.6	x
14	El-Centro	0.15	y	44	Taft	0.6	y
15	El-Centro	0.15	$x+0.85y$	45	Taft	0.6	$x+0.85y$

续表

试验工况	输入地震波	加速度峰(g)	输入方向	试验工况	输入地震波	加速度峰(g)	输入方向
16	Taft	0.15	x	46	人工波	0.6	x
17	Taft	0.15	y	47	人工波	0.6	y
18	Taft	0.15	$x+0.85y$	48	人工波	0.6	$x+0.85y$
19	人工波	0.15	x	49	El-Centro	0.8	x
20	人工波	0.15	y	50	El-Centro	0.8	y
21	人工波	0.15	$x+0.85y$	51	El-Centro	0.8	$x+0.85y$
22	El-Centro	0.3	x	52	Taft	0.8	x
23	El-Centro	0.3	y	53	Taft	0.8	y
24	El-Centro	0.3	$x+0.85y$	54	Taft	0.8	$x+0.85y$
25	Taft	0.3	x	55	人工波	0.8	x
26	Taft	0.3	y	56	人工波	0.8	y
27	Taft	0.3	$x+0.85y$	57	人工波	0.8	$x+0.85y$
28	人工波	0.3	x	58	El-Centro	1	$x+0.85y$
29	人工波	0.3	y	59	El-Centro	1.2	$x+0.85y$
30	人工波	0.3	$x+0.85y$	60	El-Centro	1.5	$x+0.85y$
				61	El-Centro 未压缩	1.5	$x+0.85y$

2.5　结构模型试验现象

2.5.1　非隔震结构模型试验现象

非隔震结构模型在 0.15g 地震作用前，没有观察到裂缝，结构反应处于弹性阶段。在 0.40g 地震作用后，结构出现了一些细微的裂纹，结构进入弹塑性阶段。此后随着地震输入的增加，上部结构晃动逐渐加剧，裂纹也不断开展，台面散落有碎屑物。在加载过程中可以明显观察到顶层相对于台面摇晃剧烈。在所有工况加载完后对结构模型进行观察，多数抗震墙处的横向裂缝开展得十分明显，个别墙肢在高度方向上已相互脱离，形成了一道贯通的裂缝；部分中柱和角柱的柱底出现了裂缝，有碎片脱落，钢丝外露且变形明显，见图 2-25。

(a)角柱开裂   (b)中柱开裂

(c)抗震墙开裂   (d)抗震墙形成贯通裂缝

图2-25   非隔震结构模型的开裂情况

2.5.2 隔震结构模型试验现象

在试验工况加载完成后，上部结构的柱和抗震墙始终没有出现明显的裂缝，可见上部结构基本处于弹性阶段，塑性的开展十分有限。在结构模型没有出现破坏的情况下，进行增补工况试验。从试验过程来看，隔震层产生了很大的位移，支座变形严重，随后上部结构整体向一侧倾斜，处于受拉一侧的隔震支座在水平向剪力和竖向拉力的共同作用下，最终断裂，上部结构整体倾覆失稳，见图 2-26。

(a)结构整体倾覆   (b)支座发生变形

图2-26   隔震结构模型的试验现象

2.5.3　试验现象对比

从非隔震结构模型和隔震结构模型的试验情况可以看出，非隔震结构顶层地震作用放大显著，产生了剧烈的抖动，台面散落了一些杂质；隔震结构只是整体产生了轻微的晃动，总体平稳。非隔震结构的抗震墙部分在地震作用过程中起到了第一道防线的作用，其裂缝开展明显，耗散了大部分地震能量，但起第二道防线作用的框架部分却在一些部位的柱底处出现了破坏情况，试验结束时部分剪力墙开裂明显，一些柱子也产生了明显的裂缝，结构虽没有发生倒塌，但已损伤严重；对于隔震结构模型，其上部结构没有出现明显的破坏，地震能量由隔震层耗散，但从破坏模式来看，隔震层的水平位移过大以及上部结构倾覆力矩对隔震支座产生的拉力最终导致支座断裂，上部结构整体失稳。

同时需要注意的是，在增补工况下，非隔震结构虽然损坏严重，在完整的工况加载过程中始终没有丧失整体性，实现了大震不倒的抗震设防目标；而隔震结构在增补工况加载不久后便因为隔震层的破坏而导致整个结构倾覆。可见，隔震层作为隔震结构的薄弱层，对整体结构的安全起到了至关重要的作用，在超烈度地震作用下其重要性甚至不亚于上部结构。

2.6　结构模型动力特性及地震响应

在对结构模型依次输入地震波的过程中，结构模型的动力特性会发生变化。通过每次试验工况后的白噪声扫频并采集数据，进行模态分析后可以得到对应工况下的结构模型动力特性。本小节分析结构模型的频率、阻尼比和振型，对不同强度的各种地震波作用下，非隔震与隔震结构模型的加速度反应，位移反应，层间位移角和扭转反应进行对比分析。

2.6.1　结构模型的频率变化和阻尼比

每个工况加载后，隔震结构模型与非隔震结构模型 x 向和 y 向的自振频率下降百分比和阻尼比，如图 2-27 和表 2-12、表 2-13 所示。

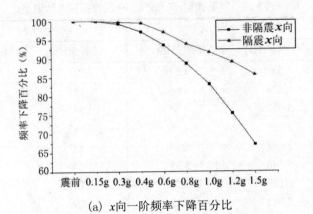

(a) x向一阶频率下降百分比

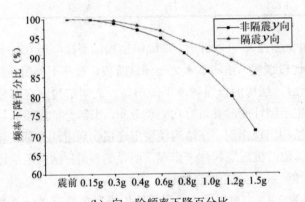

(b) y向一阶频率下降百分比

图2-27　地震作用下模型结构的频率变化

表2-12　非隔震模型x向和y向的一阶自振频率和阻尼比

工况	x 向		y 向	
	一阶频率(Hz)	一阶阻尼比(%)	一阶频率(Hz)	一阶阻尼比(%)
震前	14.248	3.36	14.550	4.76
0.15g	14.239	3.41	14.520	4.83
0.30g	14.133	3.43	14.376	4.91
0.40g	13.834	3.44	14.124	4.86
0.60g	13.336	3.46	13.812	5.18
0.80g	12.628	3.52	13.241	5.01
1.00g	11.843	3.47	12.542	5.21
1.20g	10.743	3.74	11.613	5.64
1.50g	9.5670	3.99	10.326	5.93

表2-13　隔震模型x向和y向的一阶自振频率和阻尼比

工况	x 向		y 向	
	一阶频率(Hz)	一阶阻尼比(%)	一阶频率(Hz)	一阶阻尼比(%)
震前	5.631	4.54	5.711	4.89
0.15g	5.629	4.66	5.698	5.01
0.30g	5.612	4.58	5.682	5.23
0.40g	5.599	4.95	5.668	5.78
0.60g	5.462	5.14	5.532	5.62
0.80g	5.286	5.38	5.376	6.37
1.00g	5.159	5.73	5.257	6.61
1.20g	5.012	6.16	5.089	7.24
1.50g	4.821	6.71	4.888	7.99

从图 2-27 和表 2-12 中可以看出，非隔震结构模型在经历 0.4g 地震作用前，结构的自振频率下降比较缓慢，结构基本处于弹性阶段，观察不到明显的损坏现象；在经历 0.4g 地震作用后，结构的自振频率下降明显，表明结构中有部分构件已经进入了非线性阶段，产生了塑性变形并进行内力重分布，少部分抗震墙和柱子表面可以观察到混凝土开裂，结构出现损伤；在结构模型出现损伤后继续加载，自振频率降低幅度持续增大，有些部位的抗震墙和柱子出现了明显的裂缝；结构阻尼比的变化趋势基本与频率的变化规律一致，呈逐步增大。

从图 2-27 和表 2-13 中可以看出，隔震结构模型在经历 0.4g 地震作用前，结构的自振频率基本不变，没有出现损坏现象，说明结构处于弹性阶段；在经历 0.4g 地震作用后，结构的自振频率较之前相比，减小幅度略有增大；在试验加载完所有设计工况后，隔震结构的频率虽有减小但总体不大，说明结构中有部分构件进入了塑性，但结构塑性的发展有限，上部结构也没有出现明显的损坏；结构的阻尼比有明显的增大趋势，尤其是在大震作用下，主要是因为隔震层的水平向变形很大，隔震支座充分发挥了阻尼耗能的作用。

综上所述，在输入 0.4g 地震作用前，隔震结构仍处于弹性状态，非隔震结构有部分构件进入了塑性；随着地震输入的加大，隔震与非隔震结构模型的频率均呈现减小的趋势，但隔震结构模型在相同工况的作用下其频率的减小幅度远小于非隔震结构模型，且在大震作用下隔震层的阻尼增大明显，充分发挥了隔震支座的耗能能力，上部结构没有出现明显的损坏，基本处于弹性阶段，说明隔震结构上部结构破坏小，经得起大震的考验。

2.6.2 结构模型的振型

对白噪声扫频收集到的数据进行模态分析，可以得到每次试验工况加载后，两种结构模型在 x 方向和 y 方向上的振型。非隔震结构模型和隔震结构模型在地震作用前后的前两阶振型见图 2-28 和图 2-29。

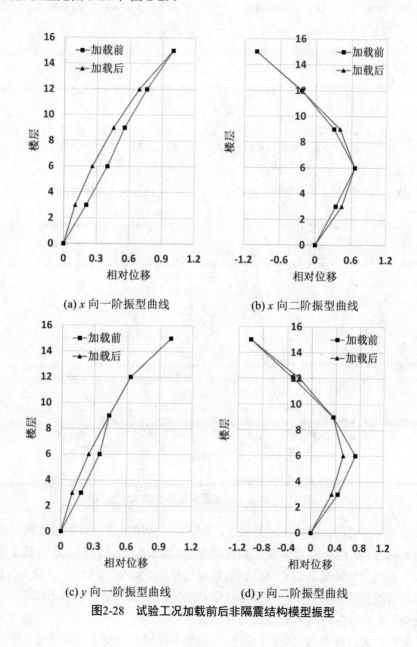

(a) x 向一阶振型曲线　　　　(b) x 向二阶振型曲线

(c) y 向一阶振型曲线　　　　(d) y 向二阶振型曲线

图2-28　试验工况加载前后非隔震结构模型振型

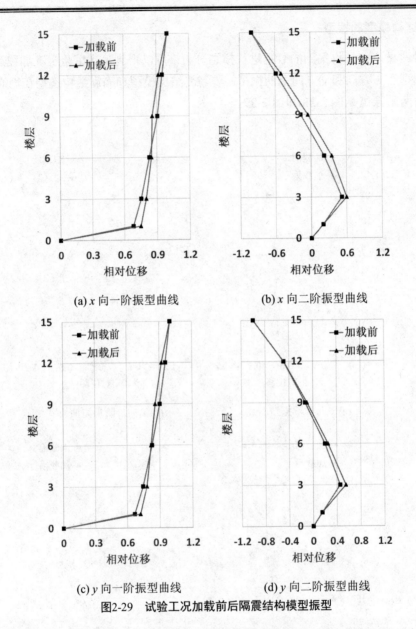

(a) x 向一阶振型曲线   (b) x 向二阶振型曲线

(c) y 向一阶振型曲线   (d) y 向二阶振型曲线

图2-29 试验工况加载前后隔震结构模型振型

从图中可以看出，试验工况加载前，非隔震结构模型的一阶振型呈现出从下往上不断放大的特点，混合有弯曲变形和剪切变形；隔震结构 x 向和 y 向的基本振型均为剪切型，表现为整体平动，上部结构的层间位移小于非隔震结构。试验工况加载后，非隔震结构模型基本振型呈弯曲变形，这是因为框架柱的破坏和剪力墙塑的性发展，隔震结构 x 向和 y 向的基本振型仍为剪切型。

综上可知大震作用后，高层隔震结构的基本振型不会发生实质变化，仍以上部结构整体平动为主，而高层非隔震结构弯曲变形明显，结构的振型参与复杂。但要注意的是隔震层的层间位移很大，要提高隔震层楼板的整体刚度和连接构件的构造，使隔震层的变形能力加强。

2.6.3 结构模型的加速度反应

对布置在各楼层处的加速度传感器采集到的数据进行分析，可以得到不同工况下，非隔震结构和隔震结构的绝对加速度反应及其对比如图 2-30~图 2-34 所示。

由图可以看出，在不同强度地震作用下，非隔震结构加速度沿楼层高度变化较不规则，总体呈现不断放大的趋势，在结构顶层达到最大，上部各层的加速度反应均大于地震输入，反应剧烈；在部分工况下出现 K 字形分布，可见非隔震结构在振动过程中有高阶振型的参与。隔震结构模型上部的加速度反应远小于台面输入，各楼层加速度反应相差不大，整体处于平动状态；部分工况出现各楼层加速度沿高度呈 K 字形分布，到顶层时有所放大，但总体小于地震输入。隔震结构的加速度远小于非隔震结构。

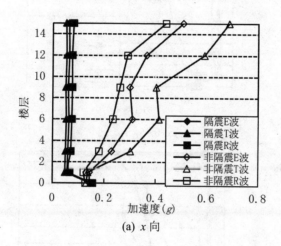

(a) x 向

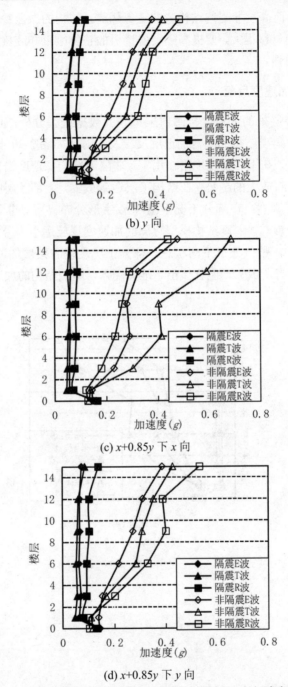

(b) *y* 向

(c) *x*+0.85*y* 下 *x* 向

(d) *x*+0.85*y* 下 *y* 向

图2-30　0.15*g*地震作用下隔震与非隔震结构*x*向和*y*向加速度峰值对比

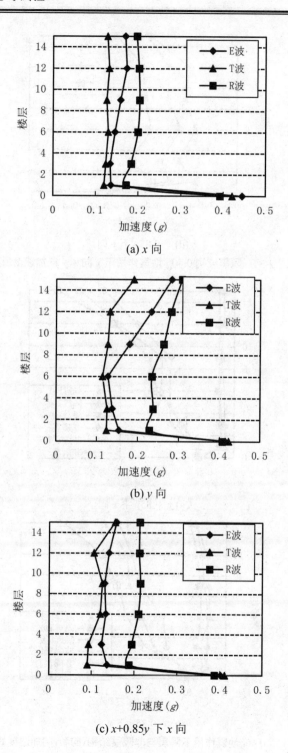

(a) x 向

(b) y 向

(c) $x+0.85y$ 下 x 向

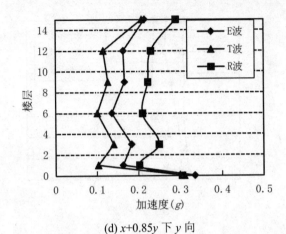

(d) $x+0.85y$ 下 y 向

图 2-31　隔震结构 0.40g 地震作用下 x 向和 y 向加速度反应

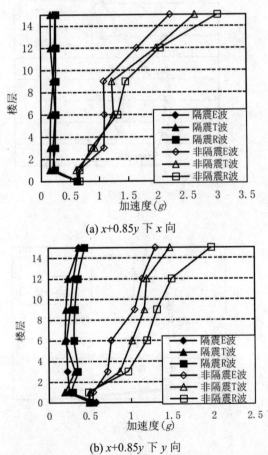

(a) $x+0.85y$ 下 x 向

(b) $x+0.85y$ 下 y 向

图2-32　0.60g地震作用下隔震与非隔震结构x向和y向加速度峰值对比

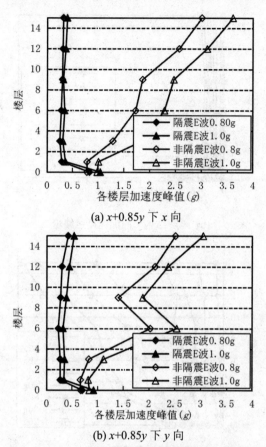

(a) $x+0.85y$ 下 x 向

(b) $x+0.85y$ 下 y 向

图2-33　E波(0.80g、1.0g)作用下隔震与非隔震结构x向和y向加速度峰值对比

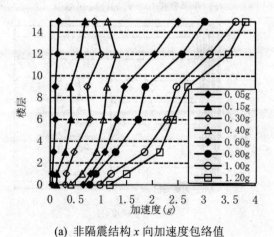

(a) 非隔震结构 x 向加速度包络值

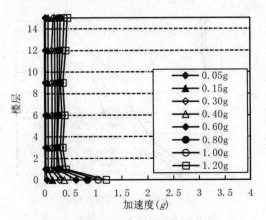

(b) 隔震结构 x 向加速度包络值

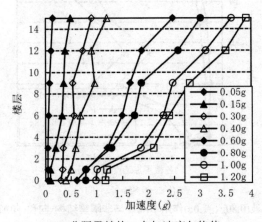

(c) 非隔震结构 y 向加速度包络值

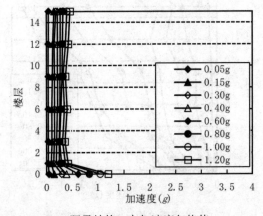

(d) 隔震结构 y 向加速度包络值

图2-34　隔震与非隔震模型结构加速度包络对比

模型顶层的最大加速度与台面的加速度比值为最大加速度放大系数，隔震与非隔震结构模型在各工况下的最大加速度放大系数见表 2-14。

表2-14　结构模型在各工况下的最大加速度放大系数

工况类型	反应方向	E 波		T 波		人工波	
		隔震	非隔震	隔震	非隔震	隔震	非隔震
x 向 0.15g	x 向	0.41	3.08	0.35	2.65	0.52	2.76
y 向 0.15g	y 向	0.55	3.14	0.68	2.95	0.99	2.94
x+y 向 (0.15+0.13g)	x 向	0.41	3.25	0.38	3.21	0.52	2.55
x+y 向 (0.15+0.13g)	y 向	0.51	3.30	0.64	3.10	1.05	2.91
x 向 0.40g	x 向	0.38	3.12	0.30	3.04	0.50	3.02
y 向 0.40g	y 向	0.68	3.00	0.45	3.12	0.75	3.16
x+y 向 (0.4+0.34g)	x 向	0.40	3.54	0.38	3.28	0.55	3.48
x+y 向 (0.4+0.34g)	y 向	0.64	3.59	0.67	3.23	0.95	3.57
x+y 向 (0.6+0.51g)	x 向	0.42	3.63	0.29	3.42	0.44	3.69
x+y 向 (0.6+0.51g)	y 向	0.64	3.50	0.68	3.38	0.88	3.77
x+y 向 (0.8+0.68g)	x 向	0.39	3.85	—	—	—	—
x+y 向 (0.8+0.68g)	y 向	0.60	3.75	—	—	—	—
x+y 向 (1.0+0.85g)	x 向	0.38	3.56	—	—	—	—
x+y 向 (1.0+0.85g)	y 向	0.58	3.79	—	—	—	—
x+y 向 (1.2+1.02g)	x 向	0.38	3.94	—	—	—	—
x+y 向 (1.2+1.02g)	y 向	0.57	4.03	—	—	—	—

从表 2-14 中可以看出，地震输入为 0.15g 时，隔震结构模型最大加速度放大系数的范围是 0.35~1.05；地震输入为 0.40g 时，隔震结构模型最大加速度放大系数的范围是 0.3~0.95；地震输入为 0.60g 时，隔震结构模型最大加速度放大系数的范围是 0.29~0.88；地震输入在 0.80g 及以上时，隔震结构模型最大加速度放大系数的范围是

0.38~0.60。可见，随着地震输入的增强，隔震结构模型的顶层加速度放大程度有减小的趋势，这主要是因为隔震支座在地震作用下其水平刚度随着变形增大而减小，从而上部结构在大震作用下能达到更好的隔震效果。

　　在不同工况下，隔震结构的最大加速度放大系数是 0.29~1.05，各层的加速度反应明显小于台面地震输入，顶层最大加速度反应也基本与台面地震输入持平；而非隔震结构顶层的最大加速度放大系数是 2~4，各层的加速度反应也都大于台面地震输入。这表明采用基础隔震后，上部结构隔震效果明显，可以降度设计。

2.6.4　结构模型的位移反应

　　层间位移角和扭转角是结构的重要抗震指标。本次试验，由于测点不是逐层布置的，所以层间位移角为各测点所在楼层之间的平均层间位移角。

　　1.非隔震结构模型层间位移角

　　非隔震结构的层间位移角包络图见图 2-35~图 2-36。

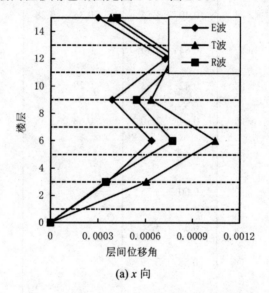

(a) x 向

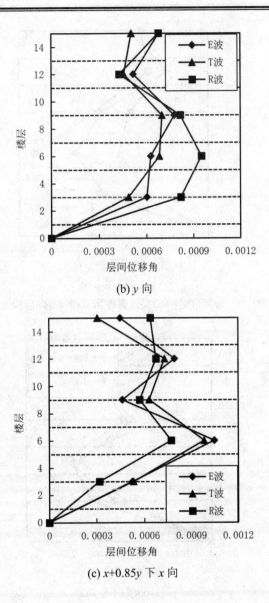

(b) y 向

(c) $x+0.85y$ 下 x 向

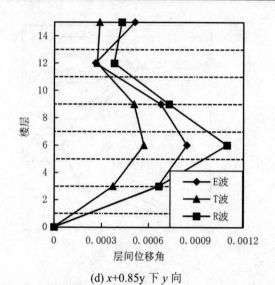

(d) $x+0.85y$ 下 y 向

图2-35 非隔震结构0.15g地震作用下x向和y向层间位移角

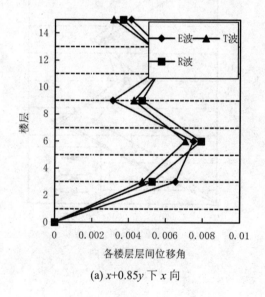

(a) $x+0.85y$ 下 x 向

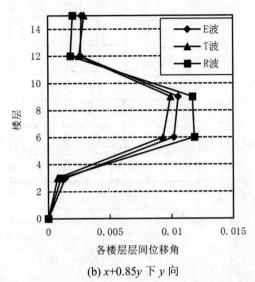

(b) $x+0.85y$ 下 y 向

图2-36 非隔震结构0.60g地震作用下x向和y向层间位移角

从图 2-35 和图 2-36 可以看出，x 向和 y 向的层间位移角最大值一般都出现在结构的中低层处；非隔震结构在 0.15g 地震作用下层间位移角很小，结构处于弹性阶段；在 0.60g 地震作用下 x 向和 y 向层间位移角增大很多，结构进入了弹塑性阶段。

2.隔震结构模型层间位移角

隔震结构模型上部结构在地震输入较小的情况下层间位移角很小，故仅列出较大地震输入的部分工况，隔震结构的层间位移角包络图见图 2-37~图 2-38。

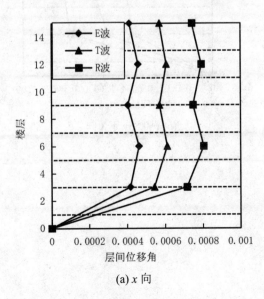

(a) x 向

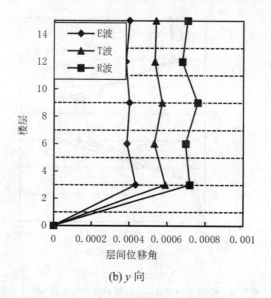

(b) y 向

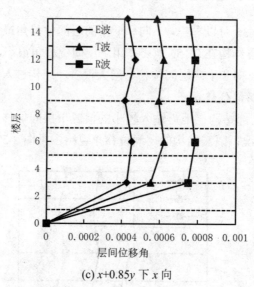

(c) $x+0.85y$ 下 x 向

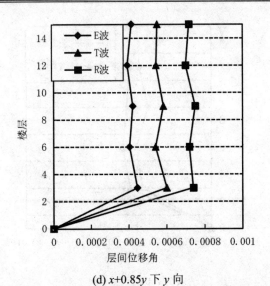

(d) $x+0.85y$ 下 y 向

图2-37 隔震结构0.60g地震作用下x向和y向层间位移角

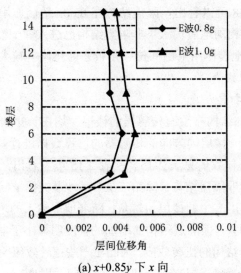

(a) $x+0.85y$ 下 x 向

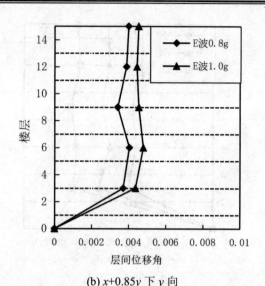

(b) $x+0.85y$ 下 y 向

图2-38　隔震结构在E波(0.8g和1.0g)作用下x向和y向层间位移角

从图 2-37 和图 2-38 可以看出，隔震结构在 0.60g 地震作用下层间位移角很小，结构处于弹性阶段，在相同地震输入下非隔震结构已进入弹塑性阶段，可见隔震效果很好；在 0.8g 和 1.0g 地震作用下层间位移角较之前相比有较大的增加，但远小于非隔震结构相同工况下的数值。

3.隔震结构模型的扭转反应

本次试验，在上部结构布置有传感器的楼层，均在长短边方向布置了两个同方向的传感器，通过对同一楼层同方向的传感器的位移数据进行差值处理，可以得到对应楼层的扭转变形，具体数值见表 2-15。从表 2-15 可以看出，相同工况下隔震结构的楼层扭转角明显小于非隔震结构；除第三层外，地震波沿 y 向作用产生的楼层扭转角大于地震波沿 x 向作用产生的楼层扭转角；随着地震输入的增大，非隔震与隔震结构模型的扭转效应均增大，但隔震结构的增加的幅度明显小于非隔震结构，可见隔震结构能很好地改善上部结构的扭转效应，因此在一些扭转效应明显的塔楼和裙房结构中，可以在塔楼底部设置隔震层来改善扭转带来的不利影响。

表2-15 上部结构扭转角(10^{-4}rad)

E波	输入方向	第3层		第6层		第9层		第12层		第15层	
		非隔震	隔震	非隔震	隔震	非隔震	隔震	非隔震	隔震	非隔震	隔震
0.15g	x 向	1.69	0.65	0.85	0.59	1.46	0.83	2.9	1.19	1.68	0.88
0.15g	y 向	0.88	0.57	1.37	0.65	2.48	1.41	3.02	1.25	2.34	1.28
0.60g	x 向	10.59	2.89	5.62	3.56	6.46	3.93	14.96	3.81	11.24	4.93
0.60g	y 向	4.94	2.76	8.87	3.71	9.87	4.06	20.59	3.98	14.56	5.01
0.80g	x 向	15.67	3.19	7.62	4.09	9.27	4.56	19.16	4.22	15.92	5.53
0.80g	y 向	6.06	3.05	12.34	4.7	13.85	5.21	25.32	5.04	17.21	6.03
1.00g	x 向	19.23	3.76	8.7	4.96	10.27	5.42	25.03	5.06	24.12	6.29
1.00g	y 向	9.36	6.53	15.8	5.6	17.57	6.23	28.02	6.01	25.66	7.27

2.6.5 隔震层动力反应

1.隔震层的位移

　　罕遇地震作用下的隔震层位移是关系到结构整体安全性的一项重要指标，《建筑抗震设计规范》对此有明确的规定，限值是支座直径的 0.55 倍和橡胶层厚度的 3 倍的较小值，因此本次试验的隔震层位移限值为 min(0.55×110,3×21)=60.5mm。具体试验结果见表 2-16。

　　从表 2-16 中可以看出，相同烈度作用下，人工波产生的隔震层位移最大；相同烈度、相同地震波作用下，x 向隔震层位移大于 y 向隔震层位移；随着 E 波输入的增强，隔震层位移增大明显，E 波 x+0.85y 向(1.2g+1.02g)作用下，隔震层 x 向的位移达到 37.93mm，隔震层 y 向的位移达到 35.77mm，隔震层变形明显，但没有超过规范限值 60.5mm。

　　隔震层的耗能性能是隔震层设计的重要指标，将三向力传感器采集的隔震支座水平力，同隔震支座的水平向位移绘成隔震支座的滞回曲线。此处给出了 1.2g 地震作用下的支座滞回曲线，见图 2-39。从图 2-39 可以看出，隔震支座的双线性特性明显，初始刚度大，屈服后刚度小；x 向和 y 向的滞回曲线均较为饱满均称，可见隔震支座在大震作用下具有很好的耗能能力。

表2-16　隔震层位移

工况	隔震层位移(mm)	
	x	y
E 波 x 向(0.40g)	14.29	—
E 波 y 向(0.40g)	—	10.35
T 波 x 向(0.40g)	18.61	—
T 波 y 向(0.40g)	—	16.28
人工波 x 向(0.40g)	18.63	—
人工波 y 向(0.40g)	—	15.48
E 波 x+0.85y 向(0.6g+0.51g)	15.54	12.87
T 波 x+0.85y 向(0.6g+0.51g)	23.62	17.22
人工波 x+0.85y 向(0.6g+0.51g)	28.19	22.71
E 波 x+0.85y 向(0.8g+0.68g)	21.27	16.23
E 波 x+0.85y 向(1.0g+0.85g)	26.45	22.26
E 波 x+0.85y 向(1.2g+1.02g)	37.93	35.77

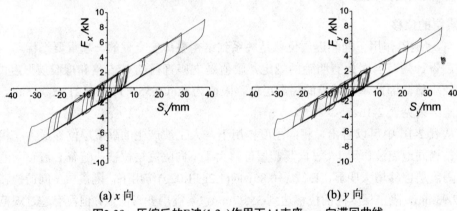

(a) x 向　　　　　　　　　　(b) y 向

图2-39　压缩后的E波(1.2g)作用下A1支座x、y向滞回曲线

2.隔震支座最大竖向力

隔震支座在地震作用下的拉压应力直接影响到支座的性能和高层隔震结构的整体稳定，本次试验隔震支座的拉应力和压应力结果分别见表 2-17 和表 2-18，其中压应力为负值，拉应力为正值。

表2-17　隔震支座在不同地震波输入下的最大竖向拉应力(MPa)

工况	隔震支座			
	A1 支座	A2 支座	A3 支座	A4 支座
E 波 x 向(0.40g)	-1.13	-1.24	-1.20	-1.27
E 波 y 向(0.40g)	-1.30	-0.60	-0.13	-1.34
T 波 x 向(0.40g)	-1.23	-1.25	-1.18	-1.21
T 波 y 向(0.40g)	-1.32	-0.67	-0.66	-1.26
人工波 x 向(0.40g)	-1.13	-1.17	-1.11	-1.05
人工波 y 向(0.40g)	-1.30	-0.39	-0.17	-1.11
E 波 x+0.85y 向(0.6g+0.51g)	-0.85	-0.50	-0.28	-0.43
T 波 x+0.85y 向(0.6g+0.51g)	-1.13	-0.59	-0.58	-0.96
人工波 x+0.85y 向(0.6g+0.51g)	-0.81	-0.25	0.46	-0.53
E 波 x+0.85y 向(0.8g+0.68g)	-0.72	0.15	0.26	-0.34
E 波 x+0.85y 向(1.0g+0.85g)	-0.53	0.61	0.30	-0.22
E 波 x+0.85y 向(1.2g+1.02g)	-0.49	1.31	0.40	0.11

表2-18　隔震支座在不同地震波输入下的最大竖向压应力(MPa)

工况	隔震支座			
	A1 支座	A2 支座	A3 支座	A4 支座
E 波 x 向(0.40g)	-2.08	-1.99	-2.08	-2.03
E 波 y 向(0.40g)	-1.99	-3.09	-2.62	-2.38
T 波 x 向(0.40g)	-2.03	-1.97	-2.05	-1.81
T 波 y 向(0.40g)	-2.01	-2.56	-2.59	-2.09
人工波 x 向(0.40g)	-2.16	-2.08	-2.12	-2.19
人工波 y 向(0.40g)	-2.17	-2.95	-2.89	-2.61
E 波 x+0.85y 向(0.6g+0.51g)	-2.33	-3.26	-2.47	-3.14
T 波 x+0.85y 向(0.6g+0.51g)	-2.20	-2.61	-2.44	-2.96
人工波 x+0.85y 向(0.6g+0.51g)	-2.56	-3.26	-2.77	-3.13
E 波 x+0.85y 向(0.8g+0.68g)	-2.42	-3.59	-2.59	-2.88
E 波 x+0.85y 向(1.0g+0.85g)	-2.68	-4.59	-3.71	-3.66
E 波 x+0.85y 向(1.2g+1.02g)	-2.98	-4.87	-4.00	-4.12

从表 2-17 可以看出，各隔震支座的最大拉应力随地震输入的增强而增加。在地震输入 0.40g 时，所有支座均处于受压状态；在地震输入 0.60g 时，只有在人工波作用下支座 A3 进入受拉状态，其余支座仍为受压状态；当地震输入增加到 1.2g 时，有

三个支座出现了拉应力，并且 A2 支座的拉应力达到了 1.31MPa，超过了规范允许的拉应力限值 1MPa，支座已经处于非线性拉伸的阶段，可见隔震支座进入了受拉不稳状态。从表 2-18 可以看出，各隔震支座的最大压应力随地震输入的增强而增大，但总体数值都不大，未超过规范允许的压应力限值 30MPa，可见从受压的角度而言，隔震支座还有很大的冗余度。因此，本次试验的高层隔震结构模型的隔震层设计由隔震支座的拉应力起控制作用。

3.隔震层倾角反应

隔震层的倾角反应是高层隔震结构整体稳定的重要参考依据，将位于结构两侧边的支座竖向变形差同两支座间距离的比值即为该方向的隔震层倾角。因 y 向为短轴方向，其倾角较 x 向大，最为不利，将不同工况下隔震层倾角反应的时程曲线绘于图 2-40。从图 2-40 可以看出，随着地震输入的增强隔震层倾角反应数值和曲线波动增大，可见隔震层的弯曲变形在增大，上部结构发生倾覆的危险性在增加。

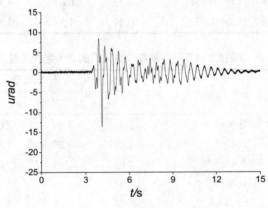

(a) E 波 $x+0.85y$ 向(0.6g+0.51g)

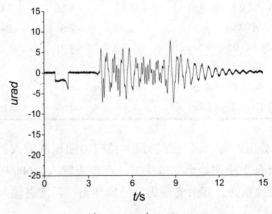

(b) T 波 $x+0.85y$ 向(0.6g+0.51g)

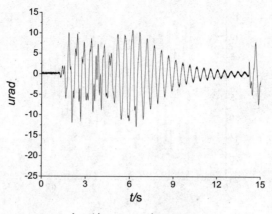

(c) 人工波 $x+0.85y$ 向 $(0.6g+0.51g)$

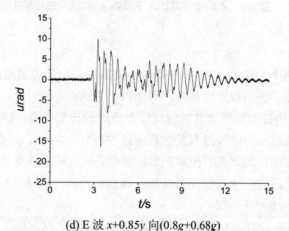

(d) E 波 $x+0.85y$ 向 $(0.8g+0.68g)$

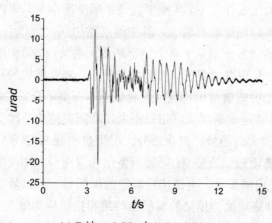

(e) E 波 $x+0.85y$ 向 $(1.0g+0.85g)$

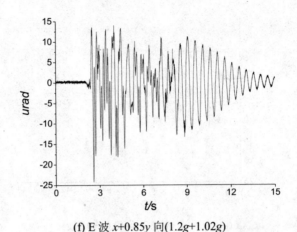

(f) E 波 *x*+0.85*y* 向(1.2*g*+1.02*g*)

图2-40　不同地震波输入下隔震层y向倾角的时程曲线

2.7 本章小结

本章介绍了两个比例为 1/35 的隔震与非隔震振动台试验模型的设计与制作和试验方案，对其进行了振动台对比试验，得到以下结论：

(1) 非隔震结构模型的裂缝开展情况较隔震结构模型严重，抗震墙、边柱和角柱均出现了明显的裂缝，但结构没有发生整体性的破坏，实现了大震不倒的设防目标；隔震结构模型上部结构始终没有出现明显的裂缝，但支座最终受拉破坏，结构整体倾覆失稳，说明在大震作用下高层隔震结构隔震层的设计对整体结构起到了控制作用，其中支座的受拉问题十分关键。

(2) 随着地震输入的加大，隔震与非隔震结构模型的频率均呈现减小的趋势，但隔震结构模型在相同工况作用下，其频率的减小幅度远小于非隔震结构模型频率的减小幅度；两种结构的阻尼比均有增大，其中隔震结构在大震作用下阻尼比增大明显；非隔震结构模型初始基本振型从下至上呈不断放大的特点，结构既有弯曲变形又有剪切变形，大震后主要呈现弯曲变形，振型参与复杂；隔震结构的初始基本振型为剪切型，表现为整体平动的隔震结构特点，大震后基本振型不会发生实质性的变化。

(3) 隔震结构各楼层加速度反应相差不大，非隔震结构各楼层加速度反应沿楼层高度总体呈现不断放大的趋势，但在部分工况下也出现 K 字形分布，可见非隔震结构在振动过程中有高阶振型的参与；隔震模型结构顶层最大加速度约为非隔震结构模型的 1/5，这表明采用隔震后，上部结构隔震效果明显，可以降度设计；随着地震输入的增大，隔震与非隔震结构模型的层间位移角和扭转角均增大，但隔震结构的增加的幅度明显小于非隔震结构，可见隔震结构能很好地减小高层结构的层间变形和扭转效应。

(4) 隔震支座的滞回曲线较为饱满均称，滞回环随地震输入增加而增大，可见隔震支座在大震作用下起到了很好的耗能能力；试验结构模型隔震层变形明显，但没有超过规范限值；随着地震输入的增大，支座明显进入了非线性拉伸应力状态，处于受拉不稳状态，但隔震支座的压应力还有很大的冗余度；地震输入的增强使隔震层倾角反应波动增大，可见隔震层的弯曲变形在增大，上部结构发生倾覆的危险性在增加。

第 3 章　底层柱顶隔震框架结构振动台试验

3.1　引言

采用低位层间隔震技术的框架结构，相对于采用基础隔震体系，不但施工方便且经济。由于普遍担心其下部结构的安全，以及缺乏现行抗震规范的指导，所以工程应用较少。现阶段的工程实践表明：隔震层设于底层柱顶是主要的低位层间隔震形式，这类房屋结构形式大多是钢筋混凝土框架结构。底层柱顶隔震结构的下部结构即为底层结构，其主要形式有独立柱、框架柱带拉梁。由于独立柱受力类似悬臂柱，适宜在底层高度较矮时或上部楼层较少采用；如底层高度较高或上部楼层较多，底层结构可选择框架柱带拉梁形式。

基于上述原因及工程界对下部结构的抗震设计急需理论指导和数据支持，所以本章试验研究以一个实际工程结构为参考背景，设计并制作了四种缩尺比例为 1∶5 的 7 层试验用的钢筋混凝土模型结构，其中底层柱顶隔震模型结构有三种（下部结构形式分别为框架柱带大拉梁、框架柱带小拉梁、独立柱）和对比的抗震模型结构一种，进行了四种模型结构共 48 个工况的水平单向模拟地震动振动台试验研究。底层柱顶隔震模型和抗震模型的最主要差别是：底层柱顶隔震结构的设计，依据《建筑抗震设计规范》的要求，隔震层支墩、支柱及相连构件，应采用隔震结构罕遇地震下隔震支座底部的竖向力、水平力和力矩进行承载力验算。因而其底层柱子的截面尺寸比按常规抗震设计的底层柱子（采用多遇地震内力计算）截面尺寸来得大。

本章详细介绍了试验模型结构的设计和制作过程、试验方案，并阐述了振动台试验结果的分析和对比。

3.2　试验研究目的和内容

本试验的主要目的是研究三种不同下部结构形式的底层柱顶隔震结构的地震反应。分析和对比三种不同的隔震下部结构自身的地震反应和差异，为底层柱顶隔震结构的抗震设计提供试验数据，指出三种不同下部结构形式的底层柱顶隔震结构各自的适用范围，为底层柱顶隔震结构的工程应用提出建议。

对上述四种模型结构进行振动台试验研究的主要内容有：测定模型结构的自振特性和分析其受震前后的变化情况；输入三条地震波，分别为 El Centro 波、Taft 波和人工波。每条地震波有四个不同加速度峰值，分别为 0.10g、0.15g、0.20g、0.30g，测出上述地震作用下模型的楼层加速度反应、层间位移反应和层间剪力，并对其进行对比分析，特别是三种不同的隔震下部结构自身的地震反应和差异。

3.3 模型结构设计和制作

3.3.1 模型结构的选择

1.工程背景

某宿舍楼，底层架空，层高 4.8m；2~7 层为内廊宿舍，层高 3.3m；钢筋混凝土框架结构，采用底层柱顶隔震技术，底层结构形式为框架柱带拉梁；2~7 层建筑平面如图 3-1 所示，结构竖向剖面如图 3-2 所示；抗震设防烈度为 7 度（0.15g）；场地 10km 内无发震断层；场地类别 II 类，特征周期 0.35s，基本风压为 0.8kPa。

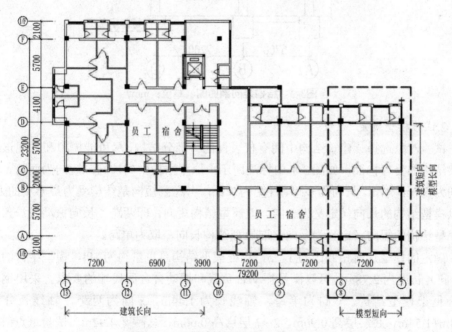

图3-1　2~7层建筑平面图（单位：mm）

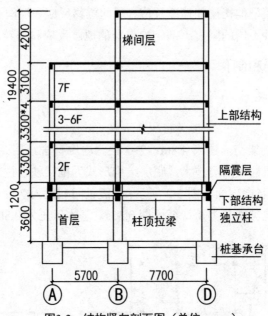

图3-2　结构竖向剖面图（单位：mm）

2.试验模型确定

试验对象选择该建筑结构中间有代表性的一部分结构，尽可能模拟和体现该类型框架结构的受力特征，如图 3-1 中标注所示。原型结构中间柱网，短向为两跨，跨度分别为 5.7m+7.7m，长向为多跨，柱距为 7.2m。考虑到短向是结构受力最不利的方向，所以模型结构的长向（定义为 x 向）取原型结构短向，即两跨；长向振动较一致，所以模型结构的短向（定义为 y 向）取原型结构长向，取为单跨。

确定的模型几何相似比为 1∶5，这样模型结构总重量约为 10t，模型结构的长向（x 向）长度为 2.78m，可以满足振动台负载和振动台台面尺寸的要求。采用钢筋混凝土框架模型结构。y 向为单跨，轴线长为 1.44m，x 向为两跨，轴线长分别为 1.14m+1.54m，底层层高 0.96m，2~7 层层高 0.66m，总高度 4.92m。试验重点研究长向（x 向）的动力特性和动力反应。x 向高宽比为 1.84（隔震层以上为 1.48）接近于一般多层结构的高宽比。模型结构平面如图 3-3 所示。

模型结构的上部 6 层是可重复利用的，下部结构底层分别制作，最后能相互拼接成为四种模型结构来达到试验目的。其中三种底层柱顶隔震模型结构分别是框架柱带大拉梁（本书简称大拉梁模型）模型结构、框架柱带小拉梁（本书简称小拉梁模型）模型结构、独立柱模型结构和对比的抗震模型结构，图 3-4 所示为组装后的小拉梁模型结构试验照片。

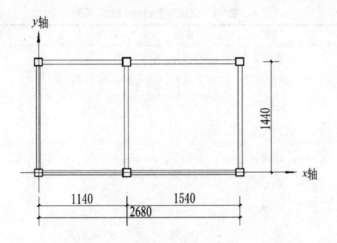

图3-3　模型结构平面图（单位：mm）

图3-4　小拉梁模型结构试验照片

3.模型结构相似系数

确定了模型结构几何相似比为 1：5，模型结构与原型结构的相似关系如表 3-1 所示。

表3-1　试验模型结构的相似系数

类型	物理量	量纲	符号及算式	相似系数
几何尺寸	线尺寸 l	[L]	S_L	1/5
	线位移 δ	[L]	$S_\delta = S_L$	1/5
	角位移 β	—	S_β	1
材料特性	弹性模量 E	[FL^{-2}]	S_E	1
	密度 ρ	[FL^{-4}T^2]	S_ρ	0.96
	泊松比 μ	—	S_u	1
	应变 ε	—	S_ε	1
	应力 σ	[FL^{-2}]	$S_\sigma = S_E S_\varepsilon$	1
	等效质量密度 ρ_e	[FL^{-4}T^2]	S_{ρ_e}	2.5
荷载	集中荷载 F	[F]	$S_F = S_E S_L^2$	1/25
	弯矩 M	[FL]	$S_M = S_\sigma S_L^3$	1/125
	时间 t	[T]	$S_T = S_L \sqrt{S_{\rho_e}/S_E}$	0.316
动力指标	自振频率 ω	[T^{-1}]	$S_\omega = 1/S_T$	3.164
	阻尼比 ξ	—	S_ξ	1/50
	加速度幅值 a	[LT^{-2}]	$S_a = S_E/(S_L S_{\rho_e})$	2
	加速度频率 v	[T^{-1}]	$S_V = 1/S_T$	3.164
	结构刚度 k	[FL^{-1}]	$S_k = S_E S_L$	1/5
	结构自重 m	[FL^{-1}T^2]	$m_m = S_{\rho_e} S_L^3 = 2.5 S_L^3$	1/50

原型结构柱受荷面积内的理论总体积为 169.30m^3，混凝土密度 2500kg/m^3，折合总质量 $m_p = 4.23 \times 10^5 \text{kg}$。试验材料和几何相似比确定后，模型的其他相似关系主要取决于等效质量密度 ρ_e 的相似系数 S_{ρ_e}。模型结构各部分的质量有，

（1）试验模型所需附加的人工质量（配重）为

$$m_{ad} = m_p(S_{\rho_e} - S_\rho)S_L^3 = 4.23 \times 10^5 (2.5 - 0.96) \times 0.008 = 5215 \text{kg} \quad (3\text{-}1)$$

（2）模型结构底座（基础）质量为

$$3 \times 1.8 \times 0.15 \times 2500 = 2025 \text{kg} \quad (3\text{-}2)$$

（3）模型结构构件总质量为：

$$m_{\mathrm{m}} = m_{\mathrm{p}} S_{\mathrm{L}}^3 S_{\rho} = 3079\mathrm{kg} \tag{3-3}$$

（4）模型结构总质量共计为：10319kg

试验模型所需附加的配重合计 5215kg，每层附加配重为 745kg。

3.3.2 模型结构材料的模拟及材性试验

原型结构采用普通混凝土，强度等级 C30，模型结构采用同强度等级的细石混凝土模拟；原型结构纵筋为 HRB400 级钢筋，箍筋为 HPB235 级钢筋，模型结构梁、柱纵筋和箍筋按强度相似原则模拟，分别采用 HRB400 级钢筋和高强钢丝。

1.细石混凝土材性试验

粗骨料为碎石，粒径为 5~15mm，坍落度为 140~160mm。采用压力试验机测定混凝土试块抗压强度，试验数据见表 3-2。

表3-2　混凝土立方体抗压强度试验数据

试件类别	设计强度等级	抗压强度 （N·mm^{-2}）	弹性模量 （N·mm^{-2}）
细石混凝土	C30	38.4	3.81×10^4

2.钢筋材性试验

采用拉力试验机测定钢筋的单向拉伸力学性能，试验结果见表 3-3。

表3-3　钢筋单向拉伸试验数据

直径 d （mm）	钢筋等级	屈服强度 f_y （N·mm^{-2}）	极限强度 f_u （N·mm^{-2}）	延伸率	弹性模量 E （N·mm^{-2}）
$\varnothing 6$	HRB400 级	531.9	654.8	26.1 %	1.95×10^5
$\varnothing^S 3$	高强钢丝	423.0	830.8	23.4 %	2.09×10^5

3.3.3 隔震支座性能参数设计与测试

1.隔震支座的选取

原型结构所用的六个无铅芯隔震支座直径为 600mm，屈服后刚度为 0.98kN/mm，隔震层水平刚度 5.88kN/mm，按相似比换算，模型结构的隔震层水平刚度为 1.176kN/mm。

试验选用普通叠层无铅芯橡胶隔震支座（本章简称隔震支座），确定隔震支座的直径考虑了：①具有足够的竖向承载力支撑模型的重量。②保证在试验中不失稳，水平变形限值有足够的安全储备。③在生产工艺稳定情况下,选取较大直径以方便试验和提高试验可靠性。综上,支座直径确定为 120mm。

隔震支座的规格设计如表 3-4 所示,隔震支座的力学性能参数设计如表 3-5 所示。隔震支座的剖面如图 3-5 所示,其中上下连接板加长是为了便于模型的拼装。

2.隔震支座性能参数测试

随机选取其中三个隔震支座在压剪试验机上进行支座的水平性能试验,恒定的竖向压应力 $[\sigma]$ 为 10MPa,剪应变分别为 $\gamma = 50\%$ 和 $\gamma = 100\%$ 。隔震支座试验照片如图 3-6 所示,力与剪切变形的关系曲线如图 3-7 所示。试验测得隔震支座水平等效刚度均值为 $k_\mathrm{d} = 0.15\,\mathrm{kN/mm}$,接近于计算的支座水平等效刚度值 $k_\mathrm{d} = 0.188\,\mathrm{kN/mm^{-1}}$,模型结构隔震层实际刚度为 0.936kN/mm 。

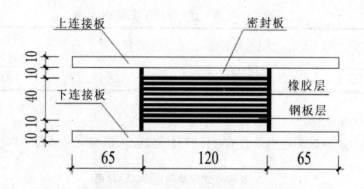

图3-5　隔震支座剖面图（单位：mm）

图3-6　隔震支座试验照片

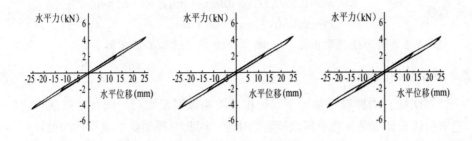

图3-7　隔震支座力与剪切变形的关系曲线

表3-4　隔震支座型号和规格

型　号	有效直径 d_0(mm)	有效高度 h_b(mm)	橡胶层数 n_r	橡胶厚度 t_r(mm)	橡胶总厚度 T_r(mm)
	120	60	12	2	24
LNR1 20	钢板层数 n_s	钢板层厚 t_s(mm)	第一形状系数 S_1	第二形状系数 S_2	受压截面积 A(mm^2)
	11	1.45	15	5	11304

表3-5　隔震支座力学性能参数设计值

型号	橡胶剪切模量 G(N/mm^2)	竖向压缩刚度 k_v(kN/mm)	水平等效刚度 k_d(kN/mm)	水平等效阻尼比 h_{eq}		水平位移限值 u_d(mm)
LNR120	0.392	215.8	0.188(γ=100%)	0.05(γ=50%)	0.04(γ=100%)	66

3.隔震支座的最大水平变形验算

由隔震支座的水平等效刚度值，并取 7 度（0.15g）罕遇地震的水平最大地震影响系数最大值 0.72，可得隔震层的最大位移为：

$$D_{max} = \frac{aMg}{K_{eq}} = \left[\frac{T_g}{T}\right]^r \times \eta_2 a_{max}\frac{Mg}{K_{eq}}$$

$$= \left[\frac{0.35}{0.65}\right]^{0.931} \times 1.069 \times 0.72 \times \frac{10^5}{6 \times 0.156 \times 10^6} = 46.55\text{mm}$$

（3-4）

《建筑抗震设计规范》要求的隔震支座水平位移限值为：

$$\min(0.55D, 3T_\mathrm{r}) = \min(66\mathrm{mm}, 72\mathrm{mm})66\mathrm{mm}$$

$$D\max = 46.21\mathrm{mm} < 66\mathrm{mm} \qquad (3\text{-}5)$$

式（3-5）表明所选取的隔震支座直径能满足试验的稳定性要求。

3.3.4　模型结构的设计

模型结构及构件设计参考原型结构并按相似关系缩尺，同时根据试验的目的和《建筑抗震设计规范》要求等进行适当调整，因此对模型结构及构件的设计有如下考虑。

1.对隔震模型结构的设计

（1）原型结构设计根据《建筑抗震设计规范》第 12.2.9 条要求，隔震下部结构的地震作用和抗震验算是依据隔震支座底面所受到的罕遇地震内力计算的，按相似关系缩尺后的底层柱子截面尺寸为 150mm×150mm，因此其截面尺寸大于对比的抗震模型底层的柱子截面尺寸。经计算，原型结构底层柱轴压比在 0.30~0.60，长细比接近 5。同时，为了分析和对比三种不同的隔震下部结构自身的地震反应和差异，三种隔震模型底层柱子均设计为相同的截面尺寸，即 150mm×150mm。

（2）工程设计中，依据《建筑抗震设计规范》，上部结构柱、梁截面尺寸采用换算 7 度（0.10g）作用下的多遇地震内力计算，经计算并相似关系缩尺后，2 层及以上柱子的截面尺寸为 100mm×100mm，2 层梁截面尺寸为 50mm×130mm，3 层及以上楼层梁截面尺寸为 50mm×100mm。

（3）根据《建筑抗震设计规范》对多层框架柱、梁设计的构造要求，大拉梁模型的框架柱、大拉梁线刚度比宜大于 1，使大拉梁有较大的刚度，与框架柱组成平面框架，并按梁、柱刚度比例分配隔震支座底面传来的弯矩。

（4）小拉梁模型的框架柱、小拉梁线刚度比应大于 1。小拉梁的刚度小，主要起到稳定和拉结的作用，并与框架柱组成平面框架。

（5）根据文献[4]的研究结果，隔震层顶部框架梁线刚度约为上部结构相应方向的 2 层框架柱线刚度 2 倍以上，可满足隔震层顶部框架梁作为上部结构固定支座的刚度要求，即可使上部结构以隔震层为嵌固端。

（6）根据《建筑抗震设计规范》第 12.2.8 条第 2 款要求，隔震层顶部梁、板的刚度和承载力，宜大于一般楼层梁、板的刚度和承载力。

（7）其他的调整有：取消板中的次梁，2 层以上的梁、柱配筋及截面相差较小的归并，隔震模型楼层梁与抗震模型楼层梁截面及配筋相同等。

2.对抗震模型结构的设计

1）建立对比的 7 层抗震结构计算模型，底层计算高度为 4.8m，柱、梁截面尺寸及柱长细比按常规的工程设计，底层柱轴压比控制在 0.85，柱、梁线刚度比宜大于 1。

2）采用为7度（0.15g）罕遇地震作用进行验算,底层层间弹塑性位移角达到1/112,符合常规的工程设计。因此底层柱子的截面尺寸缩尺后为120mm×120mm。

3）工程设计中,依据《建筑抗震设计规范》（10版）,柱、梁截面尺寸采用设防烈度7度（0.15g）作用下的多遇地震内力计算,上部结构的柱、梁的截面尺寸比隔震结构略大。考虑到本章试验的目的是隔震模型下部结构自身的地震反应,作为对比的抗震模型,其上部6层模型梁、柱截面尺寸同隔震结构的2~7层的梁、柱截面尺寸,同样可达到试验的目的,并可以重复利用上部6层模型结构。

3.3.5 模型结构制作

1.结构构件制作

钢筋混凝土模型结构构件截面尺寸及配筋如图3-8~图3-18所示,图中M1-M4表示预埋钢板,KL表示框架梁,KZ表示框架柱。

（1）隔震模型和抗震模型各楼层板结构平面如图3-8所示。图中隔震模型隔震层（2层）板厚为30mm,配筋为双层双向A3@70,其余各楼层板厚均为20mm,配筋为双层双向A3@110。因此隔震层顶部板的刚度和承载力大于楼层板的刚度和承载力。

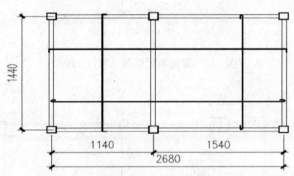

图 3-8　各楼层板结构平面图（单位：mm）

（2）隔震结构模型上部6层框架梁、柱截面尺寸取同抗震结构的2~7层的框架梁、柱截面尺寸,梁、柱结构平面及配筋如图3-9~3-11所示。

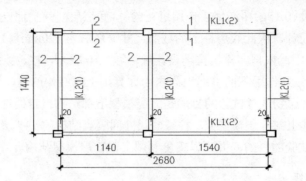

图3-9　2~7层梁结构平面图（单位：mm）

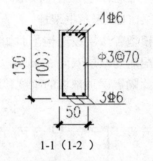

图3-10　梁截面配筋图（单位：mm）

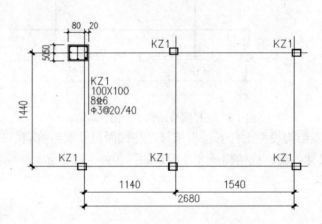

图3-11　2~7层柱配筋图（单位：mm）

（3）隔震模型的隔震层顶部框架梁刚度较大，截面尺寸大于上部结构楼层。三种隔震模型的隔震层框架梁结构平面如图 3-12 所示，其截面配筋及预埋件示意如图 3-13 所示。

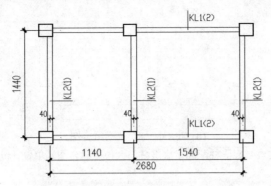

图3-12 隔震层梁结构平面图（单位：mm）

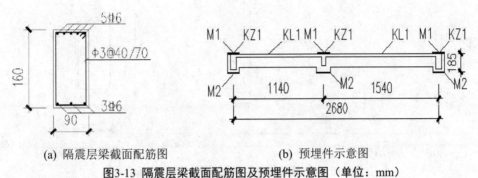

(a) 隔震层梁截面配筋图　　　　　(b) 预埋件示意图

图3-13 隔震层梁截面配筋图及预埋件示意图（单位：mm）

（4）大拉梁模型，底层框架柱配筋及底层框架柱与大拉梁组合图如图 3-14 所示。大拉梁结构平面及配筋如图 3-15 所示。

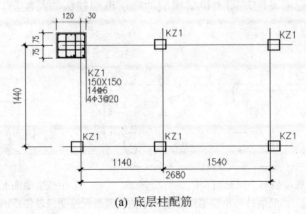

(a) 底层柱配筋

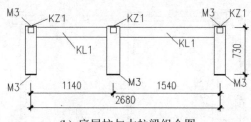

(b) 底层柱与大拉梁组合图

图3-14 底层柱配筋及底层柱与大拉梁组合图（单位：mm）

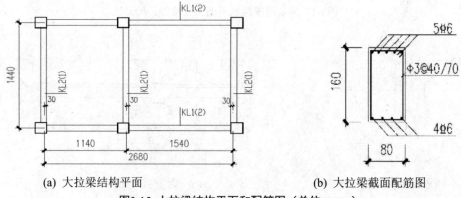

(a) 大拉梁结构平面　　　　　　　　　(b) 大拉梁截面配筋图

图3-15 大拉梁结构平面和配筋图（单位：mm）

（5）小拉梁模型，底层框架柱与小拉梁组合图及小拉梁截面配筋如图 3-16 所示，其中底层框架柱截面及配筋同大拉梁模型的底层框架柱截面及配筋。小拉梁结构平面布置同图 3-15(a)。

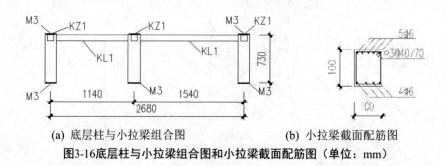

(a) 底层柱与小拉梁组合图　　　　　　(b) 小拉梁截面配筋图

图3-16 底层柱与小拉梁组合图和小拉梁截面配筋图（单位：mm）

（6）独立柱模型，制作了 6 根单独的截面尺寸为 150mm×150mm，高度为 730mm 的柱子，独立柱长细比为 4.8，其配筋同大拉梁模型的底层框架柱配筋。

（7）抗震模型，首先制作底层结构整体的梁、板和柱，并与模型上部 6 层在标高 0.96m 处焊接组装成为模型整体。底层框架梁、柱配筋如图 3-17 所示，底层框架梁截面配筋如图 3-18 所示。

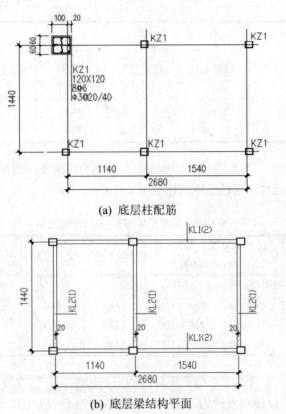

(a) 底层柱配筋

(b) 底层梁结构平面

图3-17 抗震模型底层柱配筋及梁结构平面图（单位：mm）

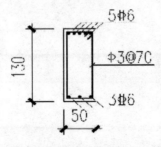

图3-18 抗震模型底层梁截面配筋图（单位：mm）

2.结构构件的设计参数

钢筋混凝土结构构件设计的相关参数如表 3-6 所示。

（1）隔震层梁与楼层梁线刚度比值见表 3-6(a)。

表3-6（a）　隔震层梁与楼层梁线刚度比值

梁号	截面宽度×高度 (mm× mm)		梁跨度 (mm)	线刚度比
	隔震结构	抗震结构		隔震层梁/楼层梁
KL1第一跨	90×160	50×100	1140	6.46
KL1第二跨	90×160	50×130	1540	2.94
KL2	90×160	50×100	1440	8.16

从表 3-6(a)可得：隔震层梁线刚度远大于楼层梁线刚度，满足要求。

（2）隔震层梁与 2 层柱线刚度比值见表 3-6(b)。

表3-6(b)　隔震层梁与2层柱线刚度比值

梁号	截面宽度×高度 （mm×mm）		梁跨度 （mm）	2 层柱高 （mm）	线刚度比
	隔震层梁	2 层柱			隔震层梁/2 层柱
KL1 第一跨	90×160	100×100	1140	660	2.33
KL1 第二跨	90×160	100×100	1540	660	1.73
KL2	90×160	100×100	1440	660	1.86

表 3-6（b）中梁的刚度考虑了板翼缘的有利影响，其刚度按增大 1.10 倍考虑。由表可得：隔震层梁线刚度约为 2 层柱线刚度的 1.73 倍及以上，满足要求。

（3）大、小拉梁模型和抗震模型的底层柱、梁线刚度比值见表 3-6(c)。

表3-6(c) 大、小拉梁模型和抗震模型的底层柱、梁线刚度比值

| 柱、梁编号 | 截面宽度×高度(mm×mm) | | | 梁跨度(柱高)(mm) | 线刚度比 | |
	大拉梁模型	小拉梁模型	抗震模型		隔震模型底层柱/拉梁	抗震模型
KL1第一跨	80×160	100×100	50×100	1140	柱/大拉梁2.4	柱/梁1.8
底层柱	150×150	150×150	120×120	730(960)	柱/小拉梁7.9	
KL1第二跨	80×160	100×100	50×130	1540	柱/大拉梁3.2	柱/梁2.5
底层柱	150×150	150×150	120×120	730(960)	柱/小拉梁10	
KL2	80×160	100×100	50×100	1440	柱/大拉梁3.0	柱/梁2.3
底层柱	150×150	150×150	120×120	730(960)	柱/小拉梁9.8	

经计算，隔震模型底层柱轴压比为 0.28~0.56，而抗震模型为 0.43~0.86。由于隔震层的存在，底层的柱子高度减小且截面大，隔震模型底层柱长细比为 4.8（730mm/150mm）。由表 3-6(c)可得：抗震模型柱、梁线刚度比均大于 1，长细比为 8.0（960mm/120mm），符合《建筑抗震设计规范》对多层框架结构柱、梁设计的相关构造要求；大拉梁模型柱、拉梁线刚度比为 2.4~3.2，说明大拉梁对柱子有一定的约束作用，但是刚度还是不大；小拉梁模型柱、拉梁线刚度比为 7.9~10.0，说明小拉梁对柱子的约束作用很弱。需要说明的是，本书之所以将其定义为小拉梁，因为从结构力学上讲，当框架结构中的框架柱与框架梁线刚度比值达到 8：1 及以上时，框架梁所分配的弯矩值很小，这时框架梁对框架柱的约束作用微弱。

3.模型结构组装

（1）隔震模型组装：底层梁、柱通过隔震支座与隔震层梁、板的预埋钢板螺栓连接，隔震层梁、板再与上部 6 层在标高 0.96m 处的预埋钢板焊接成为一整体模型，大样如图 3-19 所示。

（2）抗震模型组装：底层与上部 6 层在标高 0.96m 处通过预埋钢板焊接成为一整体模型，大样如图 3-20 所示。

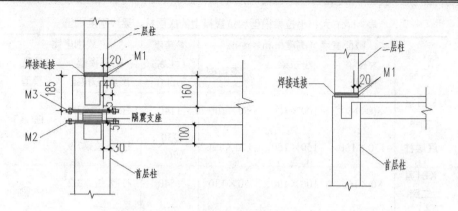

图3-19　隔震支座与上、下部结构连接大样（单位：mm）　图3-20　底层与上部6层结构连接大样（单位：mm）

（3）模型基础底板长宽尺寸为 3000mm×1800mm，板厚为 150mm，配筋为 C10@200 双层双向。四种模型的底层柱与基础连接如图 3-21(a)所示。基础预留孔通过螺栓与振动台的台面牢固连接，如图 3-21(b)所示。

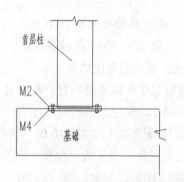

(a) 模型底层柱与基础连接　　　　　(b) 基础与振动台台面连接

图3-21　模型结构与基础及台面连接

（4）四种模型组装完成后，x 向正立面投影如图 3-22 所示，试验照片如图 3-23 所示。

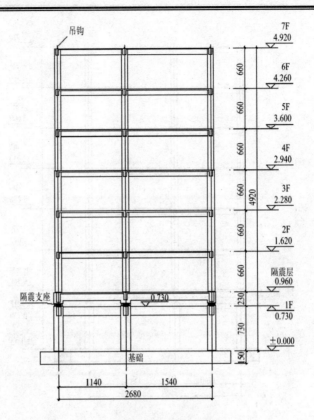

(a) 大拉梁模型结构

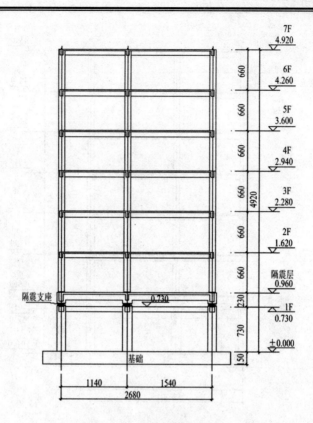

(b) 小拉梁模型结构

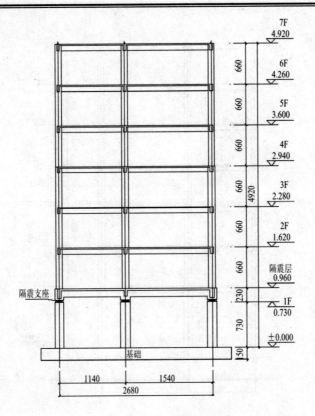

(c) 独立柱模型结构

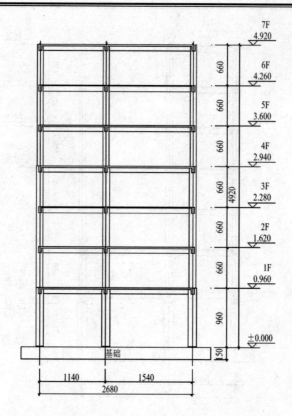

(d) 抗震模型结构

图3-22　四种模型结构组装立面图

(a) 大拉梁模型结构

(b) 小拉梁模型结构

(c) 独立柱模型结构

(d) 抗震模型结构

图3-23 四种模型结构试验照片

3.4 试验方案

3.4.1 振动台系统组成

　　试验所用的振动台为北京工业大学的振动台，主要技术参数见表 3-7，振动台台面及控制系统如图 3-24 所示。

表3-7　地震模拟振动台基本技术参数

类型	参数
台面尺寸试件最大重量	3 m×3 m10 t
最大位移	±127 mm
最大速度	标准负荷±600 mm·s⁻¹
最大加速度	标准负荷±1.0g 空载±2.5g
最大倾覆力矩	30 t·m
工作频率	0.1～50 Hz
控制方式	三参量模拟及数字迭代控制
振动方向	水平单向

(a) 振动台台面　　　　　　(b) 振动台控制系统

图3-24　振动台台面和控制系统

3.4.2 试验用地震波的选择

　　根据《建筑抗震设计规范》对结构抗震设计计算选择地震波的要求，试验用的地震波同结构抗震设计计算要求，应不少于三条，本试验选择适合于Ⅱ类场地的实际强震记录 El Centro 波、Taft 波及一组人工波。地震波根据频率相似和幅值相似关系进行压缩和调幅。三条地震波的介绍如下：

El Centro 波：选择的地震原波为南北方向分量，持续时间为 34.74s，按时间相似比压缩后输入的持续时间为 10.98s。

Taft 波：选择的地震原波的持续时间为 54.38s，忽略较小峰值的区段，实际持续时间为 28.86s，按时间相似比压缩后输入的持续时间为 9.12s。

人工波：根据《建筑抗震设计规范》反应谱和场地地质条件生成，地震波的持续时间为 35.0s，按时间相似比压缩后输入的持续时间为 11.06s。

三条地震波的加速度时程曲线和傅立叶谱如图 3-25 所示。

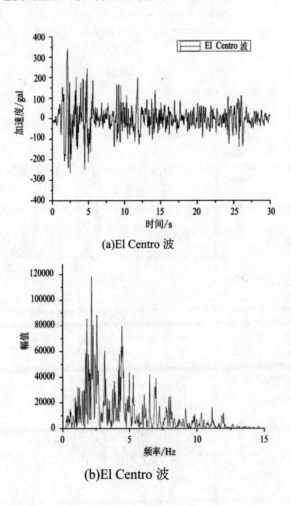

(a)El Centro 波

(b)El Centro 波

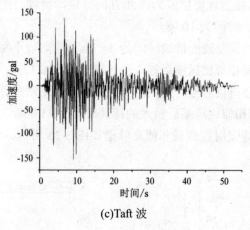

(c)Taft 波

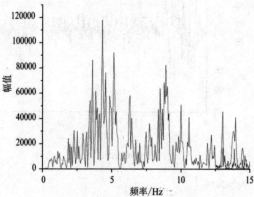

(d)Taft 波

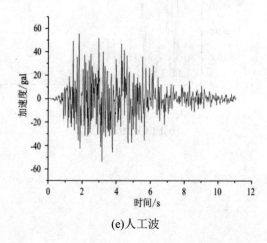

(e)人工波

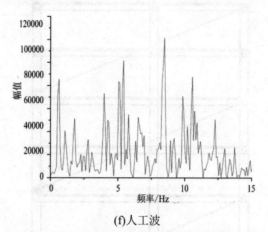

(f)人工波

图3-25　三条地震波加速度时程曲线和傅立叶谱

3.4.3 量测系统和测点布置

本试验重点研究模型结构受震时长向（x 向）的动力特性和动力反应。动力试验测量设备主要有：动态数据采集系统、加速度传感器和位移计等。选用 IMC 动态数据采集系统，如图 3-26 所示。在底层和隔震层及上部结构每两层布设一个拉线位移计（941B 传感器），用来测量结构的层间位移反应，拉线位移计布置如图 3-27、3-28 所示。在结构每层布设一个 x 向加速度传感器（水平 IMC 拾振器）其中底层布设于中柱隔震支座底面连接钢板上，2~7 层布设于板中部，7 层板面四角加设四个 y 向加速度传感器，用来观测结构的扭转反应，加速度传感器布置如图 3-29 所示。

图3-26　IMC数据采集系统

图3-27　位移计

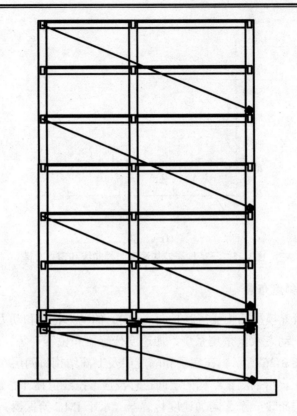

图3-28　拉线位移计布置

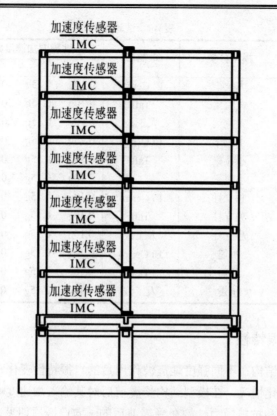

图3-29　加速度传感器布置

3.4.4 试验工况

本次试验为最大限度地减少对上部 6 层混凝土模型结构的损伤，试验顺序首先为大拉梁、小拉梁、独立柱，最后是抗震模型结构。试验工况如表 3-8 所示，为了方便各种模型结构之间数据的对比，本书首先阐述抗震模型的试验情况。输入模型的三条地震波，每条地震波有四个不同加速度峰值。三条地震波顺序分别为：先 El Certro 波，再 Taft 波，最后人工波。四个不同加速度峰值按照从小到大的顺序输入。

表3-8　试验工况

试验工况	模型分类	地震波	地震波加速度峰值和次序			
			1	2	3	4
A1~A4	大拉梁	El Certro	0.10g	0.15g	0.20g	0.30g
A5~A8	大拉梁	Taft	0.10g	0.15g	0.20g	0.30g
A9~A12	大拉梁	人工波	0.10g	0.15g	0.20g	0.30g
A13~A16	小拉梁	El Certro	0.10g	0.15g	0.20g	0.30g
A17~A20	小拉梁	Taft	0.10g	0.15g	0.20g	0.30g
A21~A24	小拉梁	人工波	0.10g	0.15g	0.20g	0.30g
A25~A28	独立柱	El Certro	0.10g	0.15g	0.20g	0.30g
A29~A32	独立柱	Taft	0.10g	0.15g	0.20g	0.30g
A33~A36	独立柱	人工波	0.10g	0.15g	0.20g	0.30g
A37~A40	抗震	El Certro	0.10g	0.15g	0.20g	0.30g
A41~A44	抗震	Taft	0.10g	0.15g	0.20g	0.30g
A45~A48	抗震	人工波	0.10g	0.15g	0.20g	0.30g

3.5　模型结构自振特性

　　为了测定模型结构在不同强度地震波作用后的自振特性变化，分析受震前后模型结构的自振特性变化情况，在模型结构受震前后对其输入加速度峰值为 0.10g 的白噪声。隔震模型结构和抗震模型结构在受震前后的 x 向自振周期见表 3-9。从表中数据可知，三种隔震模型结构中，独立柱模型结构周期长于小拉梁，而小拉梁长于大拉梁，即三种隔震模型结构中大拉梁刚度最大。上部 6 层结构在试验中经受多次地震作用，最后组装成抗震模型结构，抗震模型结构第一周期变化率为 15.79%，因此可认为模型结构有一定的损伤，结构刚度明显下降。同时，三种隔震模型结构由于隔震支座产生了水平变形，隔震支座刚度下降，其第一周期变化率也较大。

表3-9　模型结构自振周期测试与分析结果

模型分类	第一周期（s）		周期变化率对比
	受震前	受震后	
大拉梁	0.67	0.78	11.76%
小拉梁	0.73	0.80	10.02%
独立柱	0.83	0.93	11.28%
抗震	0.64	0.74	15.79%

附注：周期变化率=（受震后—受震前）/受震前×100%

3.6 模型结构地震反应分析

3.6.1 模型结构试验现象

（1）隔震模型结构在地震作用下，可观察到上部结构产生往复运动，基本呈整体平动。隔震支座同样产生往复运动，可清楚地观察到其产生剪切变形。

（2）试验到最后组装的抗震模型时，在加速度峰值为 0.20g 和 0.30g 作用下，模型发出吱吱响声，可清楚地观察到结构顶部出现明显较大的摇摆，模型出现了少量的微裂缝，微裂缝主要位置在底层、2 层柱子的根部和 x 向 2 层、3 层梁的边支座。试验结束时，未观察到抗震模型结构出现较大的贯通裂缝以及局部破坏等现象。

（3）从模型结构 7 层顶部四角布置的四个 y 方向加速度传感器测试结果可得，结构主要以平动为主，基本无扭转反应。

（4）隔震层顶部梁、板没有产生裂缝等现象，可以说明隔震层顶部梁、板具有足够的刚度，可以和上部结构一起协调工作。

下面分别讨论和分析各模型结构的加速度、层间位移和层间剪力反应。

首先引入地震反应减震率 θ 来比较不同模型结构的隔震效果，定义：

$$\theta = (1 - \frac{\Delta_i}{\Delta}) \times 100\% \tag{3-6}$$

其中，θ 为地震反应减震率；Δ_i 为隔震模型结构反应峰值平均；Δ 为对应的抗震模型结构反应峰值平均值。

3.6.2 模型结构楼层加速度反应

将三种隔震模型的各楼层加速度反应与抗震模型各楼层加速度反应进行对比，并按照上述减震率定义计算出三种隔震模型减震率如表 3-10~3-12 所示。四种模型在同一条地震波和同一加速度峰值作用下的加速度反应对比如图 3-30~3-32 所示。从图表中数据可知，三种隔震模型的隔震层处加速度反应产生突变，上部楼层的加速度减震效果明显且楼层的变化均匀，减震率在 52.9%~78.7%；底层结构加速度反应减震控制效果较差，减震率在 3.6%~18.6%。

表3-10　大拉梁模型与抗震模型加速度峰值均值（g）及减震率

楼层	加速度峰值 0.10g			加速度峰值 0.15g		
	大拉梁峰值均值	抗震峰值均值	减震率	大拉梁峰值均值	抗震峰值均值	减震率
7	0.062	0.258	75.90%	0.089	0.401	77.80%
6	0.061	0.207	70.00%	0.085	0.337	74.80%
5	0.056	0.185	69.73%	0.078	0.289	73.00%
4	0.051	0.171	70.10%	0.074	0.265	72.10%
3	0.052	0.150	65.30%	0.084	0.234	64.10%
2	0.054	0.131	58.80%	0.084	0.194	64.60%
隔震层	0.055	0.131	53.40%	0.083	0.194	53.10%
底层	0.102	0.119	13.60%	0.148	0.177	11.40%
楼层	加速度峰值 0.2g			加速度峰值 0.3g		
	大拉梁峰值均值	抗震峰值均值	减震率	大拉梁峰值均值	抗震峰值均值	减震率
7	0.127	0.556	77.20%	0.176	0.814	78.40%
6	0.118	0.469	74.80%	0.159	0.648	75.40%
5	0.104	0.411	74.70%	0.169	0.573	70.50%
4	0.101	0.357	71.70%	0.145	0.532	72.70%
3	0.104	0.316	67.10%	0.144	0.471	69.43%
2	0.096	0.273	64.80%	0.133	0.422	68.48%
隔震层	0.103	0.273	54.00%	0.144	0.422	60.40%
底层	0.206	0.224	8.10%	0.314	0.364	13.70%

表3-11　小拉梁模型与抗震模型加速度峰值均值（g）及减震率

楼层	加速度峰值 0.10g			加速度峰值 0.15g		
	大拉梁峰值均值	抗震峰值均值	减震率	大拉梁峰值均值	抗震峰值均值	减震率
7	0.062	0.258	75.90%	0.091	0.401	77.30%
6	0.062	0.207	70.00%	0.086	0.337	74.50%
5	0.059	0.185	68.10%	0.072	0.289	75.10%
4	0.059	0.171	65.50%	0.081	0.265	69.40%
3	0.061	0.150	59.30%	0.082	0.234	65.00%
2	0.056	0.131	57.30%	0.078	0.194	59.80%
隔震层	0.055	0.131	53.40%	0.082	0.194	53.70%
底层	0.099	0.119	16.10%	0.153	0.177	13.60%
楼层	加速度峰值 0.2g			加速度峰值 0.3g		
	大拉梁峰值均值	抗震峰值均值	减震率	大拉梁峰值均值	抗震峰值均值	减震率
7	0.133	0.556	76.10%	0.187	0.814	77.00%
6	0.116	0.469	75.30%	0.169	0.648	74.00%
5	0.116	0.411	71.80%	0.170	0.573	70.30%
4	0.114	0.357	68.70%	0.161	0.532	69.70%
3	0.104	0.316	67.10%	0.144	0.471	69.40%
2	0.107	0.273	60.80%	0.144	0.422	65.90%
隔震层	0.104	0.273	55.47%	0.148	0.422	59.30%
底层	0.216	0.224	3.60%	0.294	0.364	18.60%

表3-12　独立柱模型与抗震模型加速度峰值均值（g）及减震率

楼层	加速度峰值 0.10g			加速度峰值 0.15g		
	大拉梁峰值均值	抗震峰值均值	减震率	大拉梁峰值均值	抗震峰值均值	减震率
7	0.070	0.258	72.80%	0.088	0.401	78.00%
6	0.068	0.207	67.10%	0.083	0.337	75.40%
5	0.054	0.185	70.80%	0.075	0.289	74.00%
4	0.054	0.171	62.82%	0.083	0.265	68.80%
3	0.062	0.150	63.10%	0.088	0.234	62.40%
2	0.056	0.131	57.30%	0.088	0.194	54.60%
隔震层	0.056	0.131	52.90%	0.080	0.194	54.80%
底层	0.099	0.119	16.80%	0.161	0.177	9.00%
楼层	加速度峰值 0.2g			加速度峰值 0.3g		
	大拉梁峰值均值	抗震峰值均值	减震率	大拉梁峰值均值	抗震峰值均值	减震率
7	0.141	0.556	74.60%	0.173	0.814	78.70%
6	0.121	0.469	74.20%	0.171	0.648	73.60%
5	0.118	0.411	71.30%	0.155	0.573	73.00%
4	0.107	0.357	70.00%	0.158	0.532	70.30%
3	0.108	0.316	65.80%	0.159	0.471	66.20%
2	0.103	0.273	62.30%	0.149	0.422	64.70%
隔震层	0.099	0.273	55.80%	0.140	0.422	61.50%
底层	0.198	0.224	11.60%	0.310	0.364	14.80%

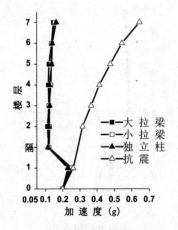

(a) 加速度峰值 0.20g

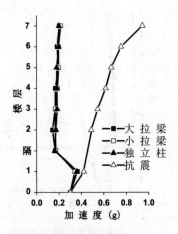

(b) 加速度峰值 0.30g

图3-30　四种模型在El Centro波作用下加速度峰值对比

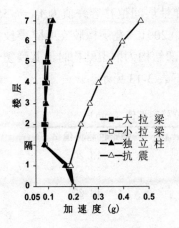

(a) 加速度峰值 0.20g

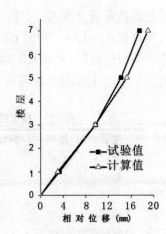

(b) 加速度峰值 0.30g

图3-31　四种模型在Taft波作用下加速度峰值对比

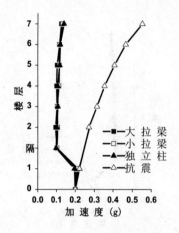 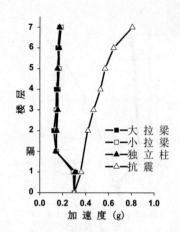

(a) 加速度峰值 0.20g　　　　　　　(b) 加速度峰值 0.30g

图3-32　四种模型在人工波作用下加速度峰值对比

3.6.3　模型结构层间位移反应

根据《建筑抗震设计规范》，框架结构弹性层间位移容许值为$\Delta_{ue}=h/550$，弹塑性层间位移容许值$\Delta_{up}=h/50$。同时 CECS 126：2001《叠层橡胶支座隔震技术规程》（本章简称《隔震规程》）[5]要求，当隔震下部结构为框架结构时，其弹塑性层间位移容许值$\Delta_{up}=h/100$。模型层间位移容许值如下表 3-13 所示。

表3-13　模型结构层间位移容许值（mm）

楼层	层高	弹性容许值 Δ_{ue}	弹塑性容许值 Δ_{up}
6～7	660	1.20	13.20
4～5	660	1.20	13.20
2～3	660	1.20	13.20
隔震层	230	/	/
隔震底层	730	1.33	7.30
抗震底层	960	1.74	19.20

将隔震模型的各层位移反应与抗震模型位移反应进行对比，并按照上述的减震率定义计算出隔震模型减震率及层间位移角对比如表3-14~表3-19所示。图3-33所示为四种模型在三条地震波同一加速度峰值作用下的位移反应均值对比

表3-14 大拉梁模型、抗震模型层间位移峰值均值和减震率

楼层	加速度峰值 0.15g			加速度峰值 0.20g			加速度峰值 0.30g		
	大拉梁	抗震	减震率	大拉梁	抗震	减震率	大拉梁	抗震	减震率
7	0.39	1.64	76.2%	0.51	2.84	82.0%	0.71	3.20	77.8%
6	0.39	1.64	76.2%	0.51	2.84	82.0%	0.71	3.20	77.8%
5	0.71	2.22	68.0%	0.87	3.65	76.2%	1.33	5.00	73.4%
4	0.71	2.22	68.0%	0.87	3.65	76.2%	1.33	5.00	73.4%
3	1.04	3.20	67.5%	1.19	4.81	75.2%	1.84	6.80	72.9%
2	1.04	3.20	67.5%	1.19	4.81	75.2%	1.84	6.80	72.9%
隔震层	12.20	/	/	14.76	/	/	19.30	/	/
底层	0.37	3.37	89.0%	0.58	6.53	91.1%	0.78	8.50	90.8%

表3-15 大拉梁模型、抗震模型层间位移角均值对比

楼层	层高 (mm)	位移角(rad)					
		加速度峰值 0.15g		加速度峰值 0.20g		加速度峰值 0.30g	
		大拉梁	抗震	大拉梁	抗震	大拉梁	抗震
7	660	1/1671	1/232	1/1282	1/232	1/923	1/206
6	660	1/1671	1/232	1/1282	1/232	1/923	1/206
5	660	1/929	1/181	1/754	1/181	1/494	1/132
4	660	1/929	1/181	1/754	1/181	1/494	1/132
3	660	1/635	1/137	1/555	1/137	1/359	1/97
2	660	1/635	1/137	1/555	1/137	1/359	1/97
隔震层	230	/	/	/	/	/	/
底层	730	1/1973	1/147	1/1258	1/147	1/936	1/113

表3-16　小拉梁模型、抗震模型层间位移峰值均值和减震率

楼层	加速度峰值 0.15g			加速度峰值 0.20g			加速度峰值 0.30g		
	小拉梁	抗震	减震率	小拉梁	抗震	减震率	小拉梁	抗震	减震率
7	0.35	1.64	78.6%	0.47	2.84	83.4%	0.78	3.20	75.6%
6	0.35	1.64	78.6%	0.47	2.84	83.4%	0.78	3.20	75.6%
5	0.73	2.22	67.1%	0.94	3.65	74.2%	1.30	5.00	74.0%
4	0.73	2.22	67.1%	0.94	3.65	74.2%	1.30	5.00	74.0%
3	1.01	3.20	68.4%	1.14	4.81	76.3%	1.73	6.80	74.5%
2	1.01	3.20	68.4%	1.14	4.81	76.3%	1.73	6.80	74.5%
隔震层	11.15	/	/	13.20	/	/	18.48	/	/
底层	0.49	3.37	85.4%	0.84	6.53	87.1%	1.06	8.50	87.5%

表3-17　小拉梁模型、抗震模型层间位移角均值对比

楼层	层高 (mm)	位移角(rad)					
		加速度峰值 0.15g		加速度峰值 0.20g		加速度峰值 0.30g	
		小拉梁	抗震	小拉梁	抗震	小拉梁	抗震
7	660	1/1859	1/232	1/1404	1/232	1/840	1/206
6	660	1/1859	1/232	1/1404	1/232	1/840	1/206
5	660	1/904	1/181	1/698	1/181	1/506	1/132
4	660	1/904	1/181	1/698	1/181	1/506	1/132
3	660	1/654	1/137	1/579	1/137	1/382	1/97
2	660	1/654	1/137	1/579	1/137	1/382	1/97
隔震层	230	/	/	/	/	/	/
底层	730	1/1490	1/147	1/870	1/147	1/689	1/113

表3-18 独立柱模型、抗震模型层间位移峰值均值和减震率

楼层	加速度峰值 0.15g			加速度峰值 0.20g			加速度峰值 0.30g		
	独立柱	抗震	减震率	独立柱	抗震	减震率	独立柱	抗震	减震率
7	0.42	1.64	74.4%	0.53	2.84	81.3%	0.75	3.20	76.4%
6	0.42	1.64	74.4%	0.53	2.84	81.3%	0.75	3.20	76.4%
5	0.75	2.22	66.2%	0.9	3.65	75.2%	1.38	5.00	72.4%
4	0.75	2.22	66.2%	0.9	3.65	75.2%	1.38	5.00	72.4%
3	1.00	3.20	68.7%	1.22	4.81	74.7%	1.83	6.80	73.1%
2	1.00	3.20	68.7%	1.22	4.81	74.7%	1.83	6.80	73.1%
隔震层	12.51	/	/	14.93	/	/	17.68	/	/
底层	0.86	3.37	74.5%	1.29	6.53	80.2%	1.64	8.50	80.7%

表3-19 独立柱模型、抗震模型层间位移角均值对比

楼层	层高 (mm)	位移角(rad)					
		加速度峰值 0.15g		加速度峰值 0.20g		加速度峰值 0.30g	
		独立柱	抗震	独立柱	抗震	独立柱	抗震
7	660	1/1571	1/232	1/1245	1/232	1/874	1/206
6	660	1/1571	1/232	1/1245	1/232	1/874	1/206
5	660	1/874	1/181	1/729	1/181	1/478	1/132
4	660	1/874	1/181	1/729	1/181	1/478	1/132
3	660	1/656	1/137	1/541	1/137	1/360	1/97
2	660	1/656	1/137	1/541	1/137	1/360	1/97
隔震层	230	/	/	/	/	/	/
底层	730	1/846	1/47	1/566	1/147	1/446	1/113

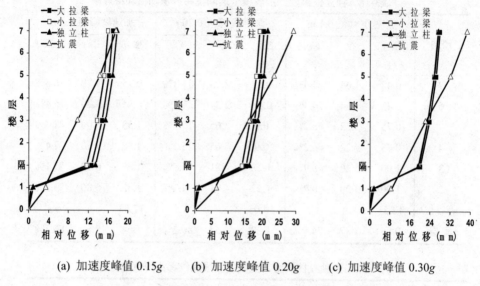

(a) 加速度峰值 0.15*g*　　(b) 加速度峰值 0.20*g*　　(c) 加速度峰值 0.30*g*

图3-33　四种模型在三条波作用下层间位移反应均值对比

从上述图表数据可知：

（1）抗震模型在四个不同加速度峰值的地震波作用下基本处于弹塑性变形阶段，底层位移角明显大于上部各层。当加速度峰值为 0.30*g* 地震作用下，模型层间位移角较大，最大值为 1/97，虽然能满足《建筑抗震设计规范》要求，但是模型结构出现了较大的弹塑性变形。

（2）三种隔震模型中，上部结构的层间位移减震效果明显，减震率在 66.0%~81.9%，上部结构层间位移角变化均匀，振动形式表现为整体平动。

3）三种隔震模型的上部结构，在 0.10*g*、0.15*g*、0.20*g* 这三个不同加速度峰值的地震作用下完全处于弹性变形阶段，只有当加速度峰值为 0.3*g* 地震作用时，模型局部楼层出现了较小的弹塑性变形。由此可说明，这种底层柱顶隔震结构对其上部结构的层间位移反应控制有良好的效果。

（4）三种隔震模型的底层结构：大拉梁模型、小拉梁模型在四个不同加速度峰值的地震作用下基本处于弹性变形阶段，且位移角很小，只有独立柱模型，当加速度峰值为 0.3*g* 地震作用下，出现了微小的弹塑性变形。由此可说明，这种底层柱顶隔震结构对其底层的层间位移反应控制有良好的效果，底层结构相对于上部结构具有更高的安全度。

（5）三种隔震模型结构中，底层结构均具有良好的减震效果，其值在 74.19%~91.11%，且底层结构减震率差异较明显，大拉梁模型减震率大于小拉梁模型，而小拉梁模型减震率大于独立柱模型。说明设置拉梁和增大拉梁的刚度能有效地提高底层的层间位移减震效果。

（6）隔震层的最大水平位移为19.30mm，而隔震支座的水平位移限值66mm，说明隔震层具有足够的稳定性和安全性。由此也表明了所选的隔震支座其直径是偏大的。

3.6.4 模型结构层间剪力反应

模型结构的层间水平剪力未能直接通过振动台试验测得，由公式 $F=ma$，可得模型层间水平剪力值，公式中 F 为层间水平剪力，m 为楼层质量，a 为楼层质心加速度峰值。

根据上文的模型自重（上部结构总重量8294kg，上部每层重量1160kg，隔震层重量1334kg，下部结构大拉梁重量530kg、小拉梁重量485kg、柱子重量245kg）和测得的加速度峰值，可得到各模型层间剪力的峰值，层间剪力峰值均值列于表3-20~表3-22，四种模型在三条不同的地震波和加速度峰值 0.20g、0.30g 的地震作用下，其层间剪力峰值对比见图3-34~图3-36。从图表数据可知，三种隔震模型各层的层间剪力都比抗震模型明显减小，且三种隔震模型的层间剪力相差不大，表明底层柱顶隔震结构具有明显的层间剪力减震效果。

表3-20　大拉梁模型与抗震模型层间剪力峰值均值对比（kN）

楼层	加速度峰值 0.15g		加速度峰值 0.20g		加速度峰值 0.30g	
	大拉梁	抗震	大拉梁	抗震	大拉梁	抗震
7	1.20	3.64	1.61	4.90	2.28	7.57
6	2.46	6.86	2.85	9.49	3.75	14.42
5	3.52	9.80	4.09	13.66	6.15	20.50
4	3.70	12.33	5.68	17.23	8.20	25.65
3	4.94	14.98	6.90	20.91	8.71	31.13
2	6.10	17.42	7.89	24.35	10.42	36.16
隔震层	8.67	/	11.02	/	16.95	/
底层	9.47	19.69	12.07	27.82	18.52	41.46

表3-21　小拉梁模型与抗震模型层间剪力峰值均值对比（kN）

楼层	加速度峰值 0.15g		加速度峰值 0.20g		加速度峰值 0.30g	
	小拉梁	抗震	小拉梁	抗震	小拉梁	抗震
7	0.95	3.64	1.73	4.90	2.95	7.57
6	1.92	6.86	2.75	9.49	4.32	14.42
5	2.74	9.80	4.37	13.66	7.38	20.50
4	4.31	12.33	6.03	17.23	9.44	25.65
3	5.39	14.98	6.90	20.91	10.18	31.13
2	7.73	17.42	8.28	24.35	12.87	36.16
隔震层	9.14	/	12.66	/	18.24	/
底层	9.86	19.69	13.61	27.82	19.66	41.46

表3-22　独立柱模型与抗震模型模型层间剪力峰值均值对比（kN）

楼层	加速度峰值 0.15g		加速度峰值 0.20g		加速度峰值 0.30g	
	独立柱	抗震	独立柱	抗震	独立柱	抗震
7	1.02	3.64	1.86	4.90	2.95	7.57
6	2.05	6.86	3.13	9.49	4.90	14.42
5	3.14	9.80	5.19	13.66	7.98	20.50
4	4.68	12.33	6.54	17.23	10.21	25.65
3	5.68	14.98	7.73	20.91	10.89	31.13
2	6.96	17.42	9.25	24.35	14.10	36.16
隔震层	9.65	/	11.41	/	18.21	/
底层	10.01	19.69	11.90	27.82	18.94	41.46

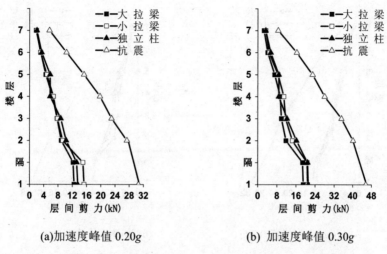

(a)加速度峰值 0.20g   (b) 加速度峰值 0.30g

图3-34 四种模型在El Centro波作用下层间剪力峰值对比

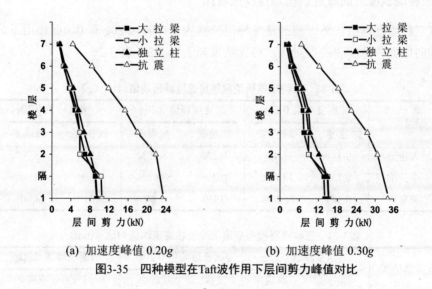

(a) 加速度峰值 0.20g   (b) 加速度峰值 0.30g

图3-35 四种模型在Taft波作用下层间剪力峰值对比

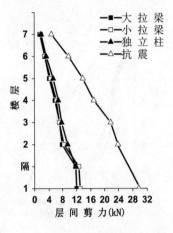 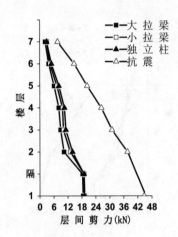

(a) 加速度峰值 0.20g　　　　　　(b) 加速度峰值 0.30g

图3-36　四种模型在人工波作用下层间剪力峰值对比

3.6.5 三种隔震模型的底层结构地震反应对比

取三种隔震模型在地震波加速度峰值分别为 0.15g、0.20g 和 0.30g 作用下，其底层结构的地震各种反应进行对比，对比结果列于表 3-23~表 3-26。

表3-23　三种隔震模型底层加速度峰值均值对比（g）

模型类别	加速度峰值 0.15g		加速度峰值 0.20g		加速度峰值 0.30g	
	加速度	减震率	加速度	减震率	加速度	减震率
大拉梁	0.148	11.40%	0.206	8.10%	0.314	13.70%
小拉梁	0.153	13.60%	0.216	3.60%	0.294	18.60%
独立柱	0.161	9.00%	0.198	11.60%	0.310	14.80%

表3-24　三种隔震模型底层层间位移峰值均值对比（mm）

模型类别	加速度峰值 0.15g		加速度峰值 0.20g		加速度峰值 0.30g	
	层间位移	减震率	位移	减震率	位移	减震率
大拉梁	0.37	89.0%	0.58	91.1%	0.78	90.8%
小拉梁	0.49	85.4%	0.84	87.1%	1.06	87.5%
独立柱	0.86	74.5%	1.29	80.2%	1.64	80.7%

表3-25 三种隔震模型底层层间位移角峰值均值对比(rad)

模型分类	加速度峰值 0.15g	加速度峰值 0.20g	加速度峰值 0.30g
	层间位移角	层间位移角	层间位移角
大拉梁	1/1973	1/1258	1/936
小拉梁	1/1490	1/870	1/689
独立柱	1/846	1/566	1/446

表3-26 三种隔震模型底层层间剪力峰值均值对比（kN）

模型类别	加速度峰值0.15g		加速度峰值0.20g		加速度峰值0.30g	
	层间剪力	减震率	层间剪力	减震率	层间剪力	减震率
大拉梁	9.47	11.40%	12.07	8.10%	18.52	13.70%
小拉梁	9.86	13.60%	13.61	3.60%	19.66	18.60%
独立柱	10.01	9.0%	11.90	11.60%	18.94	14.80%

三种隔震模型的底层加速度和层间剪力减震率差异不明显，表明是否增设拉梁对底层加速度和层间剪力的影响小。底层柱顶隔震对底层层间位移反应控制效果良好，三种隔震模型的底层层间位移差异较明显，大拉梁模型减震率大于小拉梁模型，而小拉梁模型减震率大于独立柱模型，表明设置拉梁可显著减小底层层间位移，且拉梁刚度影响较大。

3.7 本章小结

本章对三种带有不同下部结构形式的钢筋混凝土底层柱顶隔震模型结构，以及对比的传统抗震模型结构这四种模型结构进行了水平单向地震模拟振动台试验，有如下结论：

1.模型结构自振特性变化

三种隔震模型周期较抗震模型长，说明抗震模型比三种隔震模型刚度大。最后试验的抗震模型受震前后第一周期变化率为15.79%，可认为模型有一定的损伤，结构刚度明显下降。三种隔震模型由于隔震支座产生变形，隔震支座水平刚度下降，其模型受震前后第一周期变化率也较大。

2.模型结构地震反应

加速度反应

三种隔震模型其隔震层处加速度反应产生突变，上部楼层的加速度反应变小，减震效果明显；但其底层的加速度反应峰值基本接近于输入台面的加速度值，减震率为

3.6%~18.6%，三种隔震模型的底层减震率差异不明显。说明这种底层柱顶隔震结构对其上部结构和下部（底层）结构的加速度反应的控制效果明显不同。

剪力反应

三种隔震模型各层的层间剪力都比抗震模型明显减小，且三种隔震模型的层间剪力相差不大，表现出底层柱顶隔震结构具有明显的层间剪力减震效果。

位移反应

三种底层柱顶隔震结构对其上部结构的层间位移反应控制有良好的效果。对其底层的层间位移反应控制有良好的效果，且减震率差异较明显，大拉梁模型减震率大于小拉梁模型，而小拉梁模型减震率大于独立柱模型。说明设置拉梁和增大拉梁的刚度能有效地提高底层结构的层间位移减震效果。说明，依据隔震支座底面所受到的罕遇地震内力计算的底层结构截面尺寸较大，且由于隔震层的存在而减小了底层的计算高度，使得底层结构刚度明显增大。

3. 模型结构地震反应减震率

本章试验的钢筋混凝土模型结构，其上部结构的加速度、层间位移、剪力反应减震率、理论计算值及有关文献对钢框架模型结构振动台试验值相比较小（通常减震率≥70%），分析其原因主要在于隔震层参数设计不合理，即隔震层刚度较大，还有可能是混凝土模型的累计损伤降低了其整体刚度，导致其减震率偏小。

4. 隔震层顶部梁、板的设计

隔震层顶部梁、板的设计按照《建筑抗震设计规范》（10 版）的要求，缩尺后的模型试验没有发现隔震层顶部梁、板产生裂缝等现象，因此，可以说明隔震层顶部梁、板具有足够的刚度，隔震层顶部框架梁具有满足其作为上部结构的固定端支座要求的刚度，能与上部结构一起协同工作。

综上所述，底层结构按照《建筑抗震设计规范》的要求，依据隔震支座底面所受到的罕遇地震内力进行强度设计，从上述模型结构的地震反应分析，可认为在多层、中高层刚度较大的建筑结构中采用底层柱顶隔震技术是安全可靠的。为了更有效地提高底层的层间位移减震效果，底层尽可能选择带拉梁的结构形式。由于底层高度受到限制，底层结构形式选择独立柱，同样是安全可靠的。

第 4 章 底层柱顶隔震结构地震失效模式

4.1 引言

虽然底层柱顶隔震结构的底层柱截面尺寸越大，对隔震支座的变形和受力越有利，但过大的底层柱截面尺寸会影响底层的建筑使用功能。我国《建筑抗震设计规范》对下部结构的设计提出按罕遇内力进行强度设计，钢筋混凝土下部结构的弹塑性层间位移角限值为 1/100。但实际上，由于底层柱顶隔震结构的上部结构减震效果与基础隔震类似，而其下部结构为抗震结构，这就使得仅按规范要求设计的下部结构可能会出现在偶遇的超大地震作用下先于上部结构进入屈服，继而产生较大变形引起整体结构倒塌。

本章将基于一栋底层柱顶隔震结构算例，同时考虑隔震层及上、下部结构的弹塑性，通过变化下部结构独立柱刚度和增设拉梁建立对比模型。先对整体结构进行设防烈度地震作用下的响应分析，研究变化下部结构柱子刚度和拉梁截面对隔震效果的影响。然后对结构进行增量动力分析（IDA），研究下部结构独立柱刚度和拉梁截面变化对结构在超大地震下的破坏模式的影响，探讨下部结构受力构件的变形状态。为底层柱顶隔震结构的下部结构设计提供建议。同时介绍了钢筋材料和混凝土材料的本构关系，梁塑性铰骨架曲线的计算方法，纤维模型的原理，隔震支座的模拟办法以及分析参数的设置等。

4.2 主要组件定义

PERFORM 3D 是一款由美国加州大学 Berkeley 分校的 Granham H Powell 教授开发，基于 Drain-2DX 和 Drain-3DX 程序，致力于研究结构抗震设计的三维结构非线性分析软件。该软件具有丰富的单元库，提供基于材料、截面和构件三种层次的有限元模拟。相比于其他常用有限元软件如 ETABS、SAP2000 和 ABAQUS，其不仅计算速度快，收敛性能好且方便后续处理。因此，本章选用 PERFORM-3D 进行结构分析，所使用的版本为 V5。

PERFORM-3D 中梁和柱的塑性区域可以采用两种方法来模拟：一种是塑性铰模型，其是基于截面的单元，程序要求手动输入塑性铰的力-位移骨架曲线；另一种方法是纤维模型，其是基于材料的单元，要求手动输入材料的本构关系，由程序自动计算截面的特性。考虑到计算效率和分析精度，本章及下一章建立的所有模型对梁和柱的弹塑性区分别采用塑性铰（Moment Hinge，Curvature Type）和纤维截面（Column，Inelastic Fiber Section）模拟，对隔震支座采用 Seismic Isolator，Rubber Type 模拟。

PERFORM-3D 中大部分构件是由若干组件构成，包括弹性和非弹性组件。需要在程序中先定义各类组件，然后再将组件指定给单元。本书需要在程序中建立钢筋混凝土底层柱顶隔震结构的动力弹塑性分析，因此需要定义的组件类型有：混凝土材料本构关系、钢筋材料本构关系、梁塑性铰的骨架曲线、柱纤维截面的网格划分和隔震支座。

PERFORM-3D 中弹性组件与一般程序的定义基本相同。非弹性组件的定义主要包括三部分：（1）力-变形关系（F-D 曲线）：根据上升段线段数量分为 E-P-P（两段）和 Triliner（三段）两种类型，如图 4-1(a)和(b)所示，若考虑强度退化，则退化后的曲线图分别对应图 4-1(c)和(d)。（2）滞回模型：基于能量退化原理，用滞回退化系数描述刚度退化程度，并可在程序中直接绘制出来。图 4-2(a)所示为三折线 F-D 关系的滞回退化示意图，内圈面积与外圈面积之比即为滞回退化系数。滞回退化参数设置有两种方法，分别为"YULRX"和"YX+3"，即基于多个广义位移处定义滞回退化系数，如图 4-2(b)和(c)所示。能量退化系数可以采用试验或者数值模拟获取。本书中钢筋、混凝土和梁塑性铰的滞回耗能退化系数均参考了同济大学吴晓涵[6]基于试验和反复加载模拟对比后得到的取值。（3）变形能力：用来计算变形的需求/能力比。最多可以定义五个性能水准，如图 4-3 所示。指定两个水准时一般为塑性铰和极限状态，指定三个水准时一般为立即使用，生命安全和防止倒塌，指定五个水准时分别为基本完好，轻微破坏，中等破坏，严重破坏和倒塌。下面分别对文中用到的组件的参数及其基本理论进行介绍。

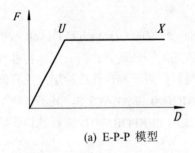

(a) E-P-P 模型

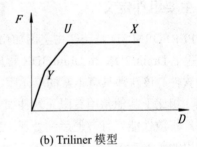

(b) Triliner 模型

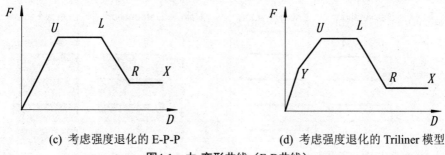

(c) 考虑强度退化的 E-P-P   (d) 考虑强度退化的 Triliner 模型

图4-1   力-变形曲线（F-D曲线）

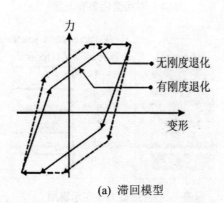

(a) 滞回模型

For Positive Deformations		For Negative Deformations	
Point	Energy Factor	Point	Energy Factor
Y		Y	
U		U	
L		L	
R		R	
X		X	

(b) YULRX

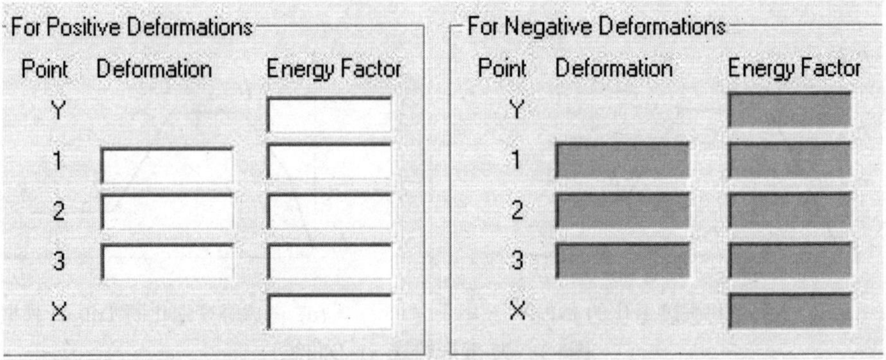

For Positive Deformations

Point	Deformation	Energy Factor
Y		
1		
2		
3		
X		

For Negative Deformations

Point	Deformation	Energy Factor
Y		
1		
2		
3		
X		

(c) YX+3

图4-2　滞回退化参数设置

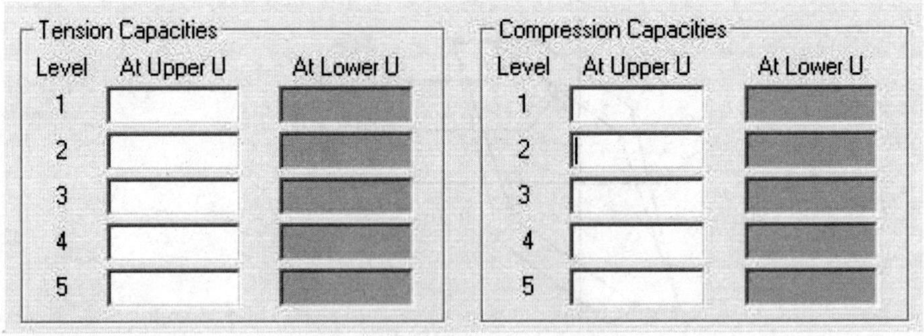

Tension Capacities

Level	At Upper U	At Lower U
1		
2		
3		
4		
5		

Compression Capacities

Level	At Upper U	At Lower U
1		
2		
3		
4		
5		

图4-3　变形能力指定示意图

4.2.1 混凝土材料本构关系

混凝土材料可以分为约束混凝土和非约束混凝土。本书约束混凝土本构采用 Kent-Park 模型，非约束混凝土本构采用 GB50010—2010《混凝土结构设计规范》附录 C 提供的混凝土受压应力应变曲线。两种混凝土本构都不考虑抗拉强度，但考虑混凝土的滞回耗能退化作用，材料强度选用标准值。

1. 约束混凝土

（1）修正后的 Kent-Park 模型

图 4-4 给出了 Kent-Park 模型的混凝土应力应变曲线。从图中可以看出，该模型上升段不考虑矩形箍筋对混凝土极限抗压强度和约束混凝土峰值应变的提高，下降段斜率由对应于 50%峰值强度处的应变（极限压应变）决定，该模型约束混凝土和非约束混凝土的差别主要在下降段。公式(4-1)给出了约束混凝土曲线各阶段的计算公式，公式中的单位均为英制单位。

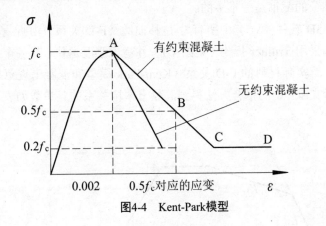

图4-4　Kent-Park模型

$$
\begin{cases}
\text{OA段} & 0 \le \varepsilon \le 0.002 & \sigma = f_c\left[\dfrac{2\varepsilon}{0.002} - \left(\dfrac{\varepsilon}{0.002}\right)^2\right] \\[2mm]
\text{AC段} & 0.002 \le \varepsilon \le \varepsilon_{20} & \sigma = f_c[1 - Z(\varepsilon - 0.002)] \\[2mm]
\text{CD段} & \varepsilon \ge \varepsilon_{20} & \sigma = 0.2 f_c
\end{cases}
$$

(4-1)

$$
Z = \frac{0.5}{\dfrac{3}{4}\rho_v\sqrt{\dfrac{B_c}{s}} + \dfrac{3 + 0.002 f_c}{f_c - 1000} - 0.002}
$$

式中，B_c 为核心区混凝土宽度，s 为箍筋间距，ρ_v 为构件的体积配箍率，ε_{20} 为对应于20%峰值应力对应的应变。

Scott 等[7]将约束混凝土的极限压应变保守地取为第一根箍筋断裂时的混凝土应变，将保护层混凝土剥落时的应变取为 0.004，约束混凝土的极限压应变按式（4-2）计算，其中 ρ_v 为构件的体积配箍率，f_{yv} 为箍筋屈服强度，单位为 MPa。

$$
\varepsilon_{cu} = 0.004 + 0.9\rho_v\left(\frac{f_{yv}}{300}\right)
$$

(4-2)

（2）约束混凝土的本构参数

如果按照不同的箍筋约束情况分别建立混凝土本构，将增大建模工作量，因此，本书将约束区的箍筋配置统一取为8@100，箍筋屈服强度标准值为300N/mm²，为方便建模，体积配箍率统一取为0.8%，这样的箍筋值也与国内结构设计软件SATWE

配筋设置的大部分的配箍是差不多的。

　　PERFORM 3D 软件（V5）中所有力-位移曲线（F-D 关系）由折线段组成。本书中混凝土的本构采用 Triliner 折线（见图 4-1）并考虑强度退化，其各个控制点示意图如图 4-5 所示。而实际材料的 F-D 关系（Kent-Park 模型和混凝土规范提供）通常为曲线形式。参考文献[8]中的拟合办法得到混凝土本构关系的各参数如表 4-1 所示。

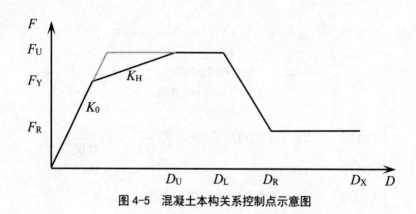

图 4-5　混凝土本构关系控制点示意图

表4-1　约束混凝土的本构参数

强度等级	E /(N/mm²)	F_Y /MPa	K_H/K_0	F_U /MPa	D_U /mm	D_L /mm	D_R /mm	F_R/F_U	D_X /mm
C25	28000	7.5	0.170	25	0.0013	0.0019	0.0140	0.2	0.016
C30	30000	9	0.21	30	0.0013	0.0020	0.0142	-	-
C35	31500	10.5	0.23	35	0.0014	0.002	0.0142	-	-

注：其中 $K_0=E$。

2.非约束混凝土

（1）我国规范规定的混凝土本构关系

　　图 4-6 给出了 GB50010—2010《混凝土结构设计规范》附录 C 中的混凝土单轴受压的应力-应变曲线。表 4-2 给出了混凝土单轴受压应力-应变曲线的参数取值。公式（4-3）给出了应力-应变曲线各个阶段的计算公式。

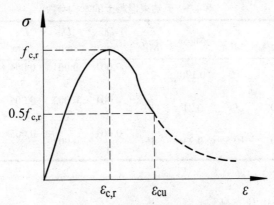

图4-6　规范的混凝土本构模型

表4-2　混凝土单轴受压应力-应变曲线的参数取值

$f_{c,r}/(N/mm^2)$	25	30	35
$\varepsilon_{c,r}$ (10^{-6})	1560	1640	1720
α_c	1.06	1.36	1.65
$\varepsilon_{cu}/\varepsilon_{c,r}$	2.6	2.3	2.1

$$\sigma = (1-d_c)\,E_c\varepsilon \qquad (4-3)$$

$$d_c = \begin{cases} 1 - \dfrac{\rho_c n}{n-1+x^n} & x \leq 1 \\[2mm] 1 - \dfrac{\rho_c}{\alpha_c(x-1)^2+x} & x > 1 \end{cases}$$

$$\rho_c = \frac{f_{c,r}}{E_c\varepsilon_{c,r}} \qquad n = \frac{E_c\varepsilon_{c,r}}{E_c\varepsilon_{c,r}-f_{c,r}} \qquad x = \frac{\varepsilon}{\varepsilon_{c,r}}$$

式中：α_c 为混凝土单轴受压应力-应变曲线下降段参数值；$\varepsilon_{c,r}$ 为与单轴抗压强度；$f_{c,r}$ 相对应的混凝土峰值压应变，按表 4-2 取用；$f_{c,r}$ 为混凝土单轴抗压强度代表值；d_c 为混为凝土单轴受压损伤演化参数。

（2）无约束混凝土的本构参数

同理，经拟合后无约束混凝土的本构参数如表 4-3 所示。

表4-3　无约束混凝土的本构参数

强度等级	E /(N/mm^2)	F_Y /MPa	K_H/K_0	F_U /MPa	D_U /mm	D_L /mm	D_R /mm	F_R/F_U	D_X /mm
C25	28000	7.5	0.170	25	0.0013	0.0019	0.0047	0.2	0.016
C30	30000	9	0.21	30	0.0013	0.0020	0.0050	-	-
C35	31500	10.5	0.23	35	0.0014	0.002	0.0052	-	-

注：其中 $K_0=E$。

（3）滞回能量退化系数

混凝土材料的滞回曲线如图 4-7 所示，其中图(a)为能量耗散系数为 1 的加卸载情况（有残余变形），图(b)为能量耗散系数小于 1 的加卸载情况（无残余变形）。混凝土材料在各关键点的滞回耗能退化系数如表 4-4 所示。

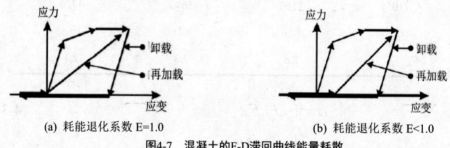

(a) 耗能退化系数 E=1.0　　　　　　　(b) 耗能退化系数 E<1.0

图4-7　混凝土的F-D滞回曲线能量耗散

表4-4　混凝土材料的滞回耗能参数

材料	退化系数关键点				
	Y	U	L	R	X
混凝土	1	0.9	0.7	0.4	0.3

4.2.2　钢筋材料本构关系

钢筋本构模型主要有理想弹塑性模型、三折线模型、全曲线型和双直线模型（考虑硬化），如图 4-8 所示。其中采用比较多的是理想弹塑性模型和双直线模型。双直线模型的数学表达式为：

$$\begin{cases} \varepsilon_s \le \varepsilon_y & \sigma_s = E_s \varepsilon_s, \ \ E_s = \dfrac{f_y}{\varepsilon_y} \\ \varepsilon_y \le \varepsilon_s \le \varepsilon_{s,h} & \sigma_s = f_y + 0.01 E_s (\varepsilon_s - \varepsilon_y) \end{cases} \tag{4-4}$$

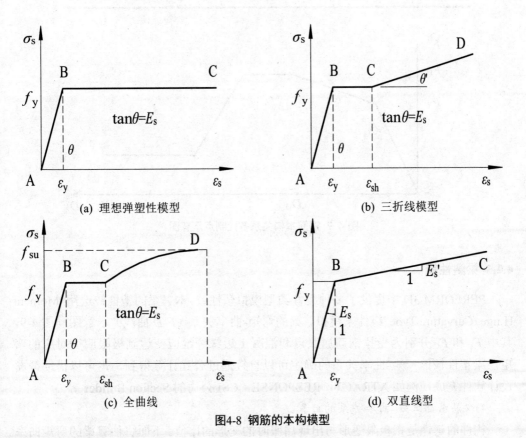

(a) 理想弹塑性模型　　　　　　(b) 三折线模型

(c) 全曲线　　　　　　(d) 双直线型

图4-8　钢筋的本构模型

　　本书在程序中采用"Triliner"折线模型（见图 4-1）模拟钢筋本构，不考虑强度退化，钢筋本构关系各个控制点示意图如图 4-9 所示。其中，钢筋纤维的材料强度选用 HRB335，屈服强度标准值（F_Y）为 335N/mm²，弹性模量（K_0）为 2.0×10^5 N/mm²，极限强度（F_U）为 455N/mm²，屈强比（K_H/K_0）为 0.01。钢筋在各个控制点的滞回耗能退化系数取值见表 4-5。

表4-5　钢筋材料的滞回耗能参数

材料	退化系数关键点				
	Y	1（0.012mm）	2（0.0226mm）	3（0.0331mm）	X
钢筋	1	0.55	0.55	0.55	0.55

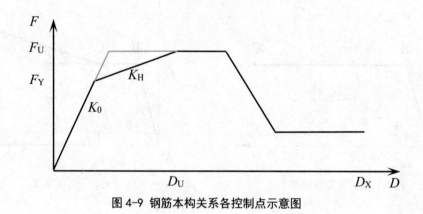

图 4-9　钢筋本构关系各控制点示意图

4.2.3　梁塑性铰

PERFORM 3D 中提供了多种组件类型模拟塑性铰，本书梁的塑性铰选用"Moment Hinge, Curvature Type"组件来模拟。梁的弯矩-曲率关系（F-D 曲线）示意图同图 4-9，其中 F_Y 和 F_U 分别为受拉钢筋屈服点和混凝土边缘纤维应变达到极限应变对应的弯矩。梁塑性铰的弯矩-曲率关系的确定可以直接通过公式计算得到，也可以借助截面设计软件完成，例如 XTRACT，RESPONSE，CSI 公司的 Section Builder 等。

1.双筋截面弯矩-曲率关系的计算

构件的延性是指极限变形与出现屈服时的变形的比值。下面将估算梁的弯矩曲率关系在受拉钢筋开始屈服时和边缘纤维混凝土达到极限压应变这两种情况下的相对数值。估算基于平截面假定和已知的材料的应力-应变曲线。这里构件的受压混凝土假设为 Δ 不受约束的。

图 4-10 给出了受拉破坏的理想弯矩-曲率曲线关系，其中 (M_y, φ_y) 为受拉钢筋屈服点，(M_u, φ_u) 为混凝土可用应变达到极限值的点。图 4-11 给出了一个双筋矩形截面在受拉钢筋开始屈服时和受压混凝土达到极限压应变时的情况。

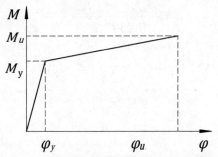

图4-10 梁受拉破坏的理想弯矩-曲率曲线关系

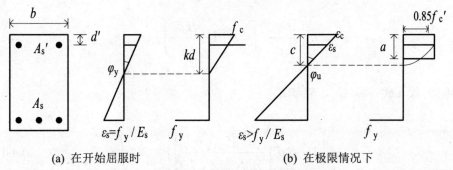

(a) 在开始屈服时   (b) 在极限情况下

图4-11 受弯的双筋梁截面

开始屈服时的弯矩和曲率的公式为：

$$k = \left[(\rho + \rho')^2 \left(\rho + \frac{\rho' d'}{d} \right) n \right]^{\frac{1}{2}} - (\rho + \rho')n \tag{4-5}$$

$$M_y = A_s f_y jd \tag{4-6}$$

$$\varphi_y = \frac{f_y / E_s}{d(1-k)} \tag{4-7}$$

式中，A_s 和 A_s' 分别为受拉钢筋为受压钢筋的面积；d 为受拉钢筋的有效高度；d' 为受压钢筋形心到混凝土边缘受压纤维的距离，E_c 和 E_s 分别为混凝土和钢筋的弹性模量；f_y 为钢筋的屈服强度，jd 为从混凝土和钢筋的压力重心到拉力重心的距离，$n = E_s / E_c$，$\rho = A_s / bd$，$\rho' = A_s' / bd$。

双筋截面在受压钢筋屈服时的极限曲率和弯矩由下列公式计算得到

$$a = \frac{A_s f_y - A'_s f_y}{0.85 f'_c b} \tag{4-8}$$

$$M_u = 0.85 f'_c ab\left(d - \frac{a}{2}\right) + A'_s f_y(d - d') \tag{4-9}$$

$$\varphi_u = \frac{\varepsilon_e}{c} = \frac{\varepsilon_e \beta_1}{a} \tag{4-10}$$

利用下式验算受压钢筋是否屈服：

$$\varepsilon'_s = \varepsilon_c\left(\frac{c - d'}{c}\right) = \varepsilon_c\left(1 - \frac{\beta_1 d'}{a}\right) \tag{4-11}$$

将（4-8）代入式（4-11），若满足

$$\varepsilon_c\left[1 - \beta_1 d'\left(\frac{0.85 f'_c b}{A_s f_y - A'_s f_y}\right)\right] \geq \frac{f_y}{E_s} \tag{4-12}$$

则受压钢筋达到了屈服。

若验算时受压钢筋没有屈服，则应用受压钢筋的实际应力值来代替屈服强度，由下列公式计算极限弯矩。

$$a = \frac{A_s f_y - A'_s f'_y}{0.85 f'_c b} \tag{4-13}$$

$$f'_s = \varepsilon'_c E_s = \varepsilon_c \frac{a - \beta_1 d'}{a} E_s \tag{4-14}$$

$$M_u = 0.85 f'_c ab\left(d - \frac{a}{2}\right) + A'_s E_s \varepsilon_c \frac{a - \beta_1 d'}{a}(d - d') \tag{4-15}$$

2.滞回耗能参数的确定

梁塑性铰的滞回耗能退化系数取值见表4-6。

表4-6 梁塑性铰的滞回耗能参数

	退化系数关键点				
	Y	1	2	3	X
塑性铰	1	0.35	0.35	0.35	0.35

4.2.4 纤维单元

PERFORM 3D 的柱纤维为空间纤维单元，最多支持纤维数量为 60 根。由于用柔度法建立的弹塑性纤维梁和柱单元，在其构件截面上的网格划分粗略程度对分析结果的精度影响并不大[9]，因此采用适当密度的塑性铰区域网格划分就能获得不错的精度。柱子的纤维截面划分如图 4-12 所示，采用 8 根钢筋纤维和 36 根混凝土纤维。其中，钢筋纤维的面积使用 SATWE 计算出的配筋信息。

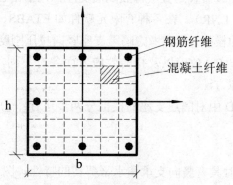

图4-12　柱纤维截面的划分

单元截面的力与变形的关系[10]：纤维模型基于几何小变形、平截面、弹性剪切变形以及不考虑混凝土与钢筋的黏结和剪切滑移的假定。设单元纵向坐标为 x，垂直于单元轴向的坐标分别为 y、z，其变形的基本变量分别为绕着 y、z 的曲率 $\varphi_y(x)$、$\varphi_z(x)$ 及轴向应变 $\varepsilon_0(x)$。根据平截面假定，截面上坐标为 y、z 处的应变可通过式（4-16）求：

$$\varepsilon(x, y, z) = [L]\{d(x)\} \tag{4-16}$$

式中，$\{d(x)\} = \left[\varphi_y(x), \varphi_z(x), \varepsilon_0(x)\right]^{\mathrm{T}}$，$[L] = [-z, y, 1]$ 为形函数。则相应应力为：

$$\sigma(x, y, z) = E(x, y, z)\varepsilon(x, y, z) \tag{4-17}$$

式中，$E(x, y, z)$ 是 (x, y, z) 处的纤维弹性模量，由各条纤维本构关系确定。进行积分，可得到截面上的力为：

$$\{q(x)\} = [k_s(x)]\{d(x)\} \tag{4-18}$$

式中，$\{q(x)\} = [m_y(x), m_z(x), p_0(x)]^{\mathrm{T}}$；$m_y(x)$，$m_z(x)$ 和 $p_0(x)$ 分别为绕 y 和 z 轴的弯矩及轴向力。单元截面刚度矩阵为：

$$[k_s(x)] = \int_A [L]^{\mathrm{T}} E(x, y, z)[L]\mathrm{d}y\mathrm{d}x \tag{4-19}$$

单元截面的柔度矩阵为：

$$[f_s(x)] = [k_s(x)]^{-1} \tag{4-20}$$

4.2.5 隔震支座的模拟

本书采用的隔震装置是叠层橡胶隔震支座，包括铅芯叠层橡胶支座（LRB）和普通叠层橡胶支座（LNR）。在各种有限元软件如 ETABS、SAP2000 和 ANSYS 等中均能实现隔震支座的模拟，但在考虑隔震支座竖向拉压刚度的不同、不同方向水平剪切作用的耦联关系、P-Δ 效应以及扭转效应方面各有不同。本书仅介绍 PERFORM 3D 中隔震支座的模拟方法。

PERFORM 3D 中对隔震支座的模拟分两步进行：①定义隔震组件；②定义隔震单元。

1.隔震组件

隔震组件同时具有竖向支承和水平剪切的特性。图 4-13(a)给出了隔震组件的受力示意图。

1）竖直方向力学性能

图 4-13(b)给出了隔震组件竖直方向力学性能示意图。从图中可以看出，竖向支承仅考虑弹性性能，可以根据需要设置不同的抗拉和抗压刚度，以考虑隔震支座拉压刚度的不同。本书的分析采用相同拉压刚度。

2）水平方向力学性能

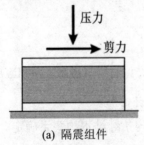

(a) 隔震组件

(b) 竖直方向的支承性能

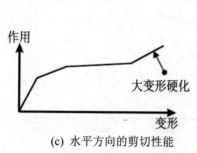

(c) 水平方向的剪切性能

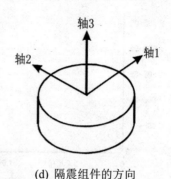

(d) 隔震组件的方向

图4-13 隔震组件的模拟

图 4-13(c)给出了隔震组件水平方向力学性能的示意图。从图中可以看出，水平方向的剪切性能采用可考虑支座大变形硬化的三折线模型，但不考虑剪切变形的强度损失和刚度硬化，且水平方向的受力性能不受竖向力的影响。剪切位置默认在隔震单元的中点。图 4-13(d)给出了隔震组件的方向。隔震装置的力学参数一般由隔震厂家经试验测试提供，水平方向的参数一般包含屈服前刚度，屈服力和屈服后刚度或者某剪切变形下的等效刚度和等效阻尼。因此，LRB 和 LNR 的水平方向力学性能可分别采用双直线和线性的力-位移曲线模拟，如图 4-14 所示。图中，横坐标和纵坐标分别为位移和力，单位分别为 mm 和 N。此外，隔震组件还可以根据需要定义剪切位移变形和竖向承载力（分别用于位移极限状态和强度极限状态）。

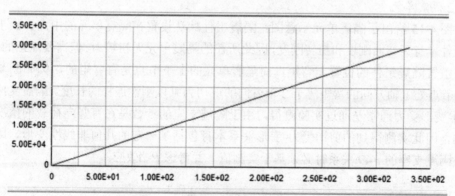

(a) 天然叠层橡胶支座

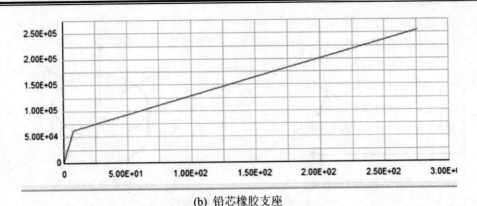

(b) 铅芯橡胶支座

图4-14　隔震支座水平方向力学模型

　　若隔震支座的 1、2 轴的剪切特性不一样时，应看成两个方向彼此独立、受力互不影响的隔震设备，每一个方向分别用各自的力-位移关系描述。若隔震支座在任何方向的受力特性都一样时，如圆形或方形的天然橡胶支座和铅芯叠层橡胶支座，其有效剪切力和变形可以用下式描述：

$$F = \sqrt{F_1^2 + F_2^2} \qquad D = \sqrt{D_1^2 + D_2^2}$$

其中，F 和 D 分别为有效剪力和有效位移，F_1，F_2，D_1，D_2 分别为 1 轴和 2 轴方向的受力和变形，类似于圆形屈服面。

　　2.隔震单元

　　图 4-15 给出了隔震单元示意图。隔震组件默认设置在隔震单元的中点。由于隔震组件本身无弯曲刚度和扭转刚度，因此所在的隔震单元无扭转力。但需要注意的是，仅在放置隔震组件的位置无弯矩，而隔震单元的上下节点是有弯矩的，例如图 4-15 中，节点处 1 轴方向的弯矩等于 2 轴方向的剪切力乘以刚性连杆的长度。隔震支座的剪切-变形受力通常是通过实验测得，由于隔震支座的参数是在有竖向荷载的情况测得的，因此实测得到的剪切受力-变形关系本身包括了一定的几何非线性变形，因此定义隔震支座的 F-D 关系时必须基于实测值，并考虑 P-Δ 效应。

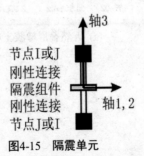

图4-15　隔震单元

1）主要的 P-Δ 效应

P-Δ 效应引起的弯矩对于与隔震支座直接相连的构件来说不可忽略。隔震支座的计算模型如图 4-16 所示。隔震单元由长度为 0 的非弹性剪切铰（隔震组件）和两个节点通过刚性连杆连接起来的，如图 4-16(b)。通常，上节点连接隔震结构的上部结构，下节点连接基础或下部结构。隔震支座的变形如图 4-16(c)，从图中可以看到上节点相对于下节点是水平平动的。在上部结构和基础都是非常刚的情况下，节点处的扭转几乎为 0。

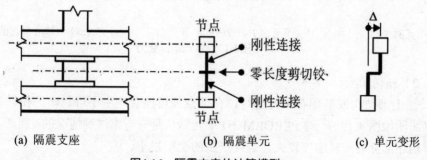

(a) 隔震支座　　　　　(b) 隔震单元　　　　　(c) 单元变形

图4-16　隔震支座的计算模型

图 4-17 给出了当发生了图 4-16(c)中的变形后隔震支座端部的力，端部的力与单元剪切铰处的竖向力和水平剪力（无弯矩）平衡。图 4-17(a)给出了单元的变形，其中竖向力为 P，水平剪切力为 H。图 4-17(b)不考虑 P-Δ 效应时，隔震单元的受力。假定 Δ 值为 0，此时上节点的弯矩为剪力乘以上连接杆长度，下节点的弯矩为剪力乘以下连接杆长度。图 4-17(c)为考虑 P-Δ 效应时，隔震单元端部的附加力，此时假定 Δ 值较大，不可忽略，此时单元的上下端会产生附加的弯曲弯矩，等于竖向支承力乘以水平变形的一半。

 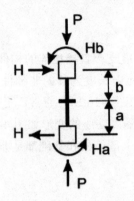 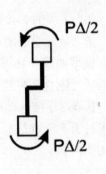

(a) 单元的变形　　　　　(b) 不考虑 *P-Δ*效应的单元受力　　　　(c) *P-Δ*效应引起的附加力

图4-17　单元端部受力

2）扭转效应

当上部结构或基础有大变形时，在节点处可能会产生不可忽略的扭转效应。其计算简图如图 4-18 所示。PERORM 3D 单元默认是有考虑这种情况的。而通常与隔震支座相连部分的扭转刚度较大，因此产生的变形很小。

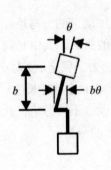 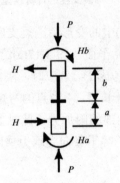 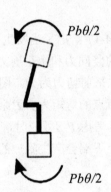

(a) 单元的变形　　　　　(b) 不考虑 *P-Δ*效应的单元受力　　　　(c) *P-Δ*效应引起的附加力

图4-18　单元端部受力

4.3 动力时程求解方法

动力时程分析方法，在数学上称为步步积分法（step-by-step）或时间步进法。其求解方法有很多种，如基于激励函数的差值法、中心差分法和 Newmark 法（包括平均加速度法和线性加速度法）等。PERFORM-3D 采用的求解方法是平均加速度法。

动力平衡方程：

$$M\ddot{x} + C\dot{x} + Kx = F \tag{4-21}$$

经过一个时间步长 Δt，动力平衡方程为：

$$M\Delta\ddot{x} + C\Delta\dot{x} + K\Delta x = \Delta F \tag{4-22}$$

由于方程里面含有三个未知量 $(\Delta\ddot{x}, \Delta\dot{x}, \Delta x)$，因此有必要对其求解过程假设，且仅能得到近似解。

其等效刚度和等效荷载：

$$K_{\text{eff}} = \frac{4}{\Delta t^2}M + \frac{2}{\Delta t}C + K \tag{4-23}$$

$$\Delta F_{\text{eff}} = -M\ddot{u}_{\text{g}} + M\left(2\dot{x}_0 + \frac{4}{\Delta x_0}\right) + 2Cx_0 \tag{4-24}$$

解方程 $\Delta K_{\text{eff}}\Delta x = \Delta R_{\text{eff}}$ 得：

$$\Delta\dot{x} = -2\dot{x}_0 + \frac{2}{\Delta t}\Delta x \tag{4-25}$$

$$\Delta\ddot{x} = -2\ddot{x}_0 + \frac{2}{\Delta t}\Delta\dot{x}_0 \tag{4-26}$$

根据计算时间步长（积分段）是否相等分为等时间步长和不等时间步长。PERFORM-3D 使用的是等时间步长的数值积分方法。在每个时间步中，荷载的增加是已知的，采用的是荷载控制方法，而非位移控制。其中，时间步长 Δt 需设置得足够短来捕捉地震波和结构的反应：一方面，积分的时间步长一般不超过地震波的时间间隔，如果地震波的时间间隔为 0.01s，那么 Δt 不能超过 0.01s；另一方面，积分的时间步长一般不超过结构最短周期的 1/10。如果结构第一阶振型周期为 T_1，最高阶振型周期大约为 $0.1T_1$，则 Δt 不能超过 $0.1T_1$。

4.4 分析设置

4.4.1 阻尼的设置

当考虑结构的弹塑性变形，其耗能应包括模态阻尼耗能、弹性能量耗散和构件的滞回变形耗能。其中弹性能量耗散的模拟与弹性结构一样，采用粘滞阻尼模拟，在 PERFORM-3D 中是通过设置 Rayleigh 阻尼的参数实现。

本书中，模态阻尼和瑞雷（Rayleigh）阻尼的设置如下：①模态阻尼：对周期区间施加模态阻尼，周期下限取模态分析的最短周期，周期上限取结构进入非线性后可能达到的周期。取周期范围为 0.1~5s，阻尼值取 5%。②Rayleigh 阻尼：仅考虑 βK 项

时仅需设置 T_A/T_1 和相应的阻尼值，瑞雷阻尼取 0.1%。这样可以消除高频振动。

4.4.2 荷载工况

首先施加重力荷载（Gravity），保持重力荷载存在的情况下施加地震作用。Gravity 为单元或节点上 1 倍的恒载（包括结构自重和楼板上恒载）及 0.5 倍的活载。地震工况的设置如图 4-19 所示。

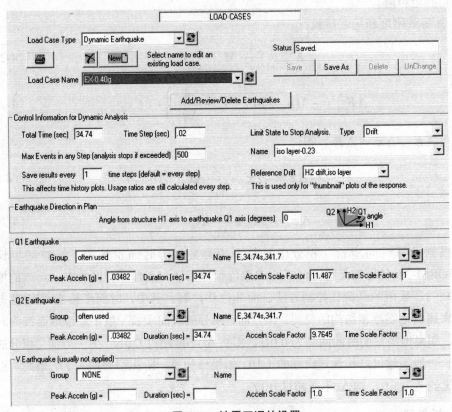

图4-19　地震工况的设置

4.4.3 其他

①时间步数：由于随着加速度的不断加大，结构进入非线性的程度也越大，因此程序完成运算所需要的迭代步数也越多，考虑到本书隔震结构中采用的铅芯隔震支座在超大地震作用下进入非线性程度很大，因此本书中最大迭代步数取到 500。②极限条件：由于运算过程中隔震层产生的变形最大，所以隔震层的位移作为监测对象，即当隔震层位移达到极限值时程序停止运算。

4.5 结构模型参数

4.5.1 工程概况

　　算例结构为 6 层现浇钢筋混凝土框架结构，底层的结构计算高度为 4.8m，2~6 层为 3.6m，柱网为横向（x 向）6 跨，纵向（y 向）3 跨，如图 4-20 所示。设防烈度为 8 度（0.20g），场地类别为Ⅱ类，乙类建筑，结构重要性系数为 1，特征周期为 0.40s。由于本章主要研究目的是下部结构刚度变化对整体结构的减震效果以及超大地震作用下结构失效的影响，因此不考虑风压作用。隔震层设置在底层柱顶，纵向竖向构件布置图如图 4-21 所示。

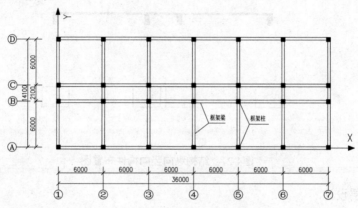

图4-20　结构标准层平面示意图

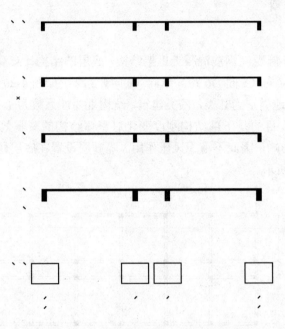

图4-21　结构纵向竖向构件布置图

4.5.2 隔震层设计

经过有限元分析软件 ETABS 反复分析和验算，确定结构的基本信息以及隔震层布置方案。最终隔震层采用 22 个 LRB500 和 6 个 LNR500 隔震支座，隔震支座的型号及力学性能参数见表 4-7。上部结构的减震系数经计算为 0.38，隔震层的布置方案如图 4-22 所示。

表4-7　隔震支座型号及力学性能

类型	有效直径/mm	竖向刚度/(kN·mm⁻¹)	屈服前刚度/(kN·m⁻¹)	屈服力/kN	剪应变	等效水平刚度/(kN·m⁻¹)	刚度比
LNR500	500	1235	/	/	/	798.5	/
LRB500	500	1634	8041	62.8	$\gamma=100\%$	1390	0.1
					$\gamma=250\%$	956.1	0.09

注：表中，刚度比为隔震支座屈服前刚度与屈服后刚度的比值。

图4-22 隔震支座的布置图

4.5.3 上部结构设计

表 4-8 给出了上部结构构件的设计信息，包括材料选用、截面设计以及恒活荷载等信息。

由于本章主要考虑底层柱顶隔震结构的下部结构，为方便建模，框架结构的截面设计直接按课题组多个工程项目的经验配筋。2~3 层柱的全截面配筋率为 1.1%；而 4~6 层的全截面配筋率为 0.8%，均采用对称配筋。混凝土梁两端的配筋率取相同，上部结构（包括隔震层）梁的上下端配筋率均为 1%。

4.5.4 下部结构设计

为讨论下部结构钢筋混凝土柱截面对结构失效的影响，分别设置了三组不同的下部结构方案。为了突出底层独立柱刚度变化对下部结构的影响，底层柱各种截面尺寸均采用相同配筋面积，全截面总配筋面积为 6400mm²；混凝土强度等级为 C35。表 4-9 给出了三种下部结构方案的参数。

表4-8　上部结构构件的设计信息

楼层	混凝土强度	柱截面/mm²	梁截面/mm²	楼板厚/mm	楼面恒荷载/(kN·mm⁻²)	楼面活荷载/(kN·mm⁻²)
隔震层	/	/	350×750	160	1.6	2.0
2~3层	C25	450×450	300×650	150	1.6	2.0
4~6层	C25	450×450	250×600	150	1.6	2.0

注：表中的楼面恒荷载不包括楼板自重。

表4-9　下部结构方案参数

模型	底层柱（长×宽×高/mm³）	配筋面积/mm²	长细比	轴压比
模型一	550×550×3600	6400	6.5	0.45
模型二	650×650×3600	6400	5.5	0.32
模型三	750×750×3600	6400	4.8	0.24

4.5.5 弹塑性模型的建立

根据上文所描述的方法在 PERFORM 3D 中建模，其中各种截面尺寸梁的塑性铰参数（弯矩-曲率关系）如表 4-10 所示。图 4-23 给出了模型的三维结构图。图中，加黑部分为隔震单元。

表4-10　梁塑性铰参数（单位：MPa）

截面尺寸/mm²	屈服弯矩/(kN·m)	屈服曲率/(×10⁻⁵)	极限弯矩/(kN·m)	极限曲率/(×10⁻⁵)
250×650	305.4	0.428	345.7	2.943
300×650	366.5	0.426	414.1	2.943
350×750	576.7	0.502	662	2.902

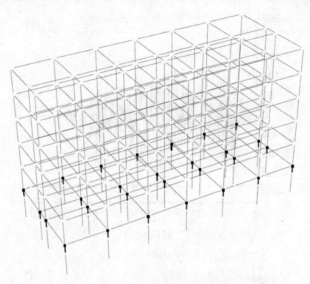

图4-23　结构的三维模型图

4.6 地震波选取

　　本文随机选择 7 条适用于 II 类场地的天然波，分别为 El Centro（NS）波，Taft 波，Tar-Tarzana-00-w（以下简称 Tar-Tarzana），兰州 1 波，兰州 2 波，唐山波（EW），Northbrige 波。因为所选用的算例结构为质量和刚度分布对称的规则多层结构，地震波输入采用单向输入。图 4-24（a）~（g）分别给出 7 条地震波的加速度时程曲线。图 4-24（h）给出了这 7 条地震波反应谱与设计反应谱的比较。

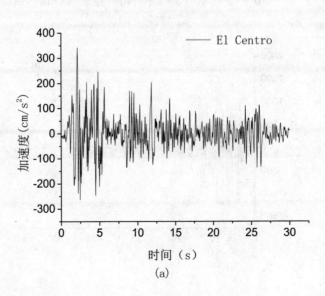

(a)

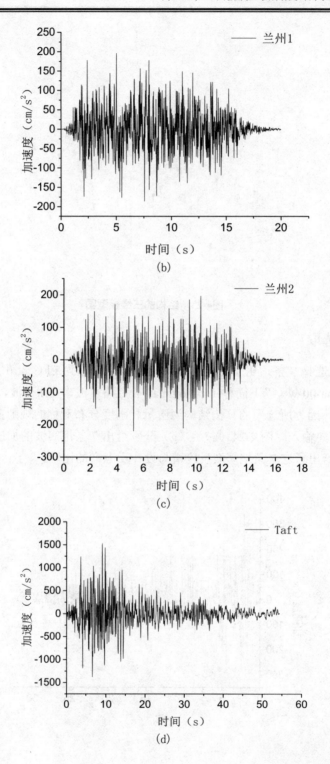

(b)

(c)

(d)

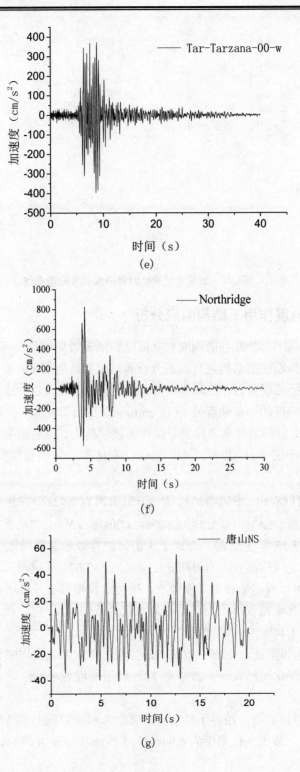

(e)

(f)

(g)

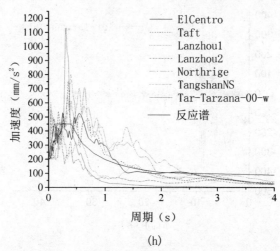

(h)

图4-24　地震波加速度时程曲线和反应谱曲线

4.7　设防烈度地震作用下结构响应分析

为了说明变换下部独立柱的刚度对整体结构隔震效果以及上部结构响应的影响。本节分别对三种隔震模型结构进行模态分析和设防烈度地震（中震）作用下结构的各种响应分析，包括楼层剪力、层间位移角、楼层剪力以及楼层加速度。限于篇幅，本书仅列出具有代表性的一条地震波（El Centro 波）的计算结果。三种隔震模型结构的前 6 阶振型周期、设防烈度地震作用下结构的楼层剪力、楼层加速度和层间位移角的峰值响应分别列于表 4-11~表 4-14 中。表中，变化率 ξ=（其他模型−模型一）×100/模型一。

从表 4-11 可以看出，非隔震结构第一振型周期为 0.923s，三种不同下部结构的底层柱顶隔震结构第一振型周期分别为 3.08s，3.00s 和 2.97s。相比于非隔震结构，周期分别延长 3.34，3.25 和 3.22 倍，均大于 3 倍，能有效地避开场地的特征周期。变化下部结构刚度后，结构前 6 阶的周期变化率最大为 3.67%（模型三，第一振型）。

从表 4-12 可以看出，相对于模型一、模型二和模型三各楼层的剪力除隔震层外基本增大，但变化率均很小，上部结构最大仅为 6.91%（x 向，模型三，3 层），下部结构最大仅为 1.44%（x 向，模型三）。

从表 4-13 可以看出，上部结构和下部结构的楼层加速度均略有增大，上部结构楼层加速度响应变化率最大为 8.25%（y 向，楼层高度为 8.4m），下部结构为 6.17%（x 向）。

从表 4-14 可以看出，相对于模型一、模型二和模型三上部结构各层的最大层间位移角略微增大，最大变化率仅为 6.64%（x 向，模型三，4 层），而下部结构的层间位移角最大变化率达到 70.8%（y 向，模型三）。

总体来说，在上部结构形式保持不变的情况下，增大下部独立柱刚度后，隔震结构的周期略微减小。上部结构的楼层加速度，层间剪力，层间位移角略有增大，隔震层的位移略微减小，但都不明显。下部结构的层间剪力和楼层加速度略有增大，而层间位移角明显减小。这充分说明下部结构柱子截面尺寸增大后，在增大底层抗侧刚度的同时并没引起明显的底层剪力的增大，上部结构的减震效果基本不变，而下部结构的层间位移角响应有明显减小。

表4-11　三种隔震模型结构前6阶振型周期的对比

振型	模型/s				变化率 ξ%	
	非隔震结构	模型一	模型二	模型三	模型二	模型三
1	0.923	3.08	3.00	2.97	2.52	3.67
2	0.902	3.07	3.00	2.96	2.52	3.67
3	0.832	2.37	2.31	2.28	2.39	3.50
4	0.305	0.47	0.47	0.47	0.30	0.48
5	0.300	0.45	0.45	0.45	0.16	0.24
6	0.276	0.42	0.41	0.41	0.28	0.43

表4-12　三种隔震模型结构楼层剪力对比（单位：kN）

楼层	x向			变化率 ξ（%）		y向			变化率 ξ（%）	
	模型一	模型二	模型三	模型二	模型三	模型一	模型二	模型三	模型二	模型三
6层	695	723	734	4.12	5.65	711	741	753	4.20	5.85
5层	1295	1354	1378	4.53	6.40	1317	1377	1403	4.56	6.53
4层	1464	1533	1564	4.77	6.88	1498	1556	1589	3.90	6.06
3层	1591	1663	1701	4.55	6.91	1595	1663	1694	4.26	6.22
2层	1466	1532	1560	4.50	6.46	1435	1499	1528	4.49	6.50
隔震层	2726	2710	2699	-0.60	-1.01	2686	2668	2654	-0.69	-1.20
底层	891	902	904	1.22	1.44	867	874	875	0.84	0.90

表4-13　三种隔震模型结构的楼层加速度对比（单位：m/s²）

楼层高度/m	x向			变化率 ξ（%）		y向			变化率 ξ（%）	
	模型一	模型二	模型三	模型二	模型三	模型一	模型二	模型三	模型二	模型三
22.8	1.45	1.51	1.54	3.99	5.92	1.50	1.56	1.58	4.01	5.55
19.2	1.21	1.27	1.29	4.88	6.62	1.21	1.26	1.28	4.22	6.29
15.6	0.91	0.96	0.97	4.62	6.43	0.85	0.90	0.91	5.88	7.06
12.0	0.86	0.90	0.92	5.40	7.36	0.81	0.84	0.87	4.37	6.89
8.4	1.04	1.10	1.11	5.79	7.34	0.98	1.02	1.06	4.05	8.25
4.8	1.13	1.19	1.21	5.31	7.17	1.09	1.11	1.13	2.11	3.57
3.6	1.83	1.91	1.94	4.10	6.17	1.84	1.91	1.95	3.75	5.70
0	2.0	2.00	2.00	0.00	0.00	2.00	2.00	2.00	0.00	0.00

表4-14　三种隔震模型结构的层间位移角对比

楼层	x向			变化率 ξ（%）		y向			变化率 ξ（%）	
	模型一	模型二	模型三	模型二	模型三	模型一	模型二	模型三	模型二	模型三
6 层	1/1531	1/1473	1/1451	3.98	5.51	1/1272	1/1225	1/1209	3.82	5.22
5 层	1/890	1/853	1/838	4.45	6.32	1/796	1/764	1/752	4.22	5.89
4 层	1/791	1/756	1/741	4.58	6.64	1/718	1/694	1/681	3.45	5.38
3 层	1/782	1/753	1/737	3.83	6.10	1/725	1/698	1/688	3.77	5.36
2 层	1/965	1/927	1/912	4.15	5.89	1/931	1/898	1/884	3.72	5.31
隔震层	1/17	1/18	1/18	-3.92	-6.05	1/17	1/18	1/19	-4.29	-6.54
底层	1/670	1/1294	1/2283	-48.19	-70.64	1/689	1/1335	1/2358	-48.42	-70.80

4.8 结构失效分析

基于底层结构安全性应高于上部结构及由于地震发生的偶然性，建筑结构所处地区超烈度地震发生的概率高，因此有必要对底层柱顶隔震结构进行增量动力分析，探讨其失效机制。

4.8.1 增量动力分析方法

增量动力公析方法（Incremental Dynamic Analysis Method，IDA）是通过分析结构在不同水准的地震记录作用下的弹塑性响应，包括刚度、强度以及变形能力的变化，来确定或检验结构的抗倒塌能力。

表达地震动强度的方法主要有峰值加速度 PGA 和结构基本周期对应的加速度谱值 $S_a(T_1, 5\%)$。地震记录的强度用表达式 $a_\lambda = \lambda a_1$ 来调幅。其中 a_λ，a_1 均为向量，a_1 为原记录，a_λ 为调幅后的记录；λ 为正数。其中 a_λ 应覆盖结构可能遭遇的最强烈地震动，能够使结构经历从弹性至倒塌的全过程。a_λ 又分为等步长和不等步长两种增加方法。等步长的步长取值：对于多层和中高层结构一般取 0.2g；高层结构（>12 层）可取 0.10g。不等步长是在等步长的基础上增加或减少步长，主要取决于计算的收敛性。一般是在 $S_a(T_1, 5\%)$ 和 θ_{max} 的二维坐标系中 θ_n、θ_{n+1} 的连线斜率小于 $0.2K_e$，或 θ_{n+1} 大于等于 0.10 时终止计算。

本节采用增量动力分析方法，地震水平的强度指标选用峰值加速度 PGA。由于算例结构为多层结构，因此采用步长增量为 0.20g 的等步长算法。结构在给定地震动下的响应，选用隔震层的最大位移、隔震支座承受的最大拉、压应力以及上部结构和下部结构的层间位移角作为控制指标。这是因为这四种指标是用来判定底层柱顶隔震结构失效的控制指标。底层柱顶隔震结构的失效模式主要有三种：既可能发生因隔震支座产生过大位移而剪切破坏，也可能由于产生结构较大的倾覆力发生隔震支座受压侧所承受的压应力超过限值而受压破坏或受拉侧产生较大的拉应变而引起的受拉破坏，还可能出现结构的某一层（上部或下部的钢筋混凝土框架结构）发生过大变形而引起的结构构件进入屈服、弹塑性直至破坏。

本节对模型一进行了 PGA 为 0.40g、0.60g 和 0.80g 的时程分析，而对模型二和三则进行了 PGA 为 0.40g、0.60g、0.80g 和 1.0g 的时程分析。这是因为模型的下部结构柱子刚度较小，当 PGA 为 0.80g 的时候下部结构的层间位移角就已超过规范限值。

4.8.2 隔震层最大位移

《建筑抗震设计规范》规定隔震层的水平位移限值[u]不大于 0.55D（D 为支座有效直径）和 $3T_r$（T_r 为支座内部橡胶总厚度）两者中的最小值。本书模型采用直径为

500mm 的橡胶隔震支座，支座内部总厚度为 96mm，因此[*u*]=275mm。

表 4-15 给出了三种模型在 7 条地震波加速度峰值分别为 0.40*g*、0.60*g*、0.80*g* 下的最大隔震层位移。从表中可以看出，在同样的地震加速度峰值作用下，模型三产生的隔震层位移最大，模型一最小。最大隔震层位移为 233mm（0.80*g*，模型三），是隔震层位移限值[*u*]的 85%。

表4-15　三种隔震模型结构的隔震层最大位移（单位：mm）

	0.40*g*			0.60*g*			0.80*g*		
	模型一	模型二	模型三	模型一	模型二	模型三	模型一	模型二	模型三
隔震层位移	138	145	152	195	208	222	198	219	233

4.8.3 隔震支座极限拉压应力

《建筑抗震设计规范》12.2.4 规定及其条文说明规定橡胶支座的竖向极限拉应力和竖向极限压应力分别不应大于 1MPa 和 30MPa。

图 4-25 给出了结构在重力荷载代表值和地震作用的组合荷载作用下，隔震支座的极小、极大面压值（极限拉压应力）随着 PGA 增大的曲线。从图中可以看出，隔震支座在整个分析过程中均没有出现受拉的情况，最小面压值为 0.19MPa；最大面压值为 10.7 MPa，小于 30MPa，均没有超过规范的限值。

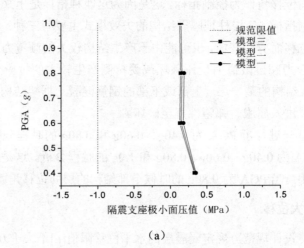

（a）

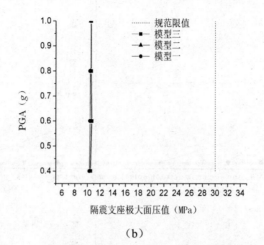

（b）

图4-25   隔震支座在不同PGA作用下的极限拉压应力

4.8.4 层间位移角

《建筑抗震设计规范》规定钢筋混凝土框架结构的弹性层间位移角限值为 1/550，弹塑性层间位移角限值为 1/50；规范内表 12.2.9 规定隔震层以下地面以上钢筋混凝土框架结构在罕遇地震作用下的层间弹塑性位移角限值为 1/100。

图 4-26 分别给出了三种隔震模型在不同 PGA 作用下各楼层（不包括隔震层）的层间位移角。

从图 4-26(a)可以看出，当 PGA 为 0.40g 时，上部结构最大层间位移角为 1/415（3 层，y 向），下部结构的层间位移角为 1/233，小于 1/100。下部结构相对于上部结构屈服程度深，形成薄弱层，当 PGA 进一步增大时，上部结构的层间位移角增幅很小，而下部结构增幅较大直至破坏并引起结构的整体倒塌。

从图 4-26(b)可以看出，当 PGA 为 0.40g 时，上部结构最大层间位移角为 1/405（4 层，y 向），下部结构的层间位移角为 1/344，小于 1/100。下部结构屈服程度略大于上部结构。当 PGA 为 0.60g 时，上部结构最大层间位移角为 1/255（3 层，y 向），下部结构的层间位移角为 1/251，非常接近。随着 PGA 增大，下部结构的屈服程度增长略大于上部结构，可以推测，结构破坏的模式是下部结构先于上部结构破坏。

从图 4-26(c)可以看出，当 PGA 为 0.40g 时，上部结构最大层间位移角为 1/392（3 层，y 向），下部结构的层间位移角为 1/585，远小于 1/100。当 PGA 为 0.60g 时，上部结构最大层间位移角为 1/228（3 层，y 向），下部结构的层间位移角为 1/358。随着 PGA 增大，上部结构的 2~3 层的屈服程度增长较大，可以推测，结构破坏的模式是上部结构先于下部结构破坏。

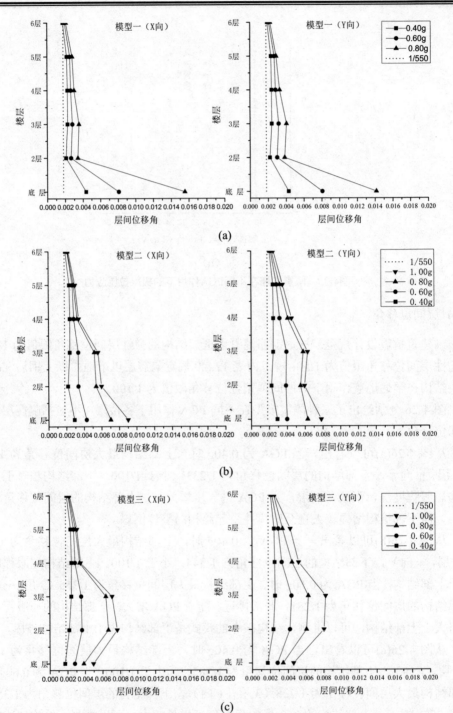

图4-26　三种隔震模型结构在不同PGA作用下的层间位移角

4.8.5 下部结构的变形状态

这里主要关注下部结构在超罕遇水准地震激励下,下部结构是否进入屈服以及进入屈服程度、屈服时间和屈服变形最大的位置。从下部结构柱纵筋的使用比可以看出框架柱的屈服程度,从屈服时间可以看出增大框架柱截面是否能延迟结构进入屈服。从钢筋应变最大出现的位置可以看出下部结构各位置构件的破坏先后顺序。地震作用时下部结构柱子的计算简图如图 4-27 所示。

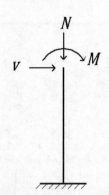

图4-27 地震作用时下部独立柱的计算简图

1.屈服次序

下部结构的主要构件仅有钢筋混凝土柱。为了描述构件的屈服变形最大位置,将下部结构柱子按轴压比不同分成中柱、边柱 1 和边柱 2 和角柱四类,如图 4-28 所示。

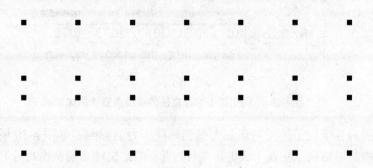

图4-28 下部独立柱类别划分

本算例中,对各个模型结构进行了多条地震波不同 PGA 作用下,下部结构不同位置独立柱的纵筋应变使用比情况的分析，发现底层柱纵筋最大应变从大到小排列大致符合角柱、边柱 2、边柱 1 和中柱的顺序。限于篇幅，本节仅列出了模型一在加速度峰值为 0.40g 的 El Centro 波作用下的下部结构不同位置独立柱的纵筋应变使用比情况，如图 4-29(a)所示。使用比的数值大小按蓝色、绿色、橙色和红色的顺序依次递增，如图 4-29(b)所示。

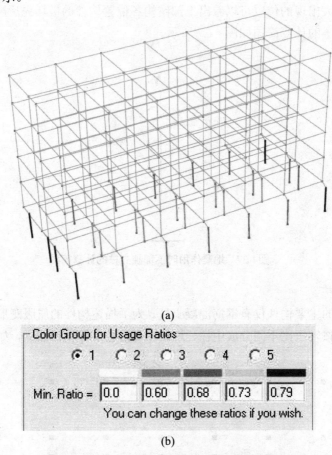

(a)

(b)

图4-29 不同位置下部独立柱的纵筋应变使用比情况

这是因为各个柱子的受弯承载力受到轴向压力的影响，如图 4-30 所示。底层柱顶隔震结构的下部独立柱属于大偏压构件，当下部结构柱子的截面尺寸和配筋取一样时，受弯承载力随着轴向压力的增大而增大。中部的支撑面积最大，因此受弯承载力最大，边柱次之，而角柱最小。所以角部独立柱在地震作用下纵筋使用比最大。

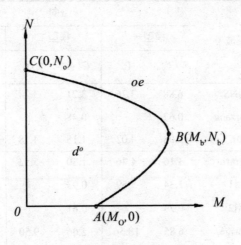

图4-30 N_u-M_u相关曲线

（2）柱的屈服程度及屈服时间

在 PGA 为 $0.40g$，$0.60g$ 和 $0.80g$ 作用下，三种模型的下部独立柱的屈服情况统计结果分别列于表 4-16。表中，ε 为钢筋最大应变，ε_y 为钢筋屈服应变，t_y 为屈服时间。

表 4-16　不同 PGA 作用下下部结构独立柱的纵筋应变最大使用比及屈服时间

PGA	地震波	x向					
		模型一		模型二		模型三	
		$\varepsilon/\varepsilon_y$	t_y	$\varepsilon/\varepsilon_y$	t_y	$\varepsilon/\varepsilon_y$	t_y
0.40g	El Centro	0.79	/	0.59	/	0.47	/
	兰州1	0.69	/	0.54	/	0.42	/
	兰州2	0.58	/	0.44	/	0.37	/
	Northrige	1.08	/	0.90	/	0.70	/
	唐山NS	1.72	3.46	0.99	/	0.86	/
	Tar-Tarzana	0.44	/	0.43	/	0.34	/
	Taft	1.10	/	0.85	/	0.66	/
0.60g	El Centro	1.06	/	0.83	/	0.68	/
	兰州1	0.82	/	0.65	/	0.55	/
	兰州2	0.67	/	0.57	/	0.46	/
	Northrige	3.02	12.18	1.85	16.92	1.16	18.61

PGA	地震波	x向					
		模型一		模型二		模型三	
		$\varepsilon/\varepsilon_y$	t_y	$\varepsilon/\varepsilon_y$	t_y	$\varepsilon/\varepsilon_y$	t_y
	唐山NS	6.88	3.26	3.21	3.34	1.42	16.91
	Tar-Tarzana	0.62	/	0.48	/	0.38	/
	Taft	2.08	4.02	1.18	4.18	0.93	/
	El Centro	3.16	4.46	1.30	5.52	1.06	/
	兰州1	1.34	5.59	0.93	/	0.77	/
	兰州2	0.79	/	0.61	/	0.47	/
0.80g	Northrige	6.85	18.56	2.66	9.50	1.46	12.23
	唐山NS	13.99	2.76	8.08	3.34	3.65	3.34
	Tar-Tarzana	0.65	/	0.52	/	0.45	/
	Taft	5.73	3.3	3.02	3.99	1.31	4.11

PGA	地震波	y向					
		模型一		模型二		模型三	
		$\varepsilon/\varepsilon_y$	t_y	$\varepsilon/\varepsilon_y$	t_y	$\varepsilon/\varepsilon_y$	t_y
	El Centro	0.78	/	0.60	/	0.48	/
	兰州1	0.68	/	0.45	/	0.34	/
	兰州2	0.75	/	0.53	/	0.42	/
0.40g	Northrige	1.07	/	0.97	/	0.70	/
	唐山NS	1.87	3.45	1.19	3.47	0.99	/
	Tar-Tarzana	0.49	/	0.45	/	0.38	/
	Taft	1.01	/	0.86	/	0.68	/
	El Centro	1.1	/	0.87	/	0.72	/
	兰州1	0.84	/	0.66	/	0.55	/
	兰州2	0.68	/	0.57	/	0.47	/
0.60g	Northrige	2.85	12.16	1.52	12.25	1.05	/
	唐山NS	8.32	3.27	2.96	3.32	1.53	16.91
	Tar-Tarzana	0.64	/	0.48	/	0.39	/
	Taft	2.40	3.97	1.26	4.09	0.96	/

PGA	地震波	x向					
		模型一		模型二		模型三	
		$\varepsilon/\varepsilon_y$	t_y	$\varepsilon/\varepsilon_y$	t_y	$\varepsilon/\varepsilon_y$	t_y
0.80g	El Centro	2.53	3.09	1.31	5.49	1.01	/
	兰州1	1.36	5.62	0.96	/	0.82	/
	兰州2	0.81	/	0.61	/	0.51	/
	Northrige	5.86	3.70	2.49	9.56	1.44	12.23
	唐山NS	12.58	2.78	7.85	3.29	2.09	3.35
	Tar-Tarzana	0.66	/	0.52	/	0.41	/
	Taft	5.82	3.3	2.93	4.03	1.36	4.06

从表 4-16 可以看出，输入 7 条地震波，加速度峰值为 0.40g 时，模型一的独立柱纵筋的应变最大达到 1.87 倍的屈服应变，屈服时间为 3.45s（唐山波 NS，y 向）。模型二的独立柱纵筋的应变最大达到 1.19 倍的屈服应变，屈服时间是 3.47s（唐山波 NS，y 向）。而模型三的独立柱纵筋的应变最大达到 0.99 倍，尚未屈服。

当 PGA 为 0.60g 时，模型一的独立柱纵筋的应变最大达到 8.32 倍的屈服应变，屈服时间为 3.27s（唐山波 NS，y 向）。模型二的独立柱纵筋的应变最大达到 3.21 倍的屈服应变，屈服时间为 3.34s（唐山波 NS，x 向）。模型三的框独立柱纵筋的应变最大达到 1.53 倍的屈服应变，屈服时间为 16.84s（唐山波 NS，y 向）。从独立柱纵筋应变使用比可以看出，模型三、模型二和模型一的屈服程度依次减小。从屈服时间可以明显看出，模型三明显延迟了下部结构柱子的屈服。

当 PGA 为 0.80g，模型一的独立柱纵筋的应变最大达到 13.99 倍的屈服应变，屈服时间为 2.76s（唐山波 NS，y 向）。模型二的独立柱纵筋的应变最大达到 8.08 倍的屈服应变，屈服时间为 3.34s（唐山波 NS，x 向）。模型三的独立柱纵筋的应变最大达到 3.65 倍的屈服应变，屈服时间为 3.34s（唐山波 NS，y 向）。

综上所述，当底层独立柱刚度越大，独立柱纵筋屈服应变的使用比越小，增大底层独立柱刚度能够有效地延缓独立柱纵筋屈服。柱子截面尺寸相同时，角柱和边柱的使用比相对于中柱稍大。

4.9 带拉梁的底层柱顶隔震结构地震失效模式

理论上，增加拉梁可以提高下部结构整体的稳定性，减少由变形引起的二阶效应。但实际工程中考虑到建筑使用功能，独立柱的长细比一般较小（小于 5），自身具有较大的刚度，加拉梁的作用可能很小。

因此，本节在上文底层柱顶隔震结构算例的基础上，在独立柱柱顶增设拉梁成为框架柱，结合工程实际情况变化拉梁的线刚度建立三组对比模型。同样先对整体结构进行设防烈度地震作用下结构响应的分析，研究增加下部框架柱带拉梁对整体结构隔震效果的影响。然后对结构进行 IDA 分析，观察增加拉梁对结构破坏模式的影响，在此基础上探讨下部结构受力构件在超大地震作用下的变形状态。

4.9.1 拉梁对底层结构抗侧刚度的影响

框架柱的抗侧刚度不仅与本身的线刚度和楼层层高有关，而且还与其相连的框架梁的线刚度等因素有关。在材料线弹性范围内，柱的抗侧刚度可以近似用改进反弯点法（D 值法）计算。

1.基本假定

（1）柱端节点及与之相邻各杆远端的节点转角均为 θ；柱及相邻的柱的旋转角均 $\phi\left(\phi=\dfrac{\Delta u}{L}\right)$；

（2）柱及与其上下相邻的柱的线刚度均为 i_c；

（3）与柱相交的横梁的线刚度分别为 i_1、i_2、i_3 和 i_4。

2.修正后的柱抗侧刚度 D

在 D 值法中，考虑横梁节点转角的影响。在考虑柱上下端节点的转动对 γ 的影响后，柱的抗侧刚度 D 值为，

$$D = a \cdot \gamma = a\frac{12i_c}{h^2} \tag{4-27}$$

式中，a 为节点转动影响系数（框架柱侧向刚度降低系数），a 反映了由于节点转动而使柱抗侧刚度降低的程度。对于底层柱，

$$a = \frac{0.5 + K}{2 + K} \quad K = \frac{i_1 + i_2}{i_c} \tag{4-28}$$

$$D = \left(1 - \frac{1.5}{2 + K}\right)\frac{12i_c}{h^2} \tag{4-29}$$

$$\frac{\partial D}{\partial K} = \frac{18i_c / h^2}{(2 + K)^2} > 0 \tag{4-30}$$

从式（4-29）可以看出，当构件材料处于线弹性阶段，下部柱的截面尺寸确定后，D 随着 K 的增大而增大，呈反函数关系，表明只要设置了拉梁，底层抗侧刚度就会有

提高，并且随着梁柱线刚度比的增大而增大的。从式 4-30 可以看出，随着 K 值的增大，$\dfrac{\partial D}{\partial K}$ 反而减小，说明拉梁虽然对底层抗侧刚度提高有效，但是当梁柱线刚度比增大到一定值时（K 趋向于无穷），拉梁对底层抗侧刚度的提高将不再明显。因此单纯通过增加拉梁截面尺寸或者提高梁柱线刚度比来增加下部结构平面框架的抗侧刚度可能并不经济，且会影响底层的建筑使用功能。

4.9.2 结构模型参数

在底层柱顶隔震实际工程中，当下部结构选用柱顶设拉梁形式时，底层独立柱变成框架柱。图 4-31 给出了底层柱顶设拉梁示意图。由于框架柱通常具有较大的刚度，而拉梁的截面高度由于受到底层使用功能要求的限制，不能设计太大，因此拉梁与框架柱的线刚度比通常很小。在本章上文模型一的底层柱顶设置拉梁，即在下部独立柱截面尺寸为 550mm×550mm 的柱顶设置了截面尺寸为 300mm×300mm 的拉梁，并加设了一组截面尺寸为 150mm×150mm 的拉梁作为对比。这样，三组对比模型的下部结构参数如表 4-17 所示。下部结构采用柱顶设拉梁形式时整体结构的竖向构件布置如图 4-32 所示。同样，为了简化建模过程，根据课题组多个项目的工程经验进行配筋，拉梁截面配筋率为 2%。图 4-33 给出了在 PERFORM 3D 中建立的三维模型图。

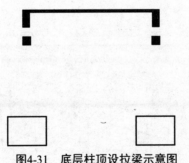

图4-31 底层柱顶设拉梁示意图

表4-17 三种模型的下部结构参数

模型	框架柱截面/mm×mm	拉梁截面/mm×mm	线刚度比
模型一	550×550	/	/
模型二	550×550	150×150	0.008
模型三	550×550	300×300	0.047

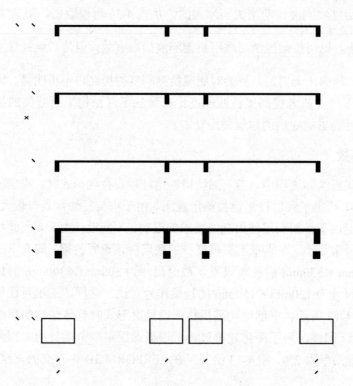

图4-32　底层带拉梁结构纵向竖向构件布置

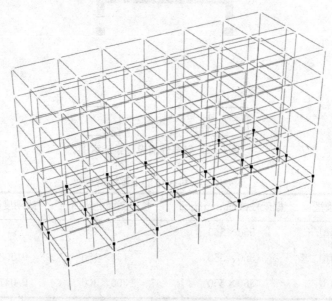

图4-33　下部带拉梁底层柱顶隔震结构的三维模型

4.9.3 设防烈度地震作用下结构响应分析

为了说明在下部结构柱顶增设拉梁后，对整体结构的隔震效果以及上部结构响应的影响，分别对三种隔震模型结构进行模态分析和设防烈度地震（中震）作用下结构的各种响应分析。出于篇幅限制，同样仅列出具有代表性的一条地震波（El Centro）计算结果。结构的前六阶周期，层间位移角，楼层加速度分别见表 4-18~表 4-21。表中，变化率 ξ =（其他模型的值-模型一的值）×100/模型一的值。

表4-18 三种隔震模型结构的前6阶周期对比（单位：s）

振型	模型			变化率 ξ （%）	
	模型一	模型二	模型三	模型二	模型三
1	3.08	3.06	3.02	0.68	2.09
2	3.07	3.05	3.01	0.74	2.00
3	2.37	2.36	2.33	0.24	1.67
4	0.47	0.47	0.47	0.03	0.12
5	0.45	0.45	0.45	0.03	0.09
6	0.42	0.42	0.42	0.02	0.13

表4-19　三种隔震模型结构的楼层剪力对比（单位：kN）

楼层	x向			变化率ξ（%）		y向			y向		
	模型一	模型二	模型三	模型二	模型三	模型一	模型二	模型三	模型一	模型二	模型三
6层	694.5	704.6	720.2	1.46	3.70	711.0	722.4	739.8	711.0	722.4	739.8
5层	1294.9	1311.9	1339.5	1.31	3.44	1316.9	1336.4	1368.8	1316.9	1336.4	1368.8
4层	1463.6	1485.5	1521.7	1.50	3.97	1498.0	1517.9	1551.2	1498.0	1517.9	1551.2
3层	1590.8	1615.3	1654.3	1.54	4.00	1594.7	1617.8	1660.7	1594.7	1617.8	1660.7
2层	1465.5	1482.7	1512.7	1.17	3.22	1434.6	1453.7	1491.8	1434.6	1453.7	1491.8
隔震层	2726.4	2711.5	2701.7	-0.55	-0.90	2686.3	2672.9	2662.7	2686.3	2672.9	2662.7
底层	890.8	894.7	899.4	0.45	0.97	866.9	869.1	872.1	866.9	869.1	872.1

表4-20　三种隔震模型结构的楼层加速度对比（单位：m/s²）

楼层高度/m	x向			变化率ξ（%）		y向			变化率ξ（%）	
	模型一	模型二	模型三	模型二	模型三	模型一	模型二	模型三	模型二	模型三
22.8	1.45	1.47	1.50	1.67	1.70	1.50	1.52	1.55	1.47	3.55
19.2	1.21	1.23	1.26	1.23	1.26	1.21	1.23	1.25	1.41	3.81
15.6	0.91	0.93	0.95	0.93	0.95	0.85	0.87	0.91	2.18	6.34
12.0	0.86	0.87	0.90	0.87	0.89	0.81	0.83	0.88	2.83	8.14
8.4	1.04	1.06	1.09	1.06	1.09	0.98	1.00	1.05	2.04	7.64
4.8	1.13	1.15	1.18	1.25	1.28	1.09	1.10	1.11	0.64	2.02
3.6	1.83	1.86	1.89	1.86	1.89	1.84	1.85	1.89	0.43	2.55
0	2.0	2.00	2.00	2.00	2.00	2.00	2.00	2.00	0.00	0.00

表4-21 三种隔震模型结构的层间位移角对比

楼层	x向			变化率ξ（%）		Y向			变化率ξ（%）	
	模型一	模型二	模型三	模型二	模型三	模型一	模型二	模型三	模型二	模型三
6层	1/1531	1/1511	1/1479	1.38	3.52	1/1272	1/1252	1/1221	1.65	4.20
5层	1/890	1/878	1/860	1.42	3.56	1/796	1/784	1/765	1.51	4.06
4层	1/791	1/779	1/761	1.42	3.87	1/718	1/709	1/693	1.29	3.52
3层	1/782	1/772	1/757	1.25	3.28	1/725	1/715	1/697	1.38	3.99
2层	1/965	1/954	1/935	1.16	3.19	1/931	1/918	1/896	1.40	3.91
隔震层	1/17	1/18	1/18	-3.69	-5.42	1/17	1/18	1/18	-3.74	-5.55
底层	1/670	1/803	1/1104	16.49	-39.28	1/689	1/743	1/1054	-7.37	-34.64

从表4-18可以看出，结构前6阶的周期变化率最大为2.09%（模型三，第一振型）。从表4-19可以看出，模型二和模型三各层的楼层剪力变化率均很小，最大仅为4.13%（y向，模型三，3层）。从表4-20可以看出，楼层加速度响应变化率最大为8.14%（y向，模型三，楼层高度为12m）。从表4-21可以看出，相对于模型一，模型二和模型三上部结构各层的最大层间位移角略微增大，最大变化率仅为4.06%（x向，模型三，5层），而下部结构的层间位移角最大变化率达到39.28%（x向，模型三）。

总体来说，在上部结构形式保持不变的情况下，在下部结构柱顶增设拉梁后，结构的周期略有减小，上部结构的楼层加速度、层间剪力和层间位移角略有增大，隔震层的位移略微减小，但都不明显。下部结构的层间剪力和楼层加速度略有增大，而层间位移角明显增大。说明设置拉梁后，且当梁柱线刚度比较小时，仅对下部结构的抗侧刚度有明显影响，对上部结构以及下部结构的其他地震响应均没有明显影响。

4.9.4 结构失效分析

分别对整体结构进行了 PGA 为 0.40g、0.60g 和 0.80g 的 IDA 时程分析，方法和衡量结构失效同上。

1.隔震层最大位移

表4-22给出了三种模型在七组地震波加速度峰值分别为0.40g、0.60g、0.80g作用下的最大隔震层位移。从表中可以看出，在同样的地震波加速度峰值作用下，模型

三产生的隔震层位移最大，模型一最小。最大隔震层位移为 239mm，为隔震层位移限值[u]=275mm 的 87%。

表4-22 三种隔震模型结构的隔震层最大位移（单位：mm）

	0.40g			0.60g			0.80g		
	模型一	模型二	模型三	模型一	模型二	模型三	模型一	模型二	模型三
隔震层位移	138	155	156	195	191	213	198	221	239

2.隔震支座极限拉压应力

图 4-34 给出了隔震支座在不同 PGA 作用下的极限拉压应力。从图中可以看出，隔震支座的极小极大面压值，远远小于规范限值。

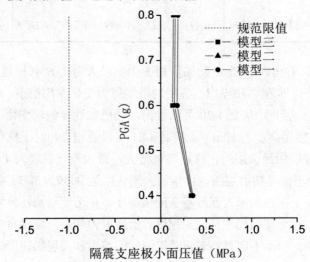

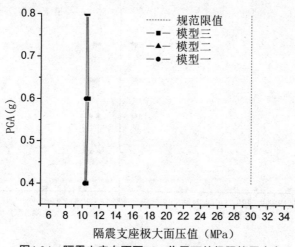

图4-34　隔震支座在不同PGA作用下的极限拉压应力

3.层间位移角

图 4-35(a)(b)(c)分别给出了模型一、模型二和模型三 x 向和 y 向的层间位移角沿楼层的分布情况（不包含隔震层）。

从图 4-35(a)可以看出，当 PGA 为 0.40g 时，模型一上部结构最大层间位移角为 1/415（上部 2 层，y 向），下部结构的层间位移角为 1/233，小于 1/100。下部结构相对于上部结构屈服程度深，形成薄弱层，当 PGA 进一步增大时，上部结构的层间位移角增幅很小，而下部结构增幅较大，可以推断结构最终将因底层结构产生过大的位移而引起结构的整体倒塌。

从图 4-35(b)可以看出，当 PGA 为 0.40g 时，模型二上部结构最大层间位移角为 1/386（上部 3 层，y 向），下部结构的层间位移角为 1/231（x 向），小于 1/100。下部结构相对于上部结构屈服程度深，形成薄弱层，当 PGA 进一步增大时，上部结构的层间位移角增幅很小，进入非线性程度不高，可以推测结构最终仍将发生因下部结构产生过大弹塑性变形引起结构的整体倒塌。

从图 4-35(c)可以看出，当 PGA 为 0.40g 时，模型三上部结构最大层间位移角为 1/381（上部 2 层，y 向），下部结构的层间位移角为 1/292（x 向），小于 1/100。下部结构屈服程度略大于上部结构。当 PGA 为 0.60g 时，上部结构最大层间位移角为 1/233（上部 2 层，y 向），下部结构的层间位移角为 1/201，非常接近。随着 PGA 增大，结构没有出现某一层的明显薄弱破坏现象，其进入弹塑性在各层的分布较为均匀。

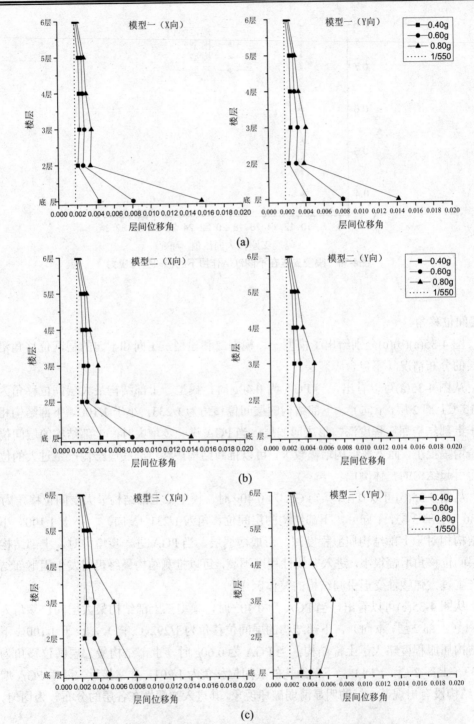

图4-35 三种隔震模型结构在不同PGA作用下的层间位移角

  总体来说，对于本书所选用的底层柱顶隔震结构，破坏失效模式的控制因素是最大层间位移角。与模型一比较发现，当拉梁截面尺寸较小时，下部结构仍先于上部结构进入屈服引起结构破坏，拉梁的存在并没有改变下部结构的破坏模式。这说明当下部结构增设拉梁截面尺寸较小时，对下部结构的抗侧刚度提高有限。而当拉梁截面尺寸较大时上部结构的某一层或几层与下部结构一起进入屈服引起结构破坏，结构不会出现底层形成薄弱层的情况。这说明当下部结构增设拉梁截面尺寸较大时，对下部结构的抗侧刚度有明显的提高，改变了底层柱顶隔震结构的破坏模式。

  4.下部结构的变形状态

  这里主要关注在超大震作用下，下部结构柱子是否进入屈服，以及进入屈服后的程度，当增设柱顶拉梁后，在同样的地震激励下，下部结构的变形情况。衡量柱屈服与否是通过测量柱截面中边缘钢筋纤维是否进入屈服来实现，拉梁的屈服与是通过测量其端部曲率是否达到屈服曲率实现。

  表 4-23 给出了对结构 y 向输入七组地震波，PGA 分别为 $0.40g$，$0.60g$ 和 $0.80g$ 时，下部结构框架柱和拉梁各自的最大使用比。其中，$\varepsilon/\varepsilon_y$ 为底层柱受拉钢筋的使用比，k/k_y 为底层柱顶拉梁曲率的使用比，ε_y 和 k_y 分别为受拉钢筋的屈服应变和拉梁的屈服曲率，括号内的数字为屈服时间，单位为 s。

  从表 4-23 可以看出，当 PGA 为 $0.40g$ 时，三组模型在不同地震波作用下下部结构柱纵筋应变使用比和拉梁截面曲率使用比差异较大，这是由各条地震波不同的频谱特性和结构自身动力特性决定的。模型二和模型三的柱纵筋应变使用比相对于模型一基本是减小的，说明拉梁有减小下部柱受弯的作用。模型二的纵筋应变使用比最小降幅为 - 0.01 倍的钢筋屈服应变（Tar-Tarzana），最大降幅为 0.21 倍的钢筋屈服应变（唐山 NS）。模型三的纵筋应变使用比最小降幅为 0.05 倍的钢筋屈服应变（Tar-Tarzana），最大降幅为 0.82 倍的钢筋屈服应变。这说明当地震波引起的下部结构响应越大，拉梁所起的作用越大。Northrige 波和唐山 NS 波作用下，不同模型结构的下部柱和拉梁进入屈服的时间接近。

  当 PGA 为 $0.60g$ 时，模型二的框架柱钢筋应变的使用比相对于模型一最大降幅为 1.52 倍的钢筋屈服应变（唐山 NS），最小降幅为 - 0.01 倍钢筋屈服应变（兰州 2）。模型三的框架柱钢筋屈服应变的使用比相对于模型一最大降幅为 6.62 倍的钢筋屈服应变（唐山 NS），最小降幅为 0.13 倍钢筋屈服应变（兰州 2）。Northrige 波作用下，模型一、二和三的屈服时间分别为 12.16s，12.19s，16.98s。

  当 PGA 为 $0.80g$ 时，模型二的框架柱钢筋应变的使用比相对于模型一最大降幅为 1.03 倍的钢筋屈服应变（Northrige，y 向），最小降幅为 0.05 倍的钢筋屈服应变（兰州 2）。模型三的框架柱钢筋应变的使用比相对于模型一最大降幅为 8.74 倍的钢筋屈服应变（唐山 NS, y 向），最小降幅为 0.11 倍（Tar-Tarzana）的钢筋屈服应变。Northrige 地震波作用下，模型一、二和三的屈服时间分别为 3.70s，9.49s，12.23s。

综上，增大拉梁截面可以减小底层柱子纵筋屈服应变的使用比，延迟了下部结构柱子的屈服。

表4-23　不同PGA作用下下部结构框架柱和拉梁的最大使用比及屈服时间

PGA	地震波	模型一		模型二		模型三	
		$\varepsilon/\varepsilon_y$	k/k_y	$\varepsilon/\varepsilon_y$	k/k_y	$\varepsilon/\varepsilon_y$	k/k_y
0.40g	El Centro	0.78	/	0.75	1.0	0.58	0.81
	兰州1	0.68	/	0.66	0.86	0.56	0.77
	兰州2	0.75	/	0.75	0.58	0.63	0.51
	Northrige	1.17(3.55)	/	1.16(3.58)	1.41(3.55)	0.84	1.32(3.56)
	唐山NS	1.87(3.45)	/	1.66(3.23)	1.76(3.52)	1.05	1.80(3.50)
	Tar-Tarzana	0.49	/	0.50	0.63	0.44	0.64
	Taft	1.11	/	1.08	1.35(3.15)	0.82	1.26
0.60g	El Centro	1.10	/	1.06	1.53(1.99)	0.81	1.25(3.03)
	兰州1	0.84	/	0.83	1.30(5.62)	0.67	0.94
	兰州2	0.68	/	0.69	1.08	0.55	0.73
	Northrige	2.85(12.16)	/	2.85(12.19)	2.61(3.51)	1.26(16.98)	2.23(3.53)
	唐山NS	8.32(3.27)	/	6.80(3.30)	4.48(2.04)	1.70(3.38)	2.89(3.22)
	Tar-Tarzana	0.64	/	0.57	0.92	0.49	0.69
	Taft	2.40(3.97)	/	2.27(4.10)	2.33(3.20)	1.19	2.13(3.35)
0.80g	El Centro	2.53(3.09)	/	2.25(5.45)	2.10(1.61)	1.13	2.01(3.01)
	兰州1	1.36(5.62)	/	1.29(5.62)	1.53(2.40)	0.99	1.66(5.50)
	兰州2	0.81	/	0.76	1.01(9.79)	0.61	0.82
	Northrige	5.86(3.70)	/	4.83(9.49)	3.38(1.08)	1.70(12.23)	2.98(3.56)
	唐山NS	12.58(2.78)	/	11.64(3.26)	7.19(1.51)	3.84(3.29)	5.68(2.31)
	Tar-Tarzana	0.66	/	0.59	0.74	0.55	0.74
	Taft	5.82(3.30)	/	5.65(3.30)	3.90(3.20)	1.93(4.08)	3.34(3.21)

4.10 本章小结

本章通过变化下部结构独立柱刚度和在下部结构柱顶设置拉梁建立对比模型，分别对结构进行模态分析、设防烈度下的地震响应分析、超大地震下结构失效模式以及下部结构变形情况的分析，得到以下结论：

（1）增大底层柱顶隔震结构的下部独立柱截面，对整体结构的周期最大减幅为3.76%。上部结构的楼层剪力、楼层加速度和层间位移角峰值响应最大增幅分别为6.5%、8.25%和6.44%。而下部结构楼层剪力和加速度最大增幅分别为1.44%和5.7%，层间位移角最大减幅为70.8%。说明在保持上部结构不变的情况下，采用减小底层柱轴压比的方式来增强底层抗侧刚度，使上部结构的减震效果略微减小，虽可以忽略不计，但却能显著减小下部结构层间位移角响应。

（2）对于本书选用的结构算例，结构失效的控制指标是层间位移角。当独立柱截面尺寸较小时，下部结构成为薄弱层先于上部结构首先屈服引起结构倒塌。当独立柱截面尺寸较大时，上部结构先于下部结构首先产生弹塑性变形。当独立柱截面尺寸介于两者之间，可能出现上部结构和下部结构进入屈服的时间和屈服程度接近。说明变化底层抗侧刚度可能会改变结构的失效模式。仅按规范要求设计的下部结构，当其相对于上部结构抗侧刚度较弱时，可能会出现下部结构先于上部结构发生破坏而危及整体结构安全。

（3）下部结构各个不同位置独立柱的纵筋应变使用比从大到小的顺序大致为：角柱、边柱和中柱。当下部独立柱进入屈服后，截面较大的柱的屈服时间晚于截面较小的柱，说明增大下部独立柱截面尺寸能够有效延缓下部独立柱屈服；截面较大的柱纵筋应变使用比明显减小，且随着 PGA 增大，使用比减小程度增大。

（4）底层柱顶隔震带拉梁时：

①底层柱顶增设拉梁后，结构的周期最大降幅为2.09%。在设防烈度地震作用下，上部结构的楼层剪力最大降幅为4.13%、层间位移角最大降幅为4.06%，楼层加速度峰值响应变最大增幅为8.14%；下部结构的楼层加速度和剪力分别增大0.97%和2.55%，而层间位移角峰值响应减小达到39.28%。说明在底层柱顶设置拉梁后对上部结构的隔震效果基本没有影响，但却显著减小下部结构的层间位移角。

②在超大地震作用下，模型二的下部结构仍先于上部结构进入屈服，模型三的上部结构的某几层与下部结构一起进入屈服，结构的底层不会形成薄弱层。这说明尽管在实际工程中，拉梁与柱的线刚度比通常很小，但在允许范围内适当提高梁柱线刚度值，也能明显提高下部结构抗侧刚度，改变底层柱顶隔震结构的失效模式。

③在底层柱顶设置拉梁后，当拉梁线刚度较小时，拉梁也能有效减小下部框架柱

的变形，在当 PGA 较大时能够延缓下部框架柱进入屈服，且当梁柱线刚度比越大越有利。此外，拉梁对下部框架柱的作用程度受到不同地震波的影响，当输入地震波引起下部的响应越大，拉梁所起的作用也越大。

总体来说，对于钢筋混凝土下部结构形式，当选用独立柱体系时，下部柱的截面设计仅考虑规范要求的按罕遇内力设计和保证罕遇地震下弹塑性层间位移角限值满足要求这两个条件时，可能会出现下部结构在超大地震作用下首先破坏成为薄弱层，最终导致整体结构倒塌的现象。建议除了按罕遇内力进行设计外，还应对整体结构进行超大地震作用下的动力弹塑性时程分析，在保证建筑使用空间的情况下适当降低底层柱轴压比，防止下部结构先于上部结构发生屈服破坏。

当采用柱顶带拉梁形式时，即使实际工程中允许的拉梁与柱线刚度的比值较小，拉梁在提高下部结构抗侧刚度，增加下部结构的稳定性和整体性上，保证结构在超大地震作用下的安全也有明显贡献，因此建议在工程实际条件允许的情况下，尽可能采用独立柱顶设拉梁的下部结构形式。

第 5 章 底层柱顶隔震框架结构设计方法

5.1 引言

目前的建筑结构隔震设计方法研究主要针对的是基础隔震体系，本章以《建筑抗震设计规范》第 12 章中建筑结构隔震设计条款以及条文说明为依据，以底层柱顶隔震模型结构的振动台试验结果和数值分析为参考，基于有限元分析软件 ETABS，提出了实用的钢筋混凝土底层柱顶隔震框架结构设计方法、步骤及设计建议。基于底层结构安全性应高于上部结构及由于地震的随机性，建筑结构所处地区超烈度发生的概率高，提出了底层结构应进行超烈度验算的必要性和建议。

5.2 一般规定和隔震方案选择

5.2.1 一般规定

（1）本章的设计方法适用于地震设防烈度 7 度及以上的地区，结构刚度较大的多层、中高层建筑，各类型适合于采用现浇钢筋混凝土框架底层柱顶隔震的建筑结构。

（2）底层柱顶隔震技术适用于底层为架空开放空间和大空间墙体少的各类工业与民用建筑，因为存在楼层侧向刚度和受剪承载力突变，需要加强结构薄弱层的抗震能力。

（3）采用底层柱顶隔震设计的建筑结构，其抗震设防目标应按高于《建筑抗震设计规范》第 1.0.1 条的基本设防目标进行设计。

（4）采用底层柱顶隔震技术的建筑结构抗震设计，宜进行专门的论证。

（5）建筑物采用底层柱顶隔震结构设计方案时应考虑建筑的抗震设防分类，所处地区抗震设防烈度、建设场地条件、使用功能及建筑、结构的布置方案，从结构抗震安全、工程经济及工程项目综合效益等方面进行综合分析对比，并应符合《建筑抗震设计规范》第 12.1.2 条的规定，同时应与采用抗震设计的方案进行对比后确定。

（6）建议第（5）条采用的抗震设计方案应进行建筑结构在超烈度的大震作用下弹塑性验算，以便和隔震结构设计方案对比，更能显示出隔震结构优越的抗震性能。

（7）由于地震的随机性，建筑结构所处地区超烈度发生的概率高。建筑结构需要有一定的抵抗超烈度的安全储备，建议底层柱顶隔震结构宜进行在超烈度的大震作用下弹塑性验算。

（8）本章所述的建筑结构超烈度验算，建议超烈度等级取为超过设防烈度 0.5

度或 1 度。

（9）建筑结构采用底层柱顶隔震设计时应符合下列各项要求：

①隔震上部建筑及结构布置较规则，隔震上部结构高宽比宜小于 4，且不应大于相关规范规程对抗震结构的具体规定，其变形特征接近剪切变形，最大高度应满足《建筑抗震设计规范》抗震结构的要求。

②风荷载和其他非地震作用的水平荷载标准值产生的总水平力不宜超过结构总重力的 10%。

③因为隔震效果（上部结构水平向减震系数）是取两个方向中减震系数最大的方向为计算依据，为了使隔震建筑更好地发挥隔震效果，房屋两个方向的动力特性不宜差别太大，要求房屋两个方向的周期相差不应超过较小值的 30%。

④《建筑抗震设计规范》中的 Ⅰ、Ⅱ、Ⅲ类建筑场地的反应谱特征周期均较小，适合于建造隔震建筑。

5.2.2　隔震方案选择

1.底层为薄弱层的判别依据

如果工程底层基本没有墙体或墙体较少，上部填充墙较多，则应根据《建筑抗震设计规范》第 3.4.3 条 1）和 5.5.4 条规定，当底层侧向刚度如果小于上一层的 70% 和受剪承载力小于上一层的 80%，属于侧向刚度和受剪承载力突变的不规则类型，同时底层的屈服强度系数相对于以上楼层为最小，可判别底层为薄弱层。

2.建筑结构应用隔震技术的条件

一般情况下，工程设计应综合考虑下列因素：①建筑及结构布置是否规则；②抗震结构经初步计算其基本周期值，结构刚度大小；③隔震上部结构高宽比；④风荷载与其他非地震作用产生的总水平力；⑤建筑场地类别等因素。从以上因素判断建筑结构是否符合应用隔震技术的要求[11]。

3.选择底层柱顶隔震方案的主要原因

对于框架结构采用隔震技术，主要考虑了基础隔震体系增加了地坪层的梁板及基础工程量，需要设置隔震沟，施工不便，工程造价增加等。如果采用低位层间隔震体系，将隔震层位置上移至底层柱顶，则地坪处不需要设置隔震沟，简化隔震构造措施，施工便利，可进一步节省工程造价。

4.下部（底层）结构形式选择

（1）底层结构形式有三种，一般常用框架柱带拉梁和独立柱，一般不采用独立柱带短肢剪力墙[4]，如图 5-1 所示。

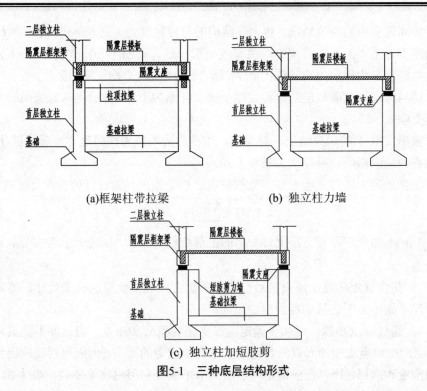

(a)框架柱带拉梁　　　　　　(b) 独立柱力墙

(c) 独立柱加短肢剪

图5-1　三种底层结构形式

（2）如果工程上部结构层数较多、高宽比较大、柱网较大、建筑底层高度较高以及底层柱子截面较大时，框架柱带拉梁结构基本不影响底层的使用功能，这时底层宜采用框架柱带拉梁结构形式。框架柱带拉梁受力明确，受力机理为平面框架，结构稳定性较好。

（3）如果工程上部结构层数少、高宽比小、底层柱子截面不大以及底层高度受到限制较矮，对底层建筑功能的利用影响不大，这时底层宜采用独立柱结构形式。独立柱受力明确，受力机理类似于悬臂柱，结构稳定性较框架柱带拉梁结构形式差。

（4）独立柱加部分独立柱短肢剪力墙组成的底层结构，由于其与上部楼层竖向刚度产生突变，使得整体结构产生严重扭转效应，工程上一般不采用。

5.3　计算和设计要点

5.3.1　隔震层的设计

（1）初步选择隔震支座时，建议按照以下步骤进行：

①假定上部结构水平向减震系数为0.5。根据隔震层框架柱承受的楼层面积，按常规结构初步计算方法，计算由竖向荷载产生的轴力设计值，地震力减少50%，并轴力设计值乘以一定的放大系数（考虑风和水平地震力影响）。

②按隔震支座的位置情况，将上部结构的各柱底轴力（重力荷载代表值）G_i 分配到各隔震支座上，A_i 为各隔震支座的有效面积，则有 $G_i/A_i \leqslant [\sigma]$。式中，$G_i/A_i$ 为各隔震支座的竖向平均压应力设计值；$[\sigma]$ 为橡胶隔震支座的平均压应力限值，

③适当考虑增大隔震层的位移及减少隔震支座的型号，即适当考虑采用较大直径的隔震支座

④根据文献[4]的研究结论，对角柱、边柱内力取值考虑隔震支座受摇摆-扭转等耦合地震效应的影响，乘以放大系数 1.20。

⑤根据选定的隔震支座型号，验算隔震层总受压承载力设计值应满足下式：

$$1.1G \leqslant \sum [\sigma] A_i \qquad (5\text{-}1)$$

式中，$\sum [\sigma] A_i$ 为全部隔震支座上可承担的上部结构的轴力；G 为上部结构的总重力荷载代表值。

（2）初步确定隔震支座直径后，根据隔震支座连接钢板的构造尺寸，确定底层柱截面尺寸均不小于连接钢板的构造尺寸。

（3）通过以上步骤，可初步确定隔震支座的型号和布置，但这并不是最终的结果，因为此时隔震支座的布置只是满足了竖向承载力的要求，而隔震层还应提供必要的侧向刚度和阻尼，所以还应确定隔震层的水平刚度和阻尼比等参数，然后将这些参数代入计算模型中，进行隔震结构的动力分析计算。当上部结构的水平向减震系数满足假设的要求，且各隔震支座的位移都小于水平位移限值，隔震支座的布置才可初步确定。

5.3.2　结构分析方法和结构构件单元模拟

根据《建筑抗震设计规范》第 12.2.2 条 2 款规定：一般情况下，隔震结构宜采用时程分析法进行计算。工程设计应交代：①采用哪一种有限元分析软件进行三维结构模型非线性时程分析。②钢筋混凝土梁、柱和楼板以及隔震支座采用哪一种单元模拟。③隔震支座采用的恢复力模型。通常，普通叠层橡胶隔震支座 LNR 支座采用线弹性模型，LRB 支座采用双向耦合非线性的恢复力模型。

5.3.3　地震波选用及其有效性验算

根据《建筑抗震设计规范》12.2.2 的 2 款规定，建筑结构隔震设计的计算分析，应符合下列规定：输入地震波的反应谱特性和数量，应符合《建筑抗震设计规范》第 5.1.2 条规定，其中一组模拟的加速度时程曲线（人工波）应根据建设场地质条件生成，计算结果宜取其包络值。当处于断层一定的范围以内，计算结果应按要求乘以近场影响系数。

将几条地震波的峰值加速度调至设防烈度多遇地震的水平，输入非隔震结构，得出底层的最大层间剪力，同利用振型分解反应谱法计算结果在设防烈度多遇地震下的底层的层间剪力进行对比，以验证所选的地震波的合理性，两种计算方法的比值根据《建筑抗震设计规范》第 5.1.2 条 3 款规定："弹性时程分析时，每条（多条）时程曲线计算所得结构底部剪力不应小于振型分解反应谱法计算结果的 65%（80%）。

5.3.4 地震作用和地震反应计算

1.基本周期对比和阻尼比

分别建立设置隔震层与不设隔震层，其余条件相同的隔震与非隔震结构模型，进行结构在设防烈度（罕遇）地震作用下的时程分析，可得到这两种结构模型的基本周期对比。计算分析中，根据《建筑抗震设计规范》规定，对水平向减震系数计算，应取隔震支座 100%剪应变所对应的水平等效刚度和阻尼比。

2.上部结构水平向减震系数

进行隔震与非隔震结构模型的隔震层（非隔震结构为 2 层）以上结构在设防烈度地震作用下的时程分析，列出各层层间剪力的比值。最大的层间剪力比值即为水平向减震系数。隔震上部结构地震作用计算可取的水平地震影响系数最大值等于水平向减震系数乘以设防烈度的水平地震影响系数最大值，得到上部结构地震作用换算烈度。

3.换算烈度和上部楼层的最小地震剪力

结构隔震设计的目标是提高建筑结构的地震安全性，而不是尽可能地降低工程造价，根据《建筑抗震设计规范》12.2.5 条第 3 款规定，隔震层以上结构的总水平地震作用不得低于非隔震结构在 6 度设防时的总水平地震作用，并应进行抗震验算；各楼层的水平地震剪力尚应符合《建筑抗震设计规范》第 5.2.5 条对本地区设防烈度的最小地震剪力系数规定。因此建议隔震后结构的换算烈度不宜小于 7 度（0.1 g）。

4.隔震后结构在换算烈度的罕遇地震作用下验算

（1）对隔震与非隔震结构模型在换算烈度的罕遇地震作用下进行时程分析，宜给出两种结构模型加速度响应情况及对比，应给出各层层间位移、层间位移角及对比。建立结构模型进行分析，读取并获得各个支座在上部结构隔震后换算烈度的罕遇地震作用下的内力进行计算（其中弯矩值应叠加竖向荷载引起的 $P\text{-}\Delta$ 效应及剪力引起的附加弯矩）；初步确定底层柱截面尺寸及其计算高度。

（2）在换算烈度的罕遇地震作用下观察隔震上部结构层间位移角变化是否均匀，层间位移角的最大值宜满足小于 1/200[12]，并以非隔震结构层间位移角最大值相比较，说明隔震结构的优越抗震性能；结构的水平变形集中在隔震层，其考虑扭转影响后的最大水平位移宜小于水平位移限值的 75%[8]，即与日本的设计规范相当，隔震支座面压小于《建筑抗震设计规范》要求且不产生拉应力。如果符合要求，可表明隔震层具有足够的稳定性和安全性，也说明所选的隔震支座型号及布置是合理的。需要说明的是，隔震层有关参数及布置是经多轮时程分析及调整后优化确定的。

5.隔震后结构在超烈度的罕遇地震作用下验算

为检验结构在超烈度大震作用下的安全性，宜进行隔震与非隔震结构模型在超烈度罕遇地震作用下的时程分析，应说明采用单向或双向地震动输入，列出各层层间位移、层间位移角。

在超烈度罕遇地震作用下：隔震上部结构的层间位移角变化规律是否与换算烈度的罕遇地震作用时基本相似，层间位移角的最大值宜满足小于 1/100，参考日本的设计规范，尽可能满足小于 1/200[8]；并以非隔震结构层间位移角最大值相比较，说明隔震结构的优越抗震性能；结构的水平变形集中在隔震层，其考虑扭转影响后的最大水平位移不应大于水平位移限值，隔震支座面压小于《建筑抗震设计规范》要求且不产生拉应力。如果符合要求，可表明隔震层具有足够的稳定性和安全性。重点是底层层间位移角最大值，底层层间位移角最大值宜小于 1/550，即底层结构处于弹性工作状态。

5.3.5 隔震层设计其他验算和建议

（1）一般情况下，建筑结构采用底层柱顶隔震设计，其隔震层采用隔震橡胶支座，其中铅芯隔震橡胶支座的阻尼装置和抗风装置与支座合为一体；风作用产生的水平力较大时，建筑结构采用底层柱顶隔震设计，其隔震层宜采用抗风装置与隔震橡胶支座形成混合隔震装置，这样可以减少铅芯隔震橡胶支座的数量，使得减震效果更好。

（2）隔震层的刚度中心宜与上部结构的质量中心重合。如两者偏心较大应调整带铅芯隔震支座的布置，并按《建筑抗震设计规范》计录两者偏心产生的扭转变形的不利影响。隔震层的偏心率不应过大，《建筑抗震设计规范》对此并未明确给出限值，日本和中国台湾地区的"规范"则明确规定了隔震层的偏心率不应大于 3%[8]。

（3）隔震支座的平面布置宜与上部结构和下部结构中的竖向受力构件的平面位置相对应。隔震支座底面宜布置在相同的标高位置上，必要时亦可布置在不同标高处。

（4）同一房屋选用多种规格的隔震支座时，应注意充分发挥每个隔震支座的承载力和水平变形能力。应考虑适当地增大隔震层的位移及适当减少隔震支座的型号。如果受力较小部位的隔震支座采用较小直径，其水平位移限值也相应较小，导致水平位移限值较大的大直径的隔震支座得不到充分利用，特别是在超烈度罕遇地震作用下隔震层最大水平位移接近水平位移限值，即结构在特大的地震下没有安全富余度。

（5）为了保证隔震层具有足够的抗扭刚度，通常将带铅芯的隔震支座布置在隔震层周边外围。带铅芯的支座数量由隔震层总屈服剪力确定，并沿周边、对称布置以利于结构抗扭。

（6）设计中，应画出隔震支座布置图及隔震型号和规格及力学性能参数表。隔震型号和规格表中应列出型号、橡胶剪切模量、竖向承载力设计值、水平屈服力、竖向压缩刚度、屈服后水平刚度、剪应变分别为50%，100%，250%的水平等效刚度和等效阻尼比、最大水平位移限值等；力学性能参数表中应列出型号、有效直径、有效高度、内部橡胶层数、橡胶层厚度、橡胶总厚度、内部钢板层数、钢板层厚度、铅芯直径、第一形状系数、第二形状系数等。

（7）隔震层的受压承载力验算建议和要求：

①隔震层具有足够的竖向承载能力，上部结构传递到隔震层的总重力荷载代表值与隔震层总受压承载力设计值之比应大于1.1倍，宜大于1.2倍。

②《建筑抗震设计规范》12.2.3条第3款规定甲、乙、丙类建筑的橡胶隔震支座在重力荷载代表值作用下压应力分别不应超过10、12、15MPa。

③上部结构必须考虑竖向地震作用时，参见《建筑隔震设计规程》4.3.2条4款规定。

④隔震支座应进行在换算烈度的罕遇地震作用下压、拉应力验算。压应力验算内力组合为：1.3×罕遇地震内力值+1.2×重力荷载代表值，隔震支座极大压应力小于30 MPa；拉应力验算内力组合为：1.3×罕遇地震内力值+1.0×重力荷载代表值，隔震支座最大拉应力小于1 MPa。

⑤隔震支座宜进行在超烈度的罕遇地震作用下压、拉应力验算。压、拉应力验算内力组合和隔震支座最大压、拉应力要求同④。

隔震层有抗倾覆的能力。由于叠层橡胶隔震支座的竖向抗拉刚度较小，当隔震结构的高宽比较大时，在罕遇地震下，隔震支座容易受拉，发生破坏。同时隔震支座在罕遇地震下，发生较大的剪切变形，实际的承载面积减小，导致竖向承载能力下降，结构发生倾覆。为了保证隔震结构不发生倾覆，《建筑抗震设计规范》规定隔震支座在罕遇地震的水平和竖向地震同时作用下，拉应力不应大于1MPa，极大应力不应超过30MPa。

（8）隔震层的抗风水平承载力验算建议和要求：

①隔震层抗风装置的水平承载力验算：

隔震层抗风承载力验算应满足：$\gamma_w V_{wk} \leq V_{rw}$，公式的符号意义参见《建筑隔震设计规程》4.3.4条。一般情况下，取受风面较大的方向（通常是建筑的y向）进行验算，因为风荷载分项γ_w系数为1.4考虑的是体型系数较大值，所以要满足抗风承载力验算必须布置较多的铅芯隔震支座,这样使得水平向减震系数大,结构隔震效果差,解决这个问题的办法宜采用单独设置的抗风装置。

②风荷载标准值产生的总水平力验算:

一般情况下,取受风面较大的方向(通常是建筑的 y 向)进行验算,不宜超过结构总重力的10%。一般情况下,容易满足此验算。

(9)隔震支座在罕遇地震作用下的最大水平位移限值设计建议和要求:

①隔震支座在换算烈度的罕遇地震作用下的最大水平位移不宜超过限值的75%。

②隔震支座宜考虑在超烈度的罕遇地震作用下的最大水平位移不超过限值。

③隔震层中取最小直径的隔震支座进行验算,隔震支座最大水平位移限值应同时满足 $u_d \leqslant 0.55d$(d 为隔震支座直径),$u_d \leqslant 3t_r$(t_r 为单个隔震支座内部橡胶层总厚度)。

同时应考虑建筑物距发震断层的近场影响系数,参见《建筑隔震设计规程》第4.2.8条。设计计算如果采用单向地震动输入,那么输出的罕遇地震作用下的最大水平位移值尚需乘以考虑偏心产生扭转的放大系数1.15;如果采用的是双向地震动输入,则不需要乘以放大系数。

(10)隔震支座的弹性恢复力验算设计建议和要求:

①隔震支座弹性恢复力验算应满足:$K_{100}t_r \geqslant 1.4V_{rw}$。式中,$K_{100}$ 为隔震支座在100%剪切应变时的水平等效刚度;t_r 为全部隔震支座内部橡胶层总厚度;V_{rw} 为隔震支座的水平屈服荷载设计值。

②设计应考虑隔震层的屈重比,即隔震支座的水平屈服荷载设计值比上部结构传递到隔震层的总重力荷载代表值。控制隔震层的屈重比主要是为了保证隔震层的抗风要求,避免隔震结构在风荷载作用下,隔震层发生位移,影响正常功能的使用。屈重比是一个参考指标,《建筑抗震设计规范》对此并未明确给出限值和范围,在设计中,屈重比宜在一定的范围内,不宜超过上部结构剪重比的限值下限。屈重比也不宜过小,屈重比过小即 V_{rw} 小,这时 $K_{100}t_r \geqslant 1.4V_{rw}$ 不易满足。

5.3.6　上部结构结构设计与计算

1.上部结构计算分析

隔震装置可采用隔震橡胶支座(简称隔震支座),设置于底层柱柱顶。上部结构以隔震层为完全嵌固端,隔震层按1个楼层归入上部结构进行计算分析,隔震层的计算柱子高度考虑到隔震层两向框架梁交叉形成一个刚域,可简化取该层计算高度为框架梁高度+隔震支座高度。

2.上部结构楼层的水平地震剪力验算

各楼层的水平地震剪力尚应符合《建筑抗震设计规范》第5.2.5条对本地区设防烈度的最小地震剪力系数的规定。

3.上部框架结构的抗震等级要求应依据《建筑抗震设计规范》（10版）第12.2.7条2款要求确定。

4.隔震层顶部框架梁和楼板结构设计

上部结构按换算烈度进行常规设计，并以隔震层为完全嵌固端。依据《建筑抗震设计规范》第12.2.8条第1款要求，隔震层顶部梁、板的刚度和承载力，宜大于一般楼盖梁、板的刚度和承载力。隔震层楼盖设计应采用刚度较大的现浇梁板式楼盖，隔震层结构平面布置中宜设计多道次梁来加大楼板的刚度，楼板的厚度大于160mm。框架梁线刚度（考虑梁翼缘宽度的有利影响）应大于对应方向的2层框架柱线刚度1.50倍以上[4]，宜大于2倍以上，以满足框架梁作为上部2层框架柱的固定端条件的要求。

5.3.7 下部结构设计与计算

1.独立柱设计

依据《建筑抗震设计规范》第12.2.9条要求，独立柱采用换算烈度的罕遇地震内力进行截面强度设计。独立柱通过隔震支座和上部结构联系在一起，在换算烈度的设防地震作用下隔震层刚度较大，在换算烈度的罕遇地震作用下隔震层由于铅芯隔震支座的存在，其刚度仍具有一定值，独立柱受力呈现出弹性支承柱的特征，但为了简化计算并确保下部结构的安全，将其作为悬臂柱进行受力分析，所得的结果偏于安全。

根据前文静力弹塑性分析的结论，独立柱的边、角柱在罕遇地震作用下容易产生严重破坏，以及根据文献[4]的研究结论，对独立柱的角柱、边柱内力取值考虑隔震支座受摇摆-扭转等地震效应的影响，乘以放大系数1.20。

独立柱设计有如下的考虑与措施：① 柱子截面尺寸应满足受力要求；②柱子截面尺寸需满足搁置隔震支座的构造要求；③柱长细比宜接近5；④柱子轴压比宜小，使其具有较好的延性；⑤独立柱抗震等级《建筑抗震设计规范》没有具体规定，根据文献[4]的建议，独立柱抗震等级宜为二级。

独立柱的设计内力取值过程如图5-2所示。

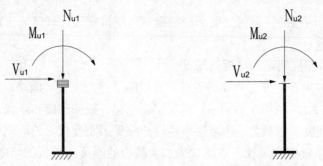

(a) 支座顶部受到的罕遇内力　　　　(b) 支座底部受到的罕遇内力

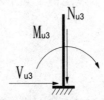

(c) 独立柱底部受到的罕遇内力

图5-2 独立柱的设计内力取值图示

图 5-2 中，M_{u1}、N_{u1}、V_{u1} 表示上部结构在换算烈度的罕遇地震作用下，传至隔震支座顶部的弯矩、轴力、剪力；M_{u2}、N_{u2}、V_{u2} 表示在受到 M_{u1}、N_{u1}、V_{u1} 的作用下并叠加由隔震支座的水平位移引起的附加弯矩值（竖向荷载引起的 $P\text{-}\Delta$ 效应以及剪力引起的附加弯矩（隔震支座的 1/2 高度$\times V_{u1}$））；M_{u3}、N_{u3}、V_{u3} 表示底层柱底部在受到 M_{u2}、N_{u2}、V_{u2} 的作用再叠加底层柱在设防烈度的罕遇地震作用下自身引起的罕遇内力值。

2.底层框架柱带拉梁的平面框架设计

依据《建筑抗震设计规范》第 12.2.9 条要求，底层框架柱及其拉梁采用换算烈度的罕遇地震内力进行截面强度设计。框架柱通过隔震支座和上部结构联系在一起，每根框架柱应有双向拉梁约束，拉梁根据其刚度与底层框架柱按平面框架进行内力计算和分配弯矩。参照本书对拉梁的定义，当底层框架柱和拉梁的线刚度比小于 8 倍时，拉梁定义为大拉梁；反之，当底层框架柱和拉梁的线刚度比大于等于 8 倍时，拉梁定义为小拉梁。

底层框架柱设计的考虑与措施同上述的独立柱。框架柱和拉梁抗震等级《建筑抗震设计规范》没有具体规定，根据文献[4]的建议，框架柱和拉梁抗震等级均宜为二级。

底层框架柱和拉梁的设计内力取值过程如图 5-3 所示。

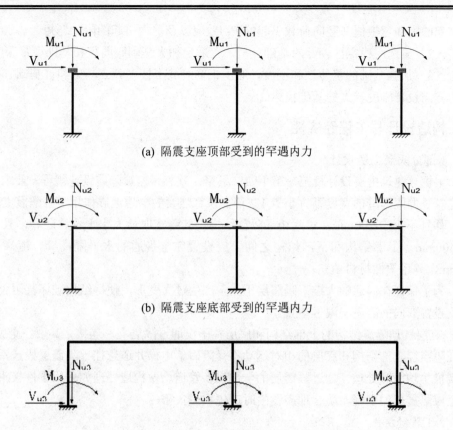

(a) 隔震支座顶部受到的罕遇内力

(b) 隔震支座底部受到的罕遇内力

(c) 框架柱底部受到的罕遇内力

图5-3　底层框架柱带拉梁的平面框架设计内力取值

3.隔震支座节点设计

　　依据《建筑抗震设计规范》第 12.2.8 条第 2 款要求：隔震支座与上部结构、基础之间的连接件及其预埋件，应能传递在换算烈度的罕遇地震下隔震支座的最大水平剪力和弯矩。为了使结构的关键部位具有抵抗超烈度地震的能力，建议隔震支座节点设计中，其内力值宜取在超烈度罕遇地震作用下的内力值。

　　隔震支座节点设计内容应包含：支座上下支墩、连接螺栓和钢板、预埋钢板和锚筋等。

5.3.8　基础设计和建议

　　（1）依据《建筑抗震设计规范》（10 版）第 12.2.9 条要求，地基基础的抗震验算应按本地区抗震设防烈度进行。因此基础设计内力取值根据整体结构在设防地震作用下的内力组合，其中底层柱子弯矩值应叠加由隔震支座 100%剪应变产生的水平位移引起的附加弯矩值（竖向荷载引起的 $P\text{-}\Delta$ 效应以及剪力引起的附加弯矩）。

（2）应选用稳定性较好的基础类型，宜适当加大基础底面积和基础埋置深度。

（3）加强基础的整体性和刚度，对于钢筋混凝土柱下独立基础和桩基础宜在纵横两方向设置刚度较大的基础拉梁。

5.4　构造设计与工程经济性

1.部分隔震构造设计

根据《建筑抗震设计规范》第 12.2.7 条第 1 款和《建筑隔震设计规程》要求，隔震建筑竖向隔离缝的宽度不宜小于 1.2 倍在换算烈度的罕遇地震作用下各隔震支座最大位移且不小于 200mm。对两相邻隔震结构，其缝宽取最大水平位移之和，且不小于 400mm。上部结构和下部结构之间，应设置完全贯通的水平隔离缝，缝高可取 20mm，并用柔性材料填充。

为了保证在偶遇的大震下隔震层不至于产生过大变形，使得结构破坏甚至脱落，建议设置双向的隔震层限位装置。

底层柱顶隔震结构的上部结构和底层柱子仅通过隔震支座连接，其余完全脱离，保证隔震层上部结构和底层的相对运动不受阻碍。电梯井道悬挂于隔震层梁，室内、外楼梯等均断开处理。通过隔震层的全部设备管道均做构造处理如采用柔性接头等，以适应隔震层的变形，防止地震发生时产生次生灾害。

2.工程经济性

从隔震原理上讲，建筑结构采用隔震设计，其上部结构受到的地震作用效应均大幅降低，结构布置更有灵活性，结构构造措施简化，造价有所降低。对于底层柱顶隔震而言，其底层结构、基础及相关隔震构造措施等增加了造价。总体来说，虽然工程造价会有小幅提高，但结构的地震安全性却有较高的保障，因此具有很好的综合效益。

5.5　本章小结

（1）钢筋混凝土底层柱顶隔震框架结构按照本书提出的实用设计方法、步骤及设计建议可以进行底层柱顶隔震结构的设计，设计流程方便、简洁有效。

（2）基于底层结构安全性应高于上部结构及由于地震的随机性，建筑结构所处地区超烈度发生的概率高，提出了底层结构和隔震层（包含构造、节点设计等）设计应进行超烈度验算的建议。

第6章 层间隔震理论研究

6.1 引言

本章介绍了基础隔震结构和调频质量阻尼器（TMD）系统工作机理；建立层间隔震结构的动力分析模型和振动方程；采用随机振动分析方法，推导了层间隔震结构在简谐荷载作用下，上、下部结构的层间位移和加速度反应的均方值解析表达式；分析了影响层间隔震结构减震效果的主要参数。

6.2 基础隔震结构和 TMD 系统的工作机理

6.2.1 基础隔震结构工作机理

基础隔震结构是指在结构底部设置隔震层的结构体系，其隔震层的水平刚度远小于上部结构的层间刚度，地震时上部结构各层的层间水平位移很小，结构体系的水平位移集中于隔震层。上部结构在地震中近似做水平整体平动，如图 6-1（a），一般情况下，结构可近似简化为一个单质点隔震结构模型，如图 6-1（b）。并且，隔震层的水平刚度和阻尼也可近似代表隔震结构体系的水平刚度和阻尼。

设 x_g 为地面水平位移；x 为上部结构的绝对水平位移；m 为上部结构的总质量；k、c 分别为隔震层的水平刚度和阻尼，该水平刚度和阻尼近似代表隔震结构的水平刚度和阻尼。

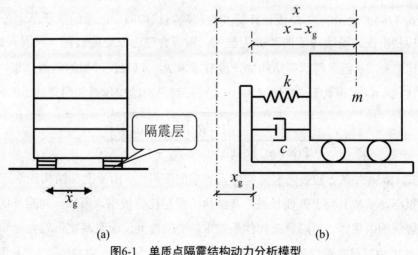

(a)　　　　　　　　　　　(b)

图6-1　单质点隔震结构动力分析模型

根据图 6-1（b），可以列出在地震作用下的结构体系动力微分方程式：

$$m\ddot{x} + c\dot{x} + kx = c\dot{x}_{g} + kx_{g} \tag{6-1}$$

定义隔震结构体系的固有频率 $\omega_{n} = \sqrt{k/m}$，阻尼比 $\xi = c/(2m\omega_{n})$，则式（6-1）可化简为：

$$\ddot{x} + 2\xi\omega_{n}\dot{x} + \omega_{n}^{2}x = 2\xi\omega_{n}\dot{x}_{g} + \omega_{n}^{2}x_{g} \tag{6-2}$$

为求得隔震结构体系的加速度反应 $\ddot{x}$，可采用转换函数的方法。设隔震结构体系的频率响应传递函数为 $G(\omega)$，地面的场地特征频率为 ω，并设地面地震加速度反应 $\ddot{x}_{g} = e^{i\omega t}$，则隔震结构的加速度反应 $\ddot{x} = G(\omega)e^{i\omega t}$。

把 $\ddot{x}_{g}$ 及 $\ddot{x}$ 代入式（6-2），经过整理归纳，可得到隔震结构体系的频率响应传递函数为：

$$G(\omega) = \frac{\ddot{x}}{\ddot{x}_{g}} = \sqrt{\frac{1 + (2\xi\omega/\omega_{n})^{2}}{[1 - (\omega/\omega_{n})^{2}]^{2} + (2\xi\omega/\omega_{n})^{2}}} \tag{6-3}$$

该函数的物理意义为，地震时隔震结构的绝对加速度反应与地面运动加速度的比值，它表述隔震结构对地面运动的衰减效果。

现定义 R_{a} 为隔震结构"加速度反应衰减比"，即地震时隔震结构加速度反应与地面运动加速度之比。则 R_{a} 为：

$$R_{a} = \frac{\ddot{x}}{\ddot{x}_{g}} = \sqrt{\frac{1 + (2\xi\omega/\omega_{n})^{2}}{\left[1 - (\omega/\omega_{n})^{2}\right]^{2} + (2\xi\omega/\omega_{n})^{2}}} \tag{6-4}$$

式（6-4）表示的 R_{a} 是设计计算和控制隔震结构隔震效果的重要基本公式。若建筑结构物所在的场地特征频率 ω 为已知，则可合理选取隔震装置（其固有频率 ω_{n}，阻尼比 ξ），从而求得隔震结构加速度衰减率 R_{a}，以确保理想的隔震效果。

从式（6-4）两边开方整理归纳，又可得到隔震结构体系的阻尼比 ξ 的计算公式：

$$\xi = \frac{1}{2(\omega/\omega_{n})} = \sqrt{\frac{1 - R_{a}^{2}\left[1 - (\omega/\omega_{n})^{2}\right]^{2}}{R_{a}^{2} - 1}} \tag{6-5}$$

式（6-5）中的 ξ 代表隔震结构体系要求的阻尼比。由于上部结构在地震中的层间变位很小，基本上处于弹性状态，其结构的阻尼比值很小，所以，此阻尼比 ξ 可近似为隔震层的阻尼比。当隔震结构体系要求的"加速度反应衰减比" R_{a} 为已知，场地特征频率 ω 与隔震装置的固有频率 ω_{n} 之比（ω/ω_{n}）也为已知时，则可利用式（6-5）

求得隔震层所要求的阻尼比。

可把式（6-4）表示为图6-2。令式（6-4）的 R_a 值为1，即 $R_a = \ddot{x}/\ddot{x}_g = 1$。此时 $\omega/\omega_n = \sqrt{2}$，这意味着该隔震结构在任何阻尼比 ξ 的情况下均不发挥隔震作用。$\omega/\omega_n = \sqrt{2}$ 即为隔震结构与不隔震结构（传统抗震结构）的分界线的理论值。

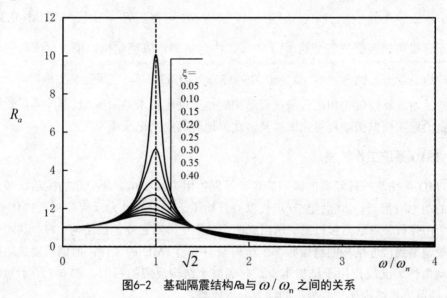

图6-2　基础隔震结构 R_a 与 ω/ω_n 之间的关系

（1）当 $\omega/\omega_n > \sqrt{2}$ 时，$R_a < 1$。结构体系为隔震结构体系，结构的地震反应被衰减，ω/ω_n 越大，R_a 越小，减震效果越好。

（2）当 $\omega/\omega_n < \sqrt{2}$ 时，$R_a > 1$。结构体系为传统抗震结构体系，结构的地震反应被放大。一般的建筑结构处于这个范围内。

（3）当 $\omega/\omega_n \rightarrow 1.0$ 时，$R_a \gg 1$。结构与场地共振，地震反应可达很大值。将导致结构严重破坏或倒塌。不少传统结构很接近这种情况，这是很不安全的。

对于基础隔震结构，例如采用橡胶隔震支座的基础隔震结构，由于橡胶隔震支座水平刚度很小，能使结构的自振周期延长至 $T_n = 2 \sim 5s$，而场地的特征周期一般在 $T_g = 0.25 \sim 0.90s$ 范围内。在一般情况下，均能满足 $\omega/\omega_n \gg \sqrt{2}$ 的要求，使结构的地震反应大大衰减。

而对于传统抗震结构，例如一般的多层房屋，虽然已按传统抗震技术进行抗震设计，但其结构的自振周期 $T_n = 0.2 \sim 1.2s$，该自振周期与场地的特征周期

$T_g = 0.25 \sim 0.90\text{s}$ 非常接近，即 ω/ω_n 的比值很接近 1。地震时，传统抗震结构与场地很可能处于"共振"或接近"共振"状态，这将导致传统抗震结构的地震反应放大，而进导致破坏或倒塌。因此，基础隔震结构体系提供了一条有效减震、确保安全的新途径。

对于采用叠层橡胶隔震支座的基础隔震结构，设其阻尼比 $\xi = 0.10\sim0.30$，$\omega/\omega_n = 2.5\sim4.5$，把它们代入式（6-4）或图 6-2 可得到 $R_a = \ddot{x}/\ddot{x}_g = 0.06\sim0.33$。而对于一般传统多层抗震结构 $\ddot{x}/\ddot{x}_g > 2$，由此可知，隔震结构的地震反应与传统抗震结构地震反应之比为：$\ddot{x}_{隔}/\ddot{x}_{抗} = (0.06\sim0.33)/2 \approx 1/33\sim1/6$。也即当发生地震时，该隔震结构的地震反应仅为相应传统抗震结构的地震反应的 $1/33\sim1/6$。显著的隔震效果已为大量的地震模拟振动台对比试验及多次强地震的实测记录所证明。

6.2.2 TMD 系统工作机理

TMD 系统是一种经典的减震装置，早期被用来减小机器所引起的振动，即人们常说的动力吸振器，20 世纪 70 年代以后开始用于建筑的动力反应控制。TMD 本身是一个由弹簧、阻尼器和质量块所组成的振动系统。当它安装在结构上时，其固有频率一般调整到接近结构的自振频率，结构振动引起 TMD 的共振，而调频质量阻尼器的振动惯性力又反作用于结构本身，起到减小结构反应的目的。图 6-3 所示为带有 TMD 的单质点结构在外激力下的动力分析模型。

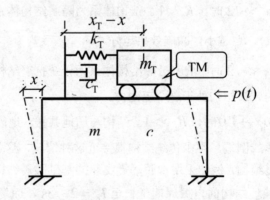

图6-3　带有TMD的单质点动力分析模型

其运动方程为：

$$\begin{cases} m\ddot{x} + c\dot{x} + kx - c_T(\dot{x}_T - \dot{x}) - k_T(x_T - x) = p(t) \\ m_T\ddot{x}_T + c_T(\dot{x}_T - \dot{x}) + k_T(x_T - x) = 0 \end{cases} \qquad (6\text{-}6)$$

式中，x 和 x_T 分别为结构和 TMD 相对地面的位移；m、c 和 k 分别为结构的质量、阻尼和刚度；m_T、c_T 和 k_T 分别为 TMD 的质量、阻尼和刚度；$p(t)$ 为结构所受外激力。若不考虑结构和 TMD 的阻尼，即 $c = c_T = 0$，并令 $\eta_T = m_T / m$，$\omega_T = \sqrt{k_T / m_T}$，$\omega_n = \sqrt{k / m}$，式（6-6）变为：

$$\begin{cases} \ddot{x} + \omega_n^2 x - \eta_T \omega_T^2 (x_T - x) = p(t)/m \\ \ddot{x}_T + \omega_T^2 (x_T - x) = 0 \end{cases} \quad (6\text{-}7)$$

若结构所受的外激力为简谐荷载，即 $p(t) = p_0 e^{i\omega t}$，则 $x = H(\omega)e^{i\omega t}$、$x_T = H_T(\omega)e^{i\omega t}$、$\ddot{x} = -\omega^2 H(\omega)e^{i\omega t}$、$\ddot{x}_T = -\omega^2 H_T(\omega)e^{i\omega t}$，将它们代入式（6-7）可得

$$\begin{cases} H(\omega) = \dfrac{p_0}{m} \dfrac{\omega^2 - \omega_T^2}{m(\omega_n^2 - \omega^2)(\omega_T^2 - \omega^2) - \eta_T \omega_T^2 \omega^2} \\[3mm] H_T(\omega) = \dfrac{p_0}{m} \dfrac{\omega_T^2}{m(\omega_n^2 - \omega^2)(\omega_T^2 - \omega^2) - \eta_T \omega_T^2 \omega^2} \end{cases} \quad (6\text{-}8)$$

式中，$H(\omega)$、$H_T(\omega)$ 分别为结构受简谐外激力时 x 和 x_T 的频率响应传递函数；ω_n 和 ω_T 分别为结构和 TMD 的固有频率。

当结构在外激力作用下发生振动时，通过调整 TMD 的固有频率 ω_T 就能减小结构的反应。在特殊情况下当外荷载的频率接近结构的固有频率 ω_n 时，结构将发生共振，此时若令 $\omega_T = \omega$，由式（6-8）可得到 $H(\omega) = 0$。这表明，当 TMD 的固有频率等于外激力的频率时，结构的振动可完全消失。此时 TMD 弹簧给结构的反作用力为：

$$f = k_T(x_T - x) = -p_0 e^{i\omega t} \quad (6\text{-}9)$$

即 TMD 给结构的反作用力恰好等于外激力，从而抑制了结构的振动。

若结构所受的外激力为地震荷载，并且不考虑结构阻尼影响时，式（6-6）变为：

$$\begin{cases} \ddot{x} + \omega_n^2 x - \eta_T \omega_T^2 (x_T - x) = -\ddot{x}_g \\ \ddot{x}_T + \omega_T^2 (x_T - x) = -\ddot{x}_g \end{cases} \quad (6\text{-}10)$$

设地震加速度 $\ddot{x}_g = e^{i\omega t}$，则 $x = H'(\omega)e^{i\omega t}$、$x_T = H_T'(\omega)e^{i\omega t}$、$\ddot{x} = -\omega^2 H'(\omega)e^{i\omega t}$、$\ddot{x}_T = -\omega^2 H_T'(\omega)e^{i\omega t}$，将它们代入式（6-10）可得

$$\begin{cases} H'(\omega) = \dfrac{(1+\eta_T)\omega_T^2 - \omega^2}{\eta_T \omega_n^2 \omega_T^2 - (\omega_n^2 - \omega^2)[(1+\eta_T)\omega_T^2 - \omega^2]} \\[4mm] H_T'(\omega) = \dfrac{\omega^2}{\eta_T \omega_n^2 \omega_T^2 - (\omega_n^2 - \omega^2)[(1+\eta_T)\omega_T^2 - \omega^2]} \end{cases} \qquad (6\text{-}11)$$

式中，$H'(\omega)$、$H_T'(\omega)$ 分别为结构受简谐地震荷载时 x 和 x_T 的频率响应传递函数。

从式（6-11）可以看出：当 $(1+\eta_T)\omega_T^2$ 等于 ω^2 时，$H'(\omega) = 0$。用在建筑结构中的 TMD 系统可以通过调整 TMD 的固有频率 ω_T，使结构到达减震。这就是用在建筑结构中 TMD 的工作机理。屋盖隔震、屋顶水箱减震就是根据这个原理来设计的。

6.3 层间隔震结构工作机理

6.3.1 层间隔震结构的振动方程

研究表明，在水平地震作用下隔震建筑隔震层以上结构的地震反应都有明显的降低，而且隔震层以上各层的地震反应相差不大。本书主要是通过改变各影响参数来研究层间隔震结构上、下部结构之间的相互作用，从这一点上看，可以把下部结构视为一个独立的结构单元。因此，为了简化，做以下基本假定：（1）上部隔震结构的加速度相等；（2）把下部结构看作一个结构单元。

由假定（1）可知，可以认为上部结构为刚体平动，并简化为单质点；由假定（2）可知，可以把包括多个楼层的下部结构用一个等效结构单元来代替。根据以上的假定，把层间隔震结构模型图 6-4（a）简化为图 6-4（b）的力学模型。

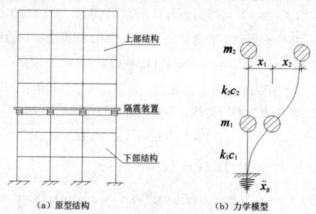

（a）原型结构　　　　　　（b）力学模型

图6-4　层间隔震结构力学模型

在线弹性情况下，由图 6-4（b）所示力学模型可以列出层间隔震结构用层间位移表示的振动方程[12-14]：

$$\begin{cases} m_1\ddot{x}_1 + c_1\dot{x}_1 - c_2\dot{x}_2 + k_1x_1 - k_2x_2 = p_1(t) \\ m_2(\ddot{x}_1 + \ddot{x}_2) + c_2\dot{x}_2 + k_2x_2 = p_2(t) \end{cases} \qquad (6\text{-}12)$$

式中，m_1 为下部结构的等效质量，m_2 为上部结构的总质量；k_1 为下部结构的等效刚度，k_2 为隔震层的水平刚度；c_1 为下部结构的等效阻尼，c_2 为隔震层的阻尼；x_1 为下部结构相对于地面的位移，x_2 为上部结构相对于下部结构的位移；$p_1(t)$、$p_2(t)$ 分别为作用在上部结构和下部结构的外荷载。

设层间隔震结构所受的外荷载为简谐地震作用，且地面运动的加速度为 $\ddot{x}_g = e^{i\omega t}$，定义上部、下部结构的自振频率分别为：

$$\begin{cases} \omega_1 = \sqrt{k_1/m_1} \\ \omega_2 = \sqrt{k_2/m_2} \end{cases} \qquad (6\text{-}13)$$

上部、下部结构的阻尼比分别为：

$$\begin{cases} \xi_1 = c_1/2\sqrt{k_1m_1} \\ \xi_2 = c_2/2\sqrt{k_2m_2} \end{cases} \qquad (6\text{-}14)$$

上部、下部结构的质量比为：

$$\eta = m_2/m_1 \qquad (6\text{-}15)$$

上部、下部结构频率比为：

$$\rho = \omega_2/\omega_1 \qquad (6\text{-}16)$$

6.3.2 不考虑结构阻尼

若不考虑结构的阻尼，将式（6-13）、式（6-15）和 $\ddot{x}_g = e^{i\omega t}$ 代入式（6-12），并简化，得

$$\begin{cases} \ddot{x}_1 + m_1^2x_1 - \eta\omega_2^2x_2 = -\ddot{x}_g \\ \ddot{x}_1 + \ddot{x}_2 + \omega_2^2x_2 = -\ddot{x}_g \end{cases} \qquad (6\text{-}17)$$

式（6-17）为不考虑阻尼时层间隔震结构的振动方程。由 $\ddot{x}_g = e^{i\omega t}$，可设 $x_1 = H_{x1}(\omega)e^{i\omega t}$、$x_2 = H_{x2}(\omega)e^{i\omega t}$。则 $\dot{x}_1 = H_{x1}(\omega)\omega e^{i\omega t}i$、$\ddot{x}_1 = -H_{x1}(\omega)\omega^2 e^{i\omega t}$、$\dot{x}_2 = H_{x2}(\omega)\omega e^{i\omega t}i$、$\ddot{x}_2 = -H_{x2}(\omega)\omega^2 e^{i\omega t}$。将它们代入式（6-17）可得

$$\begin{cases} H_{x1}(\omega) = \dfrac{(1+\eta)\omega_2^2 - \omega^2}{\eta\omega_1^2\omega_2^2 - (\omega_1^2 - \omega^2)[(1-\eta)\omega_2^2 - \omega^2]} \\[4mm] H_{x2}(\omega) = \dfrac{\omega_1^2}{\eta\omega_1^2\omega_2^2 - (\omega_1^2 - \omega^2)[(1+\eta)\omega_2^2 - \omega^2]} \end{cases} \tag{6-18}$$

式中，$H_{x_1}(\omega)$、$H_{x_2}(\omega)$ 分别为不考虑阻尼时层间隔震结构下、上部结构层间位移 x_1、x_2 的频率响应传递函数。

令 z_1、z_2 分别为下、上部结构的绝对水平位移，则

$$\begin{cases} z_1 = x_1 + x_g \\ z_2 = x_1 + x_2 + x_g \end{cases} \tag{6-19}$$

对上式求二阶导数，可得

$$\begin{cases} \ddot{z}_1 = \ddot{x}_1 + \ddot{x}_g \\ \ddot{z}_2 = \ddot{x}_1 + \ddot{x}_2 + \ddot{x}_g \end{cases} \tag{6-20}$$

设 $\ddot{z}_1 = H_{\ddot{z}1}(\omega)\mathrm{e}^{\mathrm{i}\omega t}$，$\ddot{z}_2 = H_{\ddot{z}2}(\omega)\mathrm{e}^{\mathrm{i}\omega t}$，将式（6-20）和 $\ddot{x}_g = \mathrm{e}^{\mathrm{i}\omega t}$ 代入式（6-17），并化简，可得

$$\begin{cases} H_{\ddot{z}1}(\omega) = \dfrac{\omega_1^2 H_{x1}(\omega) - \eta\omega_2^2 H_{x2}(\omega)}{\omega^2} \\[4mm] H_{\ddot{z}2}(\omega) = \dfrac{\omega_2^2 H_{x2}(\omega)}{\omega^2} \end{cases} \tag{6-21}$$

式中，$H_{\ddot{z}1}(\omega)$、$H_{\ddot{z}2}(\omega)$ 分别为不考虑阻尼时层间隔震结构下、上部结构绝对加速度的频率响应传递函数。

6.3.3　考虑结构阻尼

若考虑结构阻尼，将式（6-13）、式（6-14）以及式（6-15）代入式（6-10），并简化，可得

$$\begin{cases} \ddot{x}_1 + 2\xi_1\omega_1\dot{x}_1 + \omega_1^2 x_1 - 2\eta\xi_2\omega_2\dot{x}_2 - \eta\omega_2^2 x_2 = -\ddot{x}_g \\ \ddot{x}_1 + \ddot{x}_2 + 2\xi_2\omega_2\dot{x}_2 + \omega_2^2 x_2 = -\ddot{x}_g \end{cases} \tag{6-22}$$

式（6-22）为考虑阻尼时层间隔震结构的振动方程。由 $\ddot{x}_g = \mathrm{e}^{\mathrm{i}\omega t}$，设 $x_1 = H'_{x1}(\omega)\mathrm{e}^{\mathrm{i}\omega t}$，$x_2 = H'_{x2}(\omega)\mathrm{e}^{\mathrm{i}\omega t}$。则 $\dot{x}_1 = H'_{x1}(\omega)\omega\mathrm{e}^{\mathrm{i}\omega t}\mathrm{i}$，$\ddot{x}_1 = -H'_{x1}(\omega)\omega^2\mathrm{e}^{\mathrm{i}\omega t}$、

$\dot{x}_2 = H'_{x2}(\omega)\omega e^{i\omega t}i$、$\ddot{x}_2 = -H'_{x2}(\omega)\omega^2 e^{i\omega t}$。将它们代入式（6-20），可得

$$\begin{cases} H'_{x1}(\omega) = \Pi_1 / \Pi \\ H'_{x2}(\omega) = \Pi_2 / \Pi \end{cases} \tag{6-23}$$

式中，

$$\begin{aligned} \Pi_1 &= \omega^2 - (1+\eta)\omega_2^2 - 2\xi_2\omega_2\omega(\eta+1)i \\ \Pi_2 &= -\omega_1^2 - 2\xi_1\omega_1\omega i \\ \Pi &= \omega_1^2\omega_2^2 + \omega^4 - [\omega_1^2 + (1+\eta)\omega_2^2 + \xi_1\xi_2\omega_1\omega_2]\omega^2 \\ &\quad + 2\{\omega_1\omega_2\omega(\xi_1\omega_2 + \xi_2\omega_1) - [\xi_1\omega_1 + (1+\eta)\xi_2\omega_2]\}\omega^3 i \end{aligned} \tag{6-24}$$

式（6-23）中，$H'_{x_1}(\omega)$ 和 $H'_{x_2}(\omega)$ 分别为考虑阻尼时层间隔震结构下、上部结构层间位移 x_1、x_2 的频率响应传递函数。$H'_{x_1}(\omega)$ 和 $H'_{x_2}(\omega)$ 是复数形式，可以求得 $H'_{x_1}(\omega)$ 和 $H'_{x_2}(\omega)$ 的模分别为：

$$\begin{cases} |H'_{x1}(\omega)| = \dfrac{\sqrt{(AE+BF)^2 + (BE-AF)^2}}{E^2 + F^2} \\ |H'_{x2}(\omega)| = \dfrac{\sqrt{(CE+DF)^2 + (DE-CF)^2}}{E^2 + F^2} \end{cases} \tag{6-25}$$

式中，

$$\begin{cases} A = \omega^2 - (1+\eta)\omega_2^2 \\ B = -2(1+\eta)\xi_2\omega_2\omega \end{cases}, \quad \begin{cases} C = -\omega_1^2 \\ D = -2\xi_1\omega_1\omega \end{cases}$$

$$\begin{cases} E = \omega^4 - [\omega_1^2 + (1+\eta)\omega_2^2 + 4\xi_1\xi_2\omega_1\omega_2]\omega^2 + \omega_1^2\omega_2^2 \\ F = 2\omega_1\omega_2(\xi_1\omega_2 + \xi_2\omega_1)\omega - 2[\xi_1\omega_1 + (1+\eta)\xi_2\omega_2]\omega^3 \end{cases} \tag{6-26}$$

同样地，在考虑结构阻尼影响时，设 $\ddot{z}_1 = H'_{\ddot{z}_1}(\omega)e^{i\omega t}$，$\ddot{z}_2 = H'_{\ddot{z}_2}(\omega)e^{i\omega t}$；则由 $\ddot{x}_g = e^{i\omega t}$、式（6-20）、式（6-22）以及式（6-23），可得

$$\begin{cases} H'_{z1}(\omega) = 1 - \omega H'_{x1}(\omega) \\ H'_{z2}(\omega) = 1 - \omega^2(H'_{x1}(\omega) + H'_{x2}(\omega)) \end{cases} \tag{6-27}$$

式中，$H'_{\ddot{z}_1}(\omega)$、$H'_{\ddot{z}_2}(\omega)$ 分别为考虑结构阻尼时层间隔震结构上、下部结构的绝

对加速度 $\ddot{z}_1$、$\ddot{z}_2$ 频率响应传递函数，将式（6-23）和式（6-24）代入式（6-27），可得

$$\begin{cases} H'_{Z1}(\omega)=\Pi_A/\Pi \\ H'_{Z2}(\omega)=\Pi_B/\Pi \end{cases} \tag{6-28}$$

式中，

$$\Pi_A = \omega_1^2\omega_2^2 - (\omega_1^2 + 4\xi_1\xi_2\omega_1\omega_2)\omega^2 + [2(\xi_2\omega_1 + \xi_1\omega_2\omega_1\omega_2\omega - 2\xi_1\omega_1\omega^3)]\mathrm{i}$$

$$\Pi_B = \omega_1^2\omega_2^2 - 4\xi_1\xi_2\omega_1\omega_2\omega^2 + 2(\xi_2\omega_1 + \xi_1\omega_2)\omega_1\omega_2\omega\mathrm{i}$$

Π 同上式（6-24）。

$H'_{\ddot{z}_1}(\omega)$ 和 $H'_{\ddot{z}_2}(\omega)$ 也是复数形式，也可以求得 $H'_{\ddot{z}_1}(\omega)$ 和 $H'_{\ddot{z}_2}(\omega)$ 的模分别为：

$$\begin{cases} \left|H'_{z1}(\omega)\right| = \dfrac{\sqrt{(ME+NF)^2 + (NE-MF)^2}}{E^2+F^2} \\ \left|H'_{z2}(\omega)\right| = \dfrac{\sqrt{(PE+QF)^2 + (QE-PF)^2}}{E^2+F^2} \end{cases} \tag{6-29}$$

式中，

$$\begin{cases} M = \omega_1^2\omega_2^2 - (\omega_1^2 + 4\xi_1\xi_2\omega_1\omega_2)\omega^2 \\ N = 2\omega_1\omega_2\omega(\xi_2\omega_1 + \xi_1\omega_2) - 2\xi_1\omega_1\omega^3 \end{cases}, \quad \begin{cases} P = \omega_1^2\omega_2^2 - 4\xi_1\xi_2\omega_1\omega_2\omega^2 \\ Q = 2\omega_1\omega_2\omega(\xi_2\omega_1 + \xi_1\omega_2) \end{cases}$$

E、F 同式（6-26）。

6.3.4　考虑结构阻尼和地震荷载的随机性

由随机振动分析方法，设输入 $\ddot{x}_g$ 为零均值的白噪声平稳随机过程，即功率谱密度函数 $S_{\ddot{x}_g}(\omega)=S_0$，则输出的响应也为零均值的平稳随机过程。考虑结构阻尼时，设结构层间位移 x_1 和 x_2 的功率谱密度函数分别为 $S_{x1}(\omega)$、$S_{x2}(\omega)$，则

$$\begin{cases} S_{x1}(\omega) = \left|H'_{x1}(\omega)\right|^2 S_0 \\ S_{x2}(\omega) = \left|H'_{x2}(\omega)\right|^2 S_0 \end{cases} \tag{6-30}$$

则，位移响应的均方值：

$$\begin{cases} E[x_1^2(t)] = S_0\displaystyle\int_{-\infty}^{+\infty}\left|H'_{x1}(\omega)\right|^2 \mathrm{d}\omega \\ E[x_2^2(t)] = S_0\displaystyle\int_{-\infty}^{+\infty}\left|H'_{x2}(\omega)\right|^2 \mathrm{d}\omega \end{cases} \tag{6-31}$$

上式可通过查表得到的解析表达式[16]为：

$$\begin{cases} E[x_1^2(t)] = \pi S_0 [\dfrac{A_0 B_3^2 (A_0 A_3 - A_1 A_2) + A_0 A_1 A_4 (2B_1 B_3 - B_2^2)}{A_0 A_4 (A_0 A_3^2 + A_1^2 A_4 - A_1 A_2 A_3)} \\ \qquad + \dfrac{-A_0 A_3 A_4 (B_1^2 - 2B_0 B_2) + A_4 B_0^2 (A_1 A_4 - A_2 A_3)}{A_0 A_4 (A_0 A_3^2 + A_1^2 A_4 - A_1 A_2 A_3)}] \\ E[x_2^2(t)] = \pi S_0 [\dfrac{A_0 C_3^2 (A_0 A_3 - A_1 A_2) + A_0 A_1 A_4 (2C_1 C_3 - C_2^2)}{A_0 A_4 (A_0 A_3^2 + A_1^2 A_4 - A_1 A_2 A_3)} \\ \qquad + \dfrac{-A_0 A_3 A_4 (C_1^2 - 2C_0 C_2) + A_4 C_0^2 (A_1 A_4 - A_2 A_3)}{A_0 A_4 (A_0 A_3^2 + A_1^2 A_4 - A_1 A_2 A_3)}] \end{cases} \quad (6\text{-}32)$$

式中

$$\begin{cases} A_0 = \omega_1^2 \omega_2^2 \\ A_1 = 2\omega_1 \omega_2 (\xi_1 \omega_1 + \xi_2 \omega_1) \\ A_2 = \omega_1^2 + (1+\eta)\omega_2^2 + 4\xi_1 \xi_2 \omega_1 \omega_2 , \\ A_3 = 2[\xi_1 \omega_1 + (1+\eta)\xi_2 \omega_2] \\ A_4 = 1 \end{cases} \begin{cases} B_0 = -(\eta+1)\omega_2^2 \\ B_1 = -2\xi_2 \omega_2 (\eta+1) \\ B_2 = -2 \\ B_3 = 0 \end{cases}, \begin{cases} C_0 = -\omega_1^2 \\ C_1 = -2\xi_1 \omega_1 \\ C_2 = 0 \\ C_3 = 0 \end{cases}$$

$$(6\text{-}33)$$

将频率比 $\rho = \omega_2 / \omega_1$ 和式（6-33）代入式（6-32）并化简，可得

$$\begin{cases} E[x_1^2(t)] = \dfrac{2\pi S_0}{\omega_1^3} \dfrac{E_1}{E} \\ E[x_2^2(t)] = \dfrac{2\pi S_0}{\omega_1^3} \dfrac{E_2}{E} \end{cases} \quad (6\text{-}34)$$

式中，

$$E_1 = \xi_1[(\rho\eta)^2 + \eta(1+\eta)^2\rho^4] + \xi_2\rho[1 - (1+\eta)^2\rho^2]^2 + \xi_2\eta(1+\eta)^2\rho^3$$

$$+ 4\xi_1\xi_2^2[(1+\eta)^2\rho^2 + (1+\eta)^3\rho^4] + 4\xi_2^3[\rho^3(1+\eta)^3 + \rho^3(1+\eta)^2\left(\frac{\xi_1}{\xi_2}\right)^2$$

$$E_2 = \xi_1(\eta + \frac{1}{\rho^2}) + \xi_2[\rho(1+\eta)^2 + \frac{\eta}{\rho}] + 4\xi_1^2\xi_2[\rho(1+\eta) + \frac{1}{\rho}]$$

$$+ 4\xi_1\xi_2^2[1 + \eta + (\frac{\xi_1}{\xi_2})^2]$$

$$E = 4\rho\{\eta\rho(\xi_2 + \xi_1\rho)^2 + \xi_1\xi_2[1 - (1+\eta)^2\rho^2]^2$$

$$+ 4\xi_1\xi_2[\xi_1^2\rho^2 + (1+\eta)\xi_2^2\rho^2 + \xi_1\xi_2(\rho + \rho^3 + \eta\rho^3)]\}$$

当质量比 $\eta = m_2/m_1 = 0$ 时，式（6-34）化简为：

$$E_0[x_1^2(t)] = E[x_1^2(t)]_{\eta=0} = \frac{\pi}{2} \cdot \frac{S_0}{\xi_1\omega_1^3} \tag{6-35}$$

则，把式（6-34）中各式与式（6-35）相比，可得

$$\begin{cases} \dfrac{E[x_1^2(t)]}{E_0[x_1^2(t)]} = \dfrac{4\xi_1 E_1}{E} \\[3mm] \dfrac{E[x_2^2(t)]}{E_0[x_1^2(t)]} = \dfrac{4\xi_1 E_1}{E} \end{cases} \tag{6-36}$$

同样地，由随机振动基本原理得到加速度输出功率谱密度函数 $S_{\ddot{z}1}$，$S_{\ddot{z}2}$ 分别为：

$$\begin{cases} S_{\ddot{z}1}(\omega) = |H'_{\ddot{z}1}(\omega)|^2 S_0 \\[2mm] S_{\ddot{z}2}(\omega) = |H'_{\ddot{z}2}(\omega)|^2 S_0 \end{cases} \tag{6-37}$$

则，绝对加速度响应均方值为：

$$\begin{cases} E[\ddot{z}_1^2(t)] = S_0\displaystyle\int_{-\infty}^{+\infty} |H'_{\ddot{z}1}(\omega)|^2 \mathrm{d}\omega \\[3mm] E[\ddot{z}_2^2(t)] = S_0\displaystyle\int_{-\infty}^{+\infty} |H'_{\ddot{z}2}(\omega)|^2 \mathrm{d}\omega \end{cases} \tag{6-38}$$

同样，上式可通过查表得到加速度响应均方值的解析表达式为式（6-32），但此时式（6-32）中，

$$
\begin{cases}
B_0 = \omega_1^2 \omega_2^2 \\
B_1 = 2(\xi_2\omega_1 + \xi_1\omega_2)\omega_1\omega_2 \\
B_2 = \omega_1^2 + 4\xi_1\xi_2\omega_1\omega_2 \\
B_3 = 2\xi_1\omega_1
\end{cases},
\quad
\begin{cases}
C_0 = \omega_1^2 \omega_2^2 \\
C_1 = 2(\xi_2\omega_1 + \xi_1\omega_2)\omega_1\omega_2 \\
C_2 = 4\xi_1\xi_2\omega_1\omega_2 \\
C_3 = 0
\end{cases}
\tag{6-39}
$$

将频率比 $\rho = \omega_2/\omega_1$ 和式（6-39）代入式（6-32），并化简，可得

$$
\begin{cases}
E[\ddot{z}_1^2(t)] = \dfrac{\pi\, S_0 \omega_1 E_A}{E'} \\[2mm]
E[\ddot{z}_2^2(t)] = \dfrac{\pi\, S_0 \omega_1 E_B}{E'}
\end{cases}
\tag{6-40}
$$

式中，

$$
\begin{aligned}
E_A =&\ \eta\rho^3\xi_1\xi_2\{[1-(1+\eta)\rho^2]^2 + \eta\rho^2\} + 16\rho\xi_1^2\xi_2[(\xi_1^2+\xi_2^2)\rho + (1+\rho^2)\xi_1\xi_2] \\
&+ 4\eta\xi_1^3\rho^3 + \xi_1^2\xi_2[(1+\eta)\rho^3 + (1+\rho^2)] + \xi_1\xi_2^2[\rho(1+\eta)\rho^3 + \xi_2^3(1+\eta)\rho^2]
\end{aligned}
$$

$$
\begin{aligned}
E_B =&\ \xi_1\rho(1+\eta\rho^2) + \xi_2\rho^2[\eta + (1+\eta)^2\rho^2] + 16\xi_1^2\xi_2^2\rho^2(\xi_1\rho+\xi_2) \\
&+ 4\rho\{\xi_1^3\rho^2 + \xi_1^2\xi_2[(1+\eta)\rho^3 + \rho]\} + 4\rho\{\xi_1\xi_2^2[1+(1+\eta)^2] + \xi_2^3(1+\eta)\rho\}
\end{aligned}
$$

$$
\begin{aligned}
E' =&\ 2\{\eta\rho(\xi_1\rho+\xi_2)^2 + \xi_1\xi_2[1-(1+\eta)\rho^2]^2\} \\
&+ 8\xi_1\xi_2\rho\{\rho[\xi_1^2 + (1+\eta)\xi_2^2] + \xi_1\xi_2[1+(1+\eta)\rho^2]\}
\end{aligned}
$$

当质量比 $\eta = m_2/m_1 = 0$ 时，式（6-39）化简为：

$$
E_0[\ddot{z}_1^2(t)] = E[\ddot{z}_1^2(t)]_{\eta=0} = \frac{\pi}{2}\frac{S_0\omega_1}{\xi_1}(1+4\xi_1^2)
\tag{6-41}
$$

则，把式（6-40）中各式与式（6-41）相比，可得

$$
\begin{cases}
\dfrac{E[\ddot{z}_1^2(t)]}{E_0[\ddot{z}_1^2(t)]} = \dfrac{2\xi_1 E_A}{(1+4\xi_1^2)E'} \\[3mm]
\dfrac{E[\ddot{z}_2^2(t)]}{E_0[\ddot{z}_1^2(t)]} = \dfrac{2\xi_1 E_B}{(1+4\xi_1^2)E'}
\end{cases}
\tag{6-42}
$$

式（6-34）和式（6-40）即为按随机振动理论得到的层间隔震结构地震反应均方值。通过分析两式中的可变参数：频率比 $\rho = \omega_2/\omega_1$、质量比 $\eta = m_2/m_1$、阻尼比 ξ_1

和 ξ_2 对上、下部结构层间位移均方值 $E[x_2^2(t)]$、$E[x_1^2(t)]$ 和加速度均方值 $E[\ddot{z}_2^2(t)]$、$E[\ddot{z}_1^2(t)]$ 的影响，可以选择层间隔震结构隔震层的合理参数，以取得最佳隔震效果。

式（6-35）和式（6-41）即为按随机振动理论得到的单质点地震反应的均方值。从两式中可以看出，当刚度 k_1 减小时，此单质点相对于地面的位移增大，而相对于地面的加速度减小，当刚度 k_1 比较小（一般为普通结构刚度的 1/50~1/150）时，这种结构就是基础隔震结构。

式（6-36）和式（6-42）有两个含义：一是对于加层结构，在采用隔震形式加层后，下部结构的层间位移和绝对加速度放缩程度。二是对于一般的层间隔震结构上、下部结构层间位移和绝对加速度的反应是频率比、质量比和隔震层阻尼比的函数，它们与场地土无关。

6.4　层间隔震结构减震参数分析

层间隔震一方面与基础隔震一样可以减少地面运动的向上传递；另一方面上部结构就像 TMD 的作用一样，可以减小下部结构的振动。因此，层间隔震建筑物除了要尽量减小上部结构的地震反应外，还要控制下部结构的地震反应，因而要对式（6-34）和式（6-40）中各种对减震效果有影响的参数进行分析，以便选择最优的各种参数组合使隔震效果达到最佳。从式（6-34）和式（6-40）中可以看出，频率比 ρ、质量比 η、隔震层阻尼比 ξ_2 是影响层间隔震结构地震反应的几个重要参数。下面将分别对这几个参数对层间隔震结构的影响规律进行分析。

6.4.1　频率比 $\rho = \omega_2 / \omega_1$ 的影响

对于普通混凝土结构，其阻尼比可取 0.05。因此，取下部结构的阻尼比 $\xi_1 = 0.05$，上部结构的阻尼比取用隔震层的阻尼比 $\xi_2 = 0.15$，取质量比 $\eta = 1$。以上、下部结构层间位移均方值 $E[x_2^2(t)]$、$E[x_1^2(t)]$ 与 $E_0[x_1^2(t)]$ 的比值为纵坐标，以频率比为横坐标画出的关系曲线，如图 6-5 所示；以上、下部结构加速度均方值 $E[\ddot{z}_2^2(t)]$、$E[\ddot{z}_1^2(t)]$ 与 $E_0[\ddot{z}_1^2(t)]$ 的比值为纵坐标，以频率比为横坐标画出的关系曲线，如图 6-6 所示。

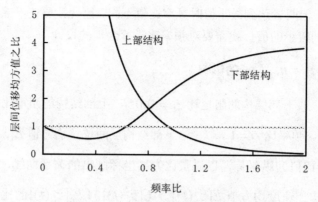

图 6-5　层间位移响应均方比与频率比关系

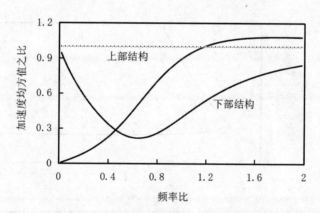

图6-6　绝对加速度响应均方比与频率比关系

从图 6-5 和图 6-6 可知：

（1）在其他参数不变的情况下，随着频率比的增大，即上、下层水平刚度比（k_2/k_1）的增大，下部结构的层间位移均方值先减少后增大；而上部结构的层间位移（这里指隔震层的变形，下同）均方值始终随着频率比的增大而减小。

（2）下部结构加速度均方值也是先减少后增大，但随着频率比的变化 $E[\ddot{z}_1^2(t)]$ 与 $E_0[\ddot{z}_1^2(t)]$ 的比值始终小于 1，说明在已有结构上加上隔震层和上部结构后，下部结构的加速度反应有所减小；而上部结构的加速度均方值始终随着频率比的增大而增大。

（3）减小频率比，会使上部结构加速度均方值减小，但它使上部结构的层间位移均方值增大。因此，设计出柔软的具有大变形能力的隔震支座对减小上部结构的加速度是很有利的。当增大频率比时，会使下部结构的层间位移和加速度均方值在一定范围内减小，但两者达到最小值时频率比值不同。因此，要使下部结构的层间位移和加速度都达到较小的值，就需要对频率比进行合理的设计。

6.4.2 质量比 $\eta = m_2 / m_1$ 的影响

同样地，取下部结构的阻尼比 $\xi_1 = 0.05$，上部结构的阻尼比取用隔震层的阻尼比 $\xi_2 = 0.15$，频率比 $\rho = 1$。以上、下部结构层间位移均方值 $E[x_2^2(t)]$、$E[x_1^2(t)]$ 与 $E_0[x_1^2(t)]$ 的比值为纵坐标，以质量比为横坐标画出的关系曲线，如图 6-7 所示；以上、下部结构加速度均方值 $E[\ddot{z}_2^2(t)]$、$E[\ddot{z}_1^2(t)]$ 与 $E_0[\ddot{z}_1^2(t)]$ 的比值为纵坐标，以质量比为横坐标画出的关系曲线，如图 6-8 所示。

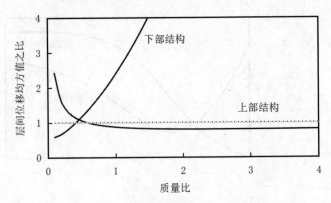

图6-7　层间位移响应均方比与质量比关系

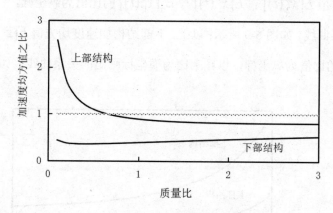

图 6-8　绝对加速度响应均方比与质量比关系

从图 6-7 和图 6-8 可知：

（1）随着质量比的增大，即上部结构的质量增大（实际结构中是隔震层位置较低时），上部结构的层间位移均方值逐渐减小，但当减小到一定程度后趋于平稳，并且其值小于 1；而下部结构的层间位移均方值随质量比的增大而增大，且增大的幅度很快。

（2）上部结构的加速度均方值随着质量比的增大而逐渐减小，但减小到一定程度后，上部结构的加速度均方值基本保持不变，并且其值小于 1；而下部结构的加速度均方值随质量比的增大逐渐增大，但增大很慢，并且其比值小于 1，即下部结构的加速度反应得到抑制。

（3）减小质量比（实际结构中是隔震层位置设置比较高时），会使上部结构加速度均方值和层间位移均方值都增大，这种情况下结构可能会出现鞭稍效应；增大质量比（实际结构中是隔震层位置设置比较低时），会使下部结构的层间位移均方值都增大，而加速度均方值变化不大。

总之，上、下部结构的质量比，即隔震层的位置对层间隔震结构的减震效果有很大的影响，因此要对隔震层的位置应进行合理的选择，以免不仅没有达到预期减震效果，反而使结构更容易遭到破坏。

6.4.3　隔震层阻尼比 ξ_2 的影响

对普通的混凝土结构阻尼比 ξ_1 可取 0.05，而对隔震层的阻尼比 ξ_2，不同型号的隔震支座有不同的阻尼比。因此，这里对隔震层阻尼比 ξ_2 对结构反应的影响进行分析。取下部结构的阻尼比 $\xi_1 = 0.05$、质量比 $\eta = 1$、频率比 $\rho = 1$。以上、下部结构

层间位移均方值 $E[x_2^2(t)]$、$E[x_1^2(t)]$ 与 $E_0[x_1^2(t)]$ 的比值为纵坐标，以质量比为横坐标画出的关系曲线，如图 6-9 所示；以上、下部结构加速度均方值 $E[\ddot{z}_2^2(t)]$、$E[\ddot{z}_1^2(t)]$ 与 $E_0[\ddot{z}_1^2(t)]$ 的比值为纵坐标，以频率比为横坐标画出的关系曲线，如图 6-10 所示。

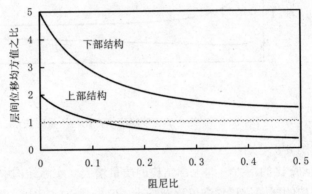

图6-9　层间位移响应均方比与阻尼比关系

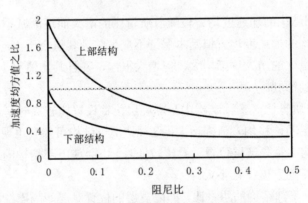

图 6-10　绝对加速度响应均方比与阻尼比关

从图 6-9 和图 6-10 可知：

（1）随着隔震层阻尼比的增大，上、下部结构层间位移均方值之比都随着隔震层的阻尼比减小，并且在阻尼比超过一定值后，上部结构的层间位移均方值之比小于 1。

（2）上、下部结构的加速度均方值之比都随着隔震层的阻尼比增大而减小，并且两者在阻尼比增大到一定程度后，都小于 1。

（3）增大隔震层的阻尼比对层间隔震结构的地震反应是有利的，并且越大越好。

综上，在进行层间隔震结构的隔震层设计时，隔震层的阻尼比也是要进行合理选择的重要参数，宜采用高阻尼的隔震支座。

6.4.4 阻尼比不变，质量比和频率比的影响分析

1.结构层间位移均方值之比与频率比的关系

取下部结构的阻尼比 $\xi_1 = 0.05$，隔震层的阻尼比 $\xi_2 = 0.15$，在不同质量比下，以上、下部结构层间位移均方值 $E[x_2^2(t)]$、$E[x_1^2(t)]$ 与 $E_0[x_1^2(t)]$ 的比值为纵坐标，以频率比为横坐标画出的关系曲线，如图 6-11、图 6-12 所示。从图中可以看出，虽然质量比不同，但随着频率比的增大，上部结构的层间位移均方值之比总体上都有减小的趋势。然而也有特殊情况，在频率比为 1 的附近，质量比对上部结构的层间位移均方值有很大的影响。在质量比较小（约小于 0.1）时，上部层间位移均方值明显增大。结合下部结构层间位移的变化情况，可以推断此时层间隔震结构具有较明显屋盖隔震的特征：上部结构层间位移大，下部结构受到上部结构的反作用，层间位移变小。但随着质量比增大这种特征就不再那么明显。这说明，层间隔震结构的工作原理在某些情况下，具有 TMD 系统的特性。

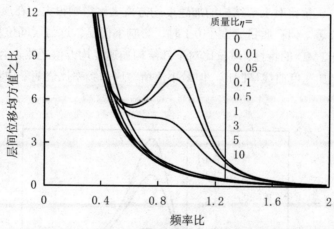

图 6-11　上部结构层间位移均方值之比与频率比和质量

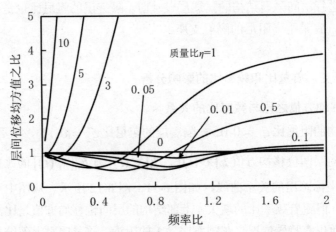

图 6-12　下部结构层间位移均方值之比与频率比和质

2.结构加速度均方值之比与频率比的关系

取下部结构的阻尼比 $\xi_1 = 0.05$，隔震层的阻尼比 $\xi_2 = 0.15$，在不同质量比下，以上、下部结构加速度均方值 $E[\ddot{z}_2^2(t)]$、$E[\ddot{z}_1^2(t)]$ 与 $E_0[\ddot{z}_1^2(t)]$ 的比值为纵坐标，以频率比为横坐标画出的关系曲线，如图 6-13、图 6-14 所示。从图中可以看出，在频率比为 1 附近，质量比对上部结构的加速度均方值之比影响很大，在质量比小于 0.1 时，影响更为显著。但在质量比大于 0.1 时，影响不明显。这与层间位移的反应规律相似，也是具有 TMD 的特性；质量比对下部结构加速度均方值之比也有较大的影响，随频率比增加，加速度曲线呈凹形。但最小值所对应的频率比值随着质量比的减小而增大。

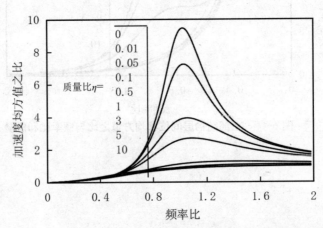

图6-13　上部结构加速度均方值之比与频率比和质

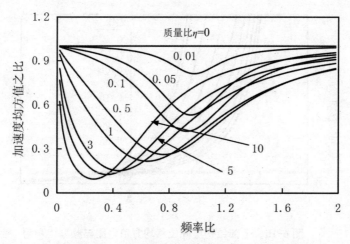

图6-14　下部结构加速度均方值之比与频率比和质

6.4.5　质量比为1时，阻尼比和频率比的影响分析

1.结构层间位移均方值之比与频率比的关系

　　取上、下部结构质量比为1时，在不同的隔震层阻尼比下，以上、下部结构层间位移均方值 $E[x_2^2(t)]$、$E[x_1^2(t)]$ 与 $E_0[x_1^2(t)]$ 的比值为纵坐标，以频率比为横坐标画出的关系曲线，如图 6-15 和图 6-16 所示。从图中可以看出，在频率比为定值时，上部结构的层间位移随着阻尼比的增大而减小，在阻尼比较小时，减小的程度比较大。并且在频率比达到一定数值时，阻尼比对其影响较小。与阻尼比对上部结构的层间位移的影响相似，在阻尼比较小时，阻尼比对下部结构层间位移影响程度较大，在频率比达到一定数值时，阻尼比对其影响较小。

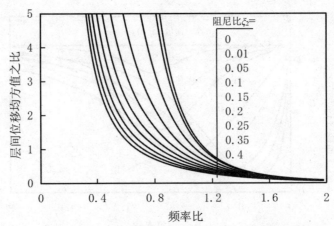

图 6-15　上部结构层间位移均方值之比与频率比和阻

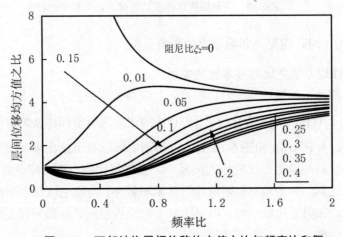

图 6-16　下部结构层间位移均方值之比与频率比和阻

2.结构加速度均方值之比与频率比的关系

　　取上、下部结构质量比为 1，在不同的隔震层阻尼比下，以上、下部结构加速度均方值 $E[\ddot{z}_2^2(t)]$、$E[\ddot{z}_1^2(t)]$ 与 $E_0[\ddot{z}_1^2(t)]$ 的比值为纵坐标，以频率比为横坐标画出的关系曲线，如图 6-17 和图 6-18 所示。从图中可以看出，在频率比相同时，随着阻尼比的增大，上、下部结构的加速度均方值减小，在阻尼比较小时，减小的程度比较大，在阻尼比较大时，减小的程度不是很明显。

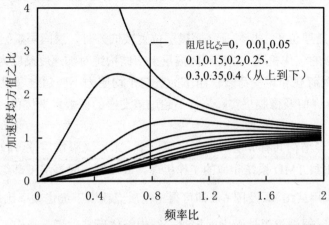

图 6-17　上部结构加速度均方值之比与频率比和阻尼比

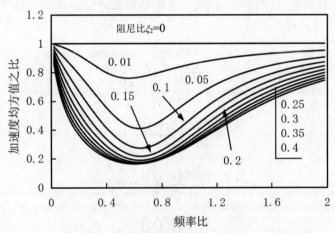

图 6-18　下部结构加速度均方值之比与频率比和阻尼比

6.4.6 层间隔震结构参数优化计算

从以上分析得知，当隔震层在不同的位置时，层间隔震结构具有不同的减震机理，当隔震层位置较低时，减震机理和基础隔震相似，当隔震层位置较高时，减震机理与 TMD 系统相似。由于在实际结构中，隔震层的位置是确定的，即质量比确定，由文献[17]，当隔震层的阻尼比处于 0.15～0.25 之间时，阻尼对隔震结构地震响应的抑制作用最为明显，假定隔震层阻尼比 $\zeta_2 = 0.15$。以层间隔震结构隔震层上下部频率比即以橡胶隔震支座的侧移刚度为优化目标。基于以上结论，本章在对多层层间隔震结构两质点模型中主要参数进行优化时，根据三种不同的隔震层位置，采用三种不同的优化方式：

（1）当隔震层位于 1 层柱顶（隔震层位置较低）时，层间隔震结构表现出与基础隔震结构相似的工作机理。以控制隔震层上部结构绝对加速度反应为目标。在满足橡胶支座在永久荷载和可变荷载作用下的竖向平均应力不应超过《建筑抗震设计规范》所规定的容许值及橡胶垫实际侧移不超过该支座的极限水平位移，隔震层的侧移刚度越小越好；

（2）设多层结构共有 n 层，当隔震层位于 n-1 层（隔震层位置较高）时，层间隔震结构表现出与 TMD 系统相似的工作机理。故以减小隔震层下部结构的层间位移反应为目标。利用式(6-34)及图 6-5 即可得出两质点模型下最优频率比 $\rho_{opt}{}'$；

（3）当隔震层的位置处于中间层时，结构既体现基础隔震结构工作机理，又体现 TMD 系统工作机理，故以减小隔震层下部结构层间位移反应，同时控制上部结构绝对加速度反应为目标。

利用式：

$$\frac{\partial E[\ddot{z}_1^2(t)]}{\partial \rho} = 0 \tag{6-43}$$

$$\frac{\partial E[\ddot{z}_2^2(t)]}{\partial \rho} = 0 \tag{6-44}$$

$$\frac{\partial E[z_1^2(t)]}{\partial \rho} = 0 \tag{6-45}$$

$$\frac{\partial E[z_2^2(t)]}{\partial \rho} = 0 \tag{6-46}$$

在两质点模型下，经过分析，可知(6-45)得出的优化参数减小其他三组反应都有效，利用一般的曲线拟合技术对(6-45)数值求解[18-19]，得出简单频率比计算公式：

$$\overline{\rho} = \left(\frac{a}{1+\eta}\right)^b \tag{6-47}$$

式中：$a = 1.0 - \zeta_1 / 4, b = 1.35 e^{3.2\zeta_1}$。

由于此频率比仅针对(6-45)而得，故不能满足整体最优的要求，但可以将上述公式的结果作为初参数，进行探测性搜索，即可求得在两质点模型下满足整体最优的频率比 $\rho_{opt}{}'$。

以上得出的最优频率比是基于两质点模型得出的。在多质点体系下，由于存在模型等效，需要对两质点模型与多质点模型间质量和刚度比值进行调节。参考文献[20]，经过大量探测性计算及曲线拟合，可得到适合多质点体系的隔震层上下部最优频率比 ρ_{opt} 公式：

$$\rho_{opt} = \frac{1}{1.253}\rho_{opt}{}'$$

（6-48）

利用该式即可将本章两质点体系下理论与多质点体系的时程反应分析相联系，便于分析多质点结构体系。

6.5 本章小结

（1）当隔震层设置在不同位置（不同质量比）时，层间隔震的工作机理有很大的不同：在隔震层位置较低时，层间隔震的工作机理与基础隔震的相似，即利用延长整个隔震体系的基本周期，避开场地土的固有周期，避免共振，到达结构的减震；在隔震层位置较高时，层间隔震的工作机理与 TMD 相似，即利用反共振的原理来到达结构的减震。

（2）上、下部结构频率比对层间隔震结构的减震效果有很大的影响，合理的频率比能使层间隔震结构上、下部结构层间位移和加速度反应都比较小，从而可以取得较好的减震效果。

（3）隔震层的阻尼比对层间隔震结构的减震效果也有很大的影响，阻尼比越大，减震效果越好。因此，在对层间隔震建筑进行设计时，隔震层的阻尼比应尽可能选取得大一些。

（4）依据三种不同的优化目标，分别确定三种适合优化目标的优化计算方法，使层间隔震结构达到较为理想的减震效果。

第 7 章　考虑参数优化的层间隔震结构振动台试验

7.1 引言

本章对经过参数优化的层间隔震模型结构进行地震动模拟振动台试验,分析其在各种地震激励下的振动特性及减震效果,验证层间隔震参数优化的有效性。

7.2 试验概况

7.2.1 试验模型

本次振动台试验模拟一幢 5 层框架结构,为了便于改变隔震层位置,制作了 2 个两层和 1 个一层钢框架,将 3 个钢框架以不同方式组合,即可满足隔震层位置的变化。钢框架模型如图 7-1(a)所示,组合形式如图 7-1(b)所示。

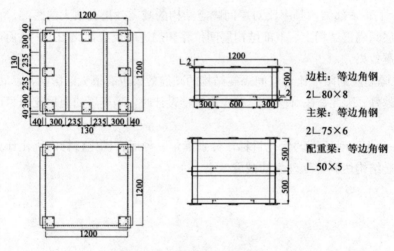

(a) 模型框架设计简图

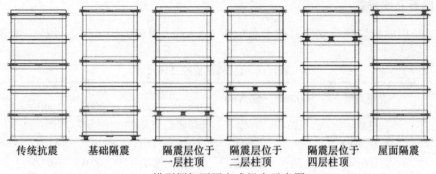

| 传统抗震 | 基础隔震 | 隔震层位于
一层柱顶 | 隔震层位于
二层柱顶 | 隔震层位于
四层柱顶 | 屋面隔震 |

(b) 模型框架不同方式组合示意图

图7-1　模型结构简图

　　依照相似理论，要使动力试验模型能完全反映原型结构的动力特性，必须满足几何相似、质量相似、荷载相似、时间相似、物理相似、边界条件相似和初始条件相似。由于试验条件的限制，完全满足以上所有相似条件十分困难。故在振动台试验中，需要将次要的相似条件放宽，而保证满足主要的相似条件，例如几何尺寸、动力性能等。大量的分析和研究表明，这样的做法依然能使模型结构较好地反映原型结构的动力特性，而不至于发生过大的失真。模型与原型结构相似系数列于表 7-1。模型结构各层质量及层间刚度见表 7-2。

表7-1　模型相似比系数

物理量	符号	量纲	相似系数
长度	S_l	L	1/6
弹模	S_E	$ML^{-1}T^{-2}$	1
刚度	S_k	MT^{-2}	1/6
加速度	S_a	LT^{-2}	8/3
时间	S_T	T	1/4
位移	S_x	L	1/6
质量	S_m	M	1/96

表7-2　模型结构各质量及层间刚度

楼层	质量/kg	层间刚度×10^6/N · m^{-1}
5	910	14.1
4	910	14.1
3	910	14.1
2	910	14.1
1	910	25.1

注：屋面质量48kg。

7.2.2　隔震支座参数

试验用的橡胶隔震支座具体参数如表 7-3 所示,对应的力学性能设计值见表 7-4。

表7-3　橡胶隔震支座具体尺寸

支座类型	GZP80	GZY80	GZP 100(a)	GZY 100(a)	GZP 100(b)	GZY 100(b)
性质	无铅芯	有铅芯	无铅芯	有铅芯	无铅芯	有铅芯
外径(mm)	90.0	90.0	110.0	110.0	110.0	110.0
内径(mm)	80.0	80.0	100.0	100.0	100.0	100.0
总高度(mm)	59.0	59.0	60.4	60.4	68.9	68.9
连接板厚(mm)	10.0	10.0	10.0	10.0	10.0	10.0
橡胶层厚度(mm)	1.0	1.0	1.3	1.3	1.3	1.3
橡胶层数	20	20	18	18	18	18
钢板层厚度(mm)	1.0	1.0	1.0	1.0	1.5	1.5
钢板层数	19	19	17	17	17	17
铅芯直径(mm)	—	20.0	—	20.0	—	20.0
铅芯高度(mm)	—	59.0	—	60.4	—	68.9
开孔直径(mm)	20.5	20.5	20.5	20.5	20.5	20.5
第一形状系数	20.0	20.0	15.3	15.3	15.3	15.3
第二形状系数	4.0	4.0	4.27	4.27	4.27	4.27
承压面积(mm²)	4700	4700	7524	7524	7524	7524

表7-4　橡胶隔震支座力学性能设计值

试验体	GZP80	GZY80	GZP 100(a)	GZY 100(a)	GZP 100(b)	GZY 100(b)
设计阻尼比	0.07	0.20	0.07	0.20	0.07	0.20
容许侧移(mm)	44.0	44.0	55.0	55.0	55.0	55.0
设计侧移刚度(N/mm)	80.1	80.1	184.4	184.4	170.0	170.0
设计竖向刚度(kN/mm)	70.0	70.0	120.0	120.0	220.0	220.0

注:带铅芯的橡胶隔震支座设计侧移刚度为第二刚度,即铅芯屈服后刚度。

力学性能试验设计轴向压应力 $\sigma = 5MP_a$,无铅芯橡胶支座试验体做剪切应变分别为 25%、50%、100% 的压剪滞回性能试验,每种剪切应变滞回循环 3 次。铅芯橡胶支座做剪切应变分别为 25%、50%、100% 和 150% 的压剪性能试验,每种剪切应变滞回循环 3 次。取 3 次反复加载的循环的第 2 次循环计算侧移刚度值。支座的等效阻尼比和侧移刚度见表 7-5 和表 7-6。

表7-5　无铅芯橡胶隔震支座等效阻尼比及侧移刚度

橡胶支座类型	等效阻尼比 ζ		侧移刚度 K_h /N·mm⁻¹			
	设计值	实测值	设计值	25%(r)	50%(r)	100%(r)
GZP80		0.067	80.1	103.9	88.9	80.1
GZP100(a)	0.070	0.065	184.4	190.5	167.4	147.1
GZP100(b)		0.068	170.0	173.8	160.4	152.1

表7-6　铅芯橡胶隔震支座等效阻尼比及侧移刚度

橡胶支座类型	等效阻尼比 ζ		第一刚度 K_h'		第二刚度 K_h /N·mm⁻¹				
	设计值	实测值	实测值	r(%)	设计值	25%	50%	100%	150%
GZY80		0.21	653.1	3.4	80.1	178.8	135.3	120.2	110.7
GZY100(a)	0.20	0.18	384.9	6.1	184.4	166.1	140.4	129.4	115.3
GZY100(b)		0.19	511.8	7.6	170.0	223.1	212.1	161.4	157.9

7.2.3　试验设备

1.振动台

试验所用振动台参数如表 7-7 所示。

表7-7　振动台试验参数

台面尺寸	台面自重	最大载重量	空载时最大加速度	满载时最大加速度
3m×3m	6t	10t	2.5g	10g
最大位移	最大速度	最大扭矩	频率范围	振动方向
±127mm	±600mm/sec	30t·m	0.1~50Hz	水平单向

2.传感器

（1）ICP 低频加速度传感器。谐振频率：6kHz；最大可测 $100\,\text{m/s}^2$。

（2）SW-3 型拉线相对式位移传感器。最大可测位移：±5mm；频率范围：0~30Hz；分辨率：0.0025mm。

（3）3SW-1 型拉线相对式位移传感器。最大可测位移：±95mm；频率范围：0~10Hz；分辨率：0.2mm。

3.数据采集系统

imc 动态数据采集系统，由德国 imc 集成测控公司生产，最大采集精度 16 位。传感器及数据采集系统如图 7-2 所示。

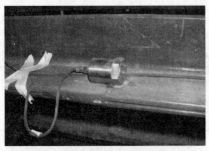

(a) ICP 低频加速度传感器

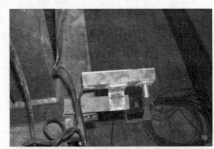

(b) SW-3 型拉线相对式位移传感器

(c) SW-1 型拉线相对式位移传感器

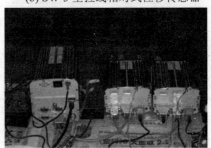

(d) imc 动态数据采集系统

图7-2　传感器及数据采集系统

7.2.4　试验工况

本次试验选用 Taft 波、呼家楼波和 El Centro 波三条强震记录波，其加速度幅值调至 0.4g（由相似比关系，相当于 8 度多遇地震）、0.6g（相当于 8 度罕遇地震）。地震波原记录时程曲线及相应的傅立叶谱如图 7-3 所示。

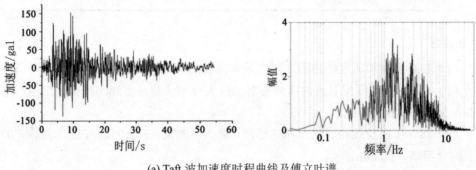

(a) Taft 波加速度时程曲线及傅立叶谱

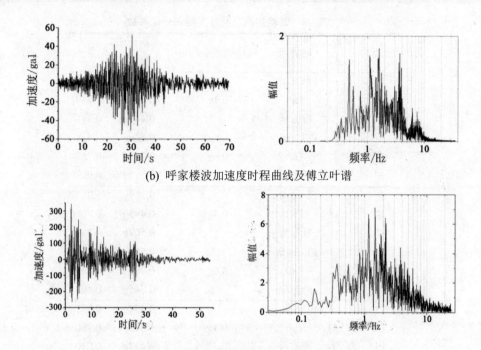

(b) 呼家楼波加速度时程曲线及傅立叶谱

(c) El Centro 波加速度时程曲线及傅立叶谱

图7-3 地震波加速度时程曲线及傅立叶谱

本试验拟研究不同隔震层位置、不同隔震层参数、不同地震波类型、不同地震波峰值等情况下，隔震结构的地震反应特点。考虑这些情况的不同组合，共进行了 63 组工况的振动台试验。由于输入的地震波与台面的地震波存在一定差异，因此，对测量结果采用了归一化处理，后面所列的各种计算结果均为归一化之后的结果。归一化可依照下式进行计算，

$$归一化反应值 = \frac{设计加速度幅值}{实测台面加速度幅值} \times 实际反应值$$

式中，设 $\psi = \dfrac{设计加速度幅值}{实测台面加速度幅值}$ 为归一化系数。

试验加载工况及实测归一化系数列于表 7-8。

表7-8　试验加载工况及实测归一化系数

工况	结构形式	地震波	设计加速度幅值	实测台面幅值	ψ
1		El Centro		0.382g	1.047
2		Taft	0.4g	0.476g	0.840
3	非隔震	呼家楼		0.449g	0.891
4		El Centro		0.626g	0.958
5		Taft	0.6g	0.762g	0.787
6		呼家楼		0.624g	0.962
7		El Centro		0.389g	1.028
8		Taft	0.4g	0.495g	0.808
9	基础隔震	呼家楼		0.507g	0.789
10		El Centro		0.568g	1.056
11		Taft	0.6g	0.703g	0.853
12		呼家楼		0.745g	0.805
13		El Centro		0.454g	0.881
14	一层柱顶隔震（优化）	Taft	0.4g	0.513g	0.780
15		呼家楼		0.494g	0.810
16		El Centro		0.572g	1.049
17		Taft	0.6g	0.725g	0.828
18		呼家楼		0.758g	0.792
19		El Centro		0.433g	0.924
20	一层柱顶隔震（偏大）	Taft	0.4g	0.495g	0.808
21		呼家楼		0.523g	0.765
22		El Centro		0.560g	1.071
23		Taft	0.6g	0.732g	0.820
24		呼家楼		0.764g	0.785
25		El Centro		0.365g	1.096
26	2层柱顶隔震（偏小）	Taft	0.4g	0.473g	0.846
27		呼家楼		0.464g	0.862
28		El Centro		0.508g	1.181
29		Taft	0.6g	0.730g	0.822
30		呼家楼		0.717g	0.837

续表

工况	结构形式	地震波	设计加速度幅值	实测台面幅值	ψ
31	2层柱顶隔震（优化）	El Centro	0.4g	0.386g	1.036
32		Taft		0.485g	0.825
33		呼家楼		0.442g	0.905
34		El Centro	0.6g	0.518g	1.158
35		Taft		0.748g	0.802
36		呼家楼		0.699g	0.858
37	2层柱顶隔震（偏大）	El Centro	0.4g	0.335g	1.194
38		Taft		0.459g	0.871
39		呼家楼		0.449g	0.891
40		El Centro	0.6g	0.502g	1.195
41		Taft		0.696g	0.862
42		呼家楼		0.683g	0.878
43	4层柱顶隔震（偏小）	El Centro	0.4g	0.435g	0.920
44		Taft		0.463g	0.864
45		呼家楼		0.532g	0.752
46		El Centro	0.6g	0.620g	0.968
47		Taft		0.735g	0.816
48		呼家楼		0.759g	0.791
49	4层柱顶隔震（优化）	El Centro	0.4g	0.411g	0.973
50		Taft		0.422g	0.948
51		呼家楼		0.522g	0.766
52		El Centro	0.6g	0.591g	1.015
53		Taft		0.625g	0.960
54		呼家楼		0.772g	0.777
55	4层柱顶隔震（偏大）	El Centro	0.4g	0.385g	1.039
56		Taft		0.438g	0.913
57		呼家楼		0.538g	0.743
58		El Centro	0.6g	0.586g	1.024
59		Taft		0.664g	0.904
60		呼家楼		0.776g	0.773
61	屋面隔震	El Centro	0.6g	0.577g	1.040
62		Taft		0.698g	0.860
63		呼家楼		0.640g	0.938

7.3 试验结果分析

7.3.1 模型结构减震效果影响指标

1.层间位移

设 Δu_e、Δu_p 分别为结构的弹性层间位移及弹塑性层间位移容许值。模型结构弹性及弹塑性层间位移最大值列于表 7-9。

表7-9　弹性及弹塑性层间位移容许值

楼层	弹性容许值/mm	弹塑性容许值/mm
5	1.67	10.00
4	1.67	10.00
3	1.67	10.00
2	1.67	10.00
1	1.67	10.00

注：模型结构各层层高均为 500mm。

2.绝对加速度

由相似比关系，当绝对加速度超过 $\kappa = 0.53g$（绝对加速度舒适感指标）时，会引起人的不适感。

7.3.2 非隔震结构

依据传统抗震"两阶段"设计方法，设计一座 5 层非隔震钢框架结构，各层层高 3m，经过计算，结构各层质量均为 1.46×10^6kg，首层侧移刚度为 25.1×10^8N/m，以上各层侧移刚度均为 14.1×10^8N/m。将原型按相似比系数进行换算，即可得到模型结构的参数。

在 8 度多遇和罕遇地震波激励下，非隔震模型结构各层层间位移及绝对加速度反应峰值列于表 7-10 及表 7-11；相对位移及绝对加速度反应峰值如图 7-4 及图 7-5 所示。

表7-10　非隔震模型结构层间位移及绝对加速度反应峰值(8度多遇)

楼层	El Centro 波		Taft 波		呼家楼波	
	层间位移/mm	绝对加速度/g	层间位移/mm	绝对加速度/g	层间位移/mm	绝对加速度/g
5	0.28	1.453	0.31	1.360	0.25	1.655
4	0.39	1.227	0.40	1.238	0.42	1.426
3	1.14	1.129	1.31	1.100	1.42	1.172
2	0.76	0.925	0.71	0.814	0.77	1.033
1	0.99	0.733	0.88	0.549	1.02	0.807

表7-11　非隔震模型结构层间位移及绝对加速度反应峰值(8度罕遇)

楼层	El Centro 波		Taft 波		呼家楼波	
	层间位移/mm	绝对加速度/g	层间位移/mm	绝对加速度/g	层间位移/mm	绝对加速度/g
5	0.50	2.018	0.75	2.230	0.52	1.819
4	0.52	1.626	0.57	1.873	0.50	1.508
3	1.65	1.347	1.83	1.658	1.35	1.275
2	0.93	1.226	0.95	1.107	0.88	1.225
1	1.33	0.843	1.58	0.924	1.33	1.049

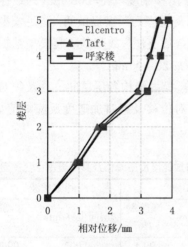 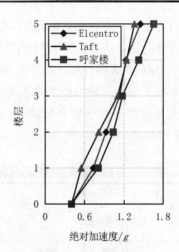

图7-4　非隔震结构相对位移及绝对加速度反应峰值(8度多遇)

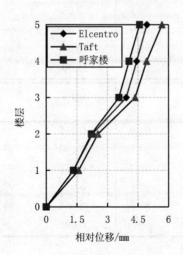 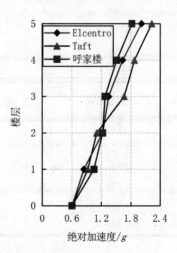

图7-5　非隔震结构相对位移及绝对加速度反应峰值(8度罕遇)

从表 7-10、表 7-11 及图 7-4、图 7-5 可以看出，在 3 条地震波激励下，非隔震模型结构的相对位移及绝对加速度反应峰值随着层数的增加而增大；结构各层的绝对加速度反应峰值均大大超越 κ；当地震波峰值加速度为 0.6g 时，第三层层间位移反应峰值超过 Δu_e，局部进入弹塑性阶段。

7.3.3 基础隔震结构

基础隔震设计基本步骤为：①根据隔震支座竖向承载力不超过容许应力值确定隔震支座的数量和规格；②计算基础隔震结构地震作用；③验算隔震支座水平侧移不超过容许值。经过计算，该基础隔震结构隔震层侧移刚度以 194.0N/mm 为最佳，由于橡胶隔震支座制作工艺条件的限制，GZP80 隔震支座为厂家提供的，满足模型结构竖向承载力情况下，具有最小的侧移刚度的橡胶隔震支座。故基础隔震模型结构隔震层选用 4 个 GZP80 隔震支座，隔震层侧移刚度为 320.4 N/mm。

在 8 度多遇及罕遇地震波激励下，基础隔震模型结构各层层间位移及绝对加速度反应峰值及减震率列于表 7-12 及表 7-13；相对位移及绝对加速度反应峰值如图 7-6 及图 7-7 所示。

表7-12　基础隔震模型结构层间位移及绝对加速度反应峰值及其减震率(8度多遇)

楼层	El Centro 波		Taft 波		呼家楼波	
	层间位移/mm	减震率/%	层间位移/mm	减震率/%	层间位移/mm	减震率/%
5	0.004	98.6	0.002	99.4	0.002	99.2
4	0.05	87.2	0.02	95.0	0.04	90.5
3	0.05	95.6	0.02	98.5	0.03	97.9
2	0.11	85.5	0.05	93.0	0.07	90.9
1	0.11	88.9	0.06	93.8	0.07	93.1
隔	11.53	—	6.90	—	5.30	—
楼层	绝对加速度/g	减震率/%	绝对加速度/g	减震率/%	绝对加速度/g	减震率/%
5	0.152	89.5	0.082	94.0	0.115	93.1
4	0.138	88.8	0.070	94.3	0.100	93.0
3	0.096	91.5	0.053	95.2	0.062	94.7
2	0.078	91.6	0.059	92.8	0.058	94.4
1	0.104	85.8	0.067	87.8	0.068	91.6
隔	0.145	—	0.076	—	0.091	—

表7-13　基础隔震模型结构层间位移及绝对加速度反应峰值及其减震率(8度罕遇)

楼层	El Centro 波		Taft 波		呼家楼波	
	层间位移/mm	减震率(%)	层间位移/mm	减震率(%)	层间位移/mm	减震率(%)
5	0.005	99.0	0.002	99.7	0.004	99.2
4	0.08	84.6	0.04	93.0	0.04	92.0
3	0.07	95.8	0.03	98.4	0.04	97.0
2	0.18	80.6	0.08	91.6	0.09	89.8
1	0.19	85.7	0.09	94.3	0.09	93.2
隔	20.77	—	11.50	—	8.48	—
楼层	绝对加速度/g	减震率(%)	绝对加速度/g	减震率(%)	绝对加速度/g	减震率(%)
5	0.218	89.2	0.116	94.8	0.167	90.8
4	0.195	88.0	0.102	94.6	0.139	90.8
3	0.149	88.9	0.075	95.5	0.085	93.3
2	0.127	89.6	0.087	92.1	0.082	93.3
1	0.169	80.0	0.096	89.6	0.097	90.8
隔	0.214	—	0.109	—	0.130	—

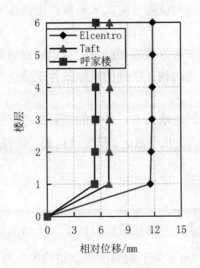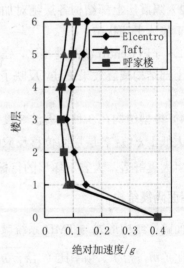

图7-6　基础隔震结构相对位移及绝对加速度反应峰值(8度多遇)

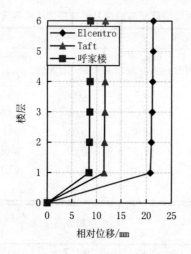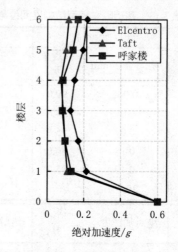

图7-7　基础隔震结构相对位移及绝对加速度反应峰值(8度罕遇)

从表 7-12、表 7-13 及图 7-6、图 7-7 可以看出，在不同地震波、不同加速度峰值激励下，基础隔震结构模型地震反应具有如下特点：

（1）隔震层上部结构层间位移及绝对加速度反应峰值较非隔震时显著下降，减震率达到 85%～99%；

（2）隔震层上部结构各层绝对加速度及层间位移反应基本相等，可以认为上部结构处于整体平动状态；

（3）与 El Centro 波激励相比，在 Taft 波和呼家楼波激励下的基础隔震模型结构隔震层上部结构减震效果更佳，反映了基础隔震结构在坚硬的场地条件下减震效果较好；

（4）模型结构在 3 种地震波 8 度多遇和罕遇输入下，各层的绝对加速度反应峰值均大大低于 κ 值；各层层间位移反应峰值均大大低于 Δu_e，模型结构处于弹性阶段，实现了"大震舒适，大震不坏"的目标。

7.3.4　屋面隔震结构

屋面隔震结构形式与 TMD 系统减震机理类似。隔震层阻尼比 ζ、子结构与主结构质量比（m_d / m）、频率比（$\sqrt{k_d / m_d} / \sqrt{k / m}$）为影响屋面隔震结构的主要参数。质量比较小时，当频率比接近 1.0 时，减震效果最佳。经过计算，该屋面隔震结构隔震层侧移刚度以 82.1N/mm 为最佳，由于橡胶隔震支座制作工艺条件的限制，厂家提供的橡胶隔震支座最小侧移刚度为 28.3 N/mm，故屋面隔震结构隔震层采用 4 个 GZJ60 隔震支座，隔震层侧移刚度为 113.2 N/mm。

在 8 度罕遇地震波激励下，屋面隔震模型结构各层层间位移及绝对加速度反应峰值及减震率列于表 7-14；相对位移及绝对加速度反应峰值如图 7-8 所示。

表7-14　屋面隔震模型结构层间位移及绝对加速度反应峰值及其减震率(8度罕遇)

楼层	El Centro 波		Taft 波		呼家楼波	
	层间位移/mm	减震率/%	层间位移/mm	减震率/%	层间位移/mm	减震率/%
隔	1.74	—	2.10	—	2.46	—
5	0.07	86.0	0.07	86.0	0.10	86.7
4	0.43	17.3	0.61	-40.4	0.80	-22.0
3	0.45	72.7	0.51	69.1	0.72	60.7
2	0.77	17.2	0.83	10.8	1.44	-63.6
1	0.75	43.6	0.87	34.1	1.39	12.0
楼层	绝对加速度/g	减震率/%)	绝对加速度/g	减震率/%	绝对加速度/g	减震率/%
隔	1.418	—	1.582	—	2.022	—
5	1.432	29.0	1.141	48.8	1.415	22.2
4	1.177	27.6	1.808	3.5	1.188	21.2
3	0.759	43.7	0.721	56.5	1.026	19.5
2	0.822	33.0	0.638	42.4	0.948	22.6
1	0.635	24.7	0.599	35.2	0.817	22.1

注：减震率为负，地震反应较非隔震结构放大。下同。

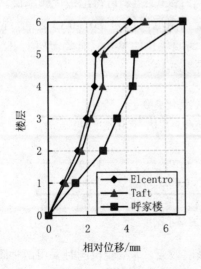
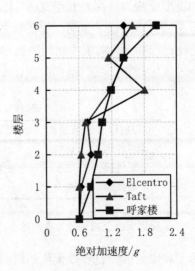

图7-8　屋面隔震模型结构相对位移及绝对加速度反应峰值(8度罕遇)

从表 7-14 及图 7-8 可以看出，在峰值加速度为 0.6g 地震波激励下，屋面隔震模型结构地震反应具有如下特点：

（1）模型结构绝对加速度及层间位移反应峰值较非隔震模型结构有一定的降幅；

（2）在 El Centro 波激励下的屋面隔震模型结构减震效果优于 Taft 波和呼家楼波，其原因是 El Centro 波卓越频率接近屋面隔震模型结构第一自振频率，易引发共振；

（3）各层绝对加速度反应峰值虽然超越 κ，但低于非隔震结构；各层位移反应峰值低于 Δu_e，模型结构处于弹性阶段，实现"大震不坏"的目标。

7.3.5 层间隔震结构

1.隔震层设计

依据三种不同的隔震层位置，采用三种不同的优化计算方式：

（1）当隔震层位置较低时，层间隔震结构表现出与基础隔震结构相似的工作机理。故以控制隔震层上部结构绝对加速度反应为目标。在满足橡胶支座在永久荷载和可变荷载作用下的竖向平均应力不应超过《建筑抗震设计规范》所规定的容许值及橡胶垫实际侧移不超过该支座的极限水平位移，隔震层的侧移刚度越小越好。

（2）当隔震层位置较高时，层间隔震结构表现出与 TMD 系统相似的工作机理。故以减小隔震层下部结构的层间位移反应为目标。利用式(6-34)和式(6-48)即可得出最优频率比。

（3）当隔震层的位置处于中间层时，结构既体现基础隔震结构工作机理，又体现 TMD 系统工作机理，故以减小隔震层下部结构层间位移反应，同时控制上部结构绝对加速度反应为目标。利用式(6-34)、式(6-47)和式(6-48)可得出最优频率比。

本次试验中，由于参与试验的橡胶隔震支座阻尼比均为 0.07~0.15 之间，故隔震层阻尼比已经确定。对于不同的隔震层位置，需要优化的参数只有隔震层上下部频率比。经过优化计算，模型结构的优化参数列于表 7-15。

表7-15　模型结构优化参数

隔震层位置	质量比	下部阻尼比	优化频率比	优化刚度/N·mm⁻¹
4 层柱顶	0.34		0.451	740
2 层柱顶	2.8	0.03	0.125	1110
1 层柱顶	43.8		0.002	360

注：隔震层位于 1 层柱顶的层间隔震结构由于 ρ_{opt} 极小，故 k_{opt} 为根据隔震支座竖向承载力不超过容许应力值的最小刚度。

为了对比分析经过参数优化的层间隔震减震效果，本试验也同时采用两种隔震层刚度值（较 k_{opt} 偏大的 k_{opt}^+，较 k_{opt} 偏小的 k_{opt}^-）。三种隔震层侧移刚度通过选用不

建筑结构隔震理论与试验

同的数量和型号的橡胶隔震支座来实现。

表7-16　模型结构隔震支座选用表

隔震层位置	k_{opt}^{-}	k_{opt}	k_{opt}^{+}
4 层柱顶	4 个 GZP80	4 个 GZP100(a)	6 个 GZP100(b)
2 层柱顶	4 个 GZP80	4 个 GZP100(a) 2 个 GZY100(a)	4 个 GZP100(b) 2 个 GZY100(b)
1 层柱顶	—	4 个 GZP80	6 个 GZP80

注：当隔震层位于 1 层柱顶，隔震层刚度为 k_{opt} 时，所采用的橡胶隔震支座数量及规格已为满足橡胶制作工艺的最小值，故不存在隔震层侧移刚度为 k_{opt}^{-} 情况。

2.试验结果分析

1）1 层柱顶隔震

在 8 度多遇和罕遇地震波激励下，当隔震层侧移刚度采用 k_{opt} 时，模型结构各层层间位移及绝对加速度反应峰值及减震率列于表 7-17 及表 7-18；当隔震层侧移刚度采用 k_{opt}^{+} 时，各层层间位移及绝对加速度反应峰值及减震率列于表 7-19 及表 7-20；各层相对位移及绝对加速度反应峰值如图 7-9 及图 7-10 所示。

表7-17　1层柱顶层间隔震模型结构地震反应峰值及其减震率(k_{opt}，8度多遇)

楼层	El Centro 波		Taft 波		呼家楼波	
	层间位移/mm	减震率/%	层间位移/mm	减震率/%	层间位移/mm	减震率/%
5	0.007	97.5	0.005	98.4	0.007	97.2
4	0.05	87.2	0.03	92.5	0.04	90.5
3	0.06	94.7	0.05	96.2	0.04	97.2
2	0.08	89.5	0.06	91.5	0.06	92.2
隔	5.62	—	3.47	—	3.24	—
1	0.12	87.9	0.09	89.8	0.08	92.2

续表

- 239 -

楼层	绝对加速度/g	减震率/%	绝对加速度/g	减震率/%	绝对加速度/g	减震率/%
5	0.147	89.9	0.096	92.9	0.092	94.4
4	0.135	89.0	0.077	93.8	0.078	94.5
3	0.107	90.5	0.060	94.5	0.064	94.5
2	0.107	88.4	0.071	91.3	0.065	93.7
隔	0.134	—	0.087	—	0.087	—
1	0.405	44.7	0.407	25.9	0.405	49.8

表7-18　1层柱顶层间隔震模型结构地震反应峰值及其减震率（k_{opt}，8度罕遇）

楼层	El Centro 波		Taft 波		呼家楼波	
	层间位移/mm	减震率/%	层间位移/mm	减震率/%	层间位移/mm	减震率/%
5	0.007	98.6	0.005	99.3	0.007	97.2
4	0.07	86.5	0.05	91.2	0.05	88.1
3	0.10	93.9	0.06	96.7	0.07	95.1
2	0.15	83.9	0.08	91.6	0.08	89.6
隔	10.74	—	5.14	—	4.87	—
1	0.22	83.5	0.11	93.0	0.11	89.2
楼层	绝对加速度/g	减震率/%	绝对加速度/g	减震率/%	绝对加速度/g	减震率/%
5	0.233	88.5	0.128	94.3	0.128	93.0
4	0.219	86.5	0.108	94.2	0.109	92.8
3	0.172	87.2	0.077	95.4	0.079	93.8
2	0.183	85.1	0.089	92.0	0.083	93.2
隔	0.235	—	0.118	—	0.120	—
1	0.607	28.0	0.619	33.0	0.614	41.5

表 7-19　1 层柱顶层间隔震模型结构地震反应峰值及其减震率（k_{opt}^{+}，8 度多遇）

楼层	El Centro 波		Taft 波		呼家楼波	
	层间位移/mm	减震率/%	层间位移/mm	减震率/%	层间位移/mm	减震率/%
5	0.009	96.8	0.005	98.4	0.006	97.6
4	0.08	79.5	0.04	90.0	0.05	88.1
3	0.09	92.1	0.05	96.2	0.06	95.8
2	0.14	81.6	0.08	88.7	0.08	89.6
隔	5.28	—	2.97	—	2.46	—
1	0.20	79.8	0.12	86.4	0.11	89.2
楼层	绝对加速度/g	减震率/%	绝对加速度/g	减震率/%	绝对加速度/g	减震率/%
5	0.187	87.1	0.118	91.3	0.127	92.3
4	0.174	85.1	0.114	90.8	0.110	92.3
3	0.141	87.5	0.097	91.2	0.082	93.0
2	0.146	84.2	0.094	88.5	0.080	92.2
隔	0.188	—	0.105	—	0.115	—
1	0.398	45.7	0.398	27.5	0.388	51.9

表 7-20　1 层柱顶层间隔震模型结构地震反应峰值及其减震率（k_{opt}^{+}，8 度罕遇）

楼层	El Centro 波		Taft 波		呼家楼波	
	层间位移/mm	减震率/%	层间位移/mm	减震率/%	层间位移/mm	减震率/%
5	0.01	98.0	0.008	98.9	0.007	98.7
4	0.15	71.2	0.07	87.7	0.06	88.0
3	0.17	89.7	0.08	95.6	0.07	94.8
2	0.27	71.0	0.12	87.4	0.11	87.5
隔	10.17	—	4.54	—	3.99	—
1	0.36	72.9	0.17	89.2	0.14	89.5
楼层	绝对加速度/g	减震率/%	绝对加速度/g	减震率/%	绝对加速度/g	减震率/%
5	0.368	81.8	0.194	91.3	0.156	91.4
4	0.335	79.4	0.161	91.4	0.150	90.1
3	0.261	80.6	0.133	92.0	0.117	90.8
2	0.273	77.7	0.138	87.5	0.113	90.8
隔	0.342	—	0.147	—	0.133	—
1	0.591	29.9	0.617	33.2	0.612	41.7

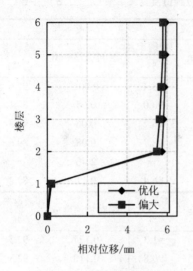
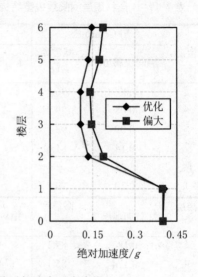

(a) El Centro 波相对位移及绝对加速度反应峰值

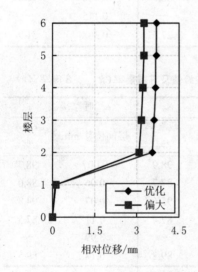
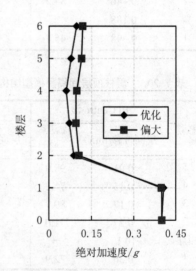

(b) Taft 波相对位移及绝对加速度反应峰值

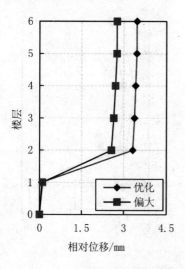
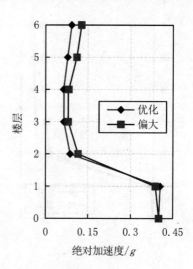

(c) 呼家楼波相对位移及绝对加速度反应峰值

图7-9 1层柱顶层间隔震模型结构地震反应峰值(8度多遇)

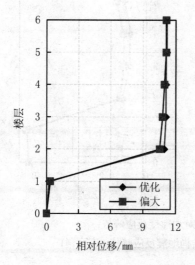
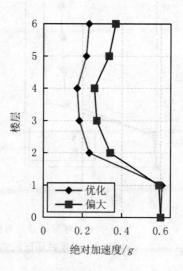

(a) El Centro 波相对位移及绝对加速度反应峰值

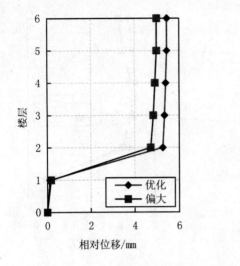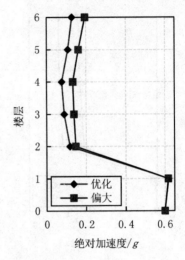

(b) Taft 波相对位移及绝对加速度反应峰值

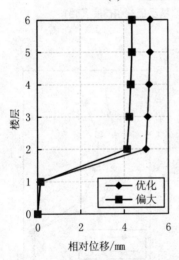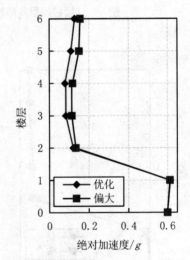

(c) 呼家楼波相对位移及绝对加速度反应峰值

图7-10　1层柱顶层间隔震模型结构地震反应峰值(8度罕遇)

从表 7-17~7-20 及图 7-9、图 7-10 可以看出，在 3 种地震波激励下，隔震层位于 1 层柱顶的层间隔震模型结构的地震反应具有如下特点：

（1）隔震层位于 1 层柱顶的层间隔震结构隔震层上部减震效果接近基础隔震结构，减震效果良好。

（2）无论 8 度多遇还是罕遇地震输入下，模型结构各层绝对加速度反应峰值均

大大低于 κ，各层位移反应峰值均大大低于 Δu_e，模型结构处于弹性阶段，也实现了"大震舒适，大震不坏"的目标。

（3）8度罕遇地震输入下，当模型结构隔震层采用 k_{opt} 时，隔震层上部结构减震率接近基础隔震结构，在 Taft 波和呼家楼波激励下，层间位移减震率平均为 94.6%，绝对加速度减震率平均为 93.6%，在 El Centro 波激励下，层间位移减震率平均为 90.7%，绝对加速度减震率平均为 87.0%，隔震层下部层间位移减震率较隔震层上部有所降低，层间位移减震率平均为 88.6%，绝对加速度减震率平均为 34.2%；

当隔震层侧移刚度采用 k_{opt} 时，模型结构减震效果较采用 k_{opt}^+ 更佳。当模型结构隔震层采用 k_{opt} 时，模型结构减震效果较采用 k_{opt}^+ 有明显提高，当 El Centro 波输入时，隔震层下部结构层间位移减震率提高 14.2%，上部结构绝对加速度平均提高 8.3%；当 Taft 波和呼家楼波输入时，下部结构层间位移平均提高 4.5%，上部结构绝对加速度提高 2%～7%。但隔震层下部绝对加速度反应峰值减震率却有一定的降低；

（4）当8度多遇地震波输入时，模型结构地震反应规律与8度罕遇地震输入时相似；

（5）上部结构绝对加速度及层间位移反应接近于平动，当3种不同的地震波输入时，模型地震反应峰值曲线形状相近。

2）2层柱顶隔震

在3种地震波激励下，当隔震层侧移刚度采用 k_{opt}^- 时，模型结构各层层间位移及绝对加速度反应峰值及减震率见表 7-21 及表 7-22；当隔震层侧移刚度采用 k_{opt} 时，各层层间位移及绝对加速度反应峰值及减震率见表 7-23 及表 7-24；当隔震层侧移刚度采用 k_{opt}^+ 时，各层层间位移及绝对加速度反应峰值及减震率见表 7-25 及表 7-26。各层相对位移及绝对加速度反应峰值如图 7-11 及图 7-12 所示。

表 7-21　2 层柱顶层间隔震模型结构地震反应峰值及其减震率（k_{opt}^{-}，8 度多遇）

楼层	El Centro 波		Taft 波		呼家楼波	
	层间位移/mm	减震率/%	层间位移/mm	减震率/%	层间位移/mm	减震率/%
5	0.03	89.3	0.02	93.5	0.02	92.0
4	0.10	74.4	0.06	85.0	0.06	85.7
3	0.17	85.1	0.09	93.1	0.09	93.7
隔	17.59	—	8.17	—	8.06	—
2	0.17	77.6	0.10	85.9	0.12	84.4
1	0.27	72.7	0.23	73.9	0.26	74.5
楼层	绝对加速度/g	减震率/%	绝对加速度/g	减震率/%	绝对加速度/g	减震率/%
5	0.288	80.2	0.161	88.2	0.200	87.9
4	0.279	77.2	0.136	89.0	0.148	89.6
3	0.239	78.8	0.120	89.1	0.114	90.3
隔	0.276	—	0.149	—	0.161	—
2	0.877	5.2	0.687	15.6	0.759	26.5
1	0.717	2.2	0.582	-6.0	0.610	24.4

表 7-22　2 层柱顶层间隔震模型结构地震反应峰值及其减震率（k_{opt}^{-}，8 度罕遇）

楼层	El Centro 波		Taft 波		呼家楼波	
	层间位移/mm	减震率/%	层间位移/mm	减震率/%	层间位移/mm	减震率/%
5	0.03	94.0	0.03	96.0	0.04	92.3
4	0.14	73.1	0.09	84.2	0.08	84.0
3	0.25	84.8	0.14	92.3	0.13	90.4
隔	28.54	—	12.77	—	12.51	—
2	0.19	79.6	0.12	87.4	0.18	79.5
1	0.40	69.9	0.32	79.7	0.39	70.7
楼层	绝对加速度/g	减震率/%	绝对加速度/g	减震率/%	绝对加速度/g	减震率/%
5	0.399	80.2	0.236	89.4	0.238	86.9
4	0.365	77.6	0.292	84.4	0.201	86.7
3	0.339	74.8	0.161	90.3	0.193	84.9
隔	0.338	—	0.213	—	0.223	—
2	1.231	-0.4	0.970	12.4	1.069	12.7
1	0.990	-17.4	0.825	10.7	0.887	15.4

表 7-23　2 层柱顶层间隔震模型结构地震反应峰值及其减震率（k_{opt}，8 度多遇）

楼层	El Centro 波		Taft 波		呼家楼波	
	层间位移/mm	减震率/%	层间位移/mm	减震率/%	层间位移/mm	减震率/%
5	0.03	89.3	0.02	93.5	0.03	88.0
4	0.10	74.4	0.08	80.0	0.10	76.2
3	0.20	82.5	0.19	85.5	0.21	85.2
隔	3.85	—	4.31	—	5.35	—
2	0.20	73.7	0.20	71.8	0.23	70.1
1	0.26	73.7	0.21	76.1	0.24	76.5
楼层	绝对加速度/g	减震率/%	绝对加速度/g	减震率/%	绝对加速度/g	减震率/%
5	0.337	76.8	0.299	78.0	0.426	74.3
4	0.276	77.5	0.260	79.0	0.336	76.4
3	0.231	79.5	0.220	80.0	0.265	77.4
隔	0.298	—	0.255	—	0.368	—
2	0.777	16.0	0.521	36.0	0.647	37.3
1	0.652	11.1	0.486	11.5	0.539	33.2

表 7-24　2 层柱顶层间隔震模型结构地震反应峰值及其减震率（k_{opt}，8 度罕遇）

楼层	El Centro 波		Taft 波		呼家楼波	
	层间位移/mm	减震率/%	层间位移/mm	减震率/%	层间位移/mm	减震率/%
5	0.04	92.0	0.03	96.0	0.06	88.5
4	0.13	75.0	0.10	82.5	0.14	72.0
3	0.34	79.4	0.25	86.3	0.31	77.0
隔	7.73	—	6.91	—	8.19	—
2	0.35	62.4	0.29	69.5	0.37	58.0
1	0.39	70.7	0.30	81.0	0.38	71.4
楼层	绝对加速度/g	减震率/%	绝对加速度/g	减震率/%	绝对加速度/g	减震率/%
5	0.554	72.5	0.406	81.8	0.574	68.4
4	0.485	70.2	0.351	81.3	0.471	68.8
3	0.395	70.7	0.296	82.1	0.375	70.6
隔	0.475	—	0.334	—	0.534	—
2	1.185	3.3	0.801	27.6	1.057	13.7
1	0.994	-17.9	0.731	20.9	0.861	17.9

表 7-25   2 层柱顶层间隔震模型结构地震反应峰值及其减震率(k_{opt}^{+}，8 度多遇)

楼层	El Centro 波		Taft 波		呼家楼波	
	层间位移/mm	减震率/%	层间位移/mm	减震率/%	层间位移/mm	减震率/%
5	0.03	89.3	0.03	90.3	0.05	80.0
4	0.17	56.4	0.13	67.5	0.17	59.5
3	0.28	75.4	0.24	81.7	0.31	78.2
隔	4.30	—	3.91	—	5.25	—
2	0.20	73.7	0.22	69.0	0.30	61.0
1	0.31	68.7	0.27	69.3	0.35	65.7
楼层	绝对加速度/g	减震率/%	绝对加速度/g	减震率/%	绝对加速度/g	减震率/%
5	0.548	62.3	0.449	67.0	0.524	68.3
4	0.457	62.8	0.401	67.6	0.469	67.1
3	0.304	73.1	0.317	71.2	0.356	69.6
隔	0.509	—	0.355	—	0.355	—
2	0.658	28.9	0.512	37.1	0.645	37.6
1	0.558	23.9	0.434	20.9	0.553	31.5

表 7-26   2 层柱顶层间隔震模型结构地震反应峰值及其减震率(k_{opt}^{+}，8 度罕遇)

楼层	El Centro 波		Taft 波		呼家楼波	
	层间位移/mm	减震率/%	层间位移/mm	减震率/%	层间位移/mm	减震率/%
5	0.08	84.0	0.06	92.0	0.09	82.7
4	0.24	53.8	0.19	66.7	0.23	54.0
3	0.49	70.3	0.36	80.3	0.41	69.6
隔	7.42	—	6.22	—	7.66	—
2	0.38	50.0	0.30	68.4	0.41	53.4
1	0.51	61.7	0.40	74.7	0.45	66.2
楼层	绝对加速度/g	减震率/%	绝对加速度/g	减震率/%	绝对加速度/g	减震率/%
5	0.876	56.6	0.523	76.5	0.687	62.2
4	0.715	56.0	0.488	73.9	0.587	61.1
3	0.481	64.3	0.432	73.9	0.488	61.7
隔	0.721	—	0.460	—	0.549	—
2	1.109	9.5	0.792	28.5	0.939	23.3
1	0.962	-14.1	0.653	29.3	0.801	23.6

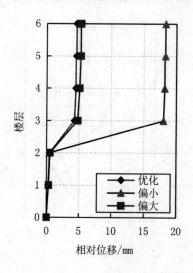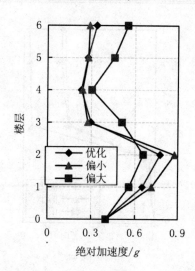

(a) El Centro 波相对位移及绝对加速度反应峰值

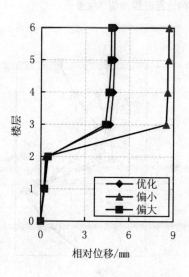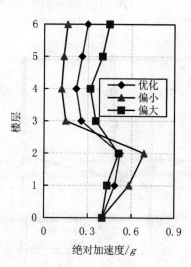

(b) Taft 波相对位移及绝对加速度反应峰值

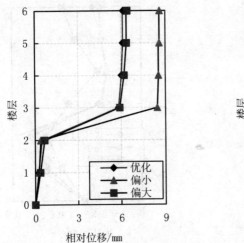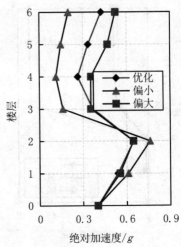

(c) 呼家楼波相对位移及绝对加速度反应峰值

图7-11　2层柱顶层间隔震模型结构地震反应峰值(8度多遇)

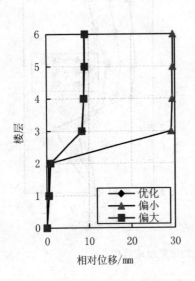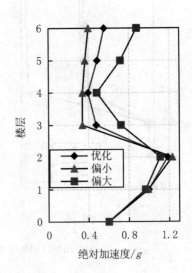

(a) El Centro 波相对位移及绝对加速度反应峰值

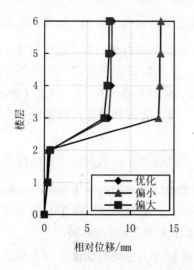 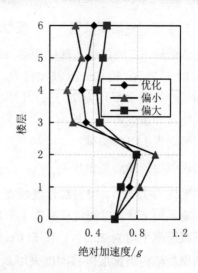

(b) Taft 波相对位移及绝对加速度反应峰值

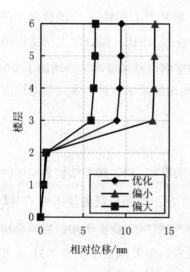 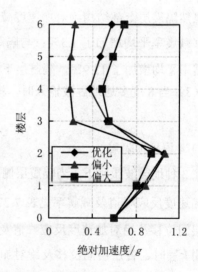

(c) 呼家楼波相对位移及绝对加速度反应峰值

图7-12   2层柱顶层间隔震模型结构地震反应峰值(8度罕遇)

从表 7-21~7-26 及图 7-11、图 7-12 可以看出，在 3 种地震波激励下，隔震层位于 2 层柱顶的层间隔震模型结构的地震反应具有如下特点：

（1）当 8 度罕遇地震波输入时，模型结构隔震层以上各层的绝对加速度反应峰值略小于或接近 κ，隔震层以下部分绝对加速度却明显高于 κ，各层位移反应峰值均低于 Δu_e，实现"大震不坏"的目标。

（2）8 度罕遇地震波输入下，模型结构隔震层侧移刚度采用 k_{opt}^- 时，在 Taft 波和呼家楼波激励下，隔震层上部结构层间位移减震率平均为 89.8%，绝对加速度减震率平均为 87.1%，在 El Centro 波激励下，隔震层上部层间位移减震率平均为 83.9%，绝对加速度减震率平均为 77.5%；层间位移减震率平均为 73.1%，当 El Centro 波激励下，绝对加速度有小幅放大，增幅为 7.1%，当 Taft 波和呼家楼波激励下，绝对加速度有平均为 13.1% 的减幅。

当模型结构隔震层采用 k_{opt}^+ 时，在 3 种地震波激励下，隔震层上部结构层间位移减震率平均为 72.6%，绝对加速度减震率平均为 65.1%；隔震层下部减震率较隔震层上部有明显的下降，层间位移减震率平均为 67.5%，绝对加速度在 Taft 波与呼家楼波激励下减震率平均为 26.5%，在 El Centro 波激励下有 2.9% 的增幅。

当模型结构隔震层侧移刚度采用 k_{opt} 时，隔震层上部绝对加速度和下部层间位移较采用 k_{opt}^- 和 k_{opt}^+ 减 k_{opt} 震效果更佳。当模型结构隔震层采用时，与隔震层采用 k_{opt}^- 相比，虽然隔震层上部结构绝对加速度减震率平均减少了 9.4%，但隔震层下部结构层间位移减震率平均增加了 1.3%；与隔震层采用 k_{opt}^+ 相比，隔震层上部结构绝对加速度减震率平均增加了 13.9%，隔震层下部结构层间位移减震率平均增加了 5.0%。

（3）当 8 度多遇地震波输入时，模型结构地震反应规律与 8 度罕遇地震输入时相似。

3）4 层柱顶隔震

在 3 种地震波激励下，当隔震层侧移刚度采用 k_{opt}^- 时，模型结构各层层间位移及绝对加速度反应峰值及减震率见表 7-27 及表 7-28；当隔震层侧移刚度采用 k_{opt} 时，各层层间位移及绝对加速度反应峰值及减震率见表 7-29 及表 7-30；当隔震层侧移刚度采用 k_{opt}^+ 时，各层层间位移及绝对加速度反应峰值及减震率见表 7-31 及表 7-32。各层相对位移及绝对加速度反应峰值如图 7-13 及图 7-14 所示。

表 7-27　4 层柱顶层间隔震模型结构地震反应峰值及其减震率（k_{opt}^{-}，8 度多遇）

楼层	El Centro 波		Taft 波		呼家楼波	
	层间位移/mm	减震率/%	层间位移/mm	减震率/%	层间位移/mm	减震率/%
5	0.10	64.3	0.08	74.2	0.08	68.0
隔	4.11	—	4.24	—	6.29	—
4	0.18	53.8	0.16	60.0	0.24	42.9
3	0.37	67.5	0.30	77.1	0.35	75.4
2	0.50	34.2	0.37	47.9	0.55	28.6
1	0.59	40.4	0.47	46.6	0.64	37.3
楼层	绝对加速度/g	减震率/%	绝对加速度/g	减震率/%	绝对加速度/g	减震率/%
5	0.413	71.6	0.372	72.6	0.554	66.5
隔	0.418	—	0.365	—	0.535	—
4	1.304	-6.3	1.090	12.0	2.291	-60.7
3	1.202	-6.5	0.999	9.2	1.585	-35.2
2	0.844	8.8	0.752	7.6	1.095	-6.0
1	0.616	16.0	0.480	12.6	0.720	10.8

表 7-28　4 层柱顶层间隔震模型结构地震反应峰值及其减震率（k_{opt}^{-}，8 度罕遇）

楼层	El Centro 波		Taft 波		呼家楼波	
	层间位移/mm	减震率/%	层间位移/mm	减震率/%	层间位移/mm	减震率/%
5	0.08	84.0	0.05	93.3	0.19	63.5
隔	4.71	—	5.85	—	9.57	—
4	0.19	63.5	0.23	59.6	0.61	-22.0
3	0.38	77.0	0.41	77.6	0.58	57.0
2	0.53	43.0	0.50	47.4	0.79	10.2
1	0.62	53.4	0.61	61.4	1.12	15.8
楼层	绝对加速度/g	减震率/%	绝对加速度/g	减震率/%	绝对加速度/g	减震率/%
5	0.435	78.4	0.491	78.0	0.753	58.6
隔	0.439	—	0.488	—	0.926	—
4	1.372	15.6	1.399	25.3	2.364	-56.8
3	1.266	6.0	1.294	22.0	2.262	-77.4
2	0.888	27.6	0.925	16.4	2.384	-94.6
1	0.649	23.0	0.640	33.5	0.969	7.6

表 7-29　4 层柱顶层间隔震模型结构地震反应峰值及其减震率（k_{opt}，8 度多遇）

楼层	El Centro 波		Taft 波		呼家楼波	
	层间位移/mm	减震率/%	层间位移/mm	减震率/%	层间位移/mm	减震率/%
5	0.06	78.6	0.08	71.2	0.10	60.0
隔	4.77	—	4.14	—	4.62	—
4	0.27	30.8	0.23	42.5	0.28	33.3
3	0.38	66.7	0.29	77.9	0.33	76.8
2	0.40	47.4	0.37	47.9	0.41	46.8
1	0.45	54.5	0.46	47.7	0.48	52.9
楼层	绝对加速度/g	减震率/%	绝对加速度/g	减震率/%	绝对加速度/g	减震率/%
5	0.750	48.4	0.668	50.9	0.792	52.1
隔	0.813	—	0.698	—	0.731	—
4	1.074	12.5	0.903	27.1	0.944	33.8
3	0.958	15.1	0.856	22.2	0.944	19.5
2	0.660	28.6	0.720	11.5	0.804	22.2
1	0.540	26.3	0.429	21.9	0.479	40.6

表 7-30　4 层柱顶层间隔震模型结构地震反应峰值及其减震率（k_{opt}，8 度罕遇）

楼层	El Centro 波		Taft 波		呼家楼波	
	层间位移/mm	减震率/%	层间位移/mm	减震率/%	层间位移/mm	减震率/%
5	0.10	80.0	0.08	89.3	0.10	80.8
隔	5.44	—	4.19	—	7.35	—
4	0.33	36.5	0.23	59.6	0.41	18.0
3	0.50	69.7	0.32	82.5	0.57	57.8
2	0.51	45.2	0.40	57.9	0.58	34.1
1	0.56	57.9	0.48	69.6	0.72	45.9
楼层	绝对加速度/g	减震率/%	绝对加速度/g	减震率/%	绝对加速度/g	减震率/%
5	1.177	41.7	0.677	69.6	1.263	23.7
隔	1.259	—	0.707	—	1.097	—
4	1.712	-5.3	0.913	51.3	1.420	5.8
3	1.593	-18.3	0.870	47.5	1.259	1.3
2	1.212	1.1	0.739	33.2	0.911	25.6
1	0.965	-14.5	0.434	54.9	0.747	28.8

表 7-31 4 层柱顶层间隔震模型结构地震反应峰值及其减震率（k_{opt}^{+}，8 度多遇）

楼层	El Centro 波		Taft 波		呼家楼波	
	层间位移/mm	减震率/%	层间位移/mm	减震率/%	层间位移/mm	减震率/%
5	0.16	42.9	0.14	54.8	0.08	68.0
隔	3.62	—	3.33	—	3.02	—
4	0.44	-12.8	0.48	-20.0	0.32	23.8
3	0.50	56.1	0.47	64.1	0.38	73.2
2	0.43	43.4	0.39	45.1	0.30	61.0
1	0.49	50.5	0.43	51.3	0.30	70.6
楼层	绝对加速度/g	减震率/%	绝对加速度/g	减震率/%	绝对加速度/g	减震率/%
5	1.223	15.8	1.251	8.0	0.912	44.9
隔	1.556	—	1.076	—	0.840	—
4	0.806	34.3	0.639	48.4	0.600	57.9
3	0.758	32.9	0.593	46.1	0.568	51.5
2	0.597	35.5	0.461	43.4	0.467	54.8
1	0.481	34.4	0.389	29.1	0.369	54.3

表 7-32 4 层柱顶层间隔震模型结构地震反应峰值及其减震率（k_{opt}^{+}，8 度罕遇）

楼层	El Centro 波		Taft 波		呼家楼波	
	层间位移/mm	减震率/%	层间位移/mm	减震率/%	层间位移/mm	减震率/%
5	0.43	14.0	0.29	61.3	0.36	30.8
隔	4.85	—	4.14	—	3.52	—
4	0.65	-25.0	0.51	10.5	0.40	20.0
3	0.67	59.4	0.61	66.7	0.60	55.6
2	0.60	35.5	0.48	49.5	0.43	51.1
1	0.70	47.4	0.55	65.2	0.44	66.9
楼层	绝对加速度/g	减震率/%	绝对加速度/g	减震率/%	绝对加速度/g	减震率/%
5	2.626	-30.1	2.174	2.5	1.994	-9.6
隔	2.493	—	1.828	—	1.620	—
4	1.211	25.5	0.984	47.5	1.006	33.3
3	1.158	14.0	0.886	46.6	0.993	22.1
2	0.947	22.8	0.622	43.8	0.783	36.1
1	0.730	13.4	0.501	47.9	0.672	35.9

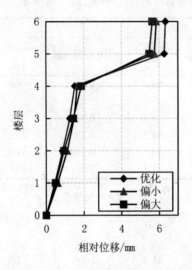
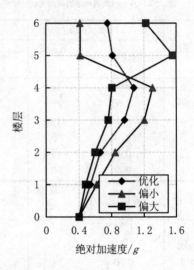

(a) El Centro 波相对位移及绝对加速度反应峰值

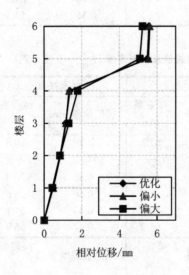
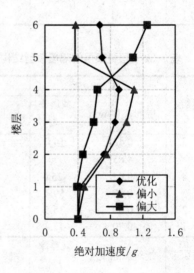

(b) Taft 波相对位移及绝对加速度反应峰值

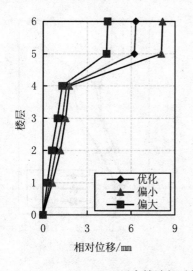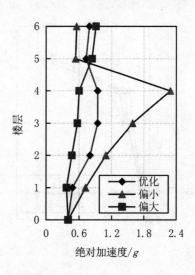

(c) 呼家楼波相对位移及绝对加速度反应峰值

图7-13　4层柱顶层间隔震模型结构地震反应峰值(8度多遇)

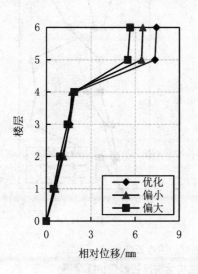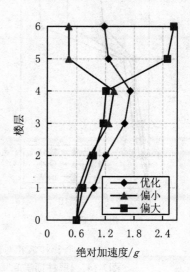

(a) El Centro 波相对位移及绝对加速度反应峰值

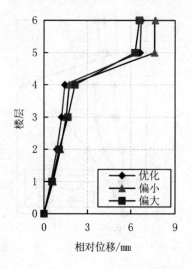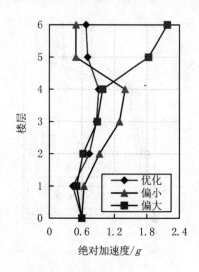

(b) Taft 波相对位移及绝对加速度反应峰值

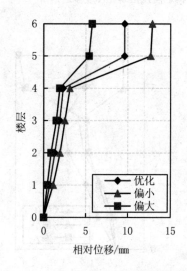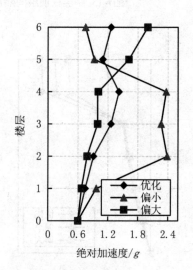

(c) 呼家楼波相对位移及绝对加速度反应峰值

图7-14　4层柱顶层间隔震模型结构地震反应峰值(8度罕遇)

从表 7-27~7-32 及图 7-13、图 7-14 可以看出，在不同地震波激励下，隔震层位于 4 层柱顶的层间隔震模型结构地震反应具有如下特点：

（1）当 8 度罕遇地震波输入时，模型结构各层的绝对加速度反应峰值均明显高于 κ，但仍低于非隔震结构，模型结构各层位移反应峰值均低于 Δu_e，模型结构处于弹性阶段，实现"大震不坏"的目标。

（2）8 度罕遇地震波输入下，模型结构隔震层侧移刚度采用 k_{opt}^- 时，当 El Centro 波输入时，隔震层下部层间位移减震率平均为 57.8%，绝对加速度减震率平均为 18.9%，当 Taft 波输入时，隔震层下部层间位移减震率平均为 62.1%，绝对加速度减震率平均为 24.0%，当呼家楼波输入时，隔震层下部层间位移减震率平均为 27.7%，绝对加速度只有 1 层有 7.6% 的减震率，其余各层较非隔震结构有不同程度的放大，且增幅平均达 86.0%；在 3 种地震波输入下，隔震层上部结构层间位移及绝对加速度反应峰值均有明显的减震效果，层间位移减震率平均为 80.3%，绝对加速度有 71.7% 的减震率。

当模型结构隔震层侧移刚度采用 k_{opt}^+ 时，隔震层上部绝对加速度有较为明显的放大，而下部结构层间位移得到遏制。隔震层下部结构绝对加速度在 Taft 波和呼家楼波激励下，层间位移减震率平均为 59.2%，绝对加速度减震率平均为 38.7%；在 El Centro 波激励下，层间位移减震率平均为 47.4%，绝对加速度减震率平均为 16.7%；隔震层下部层间位移平均有 35.4% 的减震率，而绝对加速度只有 Taft 波有 2.5% 的减震率，在 El Centro 波、呼家楼波激励下，模型结构较非隔震结构有不同程度的放大，增幅为 30.1% 和 9.6%。

当模型结构隔震层侧移刚度采用 k_{opt} 时，隔震层下部层间位移较采用 k_{opt}^- 和 k_{opt}^+ 减震效果更佳。当模型结构隔震层侧移刚度采用 k_{opt} 时，与隔震层侧移刚度采用 k_{opt}^+ 相比，在 3 种地震波输入时，隔震层下部结构层间位移减震率平均增加了 8.6%；与隔震层侧移刚度采用 k_{opt}^+ 相比，隔震层采用优化的模型结构隔震层下部层间位移减震率平均增加了 2.1%；

（3）当 8 度多遇地震波输入时，模型结构地震反应规律与 8 度罕遇地震输入时相似；

（4）当隔震层侧移刚度采用 k_{opt}^- 或 k_{opt}^+ 时，模型结构隔震层上部绝对加速度反应峰值较下部结构下降；而当隔震层采用 k_{opt}^+ 时，隔震层上部绝对加速度较下部结构放大，模型结构发生共振，形式接近屋面隔震模型结构。

7.3.6 不同隔震层位置的隔震结构地震反应对比

1.自振特性对比

为了获取 6 种不同结构形式共 11 种不同类型的隔震及非隔震模型结构的自振周期，选取 El Centro 波（8 度罕遇）激励下，模型结构顶层绝对加速度反应傅立叶谱（如图 7-15 所示），分析模型结构的自振周期（列于表 7-33）。

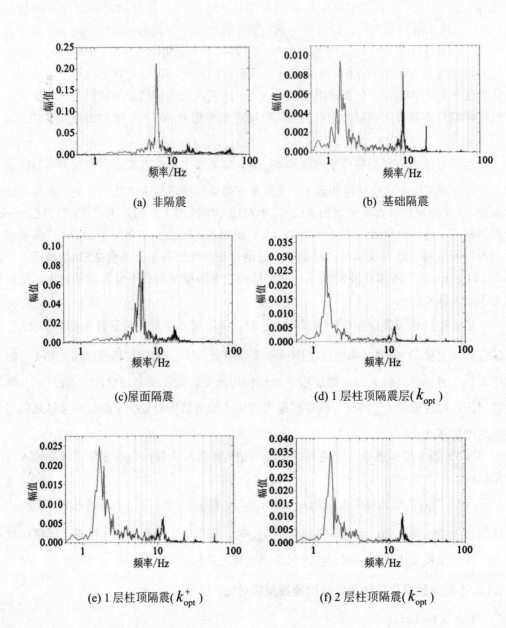

(a) 非隔震

(b) 基础隔震

(c)屋面隔震

(d) 1 层柱顶隔震层(k_{opt})

(e) 1 层柱顶隔震(k_{opt}^{+})

(f) 2 层柱顶隔震(k_{opt}^{-})

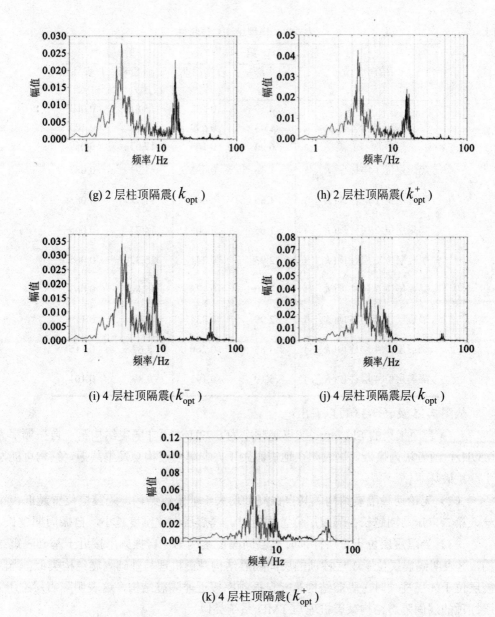

(g) 2 层柱顶隔震(k_{opt}^-)　　　　(h) 2 层柱顶隔震(k_{opt}^+)

(i) 4 层柱顶隔震(k_{opt}^-)　　　　(j) 4 层柱顶隔震层(k_{opt})

(k) 4 层柱顶隔震(k_{opt}^+)

图7-15　模型结构顶层绝对加速度反应傅立叶谱

表7-33　模型结构自振特性

结构形式	第一振型		第二振型	
	自振频率 /Hz	自振周期 /s	自振频率 /Hz	自振周期 /s
非 隔 震	6.59	0.152	15.81	0.063
基 础 隔 震	1.43	0.699	9.67	0.103
屋 面 隔 震	6.04	0.166	17.03	0.059
隔震层位 1 层柱顶(k_{opt})	1.46	0.685	11.72	0.085
隔震层位 1 层柱顶(k_{opt}^{+})	1.65	0.606	11.78	0.085
隔震层位 2 层柱顶(k_{opt}^{-})	1.65	0.606	14.77	0.068
隔震层位 2 层柱顶(k_{opt})	2.93	0.341	15.32	0.065
隔震层位 2 层柱顶(k_{opt}^{+})	3.60	0.278	15.80	0.063
隔震层位 4 层柱顶(k_{opt}^{-})	2.99	0.334	8.42	0.119
隔震层位 4 层柱顶(k_{opt})	3.85	0.260	8.67	0.115
隔震层位 4 层柱顶(k_{opt}^{+})	5.19	0.193	9.89	0.101

从图 7-15 及表 7-33 可以看出：

（1）台面采集的 El Centro 波卓越频率为 6.22Hz，而非隔震结构第一自振频率为 6.59Hz，两者极为接近，这表明在地震激励下，非隔震结构易发生共振，结构可能发生严重破坏。

（2）无论何种隔震结构，其自振周期均大于非隔震结构，隔震层位置越低，第一、第二自振周期越长；隔震层位置固定时，隔震层侧移刚度越小，自振周期越长。

（3）当隔震层位于 1 层柱顶时，层间隔震结构第一自振频率接近于基础隔震结构，这表明隔震层位于 1 层柱顶的层间隔震结构减震机理与基础隔震结构类似；当隔震层位于 4 层柱顶时，隔震结构第一自振频率接近非隔震结构，这表明隔震层位于 4 层柱顶的层间隔震结构减震机理与 TMD 系统类似。

2.地震反应对比

由上述分析可知，经过参数优化，能使层间隔震结构达到最佳的减震效果。8 度多遇地震输入时，当隔震层位于不同位置时，经过参数优化的层间隔震结构在 3 种地震波激励下的地震反应及减震率列于表 7-34~7-36。

表7-34　层间隔震模型结构地震反应峰值及其减震率(El Centro波，8度多遇)

楼层	1层柱顶		2层柱顶		4层柱顶	
	层间位移/mm	减震率/%	层间位移/mm	减震率/%	层间位移/mm	减震率/%
6	0.007	97.5	0.04	92.0	0.06	78.6
5	0.05	87.2	0.13	75.0	4.77	—
4	0.06	94.7	0.34	79.4	0.27	30.8
3	0.08	89.5	7.73	—	0.38	66.7
2	5.62	—	0.35	62.4	0.40	47.4
1	0.12	87.9	0.39	70.7	0.45	54.5
楼层	绝对加速度/g	减震率/%	绝对加速度/g	减震率/%	绝对加速度/g	减震率/%
6	0.147	89.9	0.554	72.5	0.750	48.4
5	0.135	89.0	0.485	70.2	0.813	—
4	0.107	90.5	0.395	70.7	1.074	12.5
3	0.107	88.4	0.475	—	0.958	15.1
2	0.134	—	1.185	3.3	0.660	28.6
1	0.405	44.7	0.994	-17.9	0.540	26.3

注：阴影数据为隔震层。

表7-35　层间隔震模型结构地震反应峰值及其减震率(Taft波，8度多遇)

楼层	1层柱顶		2层柱顶		4层柱顶	
	层间位移/mm	减震率/%	层间位移/mm	减震率/%	层间位移/mm	减震率/%
6	0.005	98.4	0.02	93.5	0.08	71.2
5	0.03	92.5	0.08	80.0	4.14	—
4	0.05	96.2	0.19	85.5	0.23	42.5
3	0.06	91.5	4.31	—	0.29	77.9
2	3.47	—	0.20	71.8	0.37	47.9
1	0.09	89.8	0.21	76.1	0.46	47.7
楼层	绝对加速度/g	减震率/%	绝对加速度/g	减震率/%	绝对加速度/g	减震率/%
6	0.096	92.9	0.299	78.0	0.668	50.9
5	0.077	93.8	0.260	79.0	0.698	—
4	0.060	94.5	0.220	80.0	0.903	27.1
3	0.071	91.3	0.255	—	0.856	22.2
2	0.087	—	0.521	36.0	0.720	11.5
1	0.407	25.9	0.486	11.5	0.429	21.9

注：阴影数据为隔震层。

表7-36　层间隔震模型结构地震反应峰值及其减震率(呼家楼波，8度多遇)

楼层	1 层柱顶		2 层柱顶		4 层柱顶	
	层间位移/mm	减震率/%	层间位移/mm	减震率/%	层间位移/mm	减震率/%
6	0.007	97.2	0.03	88.0	0.10	60.0
5	0.04	90.5	0.10	76.2	4.62	—
4	0.04	97.2	0.21	85.2	0.28	33.3
3	0.06	92.2	5.35	—	0.33	76.8
2	3.24	—	0.23	70.1	0.41	46.8
1	0.08	92.2	0.24	76.5	0.48	52.9
楼层	绝对加速度/g	减震率/%	绝对加速度/g	减震率/%	绝对加速度/g	减震率/%
6	0.092	94.4	0.426	74.3	0.792	52.1
5	0.078	94.5	0.336	76.4	0.731	—
4	0.064	94.5	0.265	77.4	0.944	33.8
3	0.065	93.7	0.368	—	0.944	19.5
2	0.087	—	0.647	37.3	0.804	22.2
1	0.405	49.8	0.539	33.2	0.479	40.6

注：阴影数据为隔震层。

从表 7-34~7-36 可以看出：

（1）无论何种地震波输入，随着隔震层位置的升高，层间隔震结构隔震效果逐渐降低。

（2）当隔震层位于 1 层柱顶时，在 3 种地震波激励下，模型结构隔震层上部地震反应平均减震率为 93.0%，隔震层下部层间位移减震率平均为 90.0%，绝对加速度反应减震率平均为 40.1%。

（3）当隔震层位于 2 层柱顶时，在 3 种地震波激励下，模型结构隔震层上部地震反应平均减震率为 79.6%，隔震层下部层间位移减震率平均为 71.3%，绝对加速度反应较非隔震结构有所降低或不放大。

（4）当隔震层位于 4 层柱顶时，在 3 种地震波激励下，模型结构隔震层上部地震反应平均减震率为 60.3%，隔震层下部层间位移减震率平均为 52.1%，绝对加速度反应减震率平均为 23.4%。

7.3.7 地震反应时程曲线

为了直观表达模型结构的地震反应，本章给出了 8 度多遇 Taft 波激励下，当隔震层位于 1 层柱顶，采用 k_{opt} 的层间隔震模型结构及对应抗震结构的各层层间位移及绝对加速度时程曲线，如图 7-16 所示。

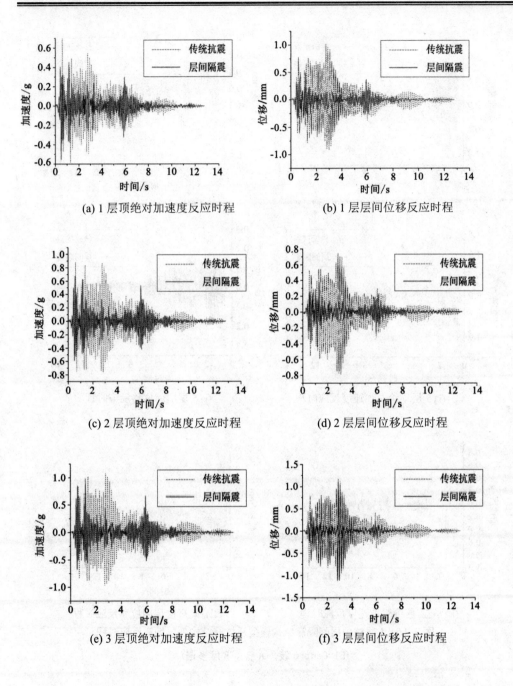

(a) 1 层顶绝对加速度反应时程

(b) 1 层层间位移反应时程

(c) 2 层顶绝对加速度反应时程

(d) 2 层层间位移反应时程

(e) 3 层顶绝对加速度反应时程

(f) 3 层层间位移反应时程

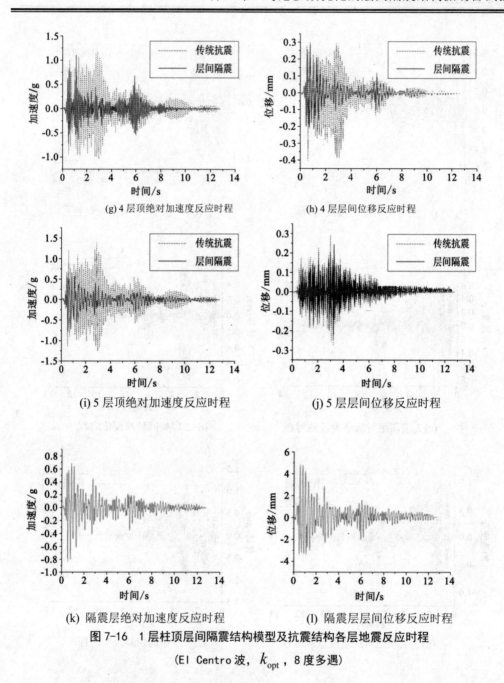

(g) 4 层顶绝对加速度反应时程   (h) 4 层层间位移反应时程

(i) 5 层顶绝对加速度反应时程   (j) 5 层层间位移反应时程

(k) 隔震层绝对加速度反应时程   (l) 隔震层层间位移反应时程

图 7-16　1 层柱顶层间隔震结构模型及抗震结构各层地震反应时程

(El Centro 波，k_{opt}，8 度多遇)

从图 7-16 可以看出，与非隔震结构相比，层间隔震结构能有效降低隔震层上部结构的地震反应，由于层间隔震结构的 TMD 作用，隔震层下部的地震反应较非隔震结构也得到了较好的遏制。

7.4 本章小结

上述地震模拟振动台试验得到的层间隔震体系有以下几方面特点：

（1）无论隔震层位于何位置，层间隔震体系均能有效降低结构地震反应，其减震效果介于基础隔震和屋面隔震之间，且随着隔震层位置的升高，减震效果降低；层间隔震体系上部结构层间位移及绝对加速度反应大致相同，近似平动。

（2）当隔震层位置较低时，层间隔震体系隔震层上部结构地震反应明显降低，减震效果良好且接近基础隔震体系，表现出与基础隔震类似的减震机理；当隔震层位置较高时，与非隔震结构相比，层间隔震体系对隔震层下部结构层间位移反应有明显的遏制效果，表现出与 TMD 类似的工作机理。

（3）当隔震层采用优化刚度时，较采用偏小的隔震层刚度，层间隔震结构上部结构绝对加速度减震效果虽然有所下降，但隔震层下部的层间位移减震效果却有明显提高；较采用偏大的隔震层刚度，层间隔震结构隔震层上部结构绝对加速度反应和下部结构层间位移反应减震效果均有不同程度的提高。因此，优化参数时，需要综合考虑。

（4）层间隔震体系隔震层下部结构绝对加速度较非隔震结构有时会有不同程度的放大，在不同的条件下，放大的程度不同；在试验中某些工况下放大的幅度超过50%，但由于下部结构的绝对加速度本身并不大，所以，这种现象对设计不会产生影响。

（5）随着隔震层位置的升高，结构的减震效果逐渐降低，基础隔震的减震效果最佳。但由于一些工程实践的特殊需求，层间隔震结构具有广泛的应用前景。①当结构处于近海时，为防止海水侵蚀支座，适宜将隔震层提升至海平面以上；②当结构在中间层有刚度突变的，例如下部框架，上部砖混的结构；或下部框架，上部塔楼的大底盘结构等，适宜在刚度突变位置设置隔震层；③当既有结构进行加层时，由于传统抗震加固方法为加大柱截面和增加配筋，易造成施工不便和增加造价；在此情况下，适宜采用隔震技术，在既有结构顶部和加层结构底部设置隔震层。因而，当隔震层位于不同位置时，层间隔震结构具有不同的减震机理和不同的减震效果，如果能依据建筑结构的不同功用而采用不同的层间隔震技术，不仅能取得相应的减震效果，而且可能有效地降低工程造价，便于施工。

第 8 章 大底盘上塔楼隔震结构有限元分析

8.1 引言

为探究大底盘上塔楼隔震结构在长周期地震动作用下结构的地震响应，提出利用黏滞液体阻尼器配合隔震支座组成复合减隔震体系，分析体系的减隔震效果和限位能力。基于此，设计了一个具有工程应用意义的大底盘上塔楼有限元模型，对其进行近场长周期（含脉冲和非脉冲）、远场长周期和普通周期地震动作用下的基础隔震、复合减隔震的动力时程分析，并与对应的抗震模型作为对比。

8.2 模型设计与模拟

8.2.1 模型结构的设计与模拟

为了行文方便，将振动台试验模型的设计方案在本节进行介绍，并据此建立相应的有限元模型进行数值分析。

所设计大底盘上塔楼结构为 8 度设防，地震分组第一组，场地类别 **II** 类，特征周期 0.35s，基本风压 0.50 kN/m²。其下部底盘结构横向为 3 跨，纵向为 2 跨，2 层，层高为 4.9m，柱网尺寸为 7m×7m 和 7m×5.25m；上部塔楼横向为 2 跨，纵向为 1 跨，6 层，层高为 3.5m，柱网为 7m×7m，总高度为 30.8m。塔楼与底盘的平面面积比为 1：2.4，塔楼高宽比为 1：3（y 向），建筑上符合大底盘上塔楼结构的受力特征。墙体为 190 厚加气混凝土砌块。楼面活载标准值为分别取为 3.5kN/m² 和 2.0kN/m²。框架柱尺寸为 700mm×700mm 和 500mm×500mm，框架梁尺寸为 300mm×700mm 和 300mm×800mm，混凝土强度等级为 C25~C35，楼板厚度为 110mm。

对上述结构进行缩尺得到振动台试验用的模型，考虑到实验室振动台台面尺寸及最大有效载荷等限制条件，将 S_l 定为 1/7，应力相似比 S_σ 取为 1 和加速度相似比 S_a 取为 2。其余相似比依据量纲分析法的可求得。计算公式以及确定的参数相似常数如表 8-1 所示。需要说明的是，由于本次试验是按照层质点力学模型进行计算，而混凝土结构在大震后期损伤较严重，刚度和质量变化较大，故梁、柱采用钢材料，楼板采用混凝土材料。缩尺后试验模型结构设计如图 8-1 所示。整体结构的总高度为 4.40m。模型梁柱节点采用焊接刚性连接，梁、柱分别采用 GB-L 80×5 和 GB-L 100×8 型角钢，材质均为 Q235B 钢。缩尺后的模型结构质量约为 15.9t，为了简化试验时外加配重块的繁琐步骤，同时保证楼板的平面内刚度足够大，将配重量以现浇楼板的形式添加。最终确定试验模型楼板为 200mm 厚，采用 C30 混凝土浇筑，最终结构模型理论质量约为 16.2t，小于振动台最大载荷重量 22t，满足试验要求。

表8-1 结构模型相似比

物理参数	相似比符号	计算公式	相似比
长度	S_l	—	1/7
弹性模量	S_E	—	1
加速度	S_a	—	2
质量	S_m	$S_m = S_E S_l^2 / S_a$	1/98
速度	S_V	$S_V = \sqrt{S_l S_a}$	0.535
位移	S_u	$S_u = S_l$	1/7
应力	S_σ	$S_\sigma = S_E$	1
应变	S_ε	$S_\varepsilon = 1$	1
力	S_F	$S_F = S_E S_l^2$	1/49
时间	S_t	$S_t = \sqrt{S_l / S_a}$	0.267
刚度	S_K	$S_K = S_E S_l$	1/7

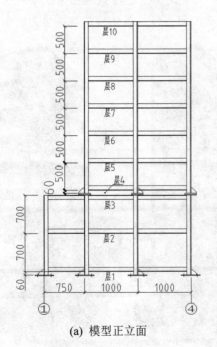

(a) 模型正立面

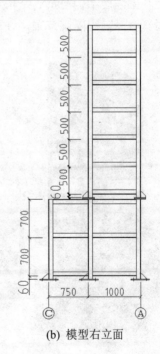

(b) 模型右立面

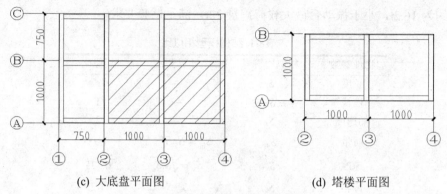

(c) 大底盘平面图　　　　　　　(d) 塔楼平面图
图8-1　模型结构设计图

ETABS 有限元软件直观的绘图功能极大的简化了建模过程，将基本信息输入完成后，通过梁单元模拟框架梁和柱，壳单元模拟楼板，并完成刚性隔板指定以及质量源的定义，即可完成模型的建立。此次试验模型采用焊接钢框架与混凝土板结合的方式。按照本书的研究目的，为了详细说明长周期脉冲地震动对隔震结构造成的影响，建立了纯基础隔震结构与抗震结构对比模型；同时考虑脉冲效应带来的不利影响，提出了阻尼复合减隔震隔震方案，并验证方案的可行性。具体模型如图 8-2 所示。

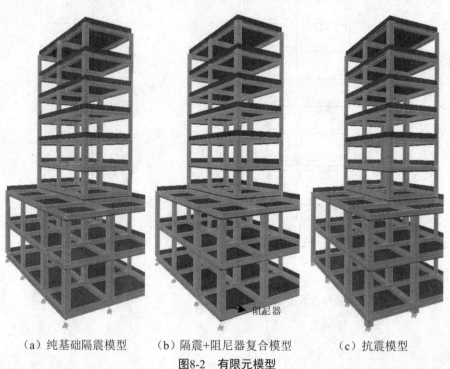

（a）纯基础隔震模型　　　（b）隔震+阻尼器复合模型　　　（c）抗震模型
图8-2　有限元模型

8.2.2 隔震橡胶支座的模拟与试验

在数值分析中，隔震层刚度的大小将直接影响到整体结构的地震响应和减震效果。因此在利用 ETABS 对隔震支座的模拟时，需准确地考虑 LNR 的线性属性以及 LRB 的非线性属性。ETABS 软件中可采用其自带的 Isolator1 连接单元来模拟隔震支座，通过定义 Isolator1 的 U1（竖向）、U2 和 U3（水平向）方向的线性、非线性属性来模拟支座水平力学性能。对于 LNR 支座模拟，只需考虑 U1、U2 和 U3 方向的线性属性。U1 对话框中的有效刚度是指隔震支座的竖向刚度，而 U2、U3 对话框中的有效刚度是指普通支座的线性水平刚度。对于 LRB 支座的模拟，U1 方向依然只考虑竖向刚度，而 U2 和 U3 方向则需要考虑非线性属性。图中，线性属性中的有效刚度是指支座的等效水平刚度。非线性属性中的刚度是指支座屈服前的水平刚度；屈服力对应于双线性刚度模型折线处；屈服后刚度比则是铅芯支座的屈服后水平刚度和屈服前的水平刚度的比值。

LNR 和 LRB 两种隔震支座性能参数如表 8-2 所示，支座的设计和成品图如图 8-3 所示。

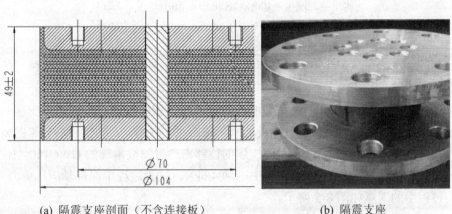

| (a) 隔震支座剖面（不含连接板） | (b) 隔震支座 |

图8-3　隔震橡胶支座

表8-2　隔震支座性能参数

型号	LNR100	LRB100
剪切模量 G/MPa	0.392	0.392
有效直径　/mm	100	100
总高度（不含连接板）h_b/mm	49	49
封钢板厚 t_f/mm	8	8
橡胶层厚度 t_r/mm	2	2
橡胶层数 n_r/片	9	9
钢板层厚度 t_s/mm	1	1
钢板层数 n_s	8	8
铅芯直径/mm	/	18
第一形状系数	16.25	16.25
第二形状系数	5.56	5.56
支座有效面积 A/mm²	7771.5	7771.5
竖向压缩刚度 K_v/(kN/mm)	107.8	123.3
屈服前刚度(kN/mm)	/	1.70
水平等效刚度γ=100%/(kN/mm)	0.166	0.214
屈服力/kN	/	0.628
屈服后刚度/(kN/mm)	/	0.169

注：橡胶弹性模量 E_0=1.17MPa，屈服后刚度 $K_b=GA/T_r$，橡胶修正压缩模量 E_c=458MPa，竖向压缩刚度 $K_V=E_cA/T_r$。

　　试验采用 YJW-10000 型微机控制电液伺服压剪试验机进行，以两个支座一组的方式安放在中间隔板上下，通过隔板的水平移动来实现剪切，通过设备自带的采集系统收集隔板拉力，如图 8-4 所示。而支座的位移则通过隔板端部的 GWC150 型位移器进行测量。试验竖向压力设定为 6MPa 即 84.6kN，试验过程中保持轴向压应力恒定。试验过程中的支座如图 8-5 所示。

图8-4　支座测试安放

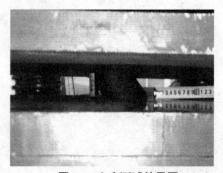

图8-5　支座测试效果图

表 8-3 和表 8-4 分别为 LRB100 和 LNR100 支座的压缩剪切试验的基本性能试验参数。取试验中的任意四个 LRB100 支座作为后续试验用支座，并将其 100%水平刚度平均值 0.229kN/mm 作为数值模拟时支座的水平等效刚度，与理论值 0.214kN/mm 较为接近，误差仅为 6.5%。将四组 LNR100 支座 100%水平刚度平均值为 0.167kN/mm 作为数值模拟时支座的水平等效刚度。其与理论值 0.166kN/mm 的误差仅为 0.6%，很接近。

表8-3　LRB100水平性能试验参数

分组	支座编号	橡胶层总厚度/mm	水平负荷/kN	水平变形/mm	50%平均水平刚度/(kN/mm)	水平负荷/kN	水平变形/mm	100%平均水平刚度/(kN/mm)
1	1-1 1-2		2.428	9.035	0.268	4.296	18.000	0.238
2	1-3 1-4		2.376	9.050	0.262	4.324	18.000	0.240
3	1-5 1-6	18	2.336	9.040	0.258	4.200	18.005	0.233
4	1-7 1-8		2.556	9.030	0.283	4.588	18.050	0.254

注：因试验仪器限制，一次试验需两个支座同时进行，故上述得到的水平负荷为两支座和。

表8-4　LNR100的水平性能试验参数

分组	支座编号	橡胶层总厚度/mm	水平负荷/kN	水平变形/mm	50%平均水平刚度/(kN/mm)	水平负荷/kN	水平变形/mm	100%平均水平刚度/(kN/mm)
1	2-1 2-2		1.740	9.020	0.192	2.840	18.000	0.157
2	2-3 2-4		1.684	9.040	0.186	3.200	18.055	0.177
3	2-5 2-6	18	1.716	9.010	0.190	3.168	18.005	0.175
4	2-7 2-8		1.648	9.040	0.182	2.928	18.045	0.162

注：因试验仪器限制，一次试验需两个支座同时进行，故上述得到的水平负荷为两支座和。

8.2.3 黏滞液体阻尼器的模拟与试验

黏滞液体阻尼器主要由阻尼器本体、活塞杆保护罩、连接管和端部球形关节轴承、销头等构件组成，阻尼器通过压缩缸内阻尼液体产生反向作用力，通过此作用力来达到耗散地震能量的作用，此作用力的大小与阻尼工作的实时速度有关。由于黏滞液体阻尼器本身是内置液体，故其储存刚度基本接近于 0，故对于结构的影响，尽管有阻尼器的加入，但不会引起结构的周期、振型发生明显变化，即结构圆频率不变。在阻尼器设计时，只需要通过不断地调整阻尼系数以及速度指数，即可满足使用需求。

黏滞液体阻尼器可由 ETABS 自带的 Damper 单元模拟。单元是基于 MaXwell 模型设计，简化为阻尼和弹簧串联作用。在 ETABS 中通过定义 Damper 单元的 U1（轴向）的非线性单元模拟。属性设置时，由于黏滞液体阻尼器的储存刚度为 0，因此线性属性中有效刚度为 0，有效阻尼也为 0。非线性属性中的刚度这里取为 50000。非线性属性包括阻尼和阻尼指数。阻尼指的是阻尼系数，而阻尼指数指的是速度指数。阻尼系数与黏滞液体以及温度有关，而速度指数则与阻尼器两端的相对速度有关。本书阻尼系数取 800N/(mm/s)，速度指数为 0.5。

制作了 10 个阻尼器（2 个备用），设计尺寸及成品如图 8-6 所示。分别为 GVFD1 号~GVFD10 号，设定试验工况，将试验温度稳定在 17℃恒温状态下，取额定荷载为 20kN，阻尼系数和速度指数按照上述试算结果分别取为 800N/(mm/s) 和 0.5。分别进行以下两项测试：①极限位移测试。将极限位移测试的理论额定位移定为 80mm，记录实测总行程的大小。②最大荷载工况测试。确定最大荷载工况下的试验条件，取试验频率为 1.38Hz，振幅为 75mm，最大速度为 650mm/s，记录实时阻尼力的大小。在测试过程中，分别将按 65mm/s、130mm/s、325mm/s、455mm/s、650mm/s 测试速度依次加载，并进行一组超额定速度的 780mm/s 的测试速度进行测试，记录油缸位移以及载荷大小测试结果如表 8-5 所示。

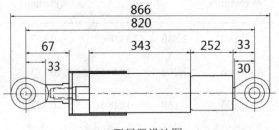

(a) 阻尼器设计图

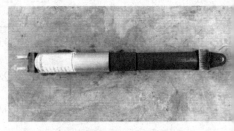

(b) 黏滞液体阻尼器

图8-6　阻尼器设计及成品图

表8-5　黏滞液体阻尼器基本性能测试参数

阻尼器编号	试验温度/℃	额定荷载/kN	实测阻尼力/kN	理论额定位移/mm	实测总行程/mm
GVFD-1			20.50		80.30
GVFD-2			20.60		80.10
GVFD-3			20.01		80.08
GVFD-4			20.02		80.08
GVFD-5	17	20	20.08	80	80.10
GVFD-6			20.12		80.09
GVFD-7			20.09		80.10
GVFD-8			20.19		80.02
GVFD-9			20.15		80.09
GVFD-10			20.12		80.06

从表 8-5 可得，此批同型号的黏滞液体阻尼器的实测阻尼力平均值为 20.188kN，平均值误差仅为 0.94%；实测总行程平均值为 80.102mm，平均值误差仅为 0.13%，说明两者与理论值非常接近。10 个阻尼器中阻尼力误差最大值只有 3%，实测总行程误差也仅有 0.38%。

由于制作的阻尼器参数均满足设计要求，本书仅选择误差最小的 GVFD-3 作为代表来说明阻尼器的滞回性能以及实测值与理论值的关系。不同速度作用下，测得阻尼器滞回曲线如图 8-7 所示，最大实测值与理论值比较曲线如图 8-8 所示。

从图 8-7 中可以看出，随着加载速度的增长，最大阻尼力和位移相应增大，滞回曲线逐渐饱满，阻尼器耗能作用越来越明显。当速度达到 650mm/s 后，位移已经接近设计极限位移 80mm，最大阻尼力基本达到额定荷载 20kN，之后继续加大速度到 780mm/s 后，可以看到阻尼器的位移不再增加，而最大阻尼力只是略有增加，不再与位移成比例增加，说明阻尼器已经超过了设计最大速度值，不适宜继续使用，因此本次试验将阻尼器最大速度定为 650mm/s。

从图 8-8 中可以看出，最大阻尼力的理论值与试验值吻合较好，在速度达到 650mm/s 后，最大阻尼力到达 20kN，说明阻尼器的制作完全达到了设计要求，可以使用。此次基础隔震模型共需 8 个黏滞液体阻尼器，故从中挑选出编号为 GVFD-3~GVFD-10 的阻尼器进行振动台试验。

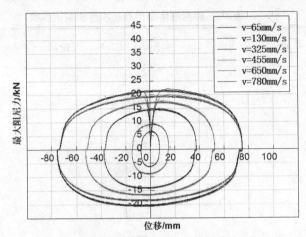

图8-7　不同速度下阻尼器滞回曲线

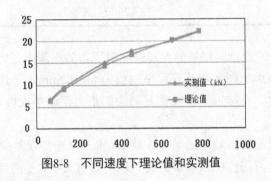

图8-8　不同速度下理论值和实测值

8.3　地震动的选取和加载工况

不同的地震动特性对建筑物产生的震害程度并不相同。对地震动的分类当前主要分为普通周期地震动和长周期地震动，长周期地震动又可进一步分为近场脉冲长周期、近场非脉冲长周期以及远场长周期这三种。首先对这几类地震动的特性进行分析，为后续地震动作用下大底盘上塔楼结构的动力响应研究提供依据。

当前对于长短周期地震动的界定，主要从反应谱的角度进行划分，通常将长周期与反应谱中的位移控制段相对应。长周期地震动的频谱值主要分布在 4Hz 以下的低频区域，其对应的加速度峰值较小，但卓越周期较大。对于近、远场的定义，由于观测站与断层的相对位置对长周期地震动具有很大的影响，在分析中必须考虑断层位置的影响。刘启方[20]等引入断层距定义，即观测点到断层在地表投影的最短距离。但是目前关于近场、远场区域如何划分以及是否有具体的数值进行定量界定的讨论没有达成统一标准。不同研究者在选取近断层地震动的范围界定区域取值并不相同，根据前人研究中使用的近场长周期地震动的情况，本书拟选取断层距 50km 内的地震记录进行研究，此范围包含了大部分学者使用的断层距范围。研究表明滑冲效应是近场脉冲地震动形成的最主要因素。因此，本书所选的脉冲地震波主要以滑冲效应为主的地震波。

为探讨近场长周期地震动（包含脉冲与非脉冲两种）、远场长周期地震动、普通长周期地震动在反应谱特性方面的区别，并通过对比含脉冲以及不含脉冲近场长周期地震动的频谱特性来突出近场脉冲的特征。从美国太平洋地震工程中心(PEER)强震数据库 (http://peer.berkeley.edu/peer_ground_motion_database/site)中选取出了 5 条远场长周期地震动、5 条近场无脉冲效应长周期地震动、5 条近场含脉冲效应长周期地震动以及 4 条 II 类场地对应的普通地震动进行对比分析，各地震动参数如表 8-6 所示。

表8-6　地震动参数

地震动分类	名称	震级	台站	PGA (g)	PGV (cm/s)	PGD (cm)	持时 (s)	断层距 (km)
长周期地震动	近场长周期（脉冲）	Chi-Chi	7.62	EMO270	0.51	249.34	296.85	90	0
				CHY024	0.19	33.1	19.60	8.6	19.6
		Imperial Valley	6.53	Meloland Geot.Array (EMO270)	0.297	92.52	34.47	40	0.07
				El Centro Array #6 (E06230)	0.45	113.44	72.81	28	0
				Agrarias （AGR273）	0.19	41.64	11.59	39	0
	近场长周期（不含脉冲）	Chi-Chi	7.62	TCU067	0.197	36.14	39.92	90	7.4
				TCU050	0.392	6.67	38.24	17	9.49
				TCU078	0.31	21.12	80.73	62	0
				TCU067	0.319	55.78	293.41	90	0.62
				CHY041	0.644	38.26	11.13	21	19.83
	远场长周期	Chi-Chi	7.62	ILA006	0.072	14.56	13.25	36.4	90
				TAP094	0.087	22.62	13.14	30.3	107.80
				TCU092	0.069	20.71	23.92	33	93.6
				KAU085	0.057	11.79	9.29	57	94.8
				ILA056	0.066	31	24.74	156	89.84
普通地震动		Imperial Valley	6.95	El Centro Array#9	0.348	38.13	139.80	30	6.09
		Kern-County	7.36	Taft	0.156	18.15	74.40	32	38.42
		Tang-Shan	7.28	BeiJing Hotel	0.057	7.178	31.17	20	154
		Northridge	5.61	Tarzana Cedar Hill A	1.78	109.7	31.18	60	46.5

8.3.1 长周期地震动与普通地震动的幅值谱分析

在上述地震波中，以 El-Centro 普通地震动和 KAU085 远场长周期地震动为代表，从傅里叶谱以及能量谱两个方面进行对比分析，以说明长周期地震动与普通地震动的差别。采用软件 Seismo-signal 对两条波进行处理。图 8-9 所示为 KAU085 波与 El-Centro 波的傅里叶谱的对比，图 8-10 所示为 KAU085 波与 El-Centro 波的能量谱的对比。

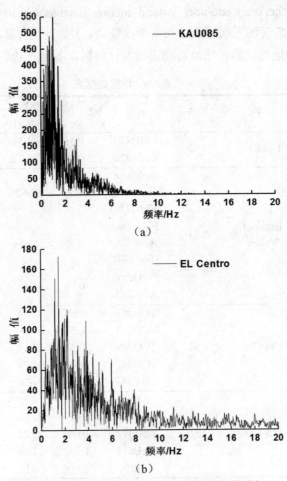

(a)

(b)

图8-9　KAU085波与El-Centro波的傅里叶谱对比

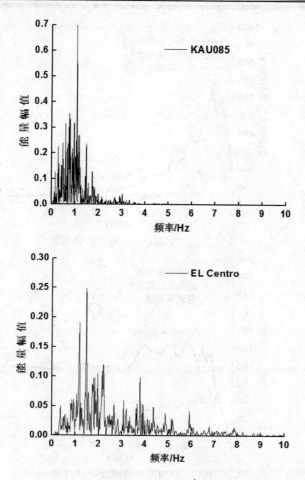

图8-10 KAU085波与El-Centro波的能量谱对比

从图 8-9（a）可知长周期地震动的傅里叶谱的低频成分非常丰富，主要集中于 0.1~4Hz，而图 8-9（b）所示普通地震动的傅里叶谱各频段分布较为均匀。因此地震波的频谱分布形式可作为区分长周期地震动与普通地震动的依据之一。从图 8-10 对比可知，长周期地震动的能量幅值主要集中在 0~2Hz 低频段，而普通地震动的能量幅值在各个频率段保持均衡。由上述分析可知，长周期地震动对中长期结构产生的影响将远大于普通地震动对结构的影响。

8.3.2 近、远场长周期以及普通地震动的反应谱对比

为进一步突出近场、远场长周期地震动的特征，对表 8-6 中的三种地震动进行频谱处理，得到在 5%阻尼比条件下各条地震动的加速度、速度和位移反应谱，最后分别取平均值进行比较，如图 8-11 所示。

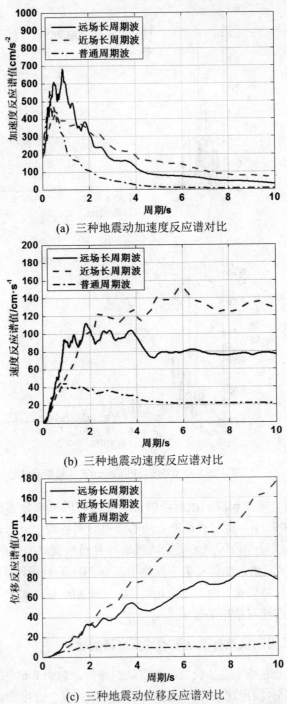

(a) 三种地震动加速度反应谱对比

(b) 三种地震动速度反应谱对比

(c) 三种地震动位移反应谱对比

图8-11　近、远场长周期以及普通周期地震动的反应谱比较

从图 8-11(a)中可以看出，三种地震动的加速度反应谱在 0～1s 陡然增大达到峰值，之后均出现逐渐衰减的趋势；在普通周期地震动与长周期地震动的对比可看出，普通周期地震动衰减速度明显大于长周期地震动，在 4s 以后基本趋近于 0，而长周期地震动在 4s 之后还存在较大的幅值；在近场长周期地震动与远场长周期地震动的对比可看出，远场长周期地震动衰减速度要大于近场长周期地震动。

从图 8-11(b)中可以看出，三种地震动的速度反应谱均存在上升段、平台段以及下降段，普通周期地震动的速度谱值在 40cm/s 左右达到峰值，明显小于长周期地震动的反应谱值；在 0～1s 上升阶段，近场长周期地震动的上升速度要低于远场长周期地震动和普通周期地震动，但在 4s 之后，远场长周期地震动和普通周期地震动的谱值出现骤降后趋于稳定，而近场长周期地震动谱值下降较小，随后继续增大，在 6s 才达到峰值，并且近场长周期的速度谱峰值远大于远场长周期地震动以及普通周期地震动。

从图 8-11(c)中可以看出，普通周期地震动的位移反应谱值较小，维持在 10cm 左右，无明显的变化趋势，而长周期地震动的位移反应谱呈近似线性增长；在 2s 以后，近场长周期地震动的谱值增幅远大于远场长周期地震动的谱值，峰值达到远场长周期的 2 倍以上。

结合上述分析以及三种地震动的特征可知，近场长周期地震动的 PGA、PGV、PGD 值均大于远场长周期地震动，部分近场长周期地震动含有脉冲效应，使得长周期段的加速度谱、速度谱和位移谱的峰值大出许多。

8.3.3 近场脉冲长周期与近场非脉冲长周期地震动对比

为了进一步突出含脉冲效应的近场长周期地震动的特征，从时程曲线以及反应谱两个角度进行分析。选取表 8-6 中具有代表性的含脉冲效应的近场地震动 EMO270 以及不含脉冲效应的近场地震动 TCU078 进行加速度以及速度时程曲线的对比，结果如图 8-12、图 8-13 所示。

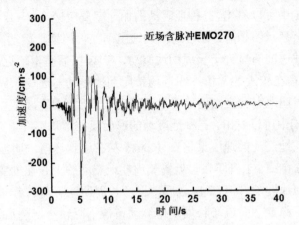

(a) 近场含脉冲波加速度时程

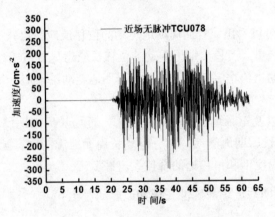

(b) 近场无脉冲波加速度时程

图8-12　有无脉冲的近场地震动加速度时程对比

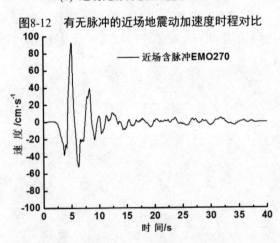

(a) 近场脉冲地震动速度时程曲线

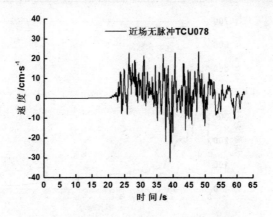

(b) 近场非脉冲地震动速度时程曲线

图8-13 有无脉冲的近场地震动速度时程对比

从图 8-12 的加速度时程对比可以看出，含脉冲地震动 EMO270 在 5～10s 之间出现多个明显的脉冲型突变的加速度值，在持时范围内，既含有高频成分，又存在长周期脉冲；无脉冲地震动 TCU078 在持时范围内的加速度分布较为均匀，基本是高频成分，无明显的长周期脉冲。从图 8-13 的速度时程对比可以看出，含脉冲地震动 EMO270 在 5～10s 之间的长周期速度脉冲效应非常明显，之后则主要是低频成分；而无脉冲地震动 TCU078 在持时范围内的速度时程基本是高频均匀分布，无明显的长周期速度脉冲。故从时程曲线可以基本判别近场地震动是否含有脉冲效应。

对表 8-6 中的 5 条近场脉冲长周期地震动、5 条近场非脉冲长周期地震动进行频谱处理，得到在 5%阻尼比条件下各条地震动的加速度、速度和位移反应谱，最后分别取平均值进行比较，如图 8-14 所示。

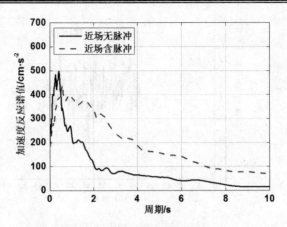

(a) 有无脉冲加速度反应谱值对比

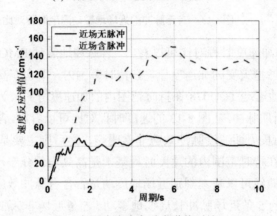

(b) 有无脉冲速度反应谱值对比

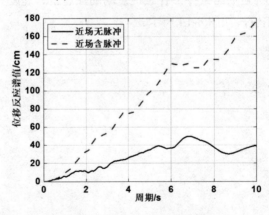

(c) 有无脉冲位移反应谱值对比

图8-14　近场长周期地震动有无脉冲效应反应谱值对比

从图 8-14(a)、(b)、(c)可以看出，在周期 0～1s 范围内，含脉冲近场地震动的加速度谱值、速度谱值和位移谱值均略低于不含脉冲的近场地震动的谱值，在 1s 之后，迅速增长，远大于不含脉冲的地震动。进一步分析，从图(a)加速度反应谱可以看出，两者反应谱形状相似，在 1s 周期附近达到峰值后开始衰减，但不含脉冲的地震动衰减幅度明显大于含脉冲的地震动，说明在长周期段，含脉冲效应的地震动依然具有较大的破坏能。从图(b)速度反应谱可以看出，对于含脉冲的地震动，一直呈上升的趋势，在 4s 之后继续加强，在 6s 达到峰值，此时的峰值接近于无脉冲地震动峰值的 3 倍，而无脉冲地震动在周期达到 1s 之后呈现出明显的平台段及下降稳定段。从图(c)位移反应谱可以看出，两者均近似呈线性增长，但含脉冲地震动谱值增长幅度远大于不含脉冲地震动谱值，峰值差距达到了 4 倍。综合上述分析可见，尽管两者均为近场长周期地震动，但含脉冲效应的地震动对中长周期结构的破坏将更明显，尤其是高层隔震结构。

8.3.4 地震动选取和加载工况

根据前文关于近场长周期地震动的研究，依照近远场、周期长短、脉冲效应等特点，选取一条普通周期地震波（El-Centro）、一条远场长周期地震波（TAP094）、一条近场脉冲长周期地震波（EMO270）和一条近场非脉冲长周期地震波（TCU078），对比验证长周期地震动、近场地震动和脉冲效应的影响。将上述地震动作为数值分析和振动台试验用输入地震动。

采用 x 向单向输入，每条地震波均按 $0.20g$，$0.40g$，$0.60g$ 顺序进行加载。首先进行纯基础隔震模型以及抗震模型的数值模拟，将工况初定为表 8-7 中所示情况。再依据数值分析结果综合考虑复合减隔震模型的模拟。

表8-7 数值模拟工况

模型结构	工况	输入地震动	加速度峰值/g
纯基础隔震模型	A1	El-Centro 波	0.20
	A2	El-Centro 波	0.40
	A3	El-Centro 波	0.60
	A4	TAP094 波	0.20
	A5	TAP094 波	0.40
	A6	TAP094 波	0.60
	A7	TCU067 波	0.60
	A8	TCU067 波	0.40
	A9	TCU067 波	0.60
	A10	EMO270 波	0.20
	A11	EMO270 波	0.40
	A12	EMO270 波	0.60
抗震模型	B1	El-Centro 波	0.20
	B2	El-Centro 波	0.40
	B3	El-Centro 波	0.60
	B4	TAP094 波	0.20
	B5	TAP094 波	0.40
	B6	TAP094 波	0.60
	B7	TCU067 波	0.20
	B8	TCU067 波	0.40
	B9	TCU067 波	0.60
	B10	EMO270 波	0.20
	B11	EMO270 波	0.40
	B12	EMO270 波	0.60

8.4 有限元分析结果

先对纯基础隔震模型和抗震模型进行数值模拟,分析其周期、各工况下的、楼层加速度、层间位移和层间剪力等地震响应,并根据分析结果进行复合减隔震模型的同条件模拟分析,验证其限位效果。

引入与第 3 章相似的地震反应减震率 θ 来比较不同模型结构的隔震效果,定义:

$$\theta = \left(1 - \frac{\Delta_i}{\Delta}\right) \times 100\% \qquad (8\text{-}1)$$

其中，θ 为响应减震率；Δ_i 为隔震结构响应；Δ 为抗震结构响应。

8.4.1 自振周期

由模态分析可得三种模型的自振周期，这里仅列出一阶自振周期。地震波的卓越周期则通过 Seismo-系列软件处理后读取出来。两者的对比如表 8-8 所示。

表8-8 结构基本周期与地震波卓越周期/s

结构/地震波	抗震	纯基础隔震	复合减隔震	El-Centro	EMO270	TCU078	TAP094
周期 T	0.390	1.403	1.403	0.140	1.100	1.26	1.020

从表 8-8 的分析中可以看出：

(1) 由于隔震技术的应用，基础隔震模型的自振周期比抗震模型的周期大了近 4 倍。

(2) 从地震波的角度分析，El-Centro 波的卓越周期与基础隔震模型的自振周期明显错开，说明基础隔震结构较好地避开了普通周期地震动的峰值范围。而 EMO270、TCU078、TAP094 的卓越周期与纯基础隔震结构的自振周期比较接近，极有可能产生共振效应，在隔震设计时应予以重点考虑，需进一步分析结构的地震响应。

(3) 添加阻尼器的复合减隔震模型自振周期与纯基础隔震的自振周期完全一样，验证了前文所述的阻尼器不改变原有结构周期的特性。

8.4.2 加速度响应

利用 ETABS 软件对抗震模型以及纯基础隔震模型进行动力时程分析，四条地震动分别以 $0.20g$，$0.40g$，$0.60g$ 加速度峰值分别输入，将各个楼层的绝对加速度峰值对比列于图 8-15 中。需要说明的是，图中的楼层是指模型的楼板平面，楼层"1"为下部底盘底板，即隔震层；楼层"3"为下部底盘的顶层楼板；楼层"4"为塔楼底板，详见图 8-1 中说明。

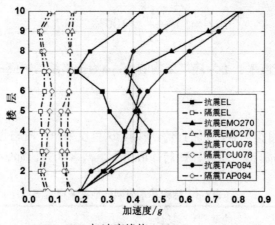

(a) 加速度峰值 0.20g

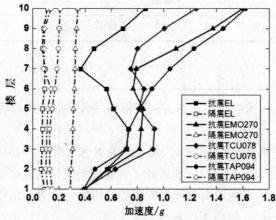

(b) 加速度峰值 0.40g

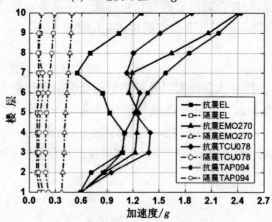

(c) 加速度峰值 0.60g

图8-15　楼层加速度响应对比

从图 8-15 可以看出：

（1）从抗震结构的地震响应中可看出，各楼层的加速度变化较大。下部底盘随着楼层增加，各层加速度逐渐增大；而从"4"层塔楼开始加速度反应逐渐降低，直到楼层"7"后由于鞭梢效应的影响重新加大。此规律符合大底盘上塔楼结构的加速度响应。

（2）从基础隔震结构的地震响应可以看出，隔震结构各楼层的加速度响应明显小于抗震结构，表现出了良好的隔震效果。随着楼层增加，加速度基本保持不变，呈现近似整体平动状态。

（3）从顶层加速度放大倍数可看出，抗震结构在 El Centro 波和 TCU078 波作用下，顶层加速度分别放大了约 2.2 倍和 3.2 倍，而在 EMO270 波和 TAP094 波作用下，顶层加速度却放大了将近 4 倍，说明长周期地震动（EMO270、TAP094、TCU078）作用下结构的加速度响应要明显大于普通周期地震动（El Centro）；近场脉冲地震动 EMO270 作用下结构的加速度响应又明显大于远场地震动 TAP094 和近场无脉冲地震动 TCU078。

为了更详细表达各地震动作用下楼层加速度响应情况，将对比结果以表格形式列出，如表 8-9～表 8-12 所示。

表8-9 普通周期El Centro波作用下楼层加速度及减震率/g

楼面板	加速度峰值 0.20g			加速度峰值 0.40g			加速度峰值 0.60g		
	纯基隔/g	抗震/g	减震率/g	纯基隔/g	抗震/g	减震率/g	纯基隔/g	抗震/g	减震率/g
地面	0.200	0.200	/	0.400	0.400	/	0.600	0.600	/
1（底盘底板）	0.064	0.199	67.84%	0.093	0.399	76.69%	0.119	0.599	80.13%
2	0.043	0.284	84.86%	0.064	0.568	88.73%	0.087	0.852	89.79%
3	0.050	0.360	86.11%	0.074	0.720	89.72%	0.089	1.080	91.76%
4（塔楼底板）	0.051	0.366	86.07%	0.076	0.731	89.60%	0.091	1.097	91.70%
5	0.045	0.310	85.48%	0.074	0.616	87.99%	0.092	0.924	90.04%
6	0.060	0.281	78.65%	0.092	0.562	83.63%	0.104	0.844	87.68%
7	0.061	0.183	66.67%	0.095	0.365	73.97%	0.107	0.548	80.47%
8	0.050	0.234	78.63%	0.073	0.467	84.37%	0.106	0.701	84.88%
9	0.040	0.345	88.41%	0.083	0.690	87.97%	0.122	1.033	88.23%
10	0.081	0.430	81.16%	0.113	0.861	86.88%	0.137	1.291	89.36%

表8-10　近场非脉冲长周期TCU078波作用下楼层加速度及减震率/g

楼面板	加速度峰值 0.20g			加速度峰值 0.40g			加速度峰值 0.60g		
	纯基隔/g	抗震/g	减震率/g	纯基隔/g	抗震/g	减震率/g	纯基隔/g	抗震/g	减震率/g
地面	0.200	0.200	/	0.400	0.400	/	0.600	0.600	/
1（底盘底板）	0.072	0.194	62.89%	0.116	0.388	70.10%	0.163	0.582	71.99%
2	0.056	0.316	82.28%	0.101	0.632	84.02%	0.108	0.948	88.61%
3	0.068	0.460	85.22%	0.107	0.920	88.37%	0.108	1.380	92.17%
4（塔楼底板）	0.072	0.468	84.62%	0.110	0.932	88.20%	0.112	1.397	91.98%
5	0.081	0.407	80.10%	0.116	0.814	85.75%	0.126	1.220	89.67%
6	0.089	0.425	79.06%	0.142	0.851	83.31%	0.158	1.276	87.62%
7	0.078	0.375	79.20%	0.082	0.750	89.07%	0.152	1.125	86.49%
8	0.059	0.401	85.29%	0.089	0.801	88.89%	0.099	1.202	91.76%
9	0.048	0.503	90.46%	0.092	1.006	90.85%	0.106	1.509	92.98%
10	0.093	0.624	85.10%	0.141	1.248	88.70%	0.146	1.872	92.20%

表8-11　远场长周期TAP094波作用下楼层加速度及减震率/g

楼面板	加速度峰值 0.20g			加速度峰值 0.40g			加速度峰值 0.60g		
	纯基隔/g	抗震/g	减震率/g	纯基隔/g	抗震/g	减震率/g	纯基隔/g	抗震/g	减震率/g
地面	0.200	0.200	/	0.400	0.400	/	0.600	0.600	/
1（底盘底板）	0.113	0.195	52.05%	0.150	0.390	61.54%	0.221	0.585	62.22%
2	0.134	0.238	53.70%	0.129	0.477	72.96%	0.190	0.715	73.43%
3	0.126	0.357	64.71%	0.132	0.714	81.51%	0.186	1.071	82.63%
4（塔楼底板）	0.122	0.368	66.85%	0.130	0.737	82.36%	0.189	1.105	82.90%
5	0.123	0.409	69.93%	0.149	0.817	81.76%	0.198	1.226	83.85%
6	0.153	0.455	66.37%	0.169	0.911	81.45%	0.217	1.366	84.11%
7	0.163	0.525	68.95%	0.185	1.050	82.38%	0.237	1.575	84.95%
8	0.157	0.615	74.47%	0.195	1.230	84.15%	0.256	1.844	86.12%
9	0.149	0.726	79.48%	0.201	1.451	86.15%	0.274	2.177	87.41%
10	0.165	0.810	79.63%	0.210	1.620	87.04%	0.286	2.430	88.23%

表8-12　近场脉冲长周期EMO270波作用下楼层加速度及减震率/g

楼面板	加速度峰值 0.20g			加速度峰值 0.40g			加速度峰值 0.60g		
	纯基隔/g	抗震/g	减震率/g	纯基隔/g	抗震/g	减震率/g	纯基隔/g	抗震/g	减震率/g
地面	0.200	0.200	/	0.400	0.400	/	0.600	0.600	/
1（底盘底板）	0.148	0.301	50.83%	0.286	0.401	28.68%	0.372	0.702	47.01%
2	0.143	0.289	50.52%	0.291	0.578	49.65%	0.384	0.867	55.71%
3	0.147	0.409	64.06%	0.304	0.817	62.79%	0.401	1.225	67.27%
4（塔楼底板）	0.147	0.415	64.58%	0.305	0.830	63.25%	0.404	1.245	67.55%
5	0.149	0.422	64.69%	0.310	0.845	63.31%	0.416	1.267	67.17%
6	0.155	0.384	59.64%	0.318	0.767	58.54%	0.432	1.151	62.47%
7	0.158	0.396	60.10%	0.322	0.792	59.34%	0.448	1.188	62.29%
8	0.158	0.547	71.12%	0.324	1.094	70.38%	0.464	1.641	71.72%
9	0.166	0.686	75.80%	0.334	1.373	75.67%	0.479	2.059	76.74%
10	0.172	0.799	78.47%	0.343	1.597	78.52%	0.486	2.396	79.72%

综合表 8-9~表 8-12 可以看出：(1) 随着加速度峰值的递增，各条地震动作用下的隔震结构均表现出良好的隔震效果；下部大底盘随着楼层增加，减震率逐渐加大，但在竖向刚度突变处略有降低，随着塔楼的层数增加，减震率又出现增大的趋势。(2) 隔震结构在长周期地震动作用下的加速度减震效果要小于普通周期地震动；远场长周期地震动作用下的效果又要小于近场非脉冲长周期地震动；长周期脉冲地震动作用下的加速度减震效果最差。因此需要重点关注远场长周期地震动和近场脉冲地震动对隔震结构造成的影响。

由于在近场脉冲长周期地震动 EMO270 作用下的纯基础隔震模型和抗震模型各楼层加速度响应均比其他几条波的响应更大，考虑引入黏滞液体阻尼器与隔震橡胶支座组成的复合减隔震体系来降低其响应。对此复合减隔震体系体系进行近场脉冲长周期地震动 EMO270 作用下的数值分析，其他工况条件均相同。将结果与纯基础隔震模型和复合减隔震模型的结果进行对比，对比结果如下图 8-16 所示。

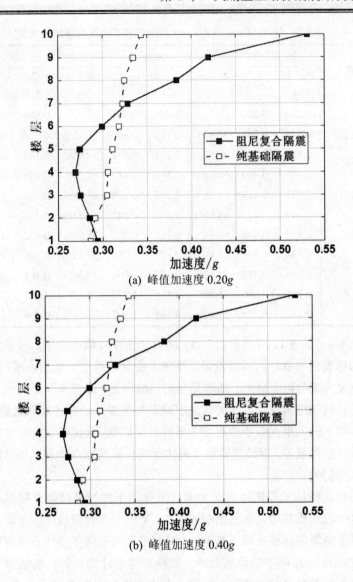

(a) 峰值加速度 0.20g

(b) 峰值加速度 0.40g

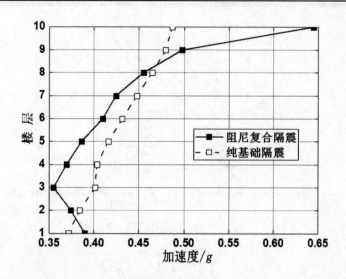

(c) 峰值加速度 0.60g

图8-16 近场脉冲地震下有无阻尼器的结构加速度响应对比

从图 8-16 中可以看出，与纯基础隔震结构相比，阻尼复合减隔震结构由于附加了阻尼器，使得隔震层（1 层）的加速度有略微的增大，而上部塔楼和大底盘的加速度出现先减小后增大的趋势，说明阻尼方案会略微增大隔震层的加速度响应，但与抗震结构相比，其加速度响应依然只有抗震结构楼层加速度的 1/4 左右，而对上部结构加速度明显减小，起到了保护作用，可以较好地应对脉冲地震动对结构加速度造成的影响。

阻尼复合减隔震模型的大底盘的楼层加速度呈现递减的趋势，甚至比纯基础隔震的底盘加速度还要小，说明对底盘有较好的加速度减震效果；而对于上部塔楼，在底层处（4 层）加速度开始反向增大，顶层鞭梢效应的影响，放大效应明显。故复合减隔震模型会降低底盘的加速度响应，增大塔楼的加速度响应。

8.4.3 位移响应

地震作用下纯基础隔震模型和抗震模型各个楼层的位移峰值对比列于图 8-17。

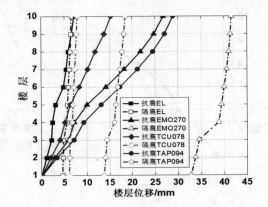

(a) 峰值加速度 0.20g

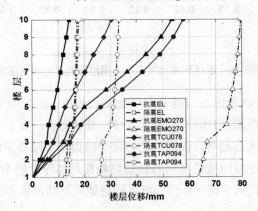

(b) 峰值加速度 0.40g

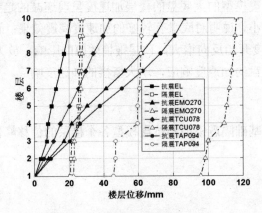

(d) 峰值加速度 0.40g

图8-17　楼层位移响应对比

从图 8-17 可以看出：

（1）抗震结构在 4 条地震动作用下，随着楼层增加，位移显著增大；基础隔震模型的隔震层有较明显的位移，但随着楼层增加，位移只是略微增大，隔震层以上各楼层基本处于平动状态，只在塔楼与底盘交接处有位移突变产生。

（2）从不同地震波来说，无论是抗震结构还是隔震结构，普通周期 El Centro 波对结构的位移响应都要明显小于其他长周期地震动，近场非脉冲长周期 TCU078 波的位移响应要明显小于远场长周期 TAP094 波和近场脉冲长周期 EMO270 波的作用。但从近场脉冲长周期 EMO270 波与远场长周期 TAP094 波的对比中发现，近场脉冲长周期 EMO270 波下隔震结构的楼层位移响应超出远场长周期 TAP094 波的 2.52 倍，隔震层位移在 0.40g 峰值下已达到 63mm，已然超出隔震支座的极限位移 55mm。说明隔震结构在近场脉冲地震动作用下可能出现隔震层位移超限的情况，需采取措施进行防护。

（3）在三个加速度峰值作用下，近场脉冲长周期地震动作用下的隔震层位移均超过了普通周期地震动的 1.5 倍，即位移响应已超出当前规范针对近场地震效应提出的有关近场影响系数的规定范围。只利用普通地震动时程分析进行隔震设计的方案将不适用于近场脉冲地震动的作用。

为了更详细地表达出各地震动对隔震结构和抗震结构各楼层的位移影响，通过计算出各楼层的层间位移，将结果以表格形式列出，并按照第三章式（3-17）计算减震率，最终结果如表 8-13～表 8-16 所示。需要说明的是，在层间位移的计算中，不考虑塔楼与底盘之间预留层（即层 3 与层 4 之间）。

表8-13　普通周期El Centro波作用下楼层层间位移和减震率

楼层	加速度峰值 0.20g			加速度峰值 0.40g			加速度峰值 0.60g		
	层间位移/mm		减震率	层间位移/mm		减震率	层间位移/mm		减震率
	纯基隔	抗震		纯基隔	抗震		纯基隔	抗震	
隔震层	4.5086	/	/	12.607	/	/	20.404	/	/
1	0.141	1.019	86.16%	0.431	2.639	83.67%	0.59	3.384	82.57%
2	0.112	1.042	89.25%	0.383	2.678	85.70%	0.51	3.419	85.08%
3	0.135	0.686	80.32%	0.397	1.773	77.61%	0.557	2.335	76.15%
4	0.199	1.743	88.58%	0.400	2.512	84.08%	0.588	3.041	80.66%
5	0.207	0.624	66.83%	0.369	1.824	79.77%	0.523	2.432	78.50%
6	0.193	0.438	55.94%	0.344	1.559	77.93%	0.501	2.228	77.51%
7	0.167	0.747	77.64%	0.305	1.960	84.44%	0.483	2.660	81.84%
8	0.130	0.537	75.79%	0.278	1.721	83.85%	0.401	2.554	84.30%

表8-14　近场非脉冲长周期TCU078波作用下楼层层间位移和减震率

楼层	加速度峰值 0.20g			加速度峰值 0.40g			加速度峰值 0.60g		
	层间位移/mm		减震率	层间位移/mm		减震率	层间位移/mm		减震率
	纯基隔	抗震		纯基隔	抗震		纯基隔	抗震	
隔震层	5.9841	/	/	13.876	/	/	22.292	/	/
1	0.129	1.166	88.94%	0.387	3.221	87.99%	0.508	4.466	88.63%
2	0.101	1.284	92.13%	0.344	3.310	89.61%	0.487	4.643	89.51%
3	0.152	0.954	84.07%	0.372	2.615	85.77%	0.511	3.345	84.72%
4	0.21	1.832	88.54%	0.385	3.334	88.45%	0.556	4.565	87.82%
5	0.218	1.035	78.94%	0.301	2.763	89.11%	0.493	4.062	87.86%
6	0.206	0.914	77.46%	0.298	2.221	86.58%	0.421	3.838	89.03%
7	0.180	1.124	83.99%	0.275	2.587	89.37%	0.408	3.955	89.68%
8	0.153	0.983	84.44%	0.247	2.221	88.88%	0.388	3.566	89.12%

表8-15　远场长周期TAP094波作用下楼层层间位移和减震率

楼层	加速度峰值 0.20g			加速度峰值 0.40g			加速度峰值 0.60g		
	层间位移/mm		减震率	层间位移/mm		减震率	层间位移/mm		减震率
	纯基隔	抗震		纯基隔	抗震		纯基隔	抗震	
隔震层	18.696	/	/	35.691	/	/	55.576	/	/
1	0.364	3.155	88.46%	0.808	4.32	81.30%	1.224	5.835	79.02%
2	0.321	3.195	89.95%	0.723	4.621	84.35%	1.132	6.121	81.51%
3	0.357	2.813	87.31%	0.745	4.014	81.44%	1.215	5.253	76.87%
4	0.436	3.684	88.17%	0.751	4.755	84.21%	1.268	5.853	78.34%
5	0.459	3.093	85.16%	0.717	4.471	83.96%	1.197	5.664	78.87%
6	0.415	2.813	85.25%	0.688	4.111	83.26%	1.186	5.211	77.24%
7	0.394	2.590	84.79%	0.624	4.666	86.63%	1.017	5.750	82.31%
8	0.369	2.256	83.64%	0.592	4.235	86.02%	0.978	5.638	82.65%

表8-16　近场脉冲长周期EMO270波作用下楼层层间位移和减震率

楼层	加速度峰值 0.20g			加速度峰值 0.40g			加速度峰值 0.60g		
	层间位移/mm		减震率	层间位移/mm		减震率	层间位移/mm		减震率
	纯基隔	抗震		纯基隔	抗震		纯基隔	抗震	
隔震层	32.774	/	/	63.340	/	/	95.659	/	/
1	0.964	3.773	74.45%	1.781	5.356	66.75%	2.586	7.594	65.95%
2	0.909	3.862	76.46%	1.620	6.156	73.68%	2.366	8.038	70.56%
3	0.931	3.326	72.01%	1.891	5.641	66.48%	2.456	7.265	66.19%
4	1.112	4.145	73.17%	1.967	8.277	76.24%	2.576	7.823	67.07%
5	1.234	3.692	66.58%	1.907	8.17	76.66%	2.411	7.511	67.90%
6	1.138	3.313	65.65%	1.867	7.211	74.11%	2.228	7.025	68.28%
7	1.097	3.091	64.51%	1.734	5.767	69.93%	2.167	7.550	71.30%
8	0.968	2.79	65.30%	1.587	4.165	61.90%	2.007	7.368	72.76%

　　结合表 8-13～表 8-16 分析可知，不同加速度峰值地震动作用下的隔震结构各楼层位移响应减震效果均达到 60%以上，有较好的减震效果。对于无脉冲近场长周期地震动的作用，隔震结构有较好的层间位移减震率；而近场脉冲长周期地震动作用下结构的层间位移减震率则明显低于其他几类地震动。

　　结合上述近场脉冲地震动对结构的位移响应分析，引入黏滞液体阻尼器配合隔震支座组成复合减隔震体系来降低其影响。对复合减隔震体系进行近场脉冲长周期地震动 EMO270 作用下的数值分析，其他工况条件均相同，将结果与纯基础隔震模型进行对比，如图 8-18 所示。

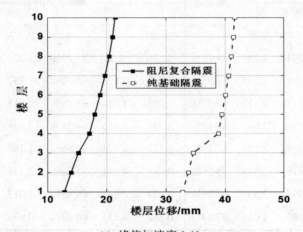

(a) 峰值加速度 0.40g

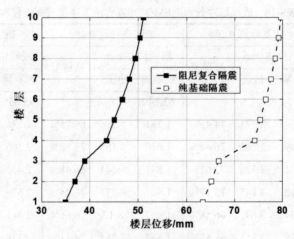

(b) 峰值加速度 0.40g

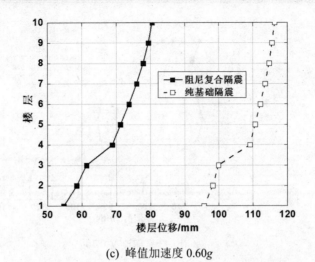

(c) 峰值加速度 0.60g

图8-18 近场脉冲地震下有无阻尼器的结构楼层位移对比

从图 8-18 可以看出，与纯基础隔震模型相比，阻尼复合减隔震模型大大降低了隔震层的位移，只有纯基础隔震的一半左右，并且在各峰值加速度作用下，隔震层位移均在安全范围之内，说明采用阻尼复合减隔震方案可以有效解决隔震结构在脉冲地震动作用下的位移超限问题，保证隔震层的安全性。而且上部结构楼层位移响应的变化趋势基本保持不变，说明阻尼的存在并没有改变上部结构的位移响应规律，与抗震结构的对比可以看出，各楼层的位移减震率依然达到了 50%以上，位移减震效果良好。

8.4.4 层间剪力

地震作用下纯基础隔震模型和抗震模型各个楼层的层间剪力包络值列于图 8-19。

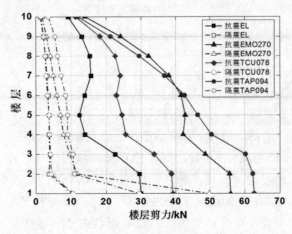

(a) 峰值加速度 0.20g

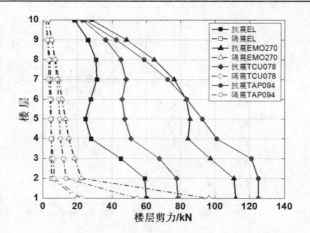

(b) 峰值加速度 0.40g

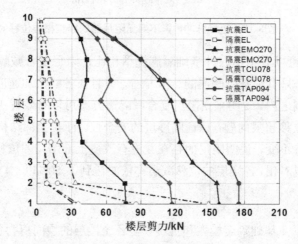

(c) 峰值加速度 0.60g

图8-19　楼层剪力响应对比

从图 8-19 可以看出:

(1) 抗震模型在各条地震动作用下,楼层剪力变化较大,且在上部塔楼与下部底盘之间产生突变;而基础隔震模型各楼层最大层间剪力有显著降低,且随着楼层的增加逐渐趋于平缓,上部塔楼与下部底盘的抗震性能均得到改善。

(2) 从地震动的角度分析,普通周期 El Centro 波对结构各楼层剪力响应都要明显小于其他长周期地震动;近场非脉冲长周期 TCU078 波的楼层剪力响应与 El Centro 波基本接近;远场长周期地震动 TAP094 作用下的抗震结构产生较大的剪力,而对应隔震结构的响应则要小很多;近场脉冲长周期 EMO270 波作用下隔震层剪力与抗震结构的 1 层剪力相比并没有明显减小。同时,由于在近场脉冲长周期地震动 EMO270

作用下的纯基础隔震模型的层间剪力明显大于其他几条波的响应。因此，对复合减隔震体系体系进行近场脉冲长周期地震动 EMO270 作用下的数值分析，其他工况条件均相同。将分析结果与纯基础隔震模型进行对比，如下图 8-20 所示。

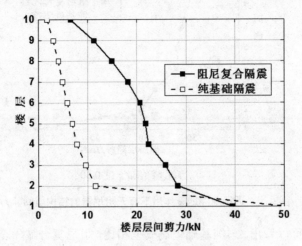

(a) 峰值加速度 0.20g

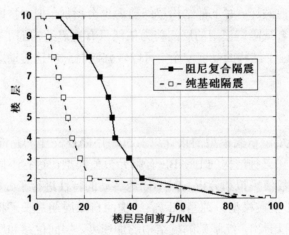

(b) 峰值加速度 0.40g

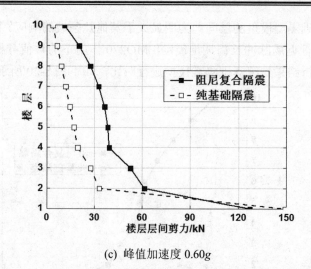

(c) 峰值加速度 0.60g

图8-20　近场脉冲地震作用下有无阻尼器的结构层间剪力对比

从图 8-20 可以看出，与纯基础隔震模型相比，阻尼复合减隔震模型隔震层（1 层）的层间剪力减小，而上部塔楼和大底盘的层间剪力明显增大，说明阻尼方案较好地避免了隔震层的受剪破坏，对上部结构层间剪力也会增加。但与抗震结构的楼层剪力对比可知，阻尼复合减隔震模型的层间剪力依然只有抗震结构的 1/4 左右，层间剪力减震效果良好，保证了结构的受剪安全，可以较好应对脉冲地震动对结构造成的层间剪力的影响。

8.5　本章小结

本章详细介绍了试验模型的设计以及试验用隔震支座和黏滞液体阻尼器的设计和性能检测，建立三种结构的 ETABS 有限元数值模型，进行不同加速度峰值的各类地震动作用下的数值模拟和分析，对不同地震动的特性进行了分析。得出以下结论：

（1）相比于抗震模型，纯基础隔震结构的自振周期延长了将近 4 倍。后续地震响应分析中也可以看出，纯基础隔震结构的加速度、层间位移和楼层剪力均小于抗震结构。

（2）普通周期地震动的各类响应均要小于长周期地震动。而在长周期地震动中，近场非脉冲长周期地震动作用下的各类响应的减震效果良好，隔震层位移也较为合理；远场长周期地震动作用下各类响应偏大，减震效果减弱，但依然在安全范围内；近场脉冲长周期地震动作用下的各项地震响应超出限制范围，减震率较低，使隔震结构出现危险，应采取措施避免。

（3）在三个加速度峰值作用下，近场脉冲长周期地震动作用下隔震层的位移均超过了普通周期地震动作用下的 1.5 倍，即位移响应已超出当前《规范》针对近场地震效应规定的有关近场影响系数的范围。

（4）相比于纯基础隔震以及抗震结构，复合减隔震体系可以明显降低近场脉冲地震动作用下隔震层的位移和剪力响应；略微增大隔震层的加速度响应，但与抗震结构相比，其加速度、位移、层间剪力的减震率依然达到 50%左右，有较好的减震效果。较好地解决了近场脉冲地震动作用下隔震层位移超限引起结构破坏等问题。

第 9 章　大底盘上塔楼隔震结构振动台试验

9.1 引言

为了更真实地还原实际地震中，近、远场长周期地震动对结构的影响，探讨黏滞液体阻尼器复合减隔震方案的有效性，验证数值分析的准确性，根据前文介绍的模型设计方案，制作缩尺比例为 1：7 的钢框架混凝土模型，依次进行纯基础隔震模型、复合减隔震模型、抗震模型振动台试验。本章主要介绍大底盘上塔楼结构模型的制作与安装、支座安装、试验系统等，将振动台试验结果与前文有限元分析结果进行对比。

9.2 结构模型制作与安装

考虑到模型制作时，若将塔楼与底盘一次性制作完成，使得模型高度过高，不便于混凝土的浇筑，且重量太大，不便搬运；同时也为了后续层间隔震试验做储备，故在塔楼与底盘之间增设一层楼板连接，采用塔楼与底盘分开制作，最后在振动台上进行拼接的方式进行。故本次试验模型的组成至上而下依次为塔楼、塔楼预留层、大底盘、隔震支座、连接板、振动台台面。

如前所述，本次试验采用钢框架混凝土模型，钢框架梁柱的连接均采用焊接而成，形成固接节点，最终底盘及塔楼模型如图 9-1 所示。而对于下部底盘柱底的圆盘则需在振动台上先进行预定位，按照预先定位好的点位进行焊接，如图 9-2 所示。用 C30 商品混凝土在制作现场浇筑完成；完成浇筑后，连续两周进行洒水养护，达到设计强度后拆模，并进行表面抹平。用砂纸打磨钢材表面后，涂刷一层红色防锈漆。最终的模型如图 9-3 所示。

对于上部塔楼与下部底盘的连接固定，考虑到隔震支座上下封板均为带螺栓孔的圆形板，在塔楼底部焊接上同尺寸的圆形钢板，如图 9-4 所示；在下部底盘的框架顶部焊接一块带四个墩台的转接板，墩台的顶部焊接与塔楼下部圆形板同尺寸的带预埋螺栓的圆形钢板，高度上保证浇筑后的混凝土面与墩台圆形钢板面等高。最终完成拼装后预埋螺栓如图 9-5 所示。

为了将底盘顺利与振动台固定，设计了四块 350mm×2100mm 的连接钢板，连接钢板的设计及排列如图 9-6 所示。为方便隔震支座的安装以及振动台台面上固定螺栓的安装空间，在板上焊接带圆形开孔钢板的墩台作为转接，墩台及圆形钢板的设计如图 9-7 所示。

图9-1　底盘及塔楼模型钢框架制作图

图9-2　底部圆盘预定位焊接

(a) 塔楼制作完成效果

(b) 大底盘制作完成效果

图9-3　底盘及塔楼成品

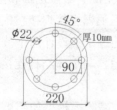

图9-4　底部圆形钢板平面图

图9-5　拼装后预埋螺栓效果图

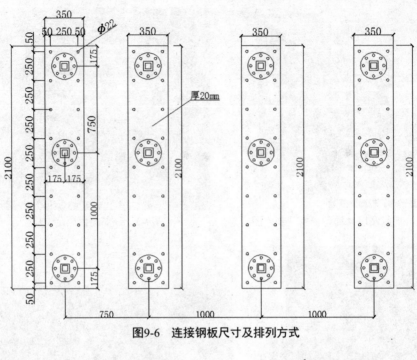

图9-6　连接钢板尺寸及排列方式

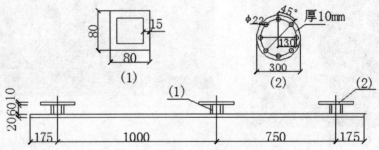

图9-7　连接钢板立面图及墩台设计图（单位：mm）

　　将阻尼器对称布置在隔震层两侧相应位置。此次试验工况有带阻尼器和不带阻尼器两种，因此需保证阻尼器的安装拆卸简单方便，不能将阻尼器直接焊接在钢框架上。故在阻尼器设计时，将两端制作成带销头可活动式连接，通过单独设计两个节点板（以下称为节点板 1 和节点板 2）与钢框架焊接，以此达到阻尼器与主体结构连接的目的，如图 9-8 所示。

　　最终安装好的纯基础隔震模型如图 9-9 所示，阻尼复合减隔震模型如图 9-10 所示。

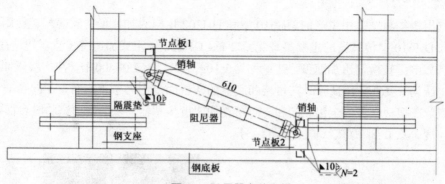

图9-8　阻尼器安装大样

图9-9　纯基础隔震拼装图

图9-10　阻尼复合减隔震拼装图

9.3 试验系统

根据模型试验要求，本试验仅需要 4m×4m 振动台即可完成，即第 2 章图 2-13 的中间台。地震模拟振动台三台阵系统中间台的基本性能参数见第 2 章。试验重点研究模型结构在地震作用下的加速度和位移动力响应，故试验所需的测量仪器主要包括加速度传感器和拉线式位移计。

9.3.1 加速度传感器

选用东华测试公司生产的 **DH610** 型和 **DH202** 压阻式加速度传感器配合使用（图 9-11）。DH610 型传感器的主要参数见第 2 章。DH202 压阻式加速度传感器构造简单，主要依靠电压转换输出加速度，其量程为 $\pm 10g$，频率响应 0~400Hz，冲击极限 400g，供电电压为 8~16V。在试验时在塔楼和底盘的楼板面上中心位置均布置 x 向和 y 向两个测点。在振动台台面上沿 x 向和 y 向布置加速度传感器，以测量出试验时台面的真实加速度。从 0 到 10 依次向上进行编号。

(a) H610 型加速度传感器   (b) DH202 压阻式加速度传感器

图9-11 加速度传感器

9.3.2 位移传感器

试验采用 **BL80-V** 型拉线位移传感器测量，其测量量程为 ± 500mm，如图 9-12 所示。拉线式位移传感器是通过拉绳来反应测点的位移，故需将其安装在振动台台面以外，且在整个试验过程中拉绳必须保证水平，这样测量结果才是准确的。在台面以外设置一部与台面等高的位移传感器来测量台面的位移，取上部结构各层测得的位移与振动台台面的位移的差值，即为各楼层的相对位移。在塔楼和底盘的每层 y 向侧面布置一个位移传感器，下部底盘从振动台台面开始以 D0 号标号，依次往上到 D3 号；塔楼从 T1 号标号开始，依次往上到 T7 号，共需 11 个位移传感器。位移传感器测点布置如图 9-13 所示。

图9-12　NS-WY06型位移传感器

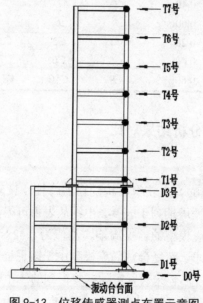

图9-13　位移传感器测点布置示意图

9.4 试验工况

　　试验顺序为基础隔震试验、复合减隔震试验和抗震模型试验。试验用地震动依次按照 0.20g、0.40g 和 0.60g 峰值的顺序进行。地震波的输入顺序定为：普通周期波 El-Centro、近场非脉冲波 TCU067、远场长周期波 TAP094 和近场脉冲长周期波

EMO270。在前文有限元分析中可知，纯基础隔震在加速度峰值达到 0.40g 后，EMO270 地震动作用下的隔震层位移已达到 80mm 以上，远远超出隔震垫的极限位移 55mm，无法保证实际振动台试验时整体结构的安全性，故剔除 EMO270 在 0.40g 和 0.60g 条件下的工况。而在 4 条波中，EMO270 产生的结构响应最大，且复合减隔震体系是为了验证此模型对于近场脉冲地震动作用产生的位移超限问题的控制效果，故仅仅在 EMO270 工况下进行阻尼复合减隔震模型的试验。最后确定试验工况如表 9-1 所示。

表9-1　振动台试验工况

模型	加速度峰值	试验工况			
		El-Centro	TAP094	TCU067	EMO270
纯基础隔震	0.20g	A1	A2	A3	A4
	0.40g	A5	A6	A7	/
	0.60g	A9	A10	A11	/
复合减隔震	0.20g	/	/	/	B1
	0.40g	/	/	/	B2
	0.60g	/	/	/	B3
抗震	0.20g	C1	C2	C3	C4
	0.40g	C5	C6	C7	C8
	0.60g	C9	C10	C11	C12

9.5 振动台试验与数值分析结果对比

9.5.1 模型结构动力特性

通过输入白噪声（0.10g）来获得结构的自振特性，试验得到的三种模型的自振周期和数值分析得到的自振周期列于表 9-2 中。从表中可得，纯基础隔震模型的自振周期实测值为 1.613s，抗震模型的自振周期实测值为 0.428s，两者相差约 3.8 倍，满足隔震设计周期延长的要求。而复合减隔震模型由于阻尼器安装的误差，与纯基础隔震模型的周期有微小偏差。总体来看，实际试验得到的 3 个模型的自振周期与数值分析所得自振周期结果的误差在 14% 以内，吻合较好。说明试验模型的制作偏差较小，同时也验证了数值模型的合理性，可用此模型进行后续的分析。

表9-2　模型结构试验和数值分析的自振周期

模型结构	抗震模型/s	纯基础隔震模型/s	复合减隔震模型/s
试验值	0.428	1.613	1.563
计算值	0.390	1.403	1.403
误差	8.81%	13.02%	10.22%

9.5.2 模型结构加速度反应

图 9-14~图 9-16 分别为 El Centro、TCU078、TAP094 地震波作用下纯基础隔震模型加速度反应的试验与理论值的比较；图 9-17 为 EMO270 地震波作用下阻尼复合减隔震模型加速度反应的试验与理论值的比较。其中"0"代表振动台台面，"1"代表隔震层。

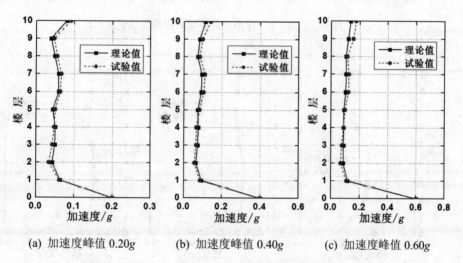

(a) 加速度峰值 0.20g　　(b) 加速度峰值 0.40g　　(c) 加速度峰值 0.60g

图9-14　El Centro波作用下纯基础隔震模型加速度对比

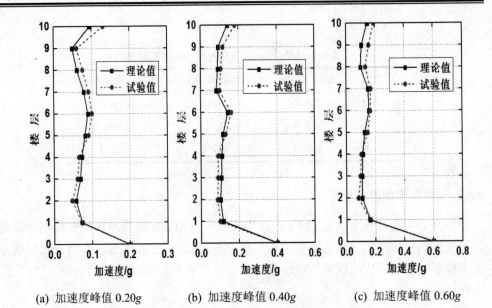

(a) 加速度峰值 0.20g　　　(b) 加速度峰值 0.40g　　　(c) 加速度峰值 0.60g

图9-15　TCU078作用下纯基础隔震模型加速度对比

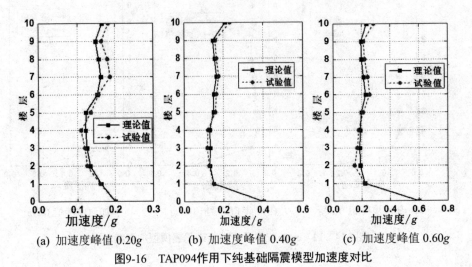

(a) 加速度峰值 0.20g　　　(b) 加速度峰值 0.40g　　　(c) 加速度峰值 0.60g

图9-16　TAP094作用下纯基础隔震模型加速度对比

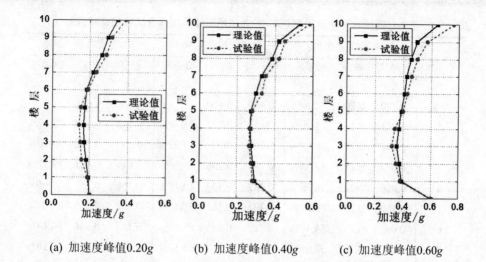

(a) 加速度峰值0.20g   (b) 加速度峰值0.40g   (c) 加速度峰值0.60g

图9-17　EMO270作用下阻尼复合减隔震模型加速度对比

从图 9-14~图 9-17 中可以看出，四条地震动作用下得到的加速度试验值与数值模拟较为接近，两者曲线基本吻合。按照前文减震率的定义，给出了各地震动下模型结构楼层加速度减震率的试验结果，如表 9-3~表 9-6 所示。

表9-3　普通周期El Centro波作用下楼层加速度试验值及减震率/g

楼面板	加速度峰值 0.20g			加速度峰值 0.40g			加速度峰值 0.60g		
	纯基隔 /g	抗震 /g	减震率 /g	纯基隔 /g	抗震 /g	减震率 /g	纯基隔 /g	抗震 /g	减震率 /g
地面	0.200	0.200	/	0.400	0.400	/	0.600	0.600	/
1	0.054	0.121	55.37%	0.076	0.251	69.72%	0.13	0.447	70.92%
2	0.056	0.143	60.84%	0.079	0.293	73.04%	0.099	0.521	81.00%
3	0.061	0.141	56.74%	0.082	0.287	71.43%	0.12	0.505	76.24%
4	0.071	0.182	60.99%	0.091	0.314	71.02%	0.147	0.671	78.09%
5	0.073	0.221	66.97%	0.11	0.425	74.12%	0.165	0.781	78.87%
6	0.072	0.204	64.71%	0.105	0.403	73.95%	0.181	0.728	75.14%
7	0.077	0.254	69.69%	0.111	0.447	75.17%	0.197	0.767	74.32%
8	0.074	0.287	74.22%	0.109	0.469	76.76%	0.192	0.802	76.06%
9	0.082	0.301	72.76%	0.146	0.551	73.50%	0.201	0.906	77.81%
10	0.097	0.403	75.93%	0.18	0.78	76.92%	0.223	1.135	80.35%

表9-4　近场非脉冲长周期TCU078波作用下楼层加速度试验值及减震率/g

楼面板	加速度峰值 0.20g			加速度峰值 0.40g			加速度峰值 0.60g		
	纯基隔 /g	抗震 /g	减震率 /g	纯基隔 /g	抗震 /g	减震率 /g	纯基隔 /g	抗震 /g	减震率 /g
地面	0.200	0.200	/	0.400	0.400	/	0.600	0.600	/
1	0.071	0.161	55.90%	0.1	0.284	64.79%	0.142	0.514	72.37%
2	0.078	0.179	56.42%	0.121	0.31	60.97%	0.153	0.732	79.10%
3	0.082	0.172	52.33%	0.124	0.298	58.39%	0.149	0.721	79.33%
4	0.096	0.223	56.95%	0.132	0.334	60.48%	0.156	0.767	79.66%
5	0.105	0.268	60.82%	0.138	0.362	61.88%	0.162	0.853	81.01%
6	0.097	0.213	54.46%	0.122	0.355	65.63%	0.168	0.846	80.14%
7	0.11	0.232	52.59%	0.128	0.367	65.12%	0.183	0.878	79.16%
8	0.092	0.247	62.75%	0.119	0.374	68.18%	0.217	0.944	77.01%
9	0.103	0.252	59.13%	0.131	0.388	66.24%	0.234	1.075	78.23%
10	0.117	0.389	69.92%	0.148	0.495	70.10%	0.261	1.378	81.06%

表9-5　远场长周期TAP094波作用下楼层加速度试验值及减震率/g

楼面板	加速度峰值 0.20g			加速度峰值 0.40g			加速度峰值 0.60g		
	纯基隔 /g	抗震 /g	减震率 /g	纯基隔 /g	抗震 /g	减震率 /g	纯基隔 /g	抗震 /g	减震率 /g
地面	0.200	0.200	/	0.400	0.400	/	0.600	0.600	/
1	0.111	0.204	45.58%	0.138	0.377	63.40%	0.198	0.741	73.28%
2	0.116	0.271	57.20%	0.14	0.41	65.85%	0.223	0.868	74.31%
3	0.135	0.267	49.44%	0.164	0.487	66.32%	0.251	0.852	70.54%
4	0.146	0.314	53.50%	0.172	0.532	67.67%	0.264	0.969	72.76%
5	0.151	0.361	58.17%	0.179	0.596	69.97%	0.268	1.114	75.94%
6	0.147	0.345	57.39%	0.175	0.639	72.61%	0.262	1.103	76.25%
7	0.152	0.394	61.42%	0.181	0.711	74.54%	0.275	1.165	76.39%
8	0.149	0.411	63.75%	0.179	0.794	77.46%	0.27	1.274	78.81%
9	0.155	0.435	64.37%	0.185	0.701	73.61%	0.281	1.391	79.80%
10	0.162	0.527	69.26%	0.193	0.843	77.11%	0.298	1.554	80.82%

表9-6 近场脉冲长周期EMO270波作用下楼层加速度试验值及减震率/g

楼面板	加速度峰值 0.20g			加速度峰值 0.40g			加速度峰值 0.60g		
	复合减隔震/g	抗震模型/g	减震率	复合减隔震/g	抗震模型/g	减震率	复合减隔震/g	抗震模型/g	减震率
地面	0.200	0.200	/	0.400	0.400	/	0.600	0.600	/
1	0.189	0.101	42.33%	0.283	0.398	31.41%	0.381	0.596	36.07%
2	0.158	0.231	31.60%	0.276	0.497	44.47%	0.353	0.754	53.18%
3	0.151	0.369	59.08%	0.265	0.651	59.29%	0.321	0.912	64.80%
4	0.143	0.384	62.76%	0.268	0.719	62.73%	0.344	1.158	70.29%
5	0.152	0.432	64.81%	0.281	0.922	69.52%	0.400	1.369	70.78%
6	0.190	0.396	52.02%	0.332	0.847	60.80%	0.437	1.200	63.58%
7	0.234	0.413	43.34%	0.353	0.892	60.43%	0.468	1.234	62.07%
8	0.286	0.609	53.04%	0.425	1.211	64.91%	0.512	1.814	71.78%
9	0.315	0.724	56.49%	0.457	1.574	70.97%	0.577	2.154	73.21%
10	0.386	0.810	52.35%	0.588	1.641	64.17%	0.763	2.763	72.39%

结合图 9-14～图 9-17 以及表 9-3～表 9-6 可看出，从减震率来看，试验所得减震率要小于理论所得，但误差基本在 10%以内，随着输入地震动峰值的提高，减震率逐渐提高。在近场脉冲长周期 EMO270 地震动作用下，阻尼复合隔震模型的楼层加速度减震率基本在 50%左右，说明加装阻尼器后依然有较好的隔震作用。地震作用下模型结构的加速度响应规律具有与前文数值分析相似的规律。

9.5.3 模型结构位移反应

图 9-18~图 9-20 分别为 El Centro、TCU078、TAP094 地震波作用下纯基础隔震模型位移反应的试验与理论值的比较；图 9-21 为 EMO270 地震波作用下阻尼复合减隔震模型位移反应的试验与理论值的比较。

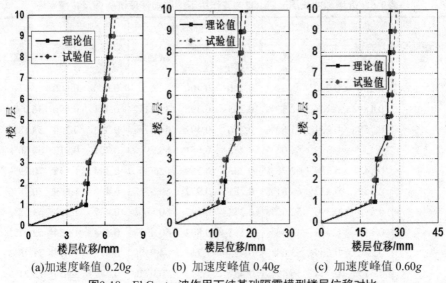

(a)加速度峰值 0.20g　　(b) 加速度峰值 0.40g　　(c) 加速度峰值 0.60g

图9-18　El Centro波作用下纯基础隔震模型楼层位移对比

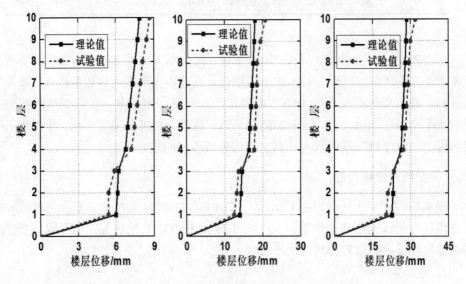

(a) 加速度峰值0.20g　　(b) 加速度峰值0.40g　　(c) 加速度峰值0.60g

图9-19　TCU078作用下纯基础隔震模型楼层位移对比

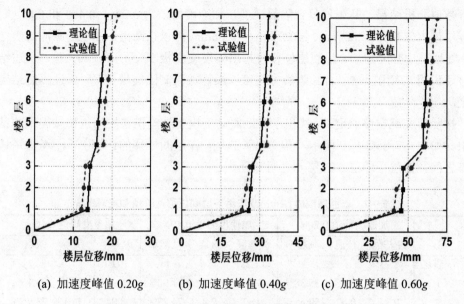

(a) 加速度峰值 0.20g   (b) 加速度峰值 0.40g   (c) 加速度峰值 0.60g

图9-20　TAP094作用下纯基础隔震模型楼层位移对比

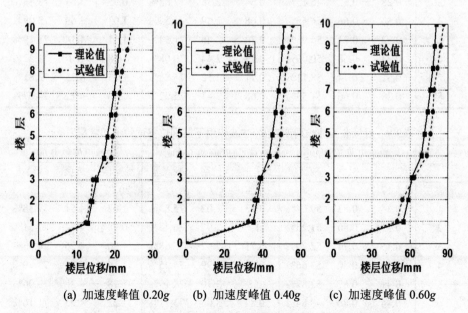

(a) 加速度峰值 0.20g   (b) 加速度峰值 0.40g   (c) 加速度峰值 0.60g

图9-21　EMO270作用下阻尼复合减隔震模型楼层位移对比

图 9-18～图 9-21 中可以看出，在不同加速度峰值地震作用下，试验测得模型结构位移反应数值和理论计算值偏差较小，误差保持在 20%以内。由于担心隔震支座破坏，没有进行近场长周期 EMO270 地震动作用下的纯基础隔震模型振动台试验，但

结合数值分析结果，从阻尼复合隔震模型在加速度峰值为 0.20g、0.40g 和 0.60g 时，隔震层最大位移为 12.23mm、32.23mm、49.88mm 可以推断出，在近场脉冲地震作用下，随地震动强度增加，隔震层位移将超出隔震支座极限变形而致其失稳。上述结果同时还说明，应用阻尼复合减隔震方案可以很好地限制隔震层变形，保证隔震结构的安全。

按照前文减震率的定义，给出了各地震动下模型结构楼层层间位移减震率的试验结果，如表 9-7～表 9-10 所示。需要说明的是，在层间位移的计算中，不考虑塔楼与底盘之间预留层（即层 3 与层 4 之间部分）。

表9-7　普通周期El Centro波作用下层间位移试验值和减震率/mm

楼层	加速度峰值 0.20g			加速度峰值 0.40g			加速度峰值 0.60g		
	纯基隔	抗震	减震率	纯基隔	抗震	减震率	纯基隔	抗震	减震率
隔震层	4.13	/	/	11.23	/	/	19.01	/	/
1	0.29	0.65	55.38%	0.68	2.42	71.90%	0.98	3.65	73.15%
2	0.25	0.62	59.68%	0.62	2.4	74.17%	0.94	3.61	73.96%
3	0.28	0.52	46.15%	0.64	2.36	72.88%	0.95	3.63	73.83%
4	0.30	0.66	54.55%	0.68	2.39	71.55%	1.03	3.69	72.09%
5	0.32	0.71	54.93%	0.70	2.46	71.54%	1.11	4.14	73.19%
6	0.34	0.68	50.00%	0.73	2.44	70.08%	1.18	4.1	71.22%
7	0.31	0.74	58.11%	0.71	2.52	71.83%	1.15	4.23	72.81%
8	0.28	0.66	57.58%	0.68	2.43	72.02%	1.06	4.12	74.27%

表9-8　近场非脉冲长周期TCU078波作用下层间位移试验值和减震率/mm

楼层	加速度峰值 0.20g			加速度峰值 0.40g			加速度峰值 0.60g		
	纯基隔	抗震	减震率	纯基隔	抗震	减震率	纯基隔	抗震	减震率
隔震层	5.17	/	/	12.40	/	/	20.12	/	/
1	0.34	0.83	59.04%	0.73	3.02	75.83%	1.02	4.51	77.38%
2	0.31	0.80	61.25%	0.7	2.97	76.43%	0.98	4.32	77.31%
3	0.35	0.74	52.70%	0.71	2.92	75.68%	1.00	4.26	76.53%
4	0.38	0.82	53.66%	0.77	2.99	74.25%	1.14	4.35	73.79%
5	0.41	0.87	52.87%	0.8	3.10	74.19%	1.18	4.38	73.06%
6	0.44	0.86	48.84%	0.82	3.05	73.11%	1.20	4.23	71.16%
7	0.40	0.92	56.52%	0.81	3.14	74.20%	1.20	4.91	75.56%
8	0.37	0.88	57.95%	0.73	2.80	73.93%	1.14	4.86	76.54%

表9-9　远场长周期TAP094波作用下层间位移试验值和减震率/mm

楼层	加速度峰值 0.20g			加速度峰值 0.40g			加速度峰值 0.60g		
	纯基隔	抗震	减震率	纯基隔	抗震	减震率	纯基隔	抗震	减震率
隔震层	12.12	/	/	23.10	/	/	41.10	/	/
1	0.56	1.21	53.72%	1.15	3.85	70.13%	1.56	5.72	72.73%
2	0.45	1.17	61.54%	1.08	3.77	71.35%	1.52	5.68	73.24%
3	0.49	1.10	55.45%	1.11	3.71	70.08%	1.59	5.64	71.81%
4	0.55	1.2	54.17%	1.21	3.84	68.49%	1.63	5.70	71.40%
5	0.58	1.27	54.33%	1.28	3.92	67.35%	1.67	5.85	71.45%
6	0.61	1.25	51.20%	1.35	3.90	65.38%	1.69	5.92	71.45%
7	0.57	1.42	59.86%	1.29	4.11	68.61%	1.65	5.98	72.41%
8	0.53	1.37	61.31%	1.27	4.05	68.64%	1.6	5.94	73.06%

表9-10　近场脉冲长周期EMO270波作用下复合减隔震层间位移试验值和减震率/mm

楼层	加速度峰值 0.20g			加速度峰值 0.40g			加速度峰值 0.60g		
	复合减隔震	抗震	减震率	复合减隔震	抗震	减震率	复合减隔震	抗震	减震率
隔震层	12.53	/	/	32.23	/	/	49.88	/	/
1	0.86	1.81	52.49%	1.48	3.97	62.72%	2.52	7.11	64.56%
2	0.83	1.77	53.11%	1.42	3.92	63.78%	2.47	8.21	69.91%
3	0.88	1.73	49.13%	1.44	3.88	62.89%	2.48	8.62	71.23%
4	0.95	1.83	48.09%	1.53	4.03	62.03%	2.55	9.86	74.14%
5	0.96	1.90	49.47%	1.55	4.15	62.65%	2.58	10.02	74.25%
6	1.02	1.88	45.74%	1.59	4.11	61.31%	2.63	9.74	73.00%
7	0.97	1.93	49.74%	1.56	4.18	62.68%	2.61	7.98	67.29%
8	0.92	1.91	51.83%	1.51	4.16	63.70%	2.59	7.93	67.34%

　　结合表9-7～表9-10分析可得，纯基础隔震模型层间位移要明显小于抗震模型，且各楼层的层间位移值相差较小，说明结构基本处于平动状态；从减震率可以看出，各楼层层间位移减震率基本均在50%以上，且在0.60g峰值的非脉冲地震动（El Centro波、TCU078波和TAP094波）作用下，纯基础隔震的最大层间位移仅为1.69mm，即层间位移角仅为1/296，说明上部结构在罕遇地震作用下处于弹性变形范围。在近场脉冲长周期EMO270波作用下，复合减隔震模型的层间位移明显大于纯基础隔震模型的层间最大位移，尤其在0.40g和0.60g加速度峰值下表现更明显。尽管如此，其较抗震模型依然有较大的降低，在各峰值地震动强度作用下，结构的减震率基本保持在50%左右，由此可说明，采用阻尼复合隔震方案在降低隔震层位移的前提下，依然

可以保证较好的减震效果，有效地保证了结构安全。0.60g 峰值地震作用下，上部结构最大层间位移值为 2.63mm，相应的层间位移角为 1/190，结构只发生较小的弹塑性变形，有较大的安全储备。地震作用下模型结构位移响应的其他规律与前文数值分析规律相类似，这里不再赘述。

9.6　本章小结

本章介绍了大底盘上塔楼隔震结构振动台试验模型的制作、试验准备和试验系统。介绍了纯基础隔震模型、抗震模型和复合减隔震模型三种结构的振动台试验结果及与数值模拟结果的对比分析。有以下结论：

（1）各楼层加速度和层间位移响应的数值模拟与振动台试验值对比结果表明，试验值与理论值的误差均在 20% 以内，吻合较好，验证了数值模拟分析得准确。

（2）纯基础隔震模型加速度和层间位移响应明显小于抗震模型。在普通周期 El Centro 和近场非脉冲 TCU078 地震动作用下的加速度减震率保持在 55% 以上，而在远场长周期 TAP094 地震动作用下的加速度减震率在 44% 以上；随着输入地震动峰值的增加，纯基础隔震模型在 El Centro 波、TCU078 波和 TAP094 波作用下的最大层间位移的减震率基本在 50% 以上，仅出现较小的弹塑性变形，整体表现出良好的隔震性能。

（3）在近场脉冲长周期 EMO270 地震动作用下的复合减隔震模型的楼层加速度和层间位移明显大于其他 3 条地震波作用下的纯基础隔震模型，尤其在 0.40g 和 0.60g 加速度峰值下表现更明显，但依然保持 50% 以上的减震率，说明采用复合隔震方案在降低隔震层位移的前提下，依然可以较好地保证了结构的安全，验证了复合减隔震模型可以有效地解决长周期脉冲作用下隔震层位移超限引起结构破坏的问题。建议在工程设计中考虑阻尼器与隔震支座合理配合使用，以避免此类问题的发生。

第 10 章 基础隔震结构动力特性测试

10.1 概述

本章以某基础隔震幼儿园工程作为研究对象，介绍工程概况。在试验前，对隔震层的隔震橡胶支座进行力学性能测试。确定试验方案并做好试验前的准备工作。对水平初位移条件下和环境激励条件下实际基础隔震结构动力特性进行试验及分析。采用混凝土反力墙和 12 个 600 kN 的液压千斤顶之间的配合将建筑初始水平位移推开 98 mm，利用混凝土顶杆代替液压千斤顶支撑已被顶开的上部结构，并对顶杆瞬间爆破卸载使得建筑作一次性单向自由振动。对隔震结构在隔震层未推移时和推移 98 mm 后进行环境激励测试。分析复位过程采集的振动信号，得到振动衰减曲线、自振周期、阻尼比等，并与环境激励下的特性进行对比，同时揭示隔震层自动复位的特性及规律。

本章研究对初位移法在测试过程的一些关键步骤进行改进和完善，将上部结构初始位移推开高达 98 mm（相当于 LNR500 的 102.1%剪切应变）。在水平位移卸载工作方面，采用预制的混凝土顶杆装置支撑推开的水平位移并对顶杆瞬间爆破。改进后的水平初位移法主要有以下几个优点：①实现了基础隔震建筑上部结构较大的位移推移值，能够保证隔震层 LRB 中的铅芯充分参与工作，能够直观地检验隔震支座在较大变形情况下的工作性能，弥补了有关文献在用初位移法研究隔震建筑时位移推移值过小导致获得的结构动力特性准确性不足的缺点；②在卸载方式上进行了较大的改进，这样能够使得上部结构在短时间内迅速复位，弥补了相关文献在进行试验时，上部结构的位移卸载复位缓慢、不够真实的不足。

10.2 试验准备

10.2.1 工程简介

本章进行推移测试的幼儿园是一栋主体三层，局部四层的隔震建筑，建筑外观如图 10-1。建筑抗震设防烈度为 7 度，设计基本地震加速度为 0.15g，设计地震分组为第二组。结构设计采用基础隔震，隔震层位于地下室柱顶，见图 10-2。结构在平面上大致呈现矩形状，建筑的底层平面见图 10-3，Ⅰ-Ⅰ剖面见图 10-4。该建筑一至三层为幼儿园教学用房，局部四层为教师用房。地下室可作临时停车库兼作隔震检修层。东西（x 向）长度 65.70m，南北（y 向）宽度 21.70m，建筑结构总高度为 14.95m，建筑占地面积为 1137.78m²，总建筑面积为 3492.98m²，钢筋混凝土框架结构，框架的抗震等级为三级，建筑抗震设防分类为乙类；场地类别为Ⅱ类，特征周期是 0.35s；

基本风压为 0.80kN/m²。推移测试工作在工程竣工前进行。

图10-1 幼儿园西北侧立面图

图10-2 地下室（隔震层位置）

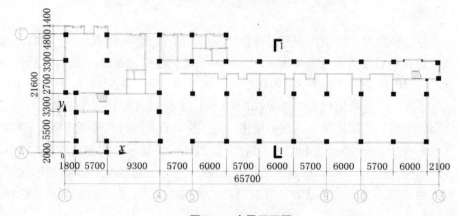

图10-3 底层平面图

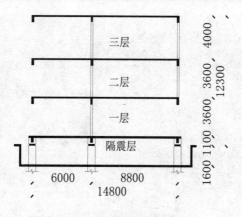

图10-4 Ⅰ-Ⅰ剖面图(单位：mm)

10.2.2 隔震支座力学性能试验

本章隔震建筑的隔震层采用 46 个国产低硬度隔震橡胶支座，其中 20 个直径 500mm 的普通隔震橡胶支座（LNR500），26 个直径 400mm 的铅芯隔震橡胶支座（LRB400）。隔震支座的平面布置考虑将 LRB 布置在边柱和角柱位置，将 LNR 布置在中柱位置。隔震层提供的总屈服剪力为 1170kN，支座平均面压 7.56MPa。隔震层支座平面布置图与隔震层支座的现场安装如图 10-5 和图 10-6。

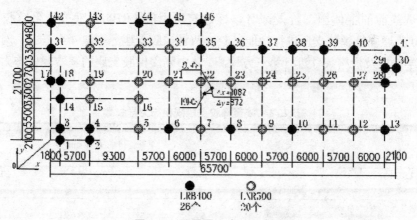

图10-5 隔震层支座平面布置图

图10-6　隔震橡胶支座现场安装图

在试验前的主体施工阶段，对该栋建筑所用的 LRB400 铅芯隔震橡胶支座和 LNR500 普通隔震橡胶支座进行性能试验，两种橡胶支座分别取 4 个样品，对橡胶支座的力学性能及规格尺寸进行第三方检测。其中隔震橡胶支座的基本规格与力学参数见表 2-1。

表10-1　隔震橡胶支座规格与力学参数

支座 型号	支座类别	橡胶厚度 /mm	剪切弹模量(G/N·mm^{-2})	屈服前刚度 K_1/kN·mm^{-1}
LRB400	铅芯橡胶支座	68.6	0.392	10.44
LNR500	普通橡胶支座	96.0	0.392	/

水平等效刚度（K_h/kN·mm^{-1}） (屈服后刚度 K_d/kN·mm^{-1})		等效阻尼比		屈服力 Q_d/kN
γ=100%	γ=250%	γ=100%	γ=250%	
1.435(0.870)	1.019(0.699)	0.26	0.18	45
0.937(/)	0.890(/)	0.05	0.05	/

测试的仪器为 2500T 二维加载试验机，对于 LRB400，先进行竖向刚度的计算：将橡胶支座样品安装于试验机中心，竖向加载至 1960kN，然后卸载至 1055kN，反复

进行 3 次，计算第三次（合格区间为 1055～1960kN）下的竖向刚度为 1798.78kN/mm，检测结果表明合格；对于 LNR500 的样品进行同样的测试，计算第三次（合格区间为 1407.6～2407.6kN）下的竖向刚度为 2027.96kN/mm，检验结果表明合格。

进行水平剪切性能的测试，对于 LRB400，包括屈服后的刚度与屈服力两个力学指标。将支座安装于试验机受力中心，竖向加载至 1507kN，并保持荷载不变，水平加载正负设计位移量，反复进行 3 次，计算第三次±68.6mm 的屈服后刚度和屈服力。得到屈服后刚度为 0.89kN/mm（合格区间为 0.696～1.044kN/mm），屈服力为 41.21kN（合格区间为 36～54kN），检测结果表明 LRB400 的水平剪切性能符合相应的设计要求。对于 LNR500 的样品进行同样的测试，将支座安装于试验机受力中心，竖向加载至 2355kN，并保持荷载不变，水平加载正负设计位移量，反复进行 3 次，计算第三次±96mm 水平等效刚度。得出水平等效刚度为 0.99kN/mm（合格区间为 0.75～1.124kN/mm），检测结果表明 LNR500 的水平剪切性能也符合相应的设计要求。LRB400 与 LNR500 的水平荷载-位移变形如图 10-7 和图 10-8。

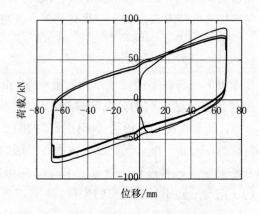

图10-7 LRB400水平荷载-位移变形图

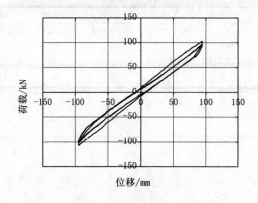

图10-8 LNR500水平荷载-位移变形图

10.2.3 测点布置

考虑到布线与测量的便捷性及精确性，将测点尽量布置在靠近建筑两端的部位，数据采集中心尽量布置在中间处。由于被测试建筑有地下室，该处位置较为宽敞，并且不会因为测试仪器对空间的占据而影响扫尾工程的施工。因此，将数据采集中心布置在建筑地下室平面的中间位置。

环境激励条件下的试验传感器仅需布置加速度传感器，采用 DH610 型磁电式振动传感器。测试时，事先在建筑物 1 层至顶层的东西向两端各布置 2 组加速度传感器，其中一组测量 x 向加速度时程，另一组测量 y 向加速度时程。传感器型号、编号与对应布置如表 10-2 所示，传感器的平面布置如图 10-9 所示，立面布置如图 10-10 所示。

水平初位移条件下试验的传感器包括加速度传感器和速度传感器两种，都采用 DH610 型磁电式振动传感器，通过调节传感器自身提供的挡位，可以实现加速度挡位和速度挡位之间的自由切换。在液压千斤顶推移过程以及爆破卸载后的传感器布置与环境激励条件下的布置方式相同；在爆破前先采集一段时间的脉动时程，确认周围环境无异常后，将 x 向的加速度传感器换挡至速度传感器，并将其方向转为 y 向。爆破瞬间的传感器型号、测试编号及对应的位置如表 10-2 所示，传感器的平面布置如图 10-11 所示，传感器的立面布置如图 10-10 所示。

选择推移建筑物东侧的一栋住宅楼楼顶作为测量地点，由测量人员配合进行整个推移过程中楼层层间位移变化的实时测量。测试采用仪器型号为 Leica TS06 的全站仪。确定好测量基准点，测量点选为各楼层楼梯间顶部的前点和后点。隔震橡胶支座在爆破瞬间的位移复位时间较短，重点观察爆破瞬间各楼层的位移变化。以基准点为准，分别得出测点在初始位置、推移后、爆破后 1min、爆破后 5min、爆破后 10min 以及爆破后 20min 的 x 向与 y 向相对基准点的坐标。

表10-2　传感器型号、编号及位置

位置	1层西向	2层西向	3层西向	顶层西向	1层东向	2层东向	3层东向	顶层东向
传感器型号	N1229187	N1229189	N1229188	N1229184	N1229191	N1229174	N1229190	N1229192
y 方向	①	②	③	④	⑤	⑥	⑦	⑧
传感器型号	N1229182	N1229180	N1229186	N1229179	N1229177	N1229176	N1229178	N1229175
x 方向	⑨	⑩	⑪	⑫	⑬	⑭	⑮	⑯

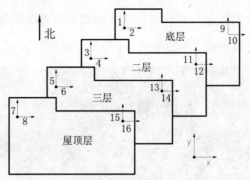

图10-9　环境激励条件下传感器平面布置图（注：箭头方向为传感器实际朝向）

sensor7	sensor8		屋顶层	屋顶层		sensor8	sensor7
··						··	
sensor5	sensor6		三层	三层		sensor6	sensor5
··						··	
sensor3	sensor4		二层	二层		sensor4	sensor3
··						··	
sensor1	sensor2		一层	一层		sensor2	sensor1
··						··	
			隔震层	隔震层			
			地下室	地下室			

（a）西侧　　　　　　　　　　　　　　　　　　（b）东侧

图10-10　传感器立面布置图

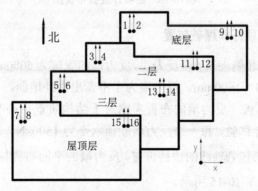

图10-11　水平初位移条件下传感器平面布置图（注：箭头方向代表传感器的朝向）

10.2.4　位移计布置

隔震层的水平推移值通过位移计监测与记录。分别在Ⓓ 轴与④轴、⑤轴、⑨轴和⑩轴相交的 4 个独立柱安装位移计。位移计的现场布置图如图 10-12 所示，整体立面布置简图如图 10-13 所示。

图10-12　位移计现场布置图

图10-13　位移计立面布置图

10.2.5　反力墙、推移顶杆和爆破装置

预先在建筑物的北侧浇筑 4 座反力墙，反力墙的宽度为 5000mm，长度为 4000mm，露出地面高度为 1000~1600mm。反力墙为了不露出室外地面，上顶平面呈倾斜状，整体横截面呈现梯形状。反力墙的布置考虑对于结构质量中心左右矩的平衡，设置 2000kN 的反力墙进行试验，每一个反力墙能顶水平力 1500kN，共 6000kN。4 座反力墙分别对应④、⑤、⑨和⑩轴线的边柱位置。反力墙的平面布置与剖面大样如图 10-14 所示，现场实物图如图 10-15 所示。

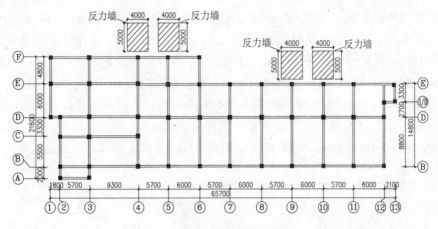

（a）反力墙平面布置图

隔震层现浇梁板
400×800

一层柱
450×450

素混凝土顶杆

反力墙

隔震橡胶支座

宽5000×长
4000×高1600

地下室独立柱
650×650

600kN
千斤顶

（b）反力墙剖面大样

图10-14　反力墙平面布置与剖面大样图（单位：mm）

图10-15　反力墙现场实物图

推移顶杆是采用 C35 混凝土制作，长、宽、高分别为 800mm×180mm×180mm 的长方体构件。顶杆的布置和先前浇筑的反力墙位置相对应，每座反力墙上配置 3 根推移顶杆。顶杆周围布置好足够量的沙袋，作用是在引爆顶杆的瞬间，减少顶杆残身飞溅可能对周围产生的破坏。顶杆的平面、剖面布置如图 10-16 所示，推移顶杆实物布置如图 10-17 所示。爆破装置包括乳化炸药和导线。乳化炸药放置在推移顶杆事先留置的孔洞中，每根推移顶杆设置 3 个直径为 20mm，高度为 120mm 的孔洞，每个孔洞对应相应的爆破导线，导线最终汇集到总线，爆破工作仅需引爆总线即可。

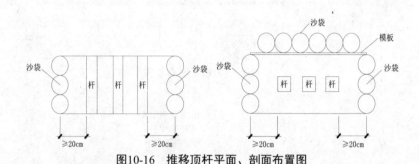

图10-16　推移顶杆平面、剖面布置图

图10-17　推移顶杆布置图

10.3　环境激励条件下结构动力特性测试与分析

环境激励法测试基础隔震建筑在正常使用状态下的动力特性。使振动信号的输入在有意义的频率范围内产生白噪声的特性是环境激励条件下动力测试的基本原理及假设。为了达到这一要求，应尽量降低外部因素例如风、地脉动、施工、行人、机器等对结构产生的诱使模态，因此试验选择在外部诱导因素较少的夜晚进行。为了研究实际隔震建筑的隔震层在发生较大水平位移后其动力特性是否会发生变化，设置了 2 组工况下的试验。工况 1：隔震层未推移时的环境激励测试；工况 2：隔震层水平推移 98mm 复位后进行的环境激励测试。为了使得到的数据信号避免产生可能的偶然误差，每组工况的测试时间设定为 20min。信号采样频率为 100Hz。对时域数据进行 FFT 变换，为避免信号的泄露以及可能产生的混频现象，进行参数设置，将 FFT 块的大小设置为 2048，加窗类型设置为汉宁窗，重叠率设置为 50%，平均方式为线性平均。

结构的自振特性利用自互谱法模态参数识别方法进行识别，它基于振动输入信号和本身结构的各项理想化假定，利用结构上各个测点的响应输出的自功率谱以及与事先设置的参考点之间产生的相位、相干函数、互功率谱以及传递率共 5 张曲线图识别结构的模态参数。

10.3.1 隔震层未推移时楼层测点响应

1 层至顶层 x、y 向加速度时程曲线如图 10-18 所示。

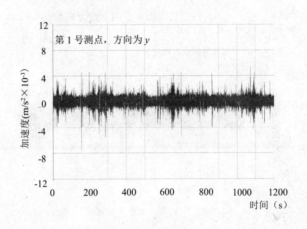

(a) 1 层西侧 y 方向加速度时程

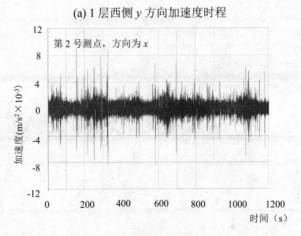

(b) 1 层西侧 x 方向加速度时程

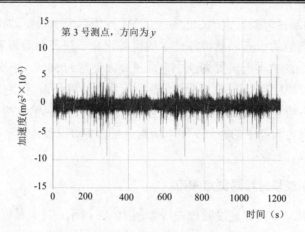

(c)　二层西侧 y 方向加速度时程

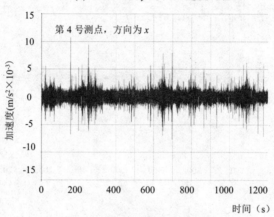

(d)　二层西侧 x 方向加速度时程

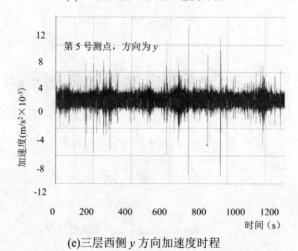

(e)三层西侧 y 方向加速度时程

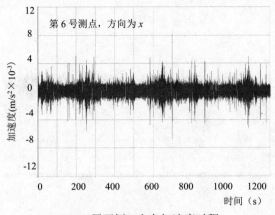

(f) 三层西侧 x 方向加速度时程

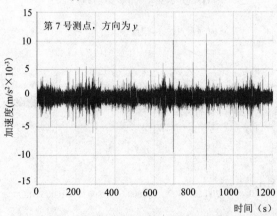

(g) 顶层西侧 y 方向加速度时程

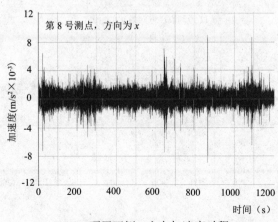

(h) 顶层西侧 x 方向加速度时程

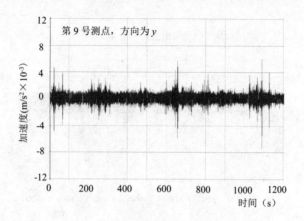

(i)1 层东侧 y 方向加速度时程

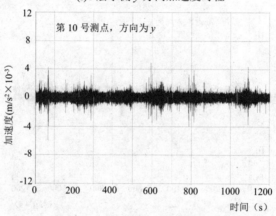

(j)1 层东侧 x 方向加速度时程

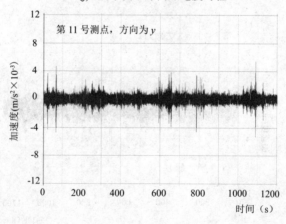

(k) 2 层东侧 y 方向加速度时程

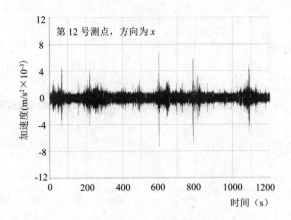

(l) 2 层东侧 *x* 方向加速度时程

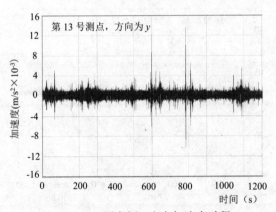

(m) 3 层东侧 *y* 方向加速度时程

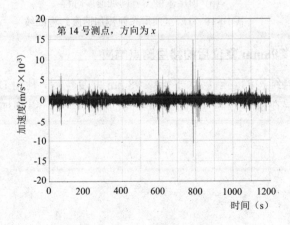

(n) 3 层东侧 *x* 方向加速度时程

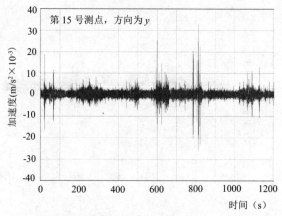

(o) 顶层东侧 y 方向加速度时程

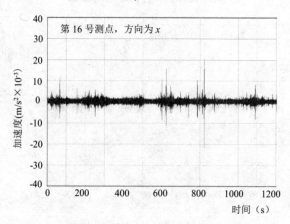

(p) 顶层东侧 x 方向加速度时程

图10-18　1层至顶层东西侧加速度时程曲线

10.3.2 隔震层推移 98mm 复位后的楼层测点响应

对该基础隔震结构的隔震层水平推移 98mm 并复位后，利用 DHDAS 数据采集分析系统采集各楼层在推移方向（y 向）和 x 向的测点信号，得到加速度时程曲线，如图 10-19 所示。

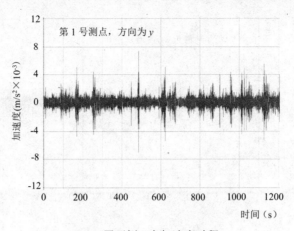

(a) 1 层西侧 y 向加速度时程

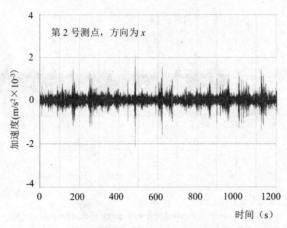

(b) 1 层西侧 x 向加速度时程

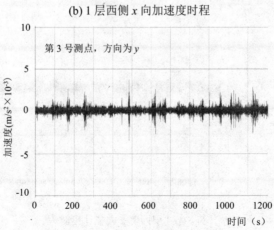

(c) 2 层西侧 y 向加速度时程

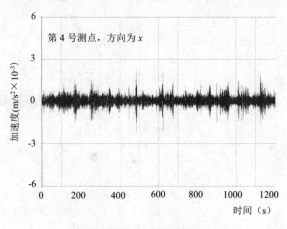

(d) 2 层西侧 x 向加速度时程

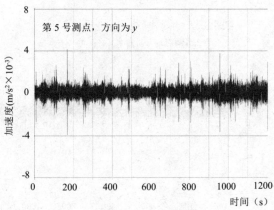

(e) 3 层西侧 y 向加速度时程

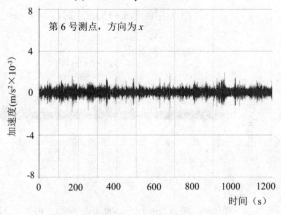

(f) 3 层西侧 x 向加速度时程

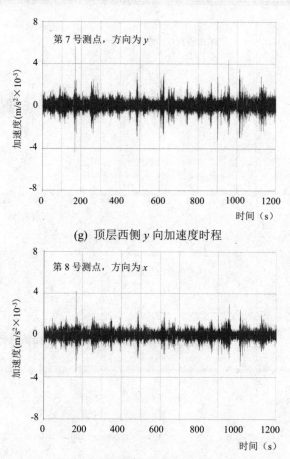

(g) 顶层西侧 y 向加速度时程

(h) 顶层西侧 x 向加速度时程

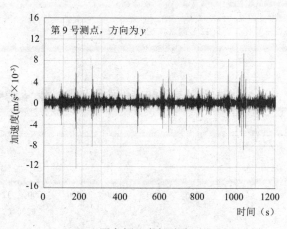

(i) 1 层东侧 y 向加速度时程

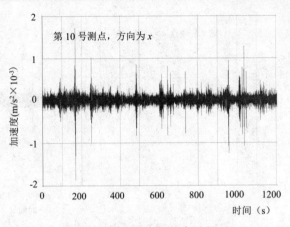

(j) 1 层东侧 *x* 向加速度时程

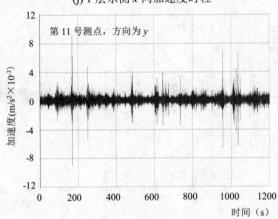

(k) 2 层东侧 *y* 向加速度时程

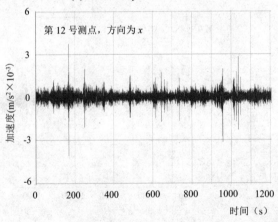

(l) 2 层东侧 *x* 向加速度时程

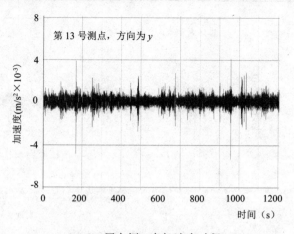

(m) 3 层东侧 y 向加速度时程

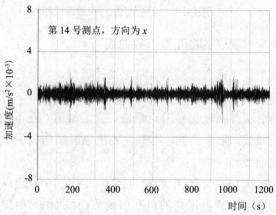

(n) 3 层东侧 y 向加速度时程

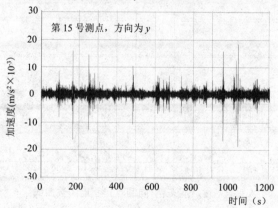

(o) 顶层东侧 y 向加速度时程

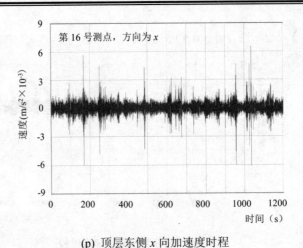

(p) 顶层东侧 x 向加速度时程

图10-19　　1层至顶层x向加速度时程

10.3.3　隔震层未变形时测点的自互谱函数曲线

结构自振特性主要包括自振频率、阻尼比及振型，本书通过自互谱法的参数识别方法，得到了结构在两组工况下各测点的自互谱函数曲线。对时域数据进行 FFT 变换，通过自互谱识别法得到包含参考点幅值、自谱幅值、互谱幅值、互谱相位以及相干函数等 5 种函数曲线，限于篇幅，本书仅列出隔震结构在两组工况 1 层与顶层部分测点的自互谱函数曲线。

在分析时，y 向以 15 号测点作为参考点，x 向以 16 号测点作为参考点，隔震层未推移时 1 层至顶层部分测点记录的自互谱函数曲线如图 10-20 所示。

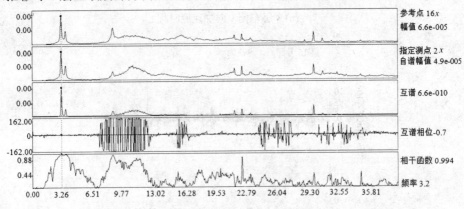

(a) 1层东侧x向测点自互谱函数曲线

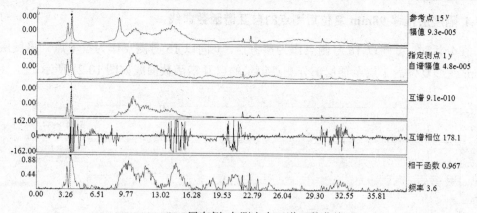

(b) 1层东侧y向测点自互谱函数曲线

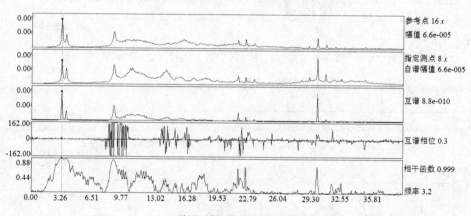

(c) 顶层西侧x向测点自互谱函数曲线

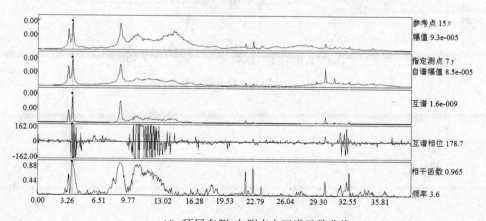

(d) 顶层东侧y向测点自互谱函数曲线

图10-20　1层至顶层部分测点自互谱函数曲线

10.3.4 隔震层推移 98mm 复位后测点的自互谱函数曲线

在分析时，x 向以 16 号测点作为参考点，y 向以 15 号测点作为参考点。隔震层 98mm 变形复位后 1 层至顶层部分测点记录的自互谱函数曲线如图 10-21 所示。

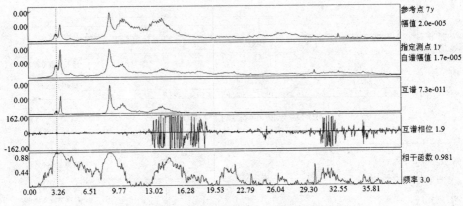

(a) 1 层东侧 y 向测点自互谱函数曲线

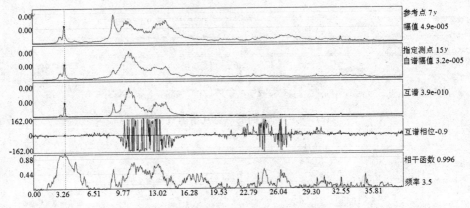

(b) 1 层西侧 y 向测点自互谱函数曲线

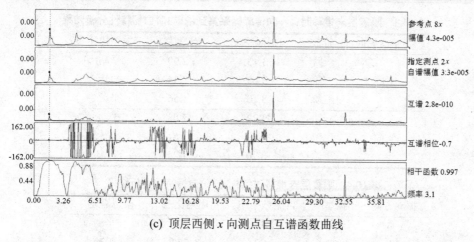

(c) 顶层西侧 x 向测点自互谱函数曲线

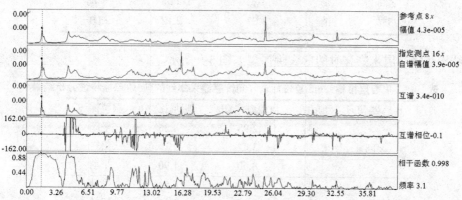

(d) 顶层东侧 x 向测点自互谱函数曲线

图10-21   1层至顶层部分测点自互谱函数曲线

10.3.5 结构自振特性识别结果

对 x 和 y 方向测点采集的两组工况下的自互谱函数曲线进行特征频率的取点工作，由于小部分测点可能受周围噪声和其他干扰荷载的影响，因此各个工况在取特征频率峰值时，应充分结合各个测点所反馈出的函数曲线信息，综合考量呈现疑似的峰值点是否满足特征频率点的要求，再做选择。表 10-3 给出了隔震层未推移时 x、y 向前 3 阶自振特性；将表 10-3 中 x 和 y 方向采集到的自振频率、阻尼比以及相应的振型描述进行汇总，得到了结构在隔震层未推移时的前 3 阶自振频率、阻尼比和振型如表 10-4 所示。表 10-5 给出了隔震层推移 98mm 复位后结构前 3 阶自振特性分析结果；表 10-6 给出了隔震层推移 98mm 复位后结构前 3 阶自振特性分析结果。

表10-3　隔震层未推移时x、y向传感器采集到的前3阶自振特性分析结果

传感器朝向	阶数	自振频率/Hz	阻尼比/%	振型描述
	一阶	3.13	2.99	平动
x 向	二阶	3.62	2.54	扭转
	三阶	8.70	1.56	平动
	一阶	3.22	2.08	平动
y 向	二阶	3.62	1.61	扭转
	三阶	8.70	1.25	平动

表10-4　隔震层未推移时结构前3阶自振特性分析结果

振动方向	振型	自振频率/Hz	阻尼比/%	振型描述
x 向	一阶	3.13	2.99	平动
y 向	二阶	3.22	2.08	平动
扭转	三阶	3.62	2.12	扭转

结构在隔震层未推移时的前 3 阶振型如图 3-9 所示。

表10-5　隔震层推移98mm复位后x、y向传感器采集到的前3阶自振特性分析结果

传感器朝向	阶数	自振频率/Hz	阻尼比/%	振型描述
	一阶	2.98	4.26	平动
x 向	二阶	3.42	2.16	扭转
	三阶	8.60	1.90	平动
	一阶	2.93	6.54	平动
y 向	二阶	3.42	2.12	扭转
	三阶	8.65	1.63	平动

表10-6　隔震层推移98mm复位后结构前3阶自振特性分析结果

振动方向	振型	自振频率/Hz	阻尼比/%	振型描述
x 向	一阶	2.93	6.54	平动
y 向	二阶	2.98	4.26	平动
扭转	三阶	3.42	2.16	扭转

根据以上 2 组工况的自振特性测试结果可知，隔震层在未推移时，测试得到的基本频率为 3.13Hz，前三阶振型对应的阻尼比分别为 2.99%、2.08%、2.12%，一阶振型是 x 方向的平动，二阶振型是 y 方向的平动，三阶振动是扭转方向的扭转振型；隔震层在经历了 98mm 的较大水平位移变形后，测点测试得到的基本频率基本保持不变，为 2.93 Hz；阻尼比在隔震层经历了推移复位后有所增加，但总体增幅较小，基本上不超过 5%，这可能与隔震层 LRB 中的铅芯在短期内参与了变形工作，以及 LRB 未

完全复位等因素有关。此外，隔震层在经历较大推移复位后，结构的前三阶振型的形状并没有发生变化。

10.4 水平初位移条件下结构动力特性测试与分析

在水平初位移条件下进行测试前，需先安置液压千斤顶，其对上部结构的加载是一个缓慢过程，每加载满 100kN 时，暂停加载片刻，观察上部结构的整体位移变化情况，同时观察由位移计所记录的位移信号，计算机上的位移数据通过位移动态采集分析软件监控。确认没有发生任何异常之后，继续使液压千斤顶工作，最终加载到 98mm，对应 LNR500 型隔震橡胶支座 102.1%的剪应变。图 10-22 所示为推移后的隔震橡胶支座。当计算机上的位移分析软件显示的位移达到既定值时，停止加荷，并将事先预备好的素混凝土顶杆安装到指定位置，代替液压千斤顶支撑上部结构。混凝土顶杆全部就位完毕后，释放液压千斤顶并缓慢卸荷，上部结构的初始位移则全部由混凝土顶杆支撑。在所有支撑顶杆预留孔洞中安装乳化炸药，做好安全疏散工作后，将所有的支撑顶杆瞬间爆破，记录爆破瞬间隔震层的复位形式及测点的动态振动信号。由于本章测试研究的加速度时程侧重于爆破的瞬间的变化情况，因此截选爆破瞬间前后 6s 的时程作为研究对象。

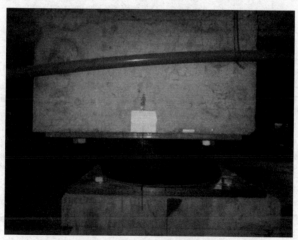

图10-22 变形后的隔震橡胶支座

10.4.1 楼层加速度响应

隔震结构在 LNR500 的 100%剪应变水平（98mm 初始位移）工况下各测点在爆破瞬间前后 6 秒的加速度时程曲线及对应的频谱图如图 10-23 所示。

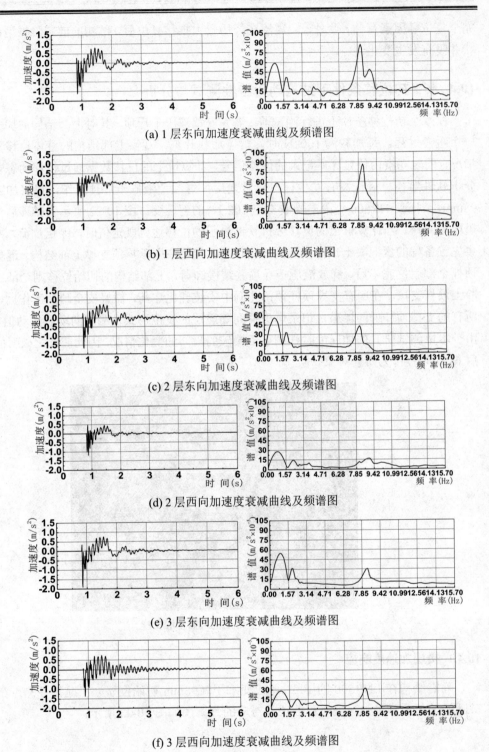

(a) 1 层东向加速度衰减曲线及频谱图

(b) 1 层西向加速度衰减曲线及频谱图

(c) 2 层东向加速度衰减曲线及频谱图

(d) 2 层西向加速度衰减曲线及频谱图

(e) 3 层东向加速度衰减曲线及频谱图

(f) 3 层西向加速度衰减曲线及频谱图

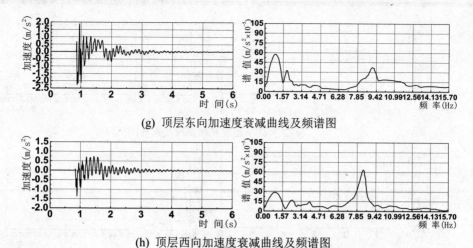

(g) 顶层东向加速度衰减曲线及频谱图

(h) 顶层西向加速度衰减曲线及频谱图

图10-23 1层至顶层加速度衰减曲线及频谱图

10.4.2 楼层速度响应

隔震结构在 LNR500 的 100%剪应变水平（98mm 水平初始位移）工况下各测点在爆破瞬间前后 6s 的速度时程曲线及对应的频谱图如图 10-24 所示。

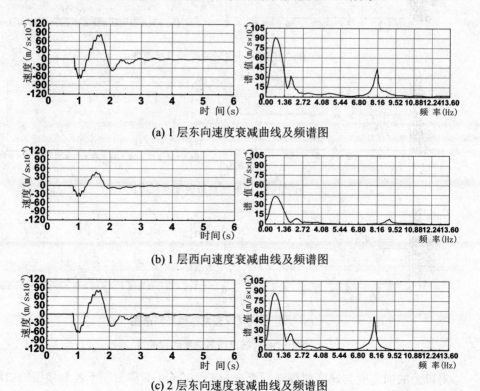

(a) 1 层东向速度衰减曲线及频谱图

(b) 1 层西向速度衰减曲线及频谱图

(c) 2 层东向速度衰减曲线及频谱图

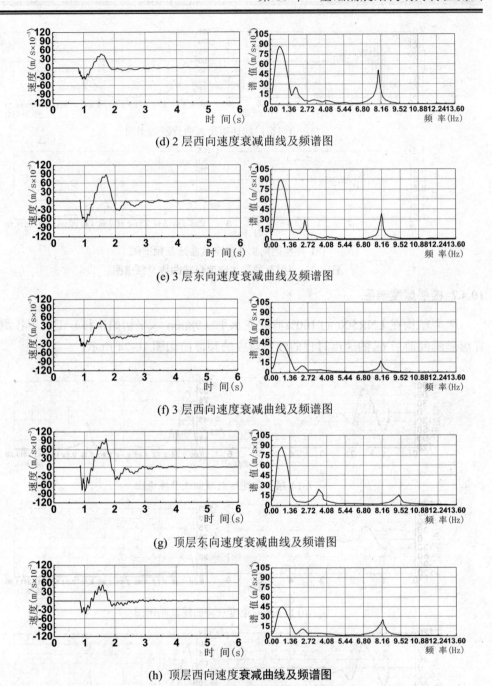

(d) 2 层西向速度衰减曲线及频谱图

(e) 3 层东向速度衰减曲线及频谱图

(f) 3 层西向速度衰减曲线及频谱图

(g) 顶层东向速度衰减曲线及频谱图

(h) 顶层西向速度**衰减曲线及频谱图**

图10-24　1层至顶层速度时程曲线

　　对以上的加速度与速度曲线进行整理，得到 98mm 推移工况下各个楼层的加速度与速度峰值如表 10-7 所示。通过表中的数据得知，在 98mm 推移工况下，顶层加速度约放大 1.23 倍，顶层速度约放大 1.06 倍，可知隔震时结构的顶层加速度与速度的放大倍数比一般抗震结构要小，基础隔震技术可降低结构的动力响应。

表10-7 各个楼层的加速度与速度峰值

楼层	1	2	3	屋顶
加速度（g）	0.188	0.204	0.205	0.231
速度(m/s)	0.081	0.084	0.085	0.086

10.4.3 楼层层间位移响应

初位移条件下，在上部结构瞬间复位前，在该建筑旁的另一栋建筑架设一台 Leica TS06 全站仪，取各楼层东侧楼梯间的顶部作为观察点，测量该隔震结构在瞬间复位过程各楼层的楼层位移、层间位移以及层间位移角的实际变化值。得到楼层位移变化结果如表 10-8 所示。从表中可知，各楼层的层间位移较小，98mm 工况下复位的最大层间位移角为 1/1440，符合规范要求。

表10-8 楼层位移响应

楼层观测点	1 层楼梯间顶	2 层楼梯间顶	3 层楼梯间顶	顶层楼梯间顶
楼层位移/mm	100.50	102.50	105.00	107.00
层间位移/mm	2.50	2.00	2.50	2.00
层间位移角/θ	1/1440	1/1800	1/1600	1/1650

10.4.4 结构基本周期及等效阻尼比

对各楼层测点的现场测试数据进行模态分析，得到各个测点测得的结构的基本周期与等效阻尼比的实测值。由于现场测试过程中可能存在测量误差以及一些不可抗力因素造成测试不准确的情况，因此将各测点得到的最终结果（如表 10-9 所示）进行等权重的线性平均，得到了隔震结构初位移条件下的基本周期与等效阻尼比，如表 10-10 所示。由表可知基础隔震结构在 98mm 初位移工况下的前 3 阶自振周期分别为 1.267s、0.417s 和 0.148s，对应的等效阻尼比分别为 20.98%、8.09%和 2.65%。结构总体上呈现出高柔性、大阻尼的性态，另外结构在 100%水平剪应变条件下结构的自振周期基本上相当于环境激励条件下自振周期的 3 倍，符合结构预期设计的目标。

表10-9　98mm工况各个测点测得的结构前3阶自振周期和等效阻尼比

加速度测点		1 层东	1 层西	2 层东	2 层西	3 层东	3 层西	顶层东	顶层西
一阶	基本周期(s)	1.250	1.266	1.266	1.282	1.250	1.282	1.250	1.266
	阻尼比(%)	20.35	21.41	21.41	21.54	20.35	21.54	20.35	21.41
二阶	基本周期(s)	0.427	0.422	0.426	0.424	0.427	0.422	0.426	0.424
	阻尼比(%)	7.41	7.17	8.35	8.13	7.41	7.17	8.35	8.13
三阶	基本周期(s)	0.162	0.205	0.140	0.193	0.162	0.205	0.140	0.193
	阻尼比(%)	2.69	2.61	2.76	3.53	2.69	2.61	2.76	3.53
速度测点		1 层东	1 层西	2 层东	2 层西	3 层东	3 层西	顶层东	顶层西
一阶	基本周期(s)	1.289	1.270	1.289	1.251	1.270	1.351	1.289	1.251
	阻尼比(%)	20.32	20.63	20.32	21.71	20.63	21.71	20.32	21.71
二阶	基本周期(s)	0.409	0.412	0.402	0.415	0.409	0.415	0.402	0.412
	阻尼比(%)	8.62	8.67	7.53	8.86	8.62	8.86	7.53	8.67
三阶	基本周期(s)	0.122	0.131	0.131	0.106	0.122	0.106	0.122	0.131
	阻尼比（%）	2.32	2.41	2.41	2.51	2.32	2.51	2.32	2.41

表10-10　98mm推移工况下前3阶自振周期与等效阻尼比

阶数	一阶		二阶		三阶	
	自振周期(s)	阻尼比(%)	自振周期(s)	阻尼比(%)	自振周期(s)	阻尼比(%)
推移 98mm	1.267	20.98	0.417	8.09	0.148	2.65

10.4.5 隔震层滞回特性及复位性能

上部结构产生水平位移并达到设定值，之后安装混凝土顶杆并替换液压千斤顶后将其瞬间爆破，得出结构在水平推移与整个爆破过程内的荷载-位移关系曲线如图

10-25 所示。

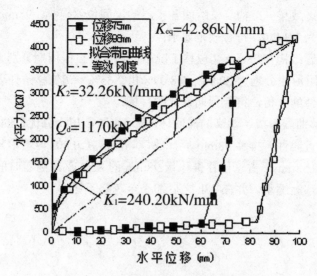

图10-25　隔震层力—位移关系曲线

可以看出，在爆破释放瞬间，曲线下降的斜率较陡，这是由于结构在极短时间内失去顶杆提供的水平支撑力。与液压千斤顶缓慢卸载的形式有所不同，上部结构尚未完全复位就已基本失去水平支撑，并且复位时间不受液压千斤顶卸载时长的影响和控制，从图中可以看出整个力与位移曲线形成了饱满的滞回环，表现出隔震层十分优良的滞回耗能能力。该滞回曲线与理论分析的结果相符合，屈服前后曲线接近线性。

结合位移计采集的动态数据，98mm 水平位移条件下，隔震层在 0.80s 内基本复位，爆破瞬间位移复位量为 80.58mm，占总位移推移量 98mm 的 82.24%。随着时间的延长，隔震层的残余位移量 17.42mm 逐渐缩小，并在 48h 之后残余量缩小至忽略不计。

10.5 本章小结

本章对一栋主体 3 层的基础隔震结构动力特性现场试验的准备工作进行了详细介绍。利用液压千斤顶出力使得隔震层产生水平初位移并由素混凝土顶杆支撑。对素混凝土顶杆进行瞬时爆破，得到隔震结构的动力响应，对其进行分析有如下结论：

（1）隔震层在经历 98mm 推移复位后，测试得到的基本频率基本保持不变，阻尼比有所增加，但总体增幅较小，基本上不超过 5%。隔震层在经历较大推移复位后，结构的前三阶振型的形状并没有发生变化。

（2）98mm 推移工况下结构顶层加速度约放大 1.23 倍，顶层速度约放大 1.06 倍，小于一般抗震结构的放大系数，表明各楼层的动力响应得到明显的控制，表明隔震层发挥了良好的隔震效果。结构复位瞬间各楼层的层间位移较小，98mm 工况下复位的最大层间位移角为 1/1440，符合规范要求；

（3）基础隔震结构在 98mm 初位移工况下的前 3 阶自振周期分别为 1.267s、0.417s 和 0.148s，等效阻尼比分别为 20.98%、8.09% 和 2.65%。初位移条件下的自振周期相当于环境激励条件的 3 倍，符合预期设计的目标；

（4）力-位移曲线形成了饱满的滞回环，表现出隔震层十分优良的滞回耗能能力。屈服前后曲线接近线性。推移 98mm 后释放，隔震层在 0.80s 内基本复位，爆破瞬间位移复位量为 80.58mm，占总位移推移量 98mm 的 82.24%。随着时间的延长，隔震层的残余位移量逐渐缩小，并在 48h 之后缩小至忽略不计。

第 11 章 三维隔震抗倾覆系统地震反应分析

11.1 引言

针对目前建筑三维隔震支座种类少以及不能抗倾覆的缺陷，本书提出了一种碟形弹簧三维隔震抗倾覆装置(disk-shaped spring three-dimensional base isolation and overturn resistance device，简称"DS-3D-BIORD")。基本思想是将水平隔震的子装置和竖向隔震的子装置串联起来，同时考虑了整套装置的抗倾覆要求。本章将利用电液伺服压剪试验机以及电子式万能试验机对装置进行性能试验；提出碟形弹簧三维隔震抗倾覆装置的设计方法；利用有限元分析软件对装置进行实体建模及有限元模拟，并与性能试验结果相比较；对安装和不安装碟形弹簧三维隔震抗倾覆装置的大高宽比钢框架模型结构进行地震模拟振动台对比试验，研究碟形弹簧三维隔震抗倾覆装置在不同地震动下的隔震和抗倾覆效果，为三维隔震抗倾覆系统的进一步理论研究和实际应用提供依据和参考。

11.2 三维隔震抗倾覆装置设计制作

本书提出一种三维隔震抗倾覆装置，集三维隔震与抗倾覆功能于一体，既解决了竖向隔震问题，同时也解决了高宽比限值的问题。装置由上下两部分子装置串联而成，上部子装置是具有抗拉和限位功能的普通橡胶支座，下部子装置主要是具备竖向隔震功能的碟形弹簧。以下将着重介绍装置的构造和制作，并进行性能试验。

本书设计制作的装置为碟形弹簧三维隔震抗倾覆装置，剖面及实物图如图 11-1、11-2 所示，是根据五层钢结构模型振动台试验的需要进行设计的，水平向承载力设计值为 7.5 kN，竖向抗拉承载力设计值为 13 kN，竖向承压承载力设计值为 60 kN。上部子装置采用的是添加了钢丝绳的具有抗拉能力的橡胶支座(简称"抗拉橡胶支座")，钢丝绳穿过抗拉橡胶支座的上下封钢板，并通过中孔，两端固定在上下封钢板内，中孔内铅芯可根据需要设置。钢丝绳在中孔内的与抗拉橡胶垫的水平极限变形有关的多余预留长度(指的是比钢丝绳张紧状态多出来的那部分)是可设计的，本书设计抗拉橡胶垫的水平极限变形为 220%。在普通叠层橡胶支座中添加钢丝绳后，在发生较小的水平剪切变形时，支座内部未产生拉应力，钢丝绳处于松弛状态，其所起的作用不大，不提供刚度；当发生较大的水平剪切变形时，支座产生大的拉应力，此时设计钢丝绳将被拉紧，分担相当部分的拉力，使结构的安全性得到保证。

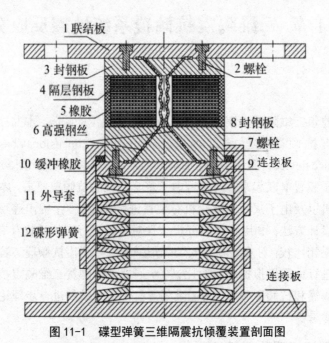

图 11-1　碟型弹簧三维隔震抗倾覆装置剖面图

　　碟形弹簧三维隔震抗倾覆装置通过上下连接板与结构相连接，下部子装置采用碟形弹簧；弹簧的外面是一圆筒，圆筒与弹簧之间的间隙应当经过合理的设计；圆筒的下端向外延伸一翼缘，圆筒通过翼缘上的螺栓孔用螺栓与下连接板连接固定；圆筒的上端向内延伸一翼缘，上部抗拉橡胶支座的下端连接有一圆形小连接板，该连接板与弹簧直接接触，当弹簧从受压状态回到平衡位置，再往上移动时，圆筒上端翼缘限制了弹簧及小连接板继续向上移动，起到限位的作用，同时上部抗拉橡胶支座的钢丝绳也能因此而张紧，发挥抗拉及抗倾覆的功能；小连接板与圆筒上端翼缘之间放置了一块圆环形橡胶片，起到缓冲作用。

图 11-2　碟型弹簧三维隔震抗倾覆装置实物图

11.3　三维隔震抗倾覆装置力学性能

在压剪试验机和万能试验机上进行装置的性能试验，下面所有性能试验的加载频率除特殊说明外，都为 0.1 Hz。试验用的普通橡胶支座的具体尺寸如下表 11-1 所示。

表11-1　橡胶支座的尺寸/mm

有效直径	铅芯中孔	叠层钢板	叠层橡胶	钢丝绳直径	高度
100	18	1.5×14 层	1.5×15 层	2	95.5

11.3.1　铅芯抗拉橡胶支座水平性能试验

对 5 个尺寸如表 11-1 所示的添加了钢丝绳的铅芯橡胶支座(即铅芯抗拉橡胶支座，pull resistance lead rubber bearing，简称为"PRLRB")进行水平基本性能试验，竖向施加 40 kN 预压。对其中的 4 个支座(将用于后面的振动台试验)仅做水平变形为 50% 和 100% 的基本性能试验，对另外的一个支座还进行了加载频率相关性试验以及承载力试验。

图 11-3 所示为 4 个 PRLRB 支座在水平变形为 50% 和 100% 的滞回曲线。图 11-4 所示为 PRLRB 支座在水平变形为 50%、100%、150%、220% 和 300% 时的滞回曲线。220% 水平变形量的工况在 300% 水平变形量的工况之后进行试验，而钢丝绳的设计发生作用变形量为 220%。从图 11-3 中可以看出，各曲线包络的面积较大，滞回曲线较丰满，说明这类支座具有较强的耗能能力，在小变形情况下也能有效地进行耗能。图 11-4 中的曲线的非线性明显，在小变形时即表现出非线性特性，实际上在水平变形逐渐增大过程中，钢丝绳与铅之间的相互摩擦对滞回曲线的影响不可忽略。从 300% 变形的曲线可以看出，曲线在 63.2 mm 水平位移时产生跳跃，试验中的支座发出爆裂声，

说明钢丝绳已经断裂。从 220%变形的滞回曲线与其他曲线的比较中可以看出，该曲线的屈服后刚度曲线基本上呈一直线，且该曲线的刚度要明显小于在同一水平变形下钢丝绳完好时的曲线的刚度，说明钢丝绳已断裂，不再起作用。图 11-5 所示为加载频率对 PRLRB 支座性能的影响，从图中可以看出，加载频率对 PRLRB 支座性能影响很小。图 11-6 所示为试验中的橡胶支座。

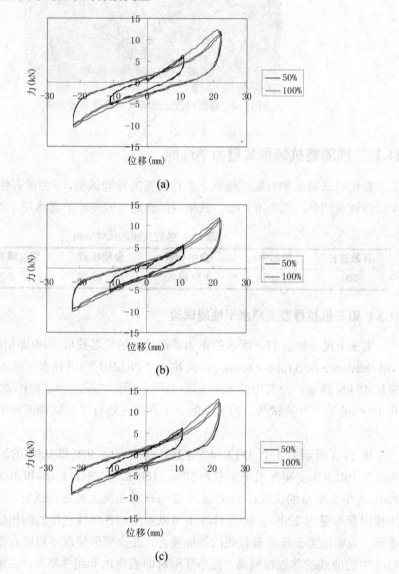

(a)

(b)

(c)

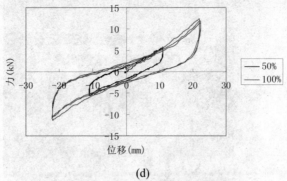

(d)

图11-3　4个PRLRB支座的滞回曲线

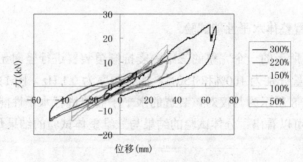

图11-4　PRLRB支座的极限承载力曲线

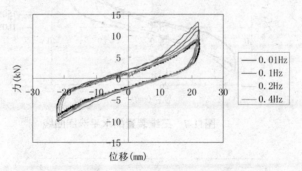

图11-5　加载频率对PRLRB支座性能的影响

图11-6　试验中的橡胶支座

11.3.2　三维装置整体水平性能试验

对图 11-2 所示的一个完整的三维隔震抗倾覆装置进行竖向无压力的水平性能试验，水平变形量分别为 100%和 150%，加载频率为 0.1 Hz。图 11-7 所示为相应的滞回曲线，图 11-8 所示为与仅对该装置的水平子装置进行水平性能试验的滞回曲线的对比。从图中可以看出，分体试验的结果与三维整体试验的结果是一致的。

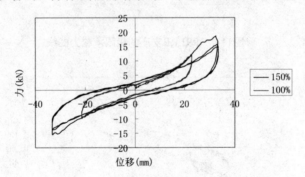

图11-7　三维装置的水平滞回曲线

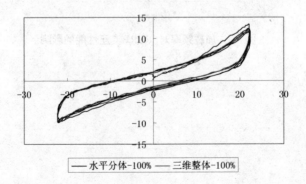

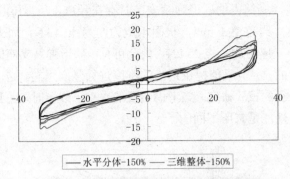

图11-8　三维装置整体与分体水平性能对比

从以上的分析可知，添加钢丝绳后，铅芯橡胶支座的水平抗剪切及抗拉能力都得到了大幅度提高，有利于三维装置的抗倾覆功能的实现。

本书的铅芯抗拉橡胶支座的竖向刚度相比碟形弹簧支座的刚度要大很多，三维隔震抗倾覆装置的竖向刚度主要由碟形弹簧支座的刚度决定，上述铅芯抗拉橡胶支座的竖向刚度平均为 47.18 kN/mm。

11.3.3　碟形弹簧支座竖向性能试验

本书的碟形弹簧三维隔震抗倾覆装置的竖向构件采用了碟形弹簧。碟形弹簧的不同组合方式可满足不同的性能要求，本书采用 13 个单片对合的方式。弹簧支座的相关几何参数如表 11-2 所示。

表11-2　碟形弹簧支座的相关几何参数/mm

	内/外径	碟片厚度	碟片自由高度	碟片压平变形量
碟形弹簧支座	64/125	5	8.5	3.5
	碟片总件数	总高度	与筒壁间隙	套筒高度
	1 片×13	110.5	1	161

图 11-9 所示为单片碟形弹簧的力与变形关系曲线，从图中可以看出，由于摩擦力的影响，碟簧的加载刚度要略大于其卸载刚度，加载刚度约为 10.49 kN/mm，与不考虑摩擦时的理论计算刚度 10.61 kN/mm 相吻合，按照加载刚度计算出的极限承载力为 36.72 kN，与理论计算的 37.04 kN 相当。

图 11-10 所示为碟形弹簧支座的滞回曲线，加载频率为 0.1 Hz。其中，图(a)为 20 mm 预压下，竖向变形量为 2、4、8、16 mm 的滞回曲线，体现了碟形弹簧的真实工作状态，曲线的加载刚度为 1 kN/mm，远小于上部抗拉橡胶支座的 47.18 kN/mm。图

(b)为极限变形曲线，套筒内的碟形弹簧安装时存在预压，所以(b)图所示的极限变形要比理论计算略小，约为 39.8 mm，极限承载力约为 40.4 kN；而上部模型结构的自重约 100 kN，每个支座平均承担 25 kN。由此可见，碟形弹簧支座既能提供足够的承载力承担上部结构的自重，又能提供适当的刚度进行竖向隔震。这仅仅是对竖向子装置的竖向性能所进行的试验研究，当考虑装置的水平子装置时，尤其是考虑水平与竖向耦合时，其竖向性能是有所不同的。

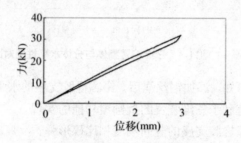

图11-9　单片碟簧的力与变形关系曲线

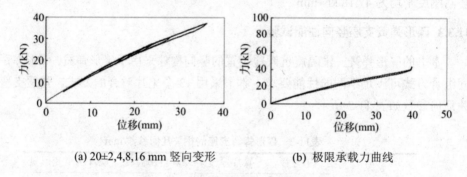

(a) 20±2,4,8,16 mm 竖向变形　　　　(b) 极限承载力曲线

图11-10　碟形弹簧支座的滞回曲线

11.3.4 三维装置整体竖向性能试验

在电子万能试验机上对碟形弹簧三维隔震抗倾覆装置进行整体竖向性能试验。试验时，如果试件底部支撑面是完全水平的，则装置的力与变形关系曲线如图 11-11(a)所示，曲线加载刚度约为 1.01 kN/mm，该曲线与上文中所述仅对竖向碟形弹簧进行试验时的曲线是一致的，两曲线的滞回环大小相当。如果试验时试件底部支撑面是略倾斜的，则装置的力与变形关系曲线如图 11-11(b)所示，与上文所述不完全相同；曲线加载刚度约为 1.03 kN/mm，与支撑面水平时是一致的，而滞回曲线却变得丰满了。这是由于支撑面倾斜时，竖向压缩三维装置引起橡胶垫发生剪切变形，套筒内碟形弹簧与筒壁以及碟形弹簧上部小连接板与筒壁之间的摩擦加剧。这与装有三维装置的结构在三向地震动作用下时，三维装置的受力状态相似，即考虑了竖向与水平向的耦合。

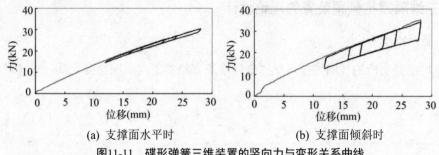

(a) 支撑面水平时   (b) 支撑面倾斜时

图11-11　碟形弹簧三维装置的竖向力与变形关系曲线

其他三个装置的竖向力与变形关系曲线如下图 11-12 所示。从这些图中可以看出，三维装置的竖向力与变形关系曲线接近双线性，平移坐标原点至曲线中心，并将曲线双线性简化，经计算可以得到四个装置的双线性特征参数及其均值如表 11-3 所示。在进行数值分析时，可以把表中的均值所在行数据作为装置的力学模型。

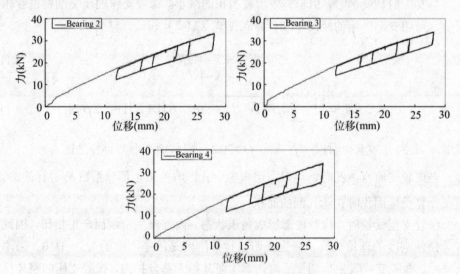

图11-12　另外三个三维装置的竖向力与变形关系曲线

表11-3　四个三维装置的双线性特征参数

	第一刚度/(kN/mm)	屈服后刚度/(kN/mm)	屈服力/kN
Bearing 1	12.564	1.03	3.322
Bearing 2	12.427	1.01	3.477
Bearing 3	13.162	0.97	3.326
Bearing 4	14.647	1.00	3.820
均值	13.200	1.003	3.486

11.4 三维隔震抗倾覆装置的理论设计

11.4.1 竖向刚度

抗拉橡胶支座的竖向刚度可参照普通橡胶支座的竖向压缩刚度计算公式（11-1）求得。

$$K_V = \frac{E_{rb}A}{T_R} \qquad (11-1)$$

式中，$E_{rb} = \dfrac{E_r E_b}{E_r + E_b}$ 为修正弹性模量；$E_r = 3G\left(1 + \dfrac{2}{3}\kappa S_1^2\right)$ 为名义弹性模量；E_b 为体积弹性模量；κ 为取决于橡胶硬度的系数；A 为橡胶层截面面积；T_R 为橡胶层总厚度。

当发生剪切变形时，由于有效承载面积的减小，橡胶支座的压缩刚度也会相应地变小。剪切变形影响的竖向刚度计算式见式（11-2）和式（11-3）：

$$K_{Ve} = \left(\frac{A_e}{A}\right) K_V \qquad (11-2)$$

$$A_e = \left[1 - \frac{2}{\pi}\left(\beta\sqrt{1 - \beta^2} + \sin^{-1}\beta\right)\right]A \cong [1 - 1.2\beta]A \qquad (11-3)$$

式中，A_e 为有效承载面积；$\beta = \delta / D \leqslant 0.6$，即剪切变形与直径之比。

当橡胶支座有中孔时，可以利用考虑中孔影响的第 1 形状系数 S_1 进行简略计算，即在计算受压面积时扣除孔洞的面积。

橡胶支座受拉时，橡胶内部形成负压状态，内部产生空洞而产生损伤，因此没有有关拉伸刚度的理论公式。研究表明，拉伸刚度是压缩刚度的 1/5～1/10。当添加钢丝绳后，橡胶支座发生剪切变形时，钢丝绳分担大部分拉力，橡胶支座的整体抗拉能力将得到明显增强。

11.4.2 水平刚度

抗拉橡胶支座的水平刚度 K_H，可以根据竖向压力和水平力同时作用于弹性体时发生屈曲时的解，由下式（11-4）~式（11-7）求出：

$$K_H = \frac{P_V^2}{2k_r q \tan[q(T_R + T_S)/2] - P_V(T_R + T_S)} \qquad (11-4)$$

$$q = \sqrt{\frac{P_{\mathrm{V}}}{K_{\mathrm{r}}}\left(1 + \frac{P_{\mathrm{V}}}{K_{\mathrm{s}}}\right)_{\mathrm{R}}} \tag{11-5}$$

$$k_{\mathrm{s}} = (GA)_{\mathrm{eff}} = \frac{GA(T_{\mathrm{R}} + T_{\mathrm{S}})}{T_{\mathrm{R}}} \tag{11-6}$$

$$k_{\mathrm{r}} = (EI)_{\mathrm{eff}} = \frac{E_{\mathrm{rb}}I(T_{\mathrm{R}} + T_{\mathrm{S}})}{T_{\mathrm{R}}} \tag{11-7}$$

式中，P_{V} 为压缩荷载；T_{S} 为夹层薄钢板的总厚度；k_{s} 为有效剪切刚度；k_{r} 为有效弯曲刚度；I 为截面惯性矩；其余同上文所述。

式（11-4）中的压缩荷载趋近于 0 时的水平刚度 K_{H0} 可由下式（11-8）给出，该计算式与单纯考虑橡胶层剪切刚度的公式相同。推导过程中设 $\tan(qH/2) \approx qH/2$。

$$K_{\mathrm{H0}} = GA/T_{\mathrm{R}} \tag{11-8}$$

计算式（11-6）和（11-7）中都乘以 $(T_{\mathrm{R}} + T_{\mathrm{S}})/T_{\mathrm{R}}$，是为了将橡胶层的剪切刚度和弯曲刚度换算成由橡胶层和薄钢板组成的复合体的有效刚度。使用有效刚度，就可将叠层橡胶支座视为均质材料，这样有利于简化计算。一般情况下，可以利用式（11-8）估算以剪切变形为主并且水平刚度受压缩荷载影响小的橡胶支座的水平刚度。

铅芯的水平剪切刚度可用式（11-9）近似表达：

$$K_{HL} = \frac{G_L A_L}{H_L} \tag{11-9}$$

其中，G_{L} 为铅的剪切模量，A_{L} 为铅芯截面积，H_{L} 为铅芯高度。

那么，抗拉橡胶支座的屈服前刚度可表示为：

$$K_H = K_{H0} = K_{HL} = \frac{GA}{T_R} + \frac{G_L A_L}{H_L} \tag{11-10}$$

11.4.3 钢丝绳的设计

该三维抗倾覆隔震支座所要达到效果是，在《建筑抗震设计规范》规定的无需验算抗倾覆的多遇地震和设计地震作用下，在橡胶隔震支座水平变形从零逐渐增大到极限变形的过程中，抗倾覆装置基本不起作用，橡胶支座水平变形基本不受抗拉构件约束，水平隔震效果基本不受影响；在罕遇大地震作用下，在水平变形达到极限变形时，由抗拉构件限制位移的增大，起到抗倾覆的功能。为此，考虑在橡胶支座中添加钢丝绳作为抗拉构件。

在三维隔震抗倾覆装置的设计中，钢丝绳的设计是一个重要的环节。出于安全以及简化考虑，我们假定在罕遇地震下，抗拉橡胶支座在受力过程中，钢丝绳承担所有的拉力，并且在结构模型简化过程中仅考虑水平隔震；同时假定地震动水平分量对结构体系的受力起主要作用。在以上假定的基础上对抗拉橡胶支座中的钢丝绳进行设计。

水平隔震结构体系的平面计算简图采用剪切型结构模型。隔震层平面布置假定为 n 排 2 列的均匀布置相同型号橡胶支座，更复杂的布置方式下，橡胶支座的受力依然可以通过求解力的平衡方程获得。根据《建筑抗震设计规范》相关条款计算地震作用，见式（11-11）：

$$F_{EK} = a_1 G_{eq} \tag{11-11}$$

根据《建筑抗震设计规范》，隔震结构的水平地震作用沿高度采用矩形分布，则单个支座所承担的最大拉力由式（11-12）计算：

$$f_t = F_{EK} \frac{H}{2nB} - \frac{G}{2n} \tag{11-12}$$

在橡胶支座产生水平极限变形时，支座剪切角的余弦值为：

$$\cos a = /(T_R + T_S) / \sqrt{\delta_{h,\max}^2 + (T_R + T_S)^2} \tag{11-13}$$

式中，T_R 为橡胶层总厚度；T_S 为夹层薄钢板的总厚度；$\delta_{h,\max}$ 为橡胶支座水平极限变形。

那么，支座中钢丝绳所承担的最大拉力为：

$$f_{wr} = \frac{f_t}{\cos a} = (F_{EK} \frac{H}{2nB}) \sqrt{\delta_{h,\max}^2 + \frac{(T_r + T_S)^2}{(T_r + T_S)}} \tag{11-14}$$

根据橡胶支座大小选用适当直径 d 的钢丝绳。单个橡胶支座所需钢丝绳数量为：

$$n_{wr} = f_{wr} \frac{u}{F_0} \tag{11-15}$$

式中，F_0 为钢丝绳的最小破断拉力；u 为钢丝绳的安全系数，不同的使用环境有不同的取值，一般的取值范围为 3~10。

11.4.4 碟形弹簧支座

碟形弹簧是用金属板料或锻造坯料加工而成的截锥形弹簧。按照厚度碟形弹簧可分为无支撑面和有支撑面两种。一般情况下，当厚度小于 6 mm 时，因承受载荷较小，支撑面仅为两个圆，采用无支撑面形式；当厚度大于 6 mm 时，因承受载荷较大，采用有支撑面形式。碟形弹簧可采用对合、叠合的组合方式，也可采用复合不同厚度、不同片数等的组合方式。碟形弹簧制定有国家标准，可按使用要求选定标准尺寸和参数选用。碟形弹簧支座的设计包括刚度设计和强度设计。碟形弹簧支座的设计流程大致如下：

（1）按照特性曲线的形式要求，选定比值 h_0/t。要求特性曲线近于直线时，可取 $h_0/t \approx 0.5$；要求具有弹簧刚度为零的变形区域时，可取 $h_0/t \approx \sqrt{2}$；要求具有负刚度特性时，可取 $h_0/t > \sqrt{2}$。

（2）根据空间结构尺寸的限制，选定 D 或 d，并确定比值 C。一般取 $C=2$。碟形弹簧单位体积材料的变形能与直径比 C 有关，比值在 1.7 时为最大，因此用于缓冲、吸振和储能的碟形弹簧，可取 $C=1.7 \sim 2.5$。如为控制装置等用的碟形弹簧，弹簧特性有特殊要求时，则可在 $C=1.25 \sim 3.5$ 之间选取。C 值大于 3.5，将使外径过大而可能超出空间尺寸对外径的限制；C 值过小，外径与内径相接近，会给制造带来困难，因此通常 C 值不小于 1.25。

（3）给定比值 f_{max}/h_0，并由应力计算公式求出满足强度要求的碟片厚度 t。在计算时，各式中的 f/t 均以 $f_{max}/t=(f_{max}/h_0)(h_0/t)$ 代入。规定荷载变化次数低于 10^4 以下，仅需验算静力强度，故可按照下式（11-18）校验碟形弹簧压平时的应力。由 h_0/t 的比值和 t 值求出内截锥高度 h_0。

（4）按照载荷与变形关系的要求，确定弹簧组合方式和片数。最终可得碟型弹簧组的刚度和承载力。

单片碟形弹簧的荷载 F 和变形 f 关系、计算应力和刚度如下：

$$F = \frac{4E}{1-v^2} \times \frac{t^3}{K_1 D^2} \times K_4^2 f \left[K_4^2 \left(\frac{h_0}{t} - \frac{f}{t} \right) \left(\frac{h_0}{t} - \frac{f}{2t} \right) + 1 \right] \qquad (11\text{-}16)$$

$$F_c = F_{f=h_0} = \frac{4E}{1-v^2} \times \frac{h_0 t^3}{K_1 D^2} \times K_4^2 \qquad (11\text{-}17)$$

式中，系数 $K_1 = \dfrac{1}{\pi} \times \dfrac{[(C-1)/C]^2}{(C+1)/(C-1)-2/\ln C}$，$C = \dfrac{D}{d}$，

$$K_4 = \sqrt{-\frac{C_1}{2} + \sqrt{\left(\frac{C_1}{2}\right)^2 + C_2}},$$

$$C_1 = \frac{(t'/t)^2}{[0.25H_0/t - t'/t + 0.75][0.625H_0/t - t'/t + 0.375]}$$

$$C_2 = \frac{C_1}{(t'/t)^3}[\frac{5}{32} \times (\frac{H_0}{t} - 1)^2 + 1]$$

$$\sigma_{OM} = \frac{4E}{1-v^2} \times \frac{t^3}{K_1 D} \times K_4 \times \frac{f}{t} \times \frac{3}{\pi} \tag{11-18}$$

$$K_V = \frac{\mathrm{d}F}{\mathrm{d}f} = \frac{4E}{1-v^2} \times \frac{t^3}{K_1 D} \times K_4^2 \left\{ K_4^2 \left[\left(\frac{h_0}{t}\right)^2 - 3 \times \frac{h_0}{t} \times \frac{f}{t} + \frac{3}{2}\left(\frac{f}{t}\right)^2 \right] + 1 \right\} \tag{11-19}$$

式中，E 为碟形弹簧材料的弹性模量；v 为碟形弹簧材料泊松比；F_c 为压平时的碟形弹簧负荷计算值；D 为碟形弹簧外径；d 为碟形弹簧内径；t 为碟形弹簧厚度；t' 为有支撑面碟形弹簧减薄厚度；H_0 为单片碟形弹簧的自由高度；h_0 为无支撑面碟形弹簧压平时变形量计算值 $h_0 = H_0 - t$；h_0' 为有支撑面碟形弹簧压平时变形量计算值 $h_0' = H_0 - t'$；OM 为单片碟形弹簧剖面一侧形心。

对无支撑面碟形弹簧，$K_4 = 1$；对于有支撑面碟形弹簧，K_4 按照上式计算，并在相关计算式中以 t' 代替 t，以 $h_0' = H_0 - t'$ 代替 h_0。

碟形弹簧支座仍需要采用导杆(内导向)或导套(外导向)作为导向。本书采用的是外导向。导向件与碟形弹簧之间的间隙推荐采用表 11-4 的数值：

表11-4　碟形弹簧与导向件间隙/mm

直径 D	<16	16~20	20~26	26~31.5	31.5~50	50~80	80~140	140~250
间隙	0.2	0.3	0.4	0.5	0.6	0.8	1.0	1.6

11.5　三维隔震抗倾覆装置的数值模拟

11.5.1　橡胶的模拟

橡胶属于超弹性材料，橡胶的材料特性和几何特性都是非线性的。2010 版之后，ANSYS 将超弹单元整合到实体单元的单元方程之中，使得 SOLID186 可以直接使用二、五、九常数三种 Mooney-Rivlin 材料模型。本书 ANSYS 对橡胶支座的模拟采用二常数的 Mooney-Rivlin 应变能密度函数，只需确定 a_{10} 和 a_{01} 的数值。经简化计算，取 $a_{01} = 0.03$，则 $a_{10} = 0.198$。在 ANSYS 中，在 Mooney-Rivlin 二常数性能函数的设置时，还需要输入 d 值。当 $v \approx 0.5$ 时，$d = 0$。

11.5.2　叠层钢板的模拟

在橡胶支座中，叠层钢板采用 Q235，叠层钢板和叠层橡胶之间始终保持着接触，在剪切变形中，二者协调运动，因为可以近似认为二者之间不存在相对滑动和相对滑动的趋势，不存在动摩擦力和静摩擦力。数值模拟时，对于叠层钢板和叠层橡胶之间的接触，采用耦合的办法。故叠层钢板采用 SOLID186 单元，与叠层橡胶相同，在网格划分时二者也采用相同的网格密度，以使得单元平面之间每个位置上的节点一一对应，如图 11-13 所示。

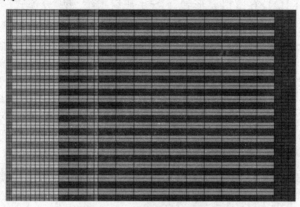

图11-13　叠层橡胶支座剖面图

11.5.3　钢丝绳的模拟

支座采用高强钢丝作为钢丝绳的材料，其弹性模量取 2.1×10^5 MPa，屈服强度为 1470 MPa，泊松比为 0.28。考虑到钢丝绳的受力特性，采用 LINK10 单元对钢丝绳进行数值模拟。LINK10 单元对系统阻尼矩阵没有贡献。单元的初始应变定义为 Δ/L，其中 Δ 为建模时定义的两个端节点之间的距离 L 与单元零应变时的长度 L_0 之间的差值。当指定只受拉时，负的应变值表示单元处于初始的松弛状态。当指定只受压时，正的应变值表示单元处于初始开裂状态。

在实际的对水平隔震子装置的试验中，如图 11-4 所示，水平隔震子装置的滞回曲线在变形达到 9 mm 时就出现了"抬头现象"，这与钢丝绳在设计时指定变形达到 49.5 mm 时才发挥作用不相符。这主要是因为钢丝绳布置的位置也布置了铅芯，在水平隔震子装置发生位移时，钢丝绳和铅芯之间发生摩擦，铅芯限制了钢丝绳的伸展，间接增加了系统的刚度，曲线斜率增加，相当于钢丝绳提前发挥了作用。由于 LINK10 单元无法实现对钢丝绳与铅芯相互摩擦的模拟，在建模时，可以改变部分钢丝绳的初始应变，使得这部分钢丝绳在水平变形中提前发挥作用。由于材料的参数也不变，只是改变系统计入钢丝绳刚度的条件，所以系统最终的刚度不会改变。

11.5.4 碟形弹簧的模拟

碟形弹簧采用高强钢材 60Si2MnA，在模拟时，取如下材料参数：弹性模量 2.06×10^5 MPa、屈服强度 1400 MPa、切线模量 70 MPa、泊松比 0.3。外导套采用钢材 Q235，弹性模量 2.1×10^5 MPa、屈服强度 235 MPa、切线模量 70 MPa、泊松比 0.28。

本文采用 SOLID186 模拟碟形弹簧，并开启了缩减积分模式，同时由于单元每条棱边有三个积分点，在网络划分足够精细的情况下，能够很好地避免单元的剪力自锁现象，从而提高了计算结果的精度。接触是典型的状态非线性问题，它是一种高度非线性行为。本书采用面面接触单元，其中目标单元为 TARGE170，接触单元为 CONTA174。对于碟簧组，由于面面之间采用相同的单元，并且网格的划分是一致的，刚度也相同，故采用对称接触面的方式，即打开 ANSYS 的 Asymmetric Contact Selection，使得面面互为接触面和目标面。对于碟簧组和外导套之间的接触，指定弹簧表面是接触面，外导套表面为目标面。碟簧之间的接触面积很大，为了保证计算的精度，取法向罚刚度 $FKN=1.0$；碟簧组和外导套之间的接触面积与碟簧之间的接触面积相比要小得多，取法向罚刚度 $FKN=0.8$。

11.5.5 装置的滞回曲线

建立完整的碟形弹簧三维隔震抗倾覆装置的 ANSYS 有限元数值模型，并对该模型进行数值分析，并将数值分析的结果与试验数据进行对比，验证模型的有效性。如图 11-14 所示，建立了具有 98363 个单元，309275 个节点，每个节点拥有独立的三个方向自由度的大型 ANSYS 有限元模型。对 ANSYS 有限元数值模型施加荷载进行分析。图 11-15 所示为加载时数值模拟的装置变形图，图 11-16 所示为试验的装置变形图。

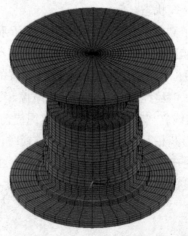

图11-14　碟形弹簧三维隔震抗倾覆装置有限元模型

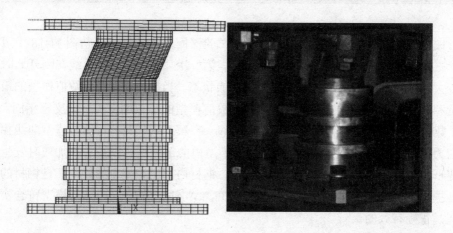

图11-15　数值模拟的装置变形图　　　　　图11-16　试验时的装置变形图

　　装置水平向数值模拟的滞回曲线和试验的滞回曲线如图 11-17 所示。从图中可以看出，加载时，变形量从 0 mm 增长到 12 mm 的过程中，数值模拟的曲线和试验曲线几乎重合，之后数值模拟的曲线斜率大于试验的曲线斜率，由于是力控制，导致最终数值模拟的水平位移的变形量小于试验的变形量。数值模型较好的模拟了滞回曲线的"抬头"现象。但是由于钢丝绳与铅芯的摩擦、剪切、挤压作用较为复杂，从实验中也可以看出试验在不同循环时钢丝绳所起作用大小不一样，因此未能使得数值模拟在每一圈都能与试验完全重合。

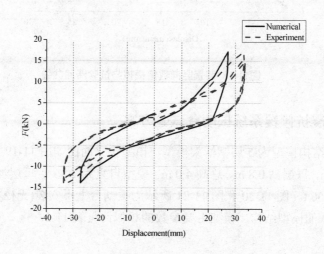

图11-17　装置水平向数值模拟与试验滞回曲线

图 11-18 所示为装置竖向滞回曲线与试验滞回曲线的对比。从图 11-18 中可以看出，三维装置的竖向滞回曲线接近双线性。第一次加载时，试验曲线在刚开始时出现了较大的波动，而数值曲线呈现均匀增长的状态。当加载完毕时，数值模型的最终变形量和试验的最终变形量几乎一致，说明数值模型的等效刚度和试验支座相同。卸载时，数值模型的曲线的斜率略大于试验曲线。在第二次加载时，数值模型曲线拐点处的应力大于第一次加载时，这主要是由于模型内的部分钢材在第一次加载时发生了塑性变形，经过一次卸载后，当再次加载时，钢材内部已产生变形硬化，是钢材的屈服强度提高的缘故。通过对滞回曲线的比较可知，ANSYS 有限元数值模型符合实际，模型是正确有效的。

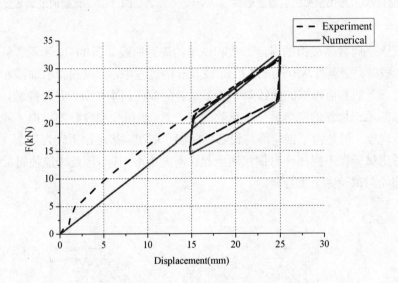

图11-18 装置竖向数值模拟与试验滞回曲线

11.6 三维隔震抗倾覆系统振动台试验方案

试验所用结构模型为 5 层钢框架模型，模型平立面图如图 11-19 所示，平面尺寸为 0.8 m×1.6 m，每层高 0.8 m，总高 4.0 m。模型自重为 1.86 t，每层加人工配重 1.3 t，模型总重为 9.66 t。图 11-20 和图 11-21 所示为振动台上不安装(无控)和安装(有控)有 DS-3D-BIORD 的模型结构，模型主要参数的相似比见表 11-5。

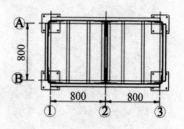

角柱截面：角钢-110×10
中柱截面：组合角钢-110×70×8
边跨梁截面：槽钢-100×48×5.3
中跨梁截面：槽钢-80×43×5
次梁截面：槽钢-50×37×4.5

(a) 数据参数　　　　　　　　　(b) 平面图

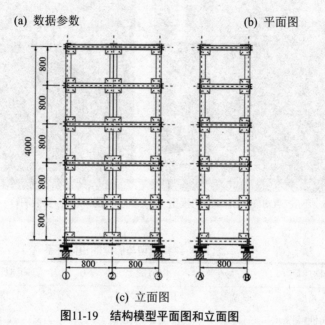

(c) 立面图

图11-19　结构模型平面图和立面图

图11-20　不安装DS-3D-BIORD的模型

图11-21　安装有DS-3D-BIORD的模型

表11-5　结构模型与原型的相似关系

物理量	符号	相似关系	相似比
长度	S_l	模型 l/原型 l	1/25
弹性模量	S_E	模型 E/原型 E	1
加速度	S_a	模型 a/原型 a	1
质量	S_m	$S_m = S_E S_l^2 / S_a$	1/625
时间	S_t	$S_t = \sqrt{S_l / S_a}$	1/5
频率	S_f	$S_f = 1 / S_t$	5
速度	S_v	$S_v = \sqrt{S_l S_a}$	1/5
应力	S_σ	$S_\sigma = S_E$	1
应变	S_ε	$S_\varepsilon = 1$	1
力	S_F	$S_F = S_E S_l^2$	1/625
刚度	S_K	$S_K = S_E S_l$	1/25

试验设备采用广州大学抗震研究中心的三向六自由度振动台。在模型结构测试系

统中，测试内容包括加速度、位移和力。在每个三维装置下面都安装有一个三向力传感器，用于测量基底剪力和轴向力。同时在隔震层还布置有测量隔震层水平和竖向位移的激光位移传感器。在振动台台面以及结构的每层均布置有 4381V 型加速度传感器，以测量结构在三个方向上的加速度反应。

根据试验需要，依据场地类型，选定分别属于不同场地类型的四条地震动记录作为地震模拟振动台的台面输入，各条地震动记录的名称、所属场地类型及各分量的幅值等详细信息列于表 11-6。地震动三向输入到模型结构，各个方向幅值比例按照原始地震动记录比例进行调整，其主向加速度峰值按照《建筑抗震设计规范》调幅为 200 gal 和 400 gal，相当于 8 度设防和 8 度罕遇烈度，试验分无控和有控，其中的两个工况为白噪声扫频试验，以获得无控和有控结构的自振特性，试验的详细加载方案如表 11-7 和表 11-8 所示，表中各输入分量的排列对应结构的 x、y、z 向。四个装置在振动台上负载结构自重及配重，静态时受力分别为 25.4 kN、22.86 kN、24.9 kN 和 22.23 kN，合计 95.39 kN，与上文所述的 9.66 t 基本相等。

表11-6 试验用地震动记录

场地类型	记录名称	分量	记录间隔/s	持时/s	峰值/(cm/s²)	三个方向幅值比例
Ⅰ 类场地	1985, Michoacan, Mexico, La Union	90 #			-147.06	0.9034
		180	0.01	62.74	162.79	1
		Vert			120.94	0.7429
Ⅱ 类场地	1940, El Centro, El Centro-lmp Vall lrr Dist	NS#			341.70	1
		WE	0.02	53.40	210.14	0.615
		Vert			-206.35	0.6039
Ⅲ 类场地	1994, Northridge, Canoga Park	116			-343.2	0.838
		196 #	0.02	55.58	380.98	0.9302
		Vert			409.56	1
Ⅳ 类场地	1995, Kobe, Osaka	0 #			78.7	1
		90	0.02	120	62.23	0.7907
		Vert			-62.92	0.7995

表11-7　有控试验加载方案

试验工况	输入地震动	输入方向	输入加速度峰值/g	说明
A 0	白噪声(0.1~40Hz)	x、y、z	0.1	
A 1	El Centro-NS	y	0.2041	8 度设防
A 2	Kobe-0	y	0.2041	8 度设防
A 3	Mexico-90	y	0.4082	8 度罕遇
A 4	El Centro-NS	y	0.4082	8 度罕遇
A 5	Northridge-196	y	0.4082	8 度罕遇
A 6	Kobe-0	y	0.4082	8 度罕遇
A 7	El Centro-NS	x	0.2041	8 度设防
A 8	Kobe-0	x	0.2041	8 度设防
A 9	Mexico-90	x	0.4082	8 度罕遇
A 10	El Centro-NS	x	0.4082	8 度罕遇
A 11	Northridge-196	x	0.4082	8 度罕遇
A 12	Kobe-0	x	0.4082	8 度罕遇
A 13	El Centro-vert	z	0.2041	8 度设防
A 14	Kobe-vert	z	0.2041	8 度设防
A 15	Mexico-vert	z	0.4082	8 度罕遇
A 16	El Centro-vert	z	0.4082	8 度罕遇
A 17	Northridge-vert	z	0.4082	8 度罕遇
A 18	Kobe-vert	z	0.4082	8 度罕遇
A 19	El Centro-NS+WE+vert	$x+y+z$	0.2041+0.1255+0.1232	八度设防
A 20	Kobe-0+90+vert	$x+y+z$	0.2041+0.1614+0.1632	8 度设防
A 21	Mexico-90+180+vert	$x+y+z$	0.3688+0.4082+0.3033	8 度罕遇
A 22	El Centro-NS+WE+vert	$x+y+z$	0.4082+0.251+0.2464	8 度罕遇
A 23	Northridge-196+116+vert	$x+y+z$	0.3797+0.3421+0.4082	8 度罕遇
A 24	El Centro-vert	z	0.6327	9 度罕遇
A 25	Kobe-vert	z	0.6327	9 度罕遇

表11-8 无控试验加载方案

试验工况	输入地震动	输入方向	输入加速度峰值/g	说明
B 0	白噪声(0.1~40Hz)	x、y、z	0.1	
B 1	El Centro-NS	y	0.2041	8 度设防
B 2	Kobe-0	y	0.2041	8 度设防
B 3	Mexico-90	y	0.4082	8 度罕遇
B 4	El Centro-NS	y	0.4082	8 度罕遇
B 5	Northridge-196	y	0.4082	8 度罕遇
B 6	Kobe-0	y	0.4082	8 度罕遇
B 7	El Centro-NS	x	0.2041	8 度设防
B 8	Kobe-0	x	0.2041	8 度设防
B 9	Mexico-90	x	0.4082	8 度罕遇
B 10	El Centro-NS	x	0.4082	8 度罕遇
B 11	Northridge-196	x	0.4082	8 度罕遇
B 12	Kobe-0	x	0.4082	8 度罕遇
B 13	El Centro-vert	z	0.2041	8 度设防
B 14	Kobe-vert	z	0.2041	8 度设防
B 15	Mexico-vert	z	0.4082	8 度罕遇
B 16	El Centro-vert	z	0.4082	8 度罕遇
B 17	Northridge-vert	z	0.4082	8 度罕遇
B 18	Kobe-vert	z	0.4082	8 度罕遇
B 19	El Centro-NS+WE+vert	$x+y+z$	0.2041+0.1255+0.1232	8 度设防
B 20	Kobe-0+90+vert	$x+y+z$	0.2041+0.1614+0.1632	8 度设防

11.7 三维隔震抗倾覆结构单向地震反应分析

本书目的是研究在不同场地类型、不同加速度峰值的地震动作用下，所提出的三维隔震抗倾覆装置对高层结构模型的三维隔震及抗倾覆效果。为此，下面将考察隔震抗倾覆结构模型与普通结构模型的动力特性、加速度反应、基底剪力、隔震层反应，并对它们进行对比分析。

通过对白噪声扫频试验得到的模型加速度反应进行频谱分析，得到无控结构 x、y、z 三个方向的一阶自振频率分别为 3.88 Hz、5.15 Hz 和 15.91 Hz，有控结构三个方向的一阶自振频率分别为 1.9 Hz、1.9 Hz 和 2.91 Hz。

11.7.1 加速度反应

在不同峰值加速度的各类场地地震动单向输入下，结构各层绝对加速度控制效果对比见表 11-9。图 11-22 和图 11-23 对应工况的输入方向为小高宽比方向(即结构 y 向)。

其中，图 11-22 所示为五层模型结构在峰值加速度为 200 gal 的 El Centro 和 Kobe 地震动输入下的加速度反应放大系数对比，图 11-23 所示为模型结构在峰值加速度为 400 gal 的四条不同场地类别地震动 Mexico、El Centro、Northridge 和 Kobe 输入下的加速度反应放大系数对比。其中，加速度放大系数定义为各层加速度响应峰值与台面实际加速度峰值的比值。从图中和表中可以看出，对所给出的四条不同场地类型地震动，隔震装置对模型结构三个方向的加速度反应都有很好的隔震效果，在结构小高宽比方向，对顶层加速度反应的控制效果都不小于 65%；对 El Centro 地震动，隔震装置的隔震效果不受加速度输入峰值的影响；对于 Kobe 地震动，由于所采用地震动记录属于IV类场地，为长周期地震动，在个别楼层上隔震装置对这类场地地震动的隔震效果相对要差一些，在设防烈度时，隔震层的加速度控制效果不明显，在罕遇烈度时，隔震层的加速度则比无控时有轻微放大。

表11-9　各类场地地震动单向输入下的加速度控制效果

输入地震动	峰值	场地类型	方向	5 层	4 层	3 层	2 层	1 层	隔震层
El Centro	200 gal	II	y	85.2%	89.6%	85.2%	79.0%	73.6%	60.2%
Kobe	200 gal	IV	y	71.6%	79.4%	79.1%	63.8%	38.5%	2.5%
Mexico	400 gal	I	y	84.5%	87.7%	82.9%	80.3%	78.6%	73.6%
El Centro	400 gal	II	y	83.1%	85.6%	84.2%	79.2%	69.0%	65.0%
Northridge	400 gal	III	y	65.3%	74.5%	80.0%	66.6%	60.6%	54.6%
Kobe	400 gal	IV	y	68.8%	78.9%	73.8%	55.5%	20.3%	-20.6%
El Centro	200 gal	II	x	82.0%	84.3%	82.9%	82.0%	69.0%	62.9%
Kobe	200 gal	IV	x	68.4%	82.0%	83.7%	57.7%	15.8%	-7.3%
Mexico	400 gal	I	x	82.7%	84.7%	80.7%	77.2%	82.4%	81.0%
El Centro	400 gal	II	x	76.3%	83.5%	84.9%	82.0%	79.3%	76.7%
Northridge	400 gal	III	x	78.0%	88.8%	90.4%	72.7%	57.8%	48.0%
Kobe	400 gal	IV	x	66.8%	84.9%	83.5%	42.8%	-15.4%	-36.2%
El Centro	200 gal	II	z	43.6%	36.6%	42.8%	40.0%	43.6%	39.3%
Kobe	200 gal	IV	z	56.2%	52.3%	50.8%	54.2%	47.3%	54.0%
Mexico	400 gal	I	z	55.2%	56.0%	56.4%	56.3%	37.9%	53.0%
El Centro	400 gal	II	z	61.6%	51.5%	55.6%	54.2%	43.0%	56.8%
Northridge	400 gal	III	z	14.2%	6.9%	15.4%	14.3%	1.4%	6.3%
Kobe	400 gal	IV	z	57.8%	53.3%	57.4%	55.3%	47.6%	50.1%

注：加速度控制效果=(无控加速度反应/无控台面实际输入-有控加速度反应/有控台面实际输入)/(无控加速度反应/无控台面实际输入)，下同。

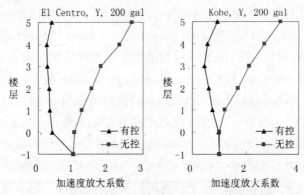

图11-22　结构y向输入峰值200 gal时的加速度控制效果
注：图中竖向坐标 0 代表一层底部，-1 代表振动台台面，下同

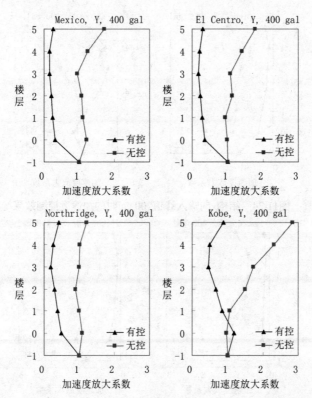

图11-23　结构y向输入峰值400 gal时的加速度控制效果

　　图 11-24 和图 11-25 对应工况的输入方向为结构的大高宽比方向。其中，图 11-24 所示为五层模型结构在峰值加速度为 200 gal 的 El Centro 和 Kobe 地震动输入下的加速度反应放大系数对比，图 11-25 所示为模型结构在峰值加速度为 400 gal 的四条不同场地类别地震动 Mexico、El Centro、Northridge 和 Kobe 输入下的加速度反应放大系数对比，与小高宽比方向输入时相似，隔震装置对结构的加速度反应控制效果明显，除 Kobe 地震动对应工况外，隔震装置对结构各层的加速度反应控制效果都不小于 48%；随着加速度输入峰值的增大，El Centro 输入时，靠近结构底部的隔震层和结构一层的加速度控制效果提高了，Kobe 输入时，靠近结构底部的隔震层和结构一、二层的加速度控制效果反而降低；对于长周期的 Kobe 地震动，与小高宽比方向输入时相比，大高宽比方向输入时，隔震装置对隔震层和结构一、二层的加速度反应控制效果要差。

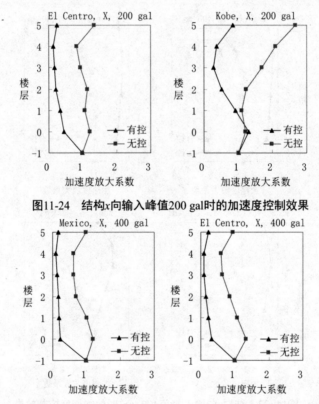

图11-24　结构x向输入峰值200 gal时的加速度控制效果

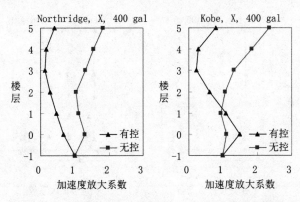

图11-25　结构x向输入峰值400 gal时的加速度控制效果

图 11-26、图 11-27 及表 11-10 对应工况的输入方向为结构的竖向。其中，图 11-26 为五层模型结构在峰值加速度为 200 gal 的 El Centro 和 Kobe 地震动输入下的加速度反应放大系数对比，图 11-27 所示为模型结构在峰值加速度为 400 gal 的四条不同场地类别地震动 Mexico、El Centro、Northridge 和 Kobe 输入下的加速度反应放大系数对比，表 11-10 所示为模型结构在峰值加速度为 620 gal 的 El Centro 和 Kobe 地震动输入下的有控加速度反应放大系数。从图中和表中可以看出，隔震装置对结构的竖向加速度反应控制效果明显，除了 Northridge 地震动对应工况外，加速度控制效果不小于 36%；随着加速度输入峰值的增大，El Centro 输入时的加速度控制效果相应提高了，而 Kobe 地震动输入时则没有大的变化；对于 Northridge 地震动，控制效果则相对差一些，最大控制效果仅为 15.4%。

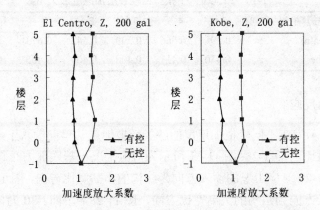

图11-26　结构z向输入峰值200 gal时的加速度控制效果

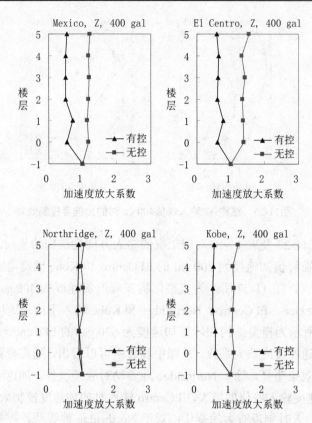

图11-27　结构z向输入峰值400 gal时的加速度控制效果

表11-10　单向输入下模型结构各层加速度放大系数

工况	输入地震动	方向	5 层	4 层	3 层	2 层	1 层	隔震层	Max
A 24	El Centro	z	0.595	0.566	0.599	0.543	0.673	0.529	0.673
A 25	Kobe	z	0.430	0.411	0.400	0.409	0.465	0.428	0.465

11.7.2 基底剪力反应

表 11-11 所示为在不同峰值加速度的各类场地地震动单向输入下，模型结构基底剪力控制效果对比。图 11-28~图 11-31 所示为对应工况下基底剪力时程的对比，其中，图 11-28 和图 11-29 对应工况的输入方向为结构的小高宽比方向，图 11-30 和图 11-31 对应工况的输入方向为结构的大高宽比方向，图 11-28 和图 11-30 为模型结构在峰值加速度为 200 gal 的 El Centro 和 Kobe 地震动输入下的基底剪力反应时程对比，图 11-29 和图 11-31 为模型结构在峰值加速度为 400 gal 的四条不同场地类别地震动 Mexico、El Centro、Northridge 和 Kobe 输入下的基底剪力反应时程对比。从表中和图中可以看

出，不管地震动是从模型结构的小高宽比方向还是大高宽比方向输入，隔震装置对结构的基底剪力反应的控制效果都很明显，且受场地类型和加速度输入峰值的影响小，随着地震动特征周期的延长，控制效果有所降低，由于模型结构和隔震装置的空间特性，随着加速度输入峰值的增大，控制效果亦有轻微的下降，但是不明显。在小高宽比方向，控制效果最小值为67%，最大值为84.4%；在大高宽比方向，控制效果最小值为69.1%，最大值为86.7%。

表11-11　各类场地地震动单向输入下的基底剪力控制效果

输入地震动	峰值	场地类型	输入方向	控制效果
El Centro	200 gal	II	y	84.4%
Kobe	200 gal	IV	y	74.2%
Mexico	400 gal	I	y	78.9%
El Centro	400 gal	II	y	84.2%
Northridge	400 gal	III	y	75.3%
Kobe	400 gal	IV	y	67.0%
El Centro	200 gal	II	x	80.1%
Kobe	200 gal	IV	x	72.4%
Mexico	400 gal	I	x	80.9%
El Centro	400 gal	II	x	77.1%
Northridge	400 gal	III	x	86.7%
Kobe	400 gal	IV	x	69.1%

注：基底剪力效果=(无控基底剪力反应/无控台面实际输入-有控基底剪力反应/有控台面实际输入)/(无控基底剪力反应/无控台面实际输入)，下同。

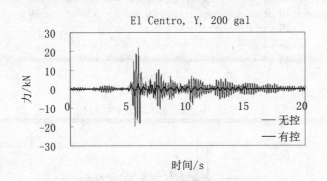

- 383 -

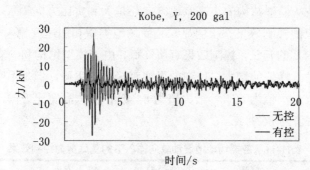

图11-28　结构y向输入峰值200 gal时的基底剪力反应时程对比

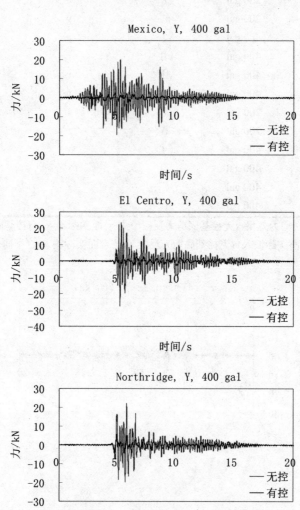

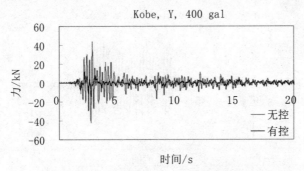

图11-29 结构Y向输入峰值400 gal时的基底剪力反应时程对比

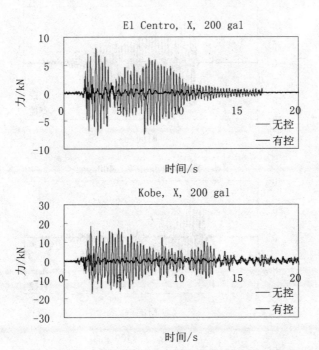

图11-30 结构x向输入峰值200 gal时的基底剪力反应时程对比

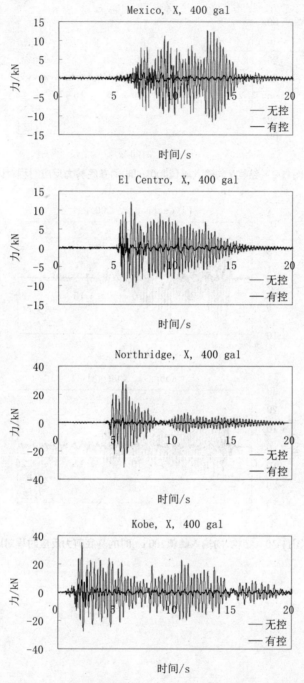

图11-31　结构x向输入峰值400 gal时的基底剪力反应时程对比

11.7.3 位移反应

在地震动水平单向输入时，由于三维隔震抗倾覆装置的竖向是柔性的，由变化的地震作用力引发的装置反力的变化，必然导致装置产生竖向位移，形成滞回曲线。而在地震动竖向单向输入时，隔震层则不会产生水平变形。

图 11-32 和图 11-33 所示为以上所述单方向输入工况下，三维隔震装置部分水平向和竖向滞回曲线。从试验结果的分析和图中可以看到，装置的水平向和竖向滞回曲线饱满，耗能能力强，在小变形下也能进行耗能；与静力试验时相比，滞回曲线的形状和特性具有一致性，能够较好地吻合，表明装置具有较好的稳定性；在同样峰值加速度的地震动作用下，从结构 y 方向输入时的装置水平向和竖向位移要大于从结构 x 向输入时的位移，并且随着加速度峰值的增大，位移也随之增大。

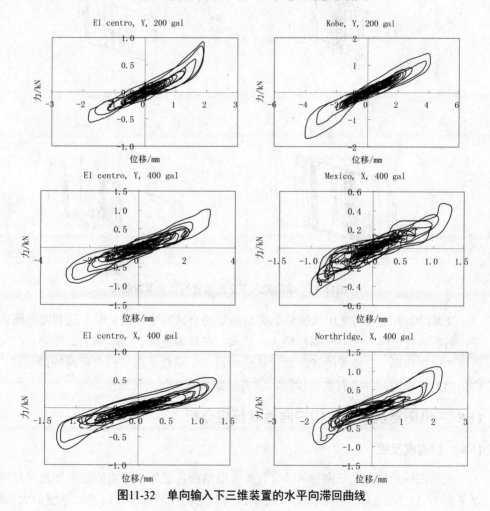

图11-32　单向输入下三维装置的水平向滞回曲线

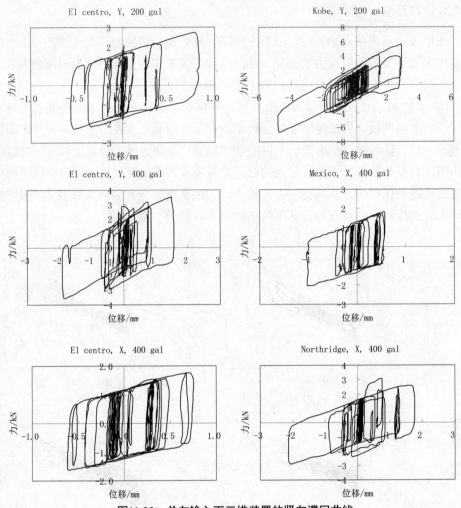

图11-33　单向输入下三维装置的竖向滞回曲线

文献[20]所述大高宽比橡胶垫隔震结构振动台试验中,在 8 度罕遇烈度地震作用下,隔震装置出现较大的竖向拉应力,结构存在倾覆危险。而本书的试验中,在同样烈度的地震作用下,装置的竖向动位移仍明显小于承载上部结构自重时的静位移,结构仍然是安全的,并没有发生倾覆,表明装置具有较强的可靠性。

11.8 三维隔震抗倾覆结构三向地震反应分析

11.8.1 加速度反应

在不同场地地震动三向输入下,五层模型结构各层各个方向的绝对加速度控制效果见表 11-12。表 11-13 所示为各工况下,模型结构各层各个方向的加速度放大系数。

表 11-12　三向输入下模型结构加速度控制效果

输入地震动	方向	输入峰值/gal	5 层	4 层	3 层	2 层	1 层	隔震层
El Centro	x	200	80.8%	80.8%	83.1%	86.5%	80.1%	78.7%
	y	123	50.4%	57.2%	74.4%	71.5%	54.3%	34.2%
	z	121	45.8%	47.0%	48.0%	47.0%	52.0%	45.2%
Kobe	x	200	66.8%	80.2%	82.8%	55.0%	0.7%	-46.2%
	y	158	41.2%	46.6%	55.9%	44.5%	16.7%	-16.8%
	z	160	7.4%	10.0%	14.1%	12.1%	14.1%	11.7%

表11-13　三向输入下模型结构各层加速度放大系数

工况	方向	5 层	4 层	3 层	2 层	1 层	隔震层	Max
A 19	$x/y/z$	0.23/1.03/0.67	0.15/0.65/0.66	0.13/0.37/0.68	0.13/0.44/0.66	0.21/0.57/0.63	0.30/0.78/0.69	0.30/1.03/0.69
A 20	$x/y/z$	0.89/1.63/1.04	0.40/1.28/1.02	0.28/0.92/1.00	0.58/0.97/0.98	1.06/1.06/1.04	1.51/1.21/1.07	1.51/1.63/1.07
A 21	$x/y/z$	0.21/0.70/0.59	0.10/0.50/0.58	0.15/0.39/0.57	0.16/0.70/0.57	0.25/1.02/0.58	0.36/1.47/0.63	0.36/1.47/0.63
A 22	$x/y/z$	0.25/0.61/0.68	0.10/0.41/0.62	0.10/0.27/0.59	0.18/0.31/0.57	0.27/0.38/0.60	0.39/0.72/0.60	0.39/0.72/0.68
A 23	$x/y/z$	0.40/1.12/0.45	0.23/0.41/0.48	0.22/0.26/0.52	0.30/0.43/0.46	0.53/0.60/0.50	0.73/1.51/0.47	0.73/1.51/0.52
B 19	$x/y/z$	1.19/2.07/1.24	0.76/1.52/1.24	0.79/1.45/1.31	0.98/1.53/1.25	1.05/1.25/1.31	1.41/1.19/1.25	1.41/2.07/1.31
B 20	$x/y/z$	2.67/2.77/1.13	2.00/2.40/1.14	1.62/2.09/1.16	1.29/1.75/1.12	1.06/1.27/1.21	1.03/1.03/1.21	2.67/2.77/1.21

　　从表中可以看出，对分别为短周期和长周期地震动的 El Centro 和 Kobe，隔震装置对模型结构的三向加速度反应有着较好的隔震效果。El Centro 地震动输入时，在结构 x 和 z 方向上的控制效果较均匀，分别不小于 78.7%和 45.2%；在结构 y 向上，装置对结构隔震层的加速度控制效果差一些，仅为 34.2%，其余结构层的控制效果则不低于 50.4%。Kobe 地震动三向输入时，装置对隔震层和结构首层的两个水平方向的加速度反应控制效果要差一些，尤其是隔震层的加速度反应是放大的，而结构二层以上的两个水平方向的加速度反应控制效果分别是 x 方向上不小于 55%，y 方向上不小于 41.2%，但是从上部结构的最大加速度反应来看，有控结构的最大加速度反应仍明显小于无控结构，控制效果分别为 43.4%和 41.2%，隔震效果明显；对竖直方向上的加速度反应控制效果则不如 El Centro 输入时，最小值仅为 7.4%，最大值为 14.1%。与加速度峰值为 200 gal 的 Kobe 三向地震动输入时相似，当加速度峰值为 400 gal 的 Mexico、El Centro 和 Northridge 三向地震动输入时，有控结构各层 x 方向和竖直方向上的加速度放大系数都明显小于 1，而 y 方向上，隔震层或结构顶层的加速度放大系数则可能略大于 1，可以预计，装置对结构在这些地震动作用下的加速度反应也有良好的控制效果。

11.8.2　基底剪力反应

表 11-14 所示为在 200 gal 峰值加速度的 El Centro 和 Kobe 地震动三向输入下的结构基底剪力控制效果。图 11-34 所示为部分工况下，模型结构基底剪力反应时程。从表中和图中可以看出，隔震装置对三向地震动输入下结构的基底剪力反应的控制效果显著。随着地震动特征周期的延长，控制效果有所降低，El Centro 地震动作用下的控制效果在两个水平方向上都要比 Kobe 地震动作用下大 10%左右；同时，在结构水平 x 方向上的控制效果也要比 y 方向上大 10%左右。在 400 gal 峰值加速度的 Mexico、El Centro 和 Northridge 地震动三向输入时，有控结构的基底剪力反应仍比较小，说明在更高烈度的地震动输入下，隔震装置仍然具有明显的隔震作用。

表11-14　三向输入下模型结构基底剪力控制效果

输入地震动	方向	输入峰值/gal	控制效果
El Centro	x	200	81.7%
	y	123	71.4%
Kobe	x	200	71.2%
	y	158	58.7%

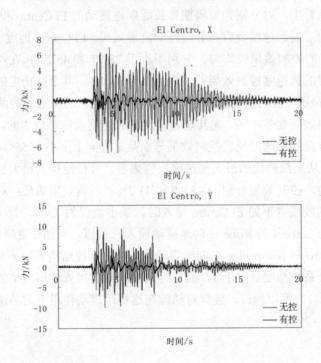

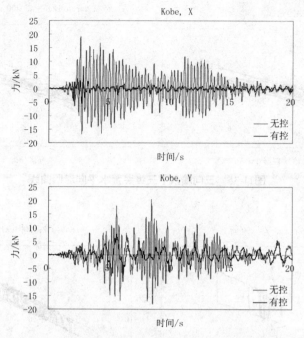

图11-34　三向输入峰值200 gal时的基底剪力反应时程对比

11.8.3 位移反应

图 11-35 和图 11-36 分别为以上所述三向输入工况下，三维装置的部分水平向和竖向滞回曲线。从图中可以看出，装置的水平向和竖向滞回曲线饱满，耗能能力强，在小变形下也能有效地进行耗能，与静力试验时的滞回曲线能够较好地吻合。在 8 度罕遇烈度地震作用下，结构并没有发生倾覆，仍然是安全的，表明装置具有较强的可靠性。但是，由于装置的竖向刚度比较小，造成装置的竖向位移比较大，结构的倾角反应亦比较大，故装置的竖向刚度应当进行更加合理的设计，以满足可使用性要求。

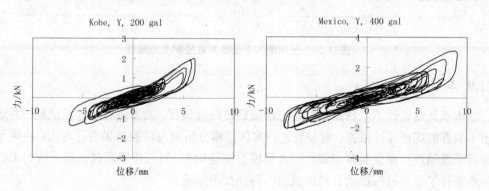

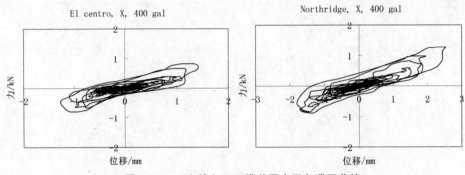

图11-35　三向输入下三维装置水平向滞回曲线

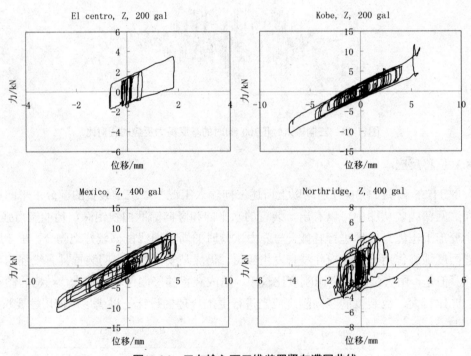

图11-36　三向输入下三维装置竖向滞回曲线

11.9　本章小结

　　本章开发设计了一种碟形弹簧三维隔震抗倾覆装置，对其进行了性能试验，并给出了装置的理论设计依据；对装置进行实体建模分析并与试验结果进行对比；将碟形弹簧三维隔震抗倾覆装置安装在一高层模型钢结构上，对三维隔震抗倾覆系统与无控体系进行了地震模拟振动台对比试验，得到如下结论：

　　（1）铅芯抗拉橡胶支座的滞回面积大，耗能能力强，加载频率对其影响小。由于装置内部钢丝绳与铅之间的摩擦，随着加载位移的增加滞回曲线有"抬头现象"。这些特性有利于隔震层的耗能、隔震层位移的控制和防止结构整体倾覆。分体试验与整体试验结果吻合良好。添加钢丝绳后，支座的水平抗剪及抗拉能力得到了大幅度提高。

（2）碟形弹簧三维隔震抗倾覆装置竖向性能试验表明其竖向力与变形关系曲线接近双线性，且滞回环较为饱满；装置竖向具有适宜的屈服力和屈服后刚度；既能提供足够的承载力承担上部结构的自重，又能提供适当的刚度进行竖向隔震。

（3）建立了碟形弹簧三维隔震抗倾覆装置的 ANSYS 数值模型，并对其进行了静力加载。通过滞回曲线的对比，验证了装置数值模型的正确性。

（4）单向输入时，对属于不同场地类型的四条地震动，隔震装置对模型结构的地震反应都有较好的控制效果，并且基本上不受加速度输入峰值的影响。地震动多维输入时，装置对模型结构地震反应的控制效果与单向输入时相比，差别不大。装置的水平向和竖向滞回曲线饱满，与性能试验的曲线吻合良好。

（5）相同地震动作用下，从结构小高宽比方向输入时的装置水平向和竖向位移要大于从结构大高宽比方向输入时的位移，并且随着加速度峰值的增大，位移也随之增大。

（6）装置具有较好的稳定性和较强的可靠性，在 8 度罕遇烈度地震作用下，装置的竖向位移远小于预压值，表明结构仍然是安全的，不会倾覆，但倾角反应比较大，表明装置的竖向刚度应当进行更加合理的设计，以满足舒适性要求。

第 12 章　巨-子抗震结构与隔震结构有限元分析

12.1　引言

隔震是通过在上部结构与基础间布设柔性隔离层，以延长结构的自振周期，从而使传递到上部结构的地震作用大大减弱。但是对于高层建筑，由于其自振周期较长和竖向荷载较大，将传统的基础隔震应用在高层建筑中会使问题变得复杂。普通的调谐质量阻尼器(TMD)常常需要附加较大的质量及足够大的自由变形空间。随着结构楼层数量和结构质量的增加，为了达到预期的减振效果，调谐质量阻尼器的质量也将随之增大，这在一定程度上势必会给建筑结构设计和使用功能带来一定的限制。巨-子隔震结构(巨型框架-子结构隔震结构)作为一种新型的结构体系，它在巨-子抗震结构(巨型框架-子结构抗震结构)的子结构底部布设隔震支座形成巨-子隔震结构，很好地将隔震和调谐质量阻尼器两种减震控制方法融合在一起，大大地提高了结构的减震效率，这对巨型框架-子结构的发展具有重要的理论和实际意义。

本章对巨-子抗震结构和隔震结构进行有限元数值模拟分析，研究抗震与隔震结构动力响应，为后续的振动台试验提供数值依据。

12.2　有限元模型

12.2.1　结构方案

本书利用大型有限元软件 ETABS 软件对巨-子隔震结构中的叠层橡胶支座进行数值模拟。参考日本 NEC 办公大楼的结构体系和日本神户 TC 大厦的结构布置形式，建立了一 25 层巨型钢框架结构。结构平面尺寸 30 m×48 m，层高 3.9 m，建筑总高度为 97.5 m。用柱距为 6 m 的四根方钢管和四片人字形支撑围成的巨型柱作为角柱布置在建筑平面的四角上，在第 9 层、17 层、25 层沿楼面的四周布置巨梁，巨梁是由四榀平面桁架梁所组成的高 3.9 m、宽 6 m 的空间桁架梁构成，并与巨型柱一起形成一个单跨三层巨型钢框架结构。子框架柱网尺寸为 6.0 m×6.0 m，x 方向为 8 跨，y 方向为 5 跨。该巨型钢框架结构共有三个子框架，子框架从下往上依次为第 1 子框架、第 2、3 子框架。结构构件尺寸如表 12-1 所示。为了防止主框架与子框架在强震下发生碰撞，对结构造成破坏，在主框架与子框架之间布设防震缝。依据《建筑抗震设计规范》中规定，隔震缝缝宽不宜小于各支座在罕遇地震下的最大水平位移值的 1.20 倍且不小于 200 mm。综合该巨型钢框架结构的数值分析结果，取缝宽为 400 mm。该结构的重要系数取 1.1，设防烈度为 7 度(0.15g)，场地为 II 类场地。

表12-1　结构构件截面尺寸

构件	截面尺寸/mm	截面面积/cm²
1 层巨型柱	□750×750×40×40	1136
2～17 层巨型柱	□700×700×40×40	1056
18～25 层巨型柱	□650×650×35×35	861
8～9 层巨型梁	H 1000×450×28×36	584
16～17 层巨型梁	H 1000×450×28×36	584
24～25 层巨型梁	H 1000×450×28×36	584
巨型梁、柱支撑	H 350×350×15×20	187
第 1、2、3 子框架框架梁	H 750×350×20×25	315
第 1 子框架框架柱	□550×550×30×30	624
第 2、3 子框架框架柱	□400×400×20×20	304

　　巨-子隔震结构体系采用了在子框架底层柱底布设隔震装置的方法，将巨-子抗震结构变成一种具有自主减震功能的结构体系。因第 1 子框架固结在基础上，不与主框架梁柱直接相连，其对主框架所受到的地震作用几乎没有影响，第 1 子框架本身相当于普通隔震结构。为了简化分析，本书不考虑第 1 子框架。本书在第 2、第 3 子框架每根柱子底部布设叠层橡胶支座。在第 2 子框架底部外围布置 8 个直径为 500mm 的铅芯叠层橡胶支座(LRB500)和 14 个直径为 600mm 的铅芯叠层橡胶支座(LRB600)，在内部布置 28 个直径为 500mm 的天然橡胶支座(LNR500)。在第 3 子框架底部外围布置 10 个直径为 600mm 的铅芯叠层橡胶支座(LRB600)和 12 个直径为 700mm 的铅芯叠层橡胶支座(LRB700)，在内部布置 28 个直径为 600mm 的天然橡胶支座(LNR600)。巨-子抗震结构和巨-子隔震结构(以下简称抗震结构和隔震结构)，平立面图如图 12-1、12-2 所示。

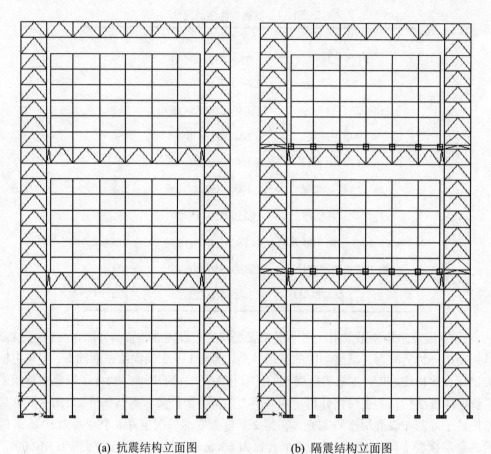

(a) 抗震结构立面图　　　　(b) 隔震结构立面图

图12-1　抗震与隔震结构立面图

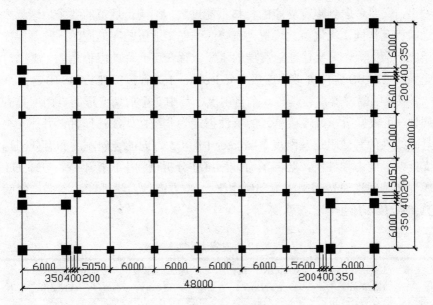

(a) 标准层平面图

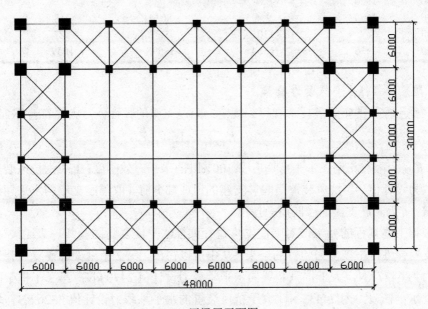

(b) 巨梁层平面图

图12-2 巨-子抗震结构平面图(单位：mm)

12.2.2 隔震支座模拟验算

隔震结构采用叠层橡胶支座作为隔震装置，其参数的选择既要考虑到对子框架的减震效果，又要考虑到隔震支座的位移不能过大，须满足规范的要求。这就要求各个参数之间相互协同，优化参数设置，在降低子框架地震响应的同时，既要保证主框架地震反应不会太大，又要保证隔震层的水平位移在可允许的限值之内。本书对叠层橡胶支座采用 ETABS 软件自带的连接单元 Isolator 1 进行模拟。ETABS 中定义的 Isolator 1 是一个双轴的隔震器，它具有 6 个自由度，其中 2 个剪切变形的自由度具有耦合的塑性属性，可根据所模拟连接单元的特性指定为非线性或线性属性，另外 4 个变形自由度具有线性的有效阻尼及刚度。Isolator 1 的 U1 方向的竖向刚度和有效阻尼来模拟隔震支座的竖向力学性能，竖向的有效刚度在分析过程中保持不变。U2、U3 方向的线性属性和非线性属性用来模拟支座水平 x、y 方向的力学性能。本书选取的支座力学参数如表 12-2 所示。

表12-2　支座力学性能参数

支座 类型	竖向刚度 /(kN/mm)	等效水平刚度 /(kN/m)	屈服前刚度 /(kN/m)	屈服后刚度 /(kN/m)	屈服力 /kN
LNR500	1235	799	/	/	/
LNR600	1906	921	/	/	/
LRB500	1633	956	8014	718	63
LRB600	1699	1101	9232	827	90
LRB700	2576	1384	11598	1039	123

1.隔震层弹性水平恢复力验算

《叠层橡胶支座隔震技术规程》规定：隔震支座的弹性恢复力需符合下列要求：

$$K_{100}t_r \geq 1.4V_{RW} \tag{12-1}$$

式中，K_{100} 为隔震支座在水平剪切应变 100% 时的水平有效刚度；V_{RW} 为抗风装置的水平承载力设计值。当抗风装置是隔震支座的组成部分时，取隔震支座的水平屈服荷载设计值；t_r 为隔震支座的橡胶层总厚度。

根据上述规程的要求，对隔震支座进行弹性水平恢复力的验算。表 12-3 所示为隔震支座弹性水平恢复力验算的结果，从中可以得出，第 2 子框架隔震支座弹性水平恢复力为 6477 kN，大于抗风装置的水平承载力设计值 2470 kN；第 3 子框架隔震支座弹性水平恢复力为 7443 kN，大于抗风装置的水平承载力设计值 3326 kN，均满足规程的要求。

表12-3　隔震层弹性水平恢复力验算

支座类型	第2子框架				第3子框架			
	LNR500	LRB500	LNR600	LRB600	LNR500	LRB600	LNR600	LRB700
$K_{100}/(kN/m)$	799	1390	921	1601	799	1390	921	1601
t_r/mm	96	96	120	120	96	96	120	120
支座个数	28	8	0	14	0	10	28	12
$K_{100}t_r$	2148	1068	/	2689	/	1334	3095	2305
$\sum K_{100}t_r$	5905				6734			
$1.4V_{RW}$	2470				3326			

2.隔震支座压应力验算

《建筑抗震设计规范》规定：对于乙类建筑，橡胶隔震支座在重力荷载代表值的竖向压应力不应超过12MPa。由于第2、3子框架中的隔震支座均为对称布置，因此只取编号1~14号的支座竖向压应力值列出。第2、3子框架隔震层竖向压应力值如表12-4所示。第2、3子框架的隔震支座编号如图12-3所示。

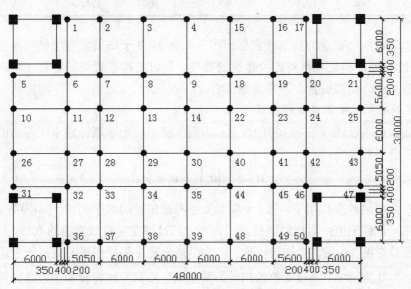

图12-3　隔震支座编号

表12-4　隔震层竖向压应力值

支座编号	第 3 子框架			第 2 子框架		
	直径/mm	压力/N	竖向压应力/MPa	直径/mm	压力/N	竖向压应力/MPa
1	600	-1055500	-3.73	700	-1076030	-2.80
2	600	-200040	-0.71	700	-210770	-0.55
3	500	-292373	-1.49	600	-283050	-1.01
4	500	-257570	-1.31	600	-167030	-0.59
5	600	-421570	-1.49	700	-698530	-2.47
6	500	-165200	-0.84	600	-175200	-0.62
7	500	-160600	-0.82	600	-162600	-0.58
8	500	-17300	-0.85	600	-177300	-0.63
9	500	-168300	-0.86	600	-173900	-0.62
10	600	-225740	-0.79	600	-314910	-1.11
11	500	-159800	-0.81	600	-169800	-0.60
12	500	-161900	-0.82	600	-165100	-0.58
13	500	-173500	-0.88	600	-171700	-0.61
14	500	-172000	-0.87	600	-176200	-0.62

从上表可知，在重力荷载代表值作用下，第 2、3 子框架隔震层竖向压应力值均未超过 12 MPa，满足规范对乙类建筑的要求。同时结构布置规则对称，隔震层刚心和结构质量中心能够重合，不易造成偏心。

3.罕遇地震下隔震层位移验算

《建筑抗震设计规范》(10 版)规定：隔震支座对应于罕遇地震水平剪力的水平位移，应符合下列要求：

$$u_i \leqslant [u_i] \qquad u_i = \eta_i u_c \tag{12-2}$$

式中，u_i 为罕遇地震作用下，第 i 个隔震支座考虑扭转的水平位移。$[u_i]$ 为第 i 个隔震支座的水平位移限值；对橡胶隔震支座，不应超过该支座有效直径的 0.55 倍和支座内部橡胶总厚度 3.0 倍二者的较小值。u_c 为罕遇地震下隔震层质心处或不考虑扭转的水平位移。η_i 为第 i 个隔震支座的扭转影响系数，应取考虑扭转和不考虑扭转时支座计算位移的比值；当隔震层以上结构的质心与隔震层刚度中心在两个主轴方向均无偏心时，边支座的扭转影响系数不应小于 1.15。

根据最不利地震动设计原则，选用 II 类场地对应的长周期结构最不利设计地震动进行结构时程分析[21]。本章选用在 El Centro 台站测得的 Array 10#的 Imperial Valley 地震动、在 El Centro 台站测得的 Array 5#的 Imperial Valley 地震动以及人工波对结构进行分析。地震动的峰值调至 310 gal，且三向输入地震动时三个方向的输入峰值比值按照原形波的比例进行换算。三条地震动原记录如表 12-5 所示。

表12-5　地震动原记录

记录名称	分量	记录间隔/s	持时/s	峰值/(m/s²)	三个方向幅值比例
	NS			-169.67	0.7508
Imperial Valley(Array 10#)波	WE	0.005	37.06	-226.99	1
	Vert			107.50	0.4735
	NS			-49.75	1
Imperial Valley(Array 5#)波	WE	0.005	40.78	43.06	0.8655
	Vert			27.69	0.5566
	NS			105.32	1
人工波	WE	0.02	47.98	84.48	0.8021
	Vert			69.36	0.6586

在 ETABS 有限元分析软件中输入上述最不利地震动进行时程分析，可得到第 2 子框架隔震层、第 3 子框架隔震层的隔震支座水平位移的峰值。从表 12-6 可得，第 2 隔震层在罕遇地震下的位移包络值为 269 mm，小于允许值 275 mm。在罕遇地震下，第 3 隔震层的隔震支座的位移包络值为 318 mm，小于允许值 330 mm，均满足规范的要求。

表12-6　罕遇地震下隔震层位移验算

地震动名称	第 2 子框架位移/mm		第 3 子框架隔震层位移/mm	
	x 向	y 向	x 向	y 向
Imperial Valley，Array 10#波	269	258	314	318
Imperial Valley，Array 5#波	243	220	308	300
人工波	234	204	302	298
包络值	269	258	314	318
$[u_i]$	0.55×500=275		0.55×600=330	

综上所述，该隔震支座的选取能够满足相应规范的要求。而巨-子隔震结构通过在主子框架之间布设隔震支座，使层数不多的子框架成为独立的多层隔震框架结构，能很好地把隔震技术运用到高层甚至是超高层结构中，解决了高层、超高层难以应用隔震技术的难题。

12.3 巨-子隔震结构动力方程

在建立巨-子隔震结构的运动方程时，可将主框架视为一个主结构，将每个子框架及其隔震支座视为一个子结构。假设巨-子隔震结构的主框架有 n 层，每个主框架层上均布设一个减震子结构，底部减震子框架固结在地面上，主、次框架在所有连接处均布设了隔震支座。巨-子隔震结构的运动方程按下式确定：

$$M\ddot{X} + C\dot{X} + KX = -M\{1\}\ddot{x}_g \qquad (12\text{-}3)$$

式中，X、$\dot{X}$、$\ddot{X}$ 分别为各自由度相对于地面的位移向量、速度向量和加速度向量；M、C、K 分别为质量矩阵、阻尼矩阵和刚度矩阵；$\ddot{x}_g$ 为地面运动加速度，$\{1\}$ 为各元素均为 1 的列向量。

位移向量 X 按下式确定：

$$X = \{X_1^T X_2^T X_3^T \cdots X_n^T X_p^T\}^T \qquad (12\text{-}4)$$

式中，X_i 为第 i 个隔震子框架相对于地面的位移向量；X_p 为主框架相对于地面的位移向量。

质量矩阵按下式确定：

$$M = \begin{bmatrix} M_1 & 0 & \cdots & 0 & \cdots & 0 & 0 \\ 0 & M_2 & \cdots & 0 & \cdots & 0 & 0 \\ \vdots & \vdots & \ddots & \vdots & & \vdots & \vdots \\ 0 & 0 & \cdots & M_i & & 0 & 0 \\ \vdots & \vdots & & \vdots & \ddots & \vdots & \vdots \\ 0 & 0 & \cdots & 0 & \cdots & M_n & 0 \\ 0 & 0 & \cdots & 0 & \cdots & 0 & M_p \end{bmatrix} \qquad (12\text{-}5)$$

式中，M_i 为第 i 个隔震子框架的集中质量矩阵；M_p 为主框架的集中质量矩阵。

刚度矩阵按下式确定：

$$K = \begin{bmatrix} K_1 & 0 & \cdots & 0 & K_{1p} \\ 0 & K_2 & \cdots & 0 & K_{2p} \\ \vdots & \vdots & K_i & \vdots & \vdots \\ 0 & 0 & \cdots & K_n & K_{np} \\ K_{1p}^T & K_{2p}^T & \cdots & K_{np}^T & K_p + \sum_{j=1}^{n} K_{0i} \end{bmatrix} \qquad (12\text{-}6)$$

式中，K_i 为第 i 个隔震子框架固定在主框架上时的刚度矩阵；K_p 为主框架固定在地面上时的刚度矩阵；K_{0i} 为第 i 个隔震子框架对主框架刚度矩阵的增加值；K_{ip} 为第 i 个隔震子框架与主框架之间的耦合刚度矩阵。

巨-子隔震结构的上部结构与隔震层的阻尼相差很大，故巨-子隔震结构属于非经典阻尼系统，它的阻尼矩阵 C 是由主框架、子框架和子框架橡胶垫的阻尼组装而成的。

假定第 i 个隔震子框架受到水平静力荷载 F_i^s 的作用，并且其相对于主框架的位移向量为 Y_i^s，则

$$K_i Y_i^s = F_i^s \tag{12-7}$$

式中，K_i 为第 i 个隔震子框架的刚度矩阵。假设第 i 个隔震子框架相对于地面的位移向量为 X_i^s，主框架相对于地面的位移向量为 X_p^s，则

$$K_i X_i^s + K_{ip} X_p^s = F_i^s \tag{12-8}$$

式中，K_{ip} 为第 i 个隔震子框架与主框架的耦合刚度矩阵。因此，可得到

$$K_i X_i^s + K_{ip} X_p^s = K_i Y_i^s K_{ip} \tag{12-9}$$

对位移向量 X 做变换，将各个隔震子框架相对于地面的位移变换为相对主框架的位移，其变换关系为：

$$X = N_{sp} Y \tag{12-10}$$

其中，

$$Y = \begin{Bmatrix} Y_1 \\ Y_2 \\ \vdots \\ Y_n \\ Y_p \end{Bmatrix}, \quad N_{SP} = \begin{bmatrix} I_1 & 0 & \cdots & 0 & N_{1p} \\ 0 & I_2 & \cdots & 0 & N_{2p} \\ \vdots & \vdots & \ddots & \vdots & \vdots \\ 0 & 0 & \cdots & I_n & N_{np} \\ 0 & 0 & \cdots & 0 & I_p \end{bmatrix}, \quad Y = \begin{Bmatrix} Y_1 \\ Y_2 \\ \vdots \\ Y_n \\ Y_p \end{Bmatrix}$$

$$N_{ip} = -K_i^{-1} K_{ip}$$

将式（12-3）进行变换得到下式：

$$M_y \ddot{Y} = C_y \dot{Y} + K_y Y = -g_y \{1\} \ddot{x}_g \tag{12-11}$$

式中：$\ddot{x}_g$ 为地面运动加速度；I_p 为单位对角矩阵；

$$\boldsymbol{M}_y = \begin{bmatrix} M_1 & 0 & \cdots & 0 & M_1 N_{1\mathrm{P}} \\ 0 & M_2 & \cdots & 0 & M_2 N_{2\mathrm{P}} \\ \vdots & \vdots & \ddots & \vdots & \vdots \\ 0 & 0 & \cdots & M_n & M_n N_{n\mathrm{P}} \\ N_{1\mathrm{P}}^{\mathrm{T}} M_1 & N_{2\mathrm{P}}^{\mathrm{T}} M_2 & \cdots & N_{n\mathrm{P}}^{\mathrm{T}} M_n & M_\mathrm{P} + \sum_{i=1}^{n} N_{i\mathrm{P}}^{\mathrm{T}} M_i N_{i\mathrm{P}} \end{bmatrix}$$

$$\boldsymbol{K}_y = \begin{bmatrix} K_1 & 0 & \cdots & 0 & 0 \\ 0 & K_2 & \cdots & 0 & 0 \\ \vdots & \vdots & \ddots & \vdots & \vdots \\ 0 & 0 & \cdots & K_n & 0 \\ 0 & 0 & \cdots & 0 & K_\mathrm{p} + \sum_{i=1}^{n} \Delta K_i \end{bmatrix}$$

$$\boldsymbol{g}_y = \boldsymbol{N}_{S_\mathrm{p}}^{\mathrm{T}} \boldsymbol{M} = \begin{bmatrix} M_1 & 0 & \cdots & 0 & 0 \\ 0 & M_2 & \cdots & 0 & 0 \\ \vdots & \vdots & \ddots & \vdots & \vdots \\ 0 & 0 & \cdots & M_n & 0 \\ N_{1\mathrm{p}}^{\mathrm{T}} M_1 & N_{2\mathrm{p}}^{\mathrm{T}} M_2 & \cdots & N_{n\mathrm{p}}^{\mathrm{T}} M_n & M_\mathrm{p} \end{bmatrix}$$

阻尼矩阵 $\boldsymbol{C}_\mathrm{y}$ 是由主框架阻尼矩阵和各个子框架的阻尼矩阵组集而成的。阻尼矩阵 $\boldsymbol{C}_\mathrm{y}$ 具有如下形式：

$$\boldsymbol{C}_\mathrm{p} = \begin{bmatrix} C_1 & 0 & \cdots & 0 & 0 \\ 0 & C_2 & \cdots & 0 & 0 \\ \vdots & \vdots & \ddots & \vdots & \vdots \\ 0 & 0 & \cdots & C_n & 0 \\ 0 & 0 & \cdots & 0 & C_\mathrm{p} \end{bmatrix} \tag{12-12}$$

式中，C_i 为第 i 个隔震子框架相对于主框架运动时的阻尼矩阵；$\boldsymbol{C}_\mathrm{p}$ 为主框架相对于地面运动时的阻尼矩阵。因此，阻尼矩阵 $\boldsymbol{C}$ 可通过坐标变换得到：

$$C = \begin{bmatrix} C_1 & 0 & \cdots & 0 & -C_1 N_{1P} \\ 0 & C_2 & \cdots & 0 & -C_2 N_{2P} \\ \vdots & \vdots & \ddots & \vdots & \vdots \\ 0 & 0 & \cdots & C_n & -C_n N_{nP} \\ -N_{1P}^T C_1 & -N_{2P}^T C_2 & \cdots & -N_{nP}^T C_n & C_P + \sum_{i=1}^{n} N_{iP}^T C_i N_{iP} \end{bmatrix}$$

12.4 结构动力反应分析

12.4.1 自振周期

通过 ETABS 有限元分析软件对隔震结构与抗震结构进行模态分析，得到了抗震结构与隔震结构的自振周期，如表 12-7 所示。

表12-7　抗震结构和隔震结构自振周期

模态	固结结构/s	抗震结构/s	隔震结构/s
振型 1	1.654	2.040	3.429
振型 2	1.531	1.900	3.343
振型 3	1.151	1.340	3.001
振型 4	0.490	0.694	2.984
振型 5	0.465	0.679	2.367
振型 6	0.356	0.664	2.174
振型 7	0.251	0.663	1.365
振型 8	0.248	0.614	1.322
振型 9	0.199	0.521	1.077
振型 10	0.160	0.481	0.750
振型 11	0.156	0.461	0.734
振型 12	0.122	0.401	0.672
振型 13	0.122	0.337	0.480
振型 14	0.120	0.299	0.467
振型 15	0.098	0.286	0.380
振型 16	0.097	0.234	0.297
振型 17	0.095	0.224	0.284
振型 18	0.079	0.223	0.264

注：表中的固结结构指的是子框架的梁未与主框架分离。

从表中数据可以看出，抗震结构的自振周期大于固结结构的自振周期，这是因为在抗震结构中子框架与主框架分离，使得子框架失去与主框架的侧向约束，振型主要表现为子框架的水平运动。隔震结构的自振周期比抗震结构的自振周期来的大，这是因为在巨-子结构的子框架底部设置隔震支座后，隔震支座水平刚度较小，变形主要集中在叠层橡胶支座上，这延长了结构的自振周期。此外该隔震结构中设置的两个子框架相当于调谐质量减震系统中的大质量块，能够降低主框架的地震反应，对隔震结构的自振周期也有一定影响。另外，隔震结构的前 6 阶振型表现为内部子框架的水平和扭转。这表明，对于隔震结构和抗震结构，两者的振型不相同。在抗震结构中，主框架与子框架协调变形，而在隔震结构中，以子框架的变形为主，变形主要集中在叠层橡胶支座处。

12.4.2 主框架梁位移

在 7 度(0.15g)罕遇地震作用下，抗震结构和隔震结构各层主框架梁位移反应如表 12-8 所示，篇幅所限，同时也给出了顶层主框架梁位移时程曲线如图 12-4 所示。由图表可知，在巨-子抗震结构中布设了隔震支座后，各层主框架梁的位移比未布设隔震支座的位移有明显的降低，减震效果较为显著，且各层主框架梁的位移减震效果相差不大，其中顶层主框架梁的减振效果较为显著。这说明隔震能有效地降低主框架梁的地震反应，保证结构的安全。此外，主框架梁的位置越高，其受到的地震作用响应就越大，因此在对巨型框架结构进行设计时，可取最顶层主框架梁的位移响应进行验算和控制。

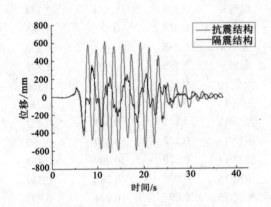

(a) Imperial Valley(10#)波-(NS)

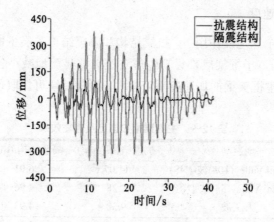

(b) Imperial Valley(5#)波-(NS)

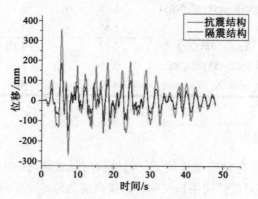

(c) 人工波-(NS)

图12-4 地震作用下顶层主框架梁位移时程曲线

表12-8 主框架梁加速度及减震效果

楼层	地震动	抗震结构/mm	隔震结构/mm	减震效果/%
顶层	Imperial Valley(10#)波-(NS)	622.6	378.1	39.1
	Imperial Valley(5#)波-(NS)	377.9	142.5	62.4
	人工波	357.0	188.2	47.3
中间层	Imperial Valley(10#)波-(NS)	561.2	340.3	35.8
	Imperial Valley(5#)波-(NS)	269.7	145.8	45.9
	人工波	260.7	146.3	43.9
底层	Imperial Valley(10#)波-(NS)	303.2	197.1	35.0
	Imperial Valley(5#)波-(NS)	167.7	62.3	62.4
	人工波	134.6	75.1	44.2

12.4.3 主框架梁加速度

在 7 度(0.15g)罕遇地震作用下，抗震结构和隔震结构各层主框架梁加速度峰值如表 12-9 所示。可知，子框架底部设置隔震支座能够显著地减小各层主框架梁的加速度，提高舒适度。主框架梁的加速度反应最大，因此后续可仅取顶层主框架梁的加速度反应进行分析。

表 12-9　主框架梁加速度及减震效果

楼层	地震动	抗震结构/(m/s²)	隔震结构/(m/s²)	减震效果/%
顶层	Imperial Valley(10#)波-(NS)	11.07	6.91	37.8
	Imperial Valley(5#)波-(NS)	8.28	4.96	40.1
	人工波	9.30	4.93	47.0
中间层	Imperial Valley(10#)波-(NS)	8.28	5.28	35.7
	Imperial Valley(5#)波-(NS)	6.38	3.92	38.5
	人工波	8.85	4.76	46.2
底层	Imperial Valley(10#)波-(NS)	7.74	4.36	43.6
	Imperial Valley(5#)波-(NS)	5.59	2.98	46.7
	人工波	8.02	4.11	49.6

12.4.4 主框架层间剪力

图 12-5 所示为 3 条地震动作用下抗震结构与隔震结构的主框架各层层间剪力对比图。从图中可知，隔震结构主框架的各层层间剪力总是小于抗震结构主框架的层间剪力，抗震与隔震结构每层的层间剪力从上而下逐渐增加，且两种结构变化趋势大体相同，在中间层和底层主框架梁的上下层的层间剪力会出现突然减小的现象。这是因为巨型框架结构中主框架梁的刚度很大，其上下层刚度与之相比较小，属于薄弱层，出现刚度突变现象，故层间剪力也较小。在三条地震动作用下抗震结构基底剪力值分别为 92791 kN、64718 kN、57406 kN，而隔震结构基底剪力分别为 60166 kN、26055 kN、37839 kN。可知，隔震结构能够降低主框架的水平剪力，降低地震反应。从表 12-10 所列的主框架中各巨型梁的层间剪力可知，隔震结构中主框架的各巨梁层的层间剪力比抗震结构中主框架的各巨梁层的层间剪力小得多，且中间层巨梁层的减震控制效果最为显著，均达到了 50% 以上，最大的控制效果可达到 70.5%。

上述结果表明，隔震结构主框架的地震反应均比抗震结构的小。这是因为隔震结构中的每个子框架都相当于调谐质量减震系统中的调谐质量阻尼器(TMD)，当结构振动时子框架会对主框架施加一个与外部激励反向的力，从而降低了主框架的响应。因此在对隔震结构进行结构设计时，可减小截面尺寸，降低造价。

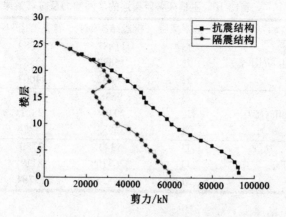

(a) Imperial Valley(10#)波-(NS)

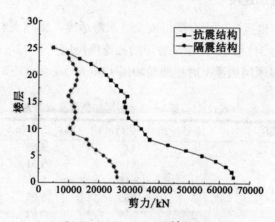

(b) Imperial Valley(5#)波-(NS)

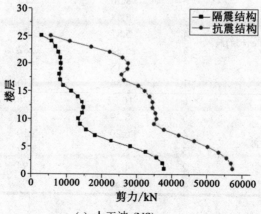

(c) 人工波-(NS)

图12-5　主框架各层层间剪力

表12-10　主框架各巨梁层的层间剪力及减震效果

地震动	巨型梁楼层	抗震结构/kN	隔震结构/kN	减震效果/%
	J3	11883	11582	2.5
Imperial Valley(10#)波	J2	45682	22887	50.0
	J1	69482	44003	36.7
	J3	9638	9512	1.3
Imperial Valley(5#)波	J2	29304	9821	66.5
	J1	36833	15834	57.1
	J3	5380	2780	48.3
人工波	J2	26310	8119	69.1
	J1	34855	13784	60.5

12.4.5　子框架各层加速度

子框架的加速度反应过大会降低安全性和舒适度，影响人们的正常生活和工作。7 度(0.15g)罕遇地震作用下，子框架各层的加速度反应见表 12-11 和 12-12，限于篇幅，仅给出第 3 子框架顶层加速度时程曲线如图 12-6 所示。

表12-11　第3子框架各层加速度及减震效果

地震动	楼层	抗震结构/(m/s²)	隔震结构/(m/s²)	减震效果/%
	6	11.07	5.69	48.6
	5	9.18	5.31	42.4
	4	8.16	5.18	43.5
Imperial Valley(10#)波	3	7.65	5.03	34.6
	2	7.39	4.62	37.8
	1	7.03	4.43	36.7
	6	8.50	3.15	57.1
	5	6.48	3.05	52.9
	4	5.87	2.94	51.2
Imperial Valley(5#)波	3	5.38	2.82	48.0
	2	5.18	2.77	46.5
	1	4.54	2.70	40.5
	6	10.02	3.26	67.5
	5	8.39	3.19	62.0
	4	6.29	3.10	50.7
人工波	3	5.78	3.02	47.8
	2	4.78	2.94	38.5
	1	4.51	2.91	35.5

表12-12　第2子框架各层加速度及减震效果

地震动	楼层	抗震结构/(m/s²)	隔震结构/(m/s²)	减震效果/%
Imperial Valley(10#)波	6	11.83	6.31	46.7
	5	10.43	5.73	45.1
	4	9.10	4.89	46.3
	3	7.70	4.68	39.2
	2	6.92	4.49	34.9
	1	6.78	4.67	31.1
Imperial Valley(5#)波	6	10.55	3.39	67.9
	5	9.26	3.36	63.7
	4	8.67	3.32	61.9
	3	7.51	3.10	58.7
	2	7.32	3.04	58.9
	1	6.28	3.12	50.6
人工波	6	10.91	3.59	67.1
	5	9.67	3.40	64.8
	4	7.77	3.26	58.0
	3	6.72	3.23	51.9
	2	6.40	3.14	50.9
	1	5.27	3.02	42.7

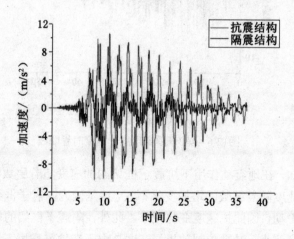

(a) Imperial Valley(10#)波-(NS)

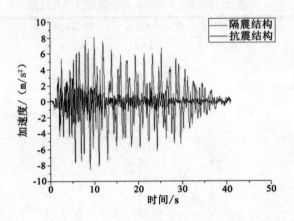

(b) Imperial Valley(5#)波-(NS)

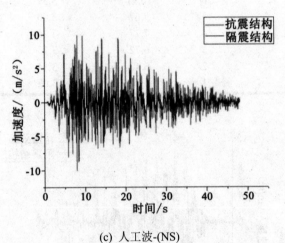

(c) 人工波-(NS)

图12-6　第3子框架顶层加速度时程曲线

从图表中可知，在地震动作用下抗震子框架的加速度随着层数的增加而增加，而隔震子框架的加速度随着层数的增加变化不大，这是因为隔震子框架在隔震支座的作用下类似于刚体平动，因此加速度变化较小。此外，隔震子框架的每层加速度均比抗震子框架的加速度要小，减震控制效果好。这是由于在地震作用下，大部分地震能量被隔震支座隔离，仅有很少的地震能量传给子框架，因此隔震子框架的加速度较抗震结构降低很多。此外，不管是抗震结构还是隔震结构，第 2 子框架的各层加速度大部分大于第 3 子框架的加速度，这是因为第 3 子框架隔震层阻尼比比第 2 子框架隔震层的阻尼比大，故第 3 隔震层耗散的能量比第 2 隔震层来的多。因此在对子框架进行分析时，可仅对地震响应较大的第 2 子框架进行分析。

12.4.6 子框架各层位移值

在三条地震动 7 度(0.15g)罕遇作用下第 3、2 隔震子框架的各层侧移峰值如图 12-7 所示。

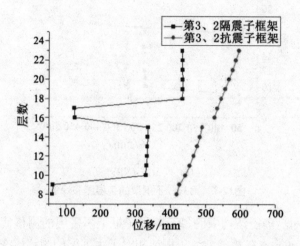

(a) Imperial Valley(10#)波-(NS)

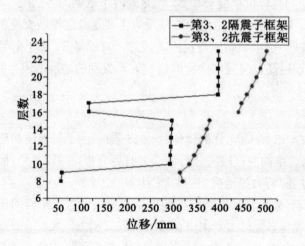

(b) Imperial Valley(5#)波-(NS)

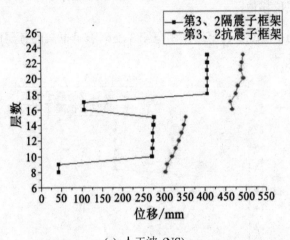

(c) 人工波-(NS)

图12-7　第3、2子框架的各层侧移峰值

由图 12-7 可知，隔震结构中的每个隔震子框架隔震层的侧移值都很大，但是都没有超过预设的 400 mm 隔震缝宽，子框架相对于主框架的侧移值在隔震层处发生了突变，使得子框架的整体位移显著增大，但是隔震子框架的各层侧移峰值变化均不大，类似于整体平动。这说明隔震结构的位移反应主要是叠层橡胶支座的剪切变形，隔震结构能够有效地减小子框架的地震反应。同时，对比第 3、2 子框架的侧移值可知，隔震子框架的位置越高，隔震层的位移值越大，受到的地震响应也越大。

12.5　本章小结

本章利用 ETABS 有限元分析软件对一 25 层的巨-子隔震结构进行隔震设计，并对巨-子抗震与隔震结构进行模态分析和动力时程分析，得到了两种结构的自振周期、加速度、位移、层间剪力等地震响应。得到以下结论：

（1）通过模态分析可知隔震结构的自振周期大于抗震结构的自振周期。这是因为隔震层水平刚度小，变形主要集中在叠层橡胶支座上，且该隔震结构中设置的 2 个子框架相当于调谐质量减震系统中的大质量块，能够降低主框架的地震反应，对隔震结构的自振周期也有一定影响。

（2）地震作用下隔震结构主框架和子框架的位移、加速度和层间剪力等响应均小于抗震结构，隔震结构具有较好的减震能力，隔震支座能够隔离地震传来的能量，降低主框架和子框架的地震反应，增加结构的安全性和舒适度。

第 13 章 巨-子抗震结构与隔震结构振动台试验

13.1 引言

巨-子隔震结构体系是一种新型的结构体系，由于其良好的减震性能早已引起国内外学者的广泛关注，但是至今为止大部分研究工作都只是建立在理论分析上。地震模拟振动台是一种重现地震过程的试验方法，能够有效验证理论研究成果，对于工程减震设计和研究具有极其重要的参考价值。本章介绍巨-子抗震结构与隔震结构振动台的试验方案，包括试验模型结构以及隔震支座的设计、振动台系统与数据采集设备、传感器的布置方案和地震动的选取及试验工况的确定。进行隔震与抗震结构模型振动台试验结果的数据分析对比，并将试验结果与理论计算结果进行对比分析。通过对比分析抗震与隔震结构的地震响应，研究地震作用下隔震结构的减震性能。本试验的进行对于提升我国超高层结构的抗震分析，保障超高层结构的安全建设和运营提供了科学支撑，为巨型框架结构的进一步分析研究提供了依据。

13.2 试验模型设计

以第 12 章所建立的 25 层巨型钢框架结构作为原型结构，根据试验室振动台台面尺寸及最大有效载荷，将试验长度相似比确定为 1/30；由于缩尺结构所用的材料为钢材，与原型结构所用材料一致，因此取弹性模量相似比为 1；加速度相似比为 1。依据量纲分析法可推导出其余的相似比，详见表 13-1。

表13-1　结构模型相似关系

物理参数	相似比符号	计算公式	相似比
长度	S_l	—	1/30
弹性模量	S_E	—	1
加速度	S_a	—	1
质量	S_m	$S_m = S_E S_l^2 / S_a$	1/900
速度	S_v	$S_v = \sqrt{S_l S_a}$	$\dfrac{1}{\sqrt{30}}$
位移	S_u	$S_u = S_l$	1/30
应力	S_σ	$S_\sigma = S_E$	1
应变	S_ε	$S_\varepsilon = 1$	1
力	S_F	$S_F = S_E S_l^2$	1/900
时间	S_t	$S_t = \sqrt{\dfrac{S_l}{S_a}}$	$\dfrac{1}{\sqrt{30}}$
刚度	S_K	$S_K = S_E S_l$	1/30

根据原型结构质量和质量相似比计算出模型结构质量、模型巨梁层和子框架楼板所需要附加的配重质量。将配重块均匀地布置在各层楼板上，同时为了防止试验过程中配重块松动发生碰撞，影响试验数据的准确性，将配重块粘在楼板上，并且在四周采用焊条固定住配重块。这种增加配重的方法只增加了结构的重量，并不增加结构的刚度和强度。

结构模型总高度为 3.27 m。模型结构总重量为 5.991 t，其中模型结构自身重量 1.851 t，每层主梁配重 0.28 t，子框架每层配重 0.55 t，小于振动台的最大载荷重量 22 t。梁柱节点为刚性连接，并且节点板进行节点加固。模型结构的 x 方向为长跨方向，跨度为 1.6 m，结构的短跨方向为 y 向，跨度为 1.0 m。

13.2.1 隔震支座设计

由巨-子隔震原型结构的有限元数值分析结果，将原型隔震支座的屈服前刚度、屈服后刚度、竖向刚度、屈服力等力学性能参数按照对应相似关系计算出试验用叠层铅芯隔震支座的力学性能参数，从而对试验隔震支座进行设计。试验用铅芯叠层橡胶支座设计参数如图 13-1 和表 13-2 所示。

课题组研发了一种三维隔震抗倾覆支座，可用于结构的三维隔震及抗倾覆，但由于相似系数较小，不易加工。故本文采用厚橡胶支座来实现水平向和竖向隔震。厚橡胶支座除了每层橡胶层的厚度会比叠层橡胶支座的厚度来的大、支座直径取值为 100 mm及未设置铅芯外，其余构造同叠层橡胶支座。厚橡胶支座的竖向刚度小，可以达到较好的竖向隔震效果。厚橡胶支座的设计参数如图 13-2 和表 13-2 所示。

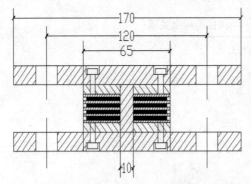

图13-1　铅芯叠层橡胶支座设计图与实物图

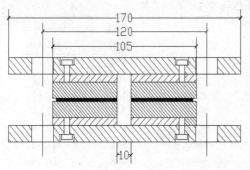

图13-2 厚橡胶支座设计图与实物图

表13-2 隔震支座主要参数

铅芯叠层橡胶支座			厚橡胶支座		
力学参数	单位	LRB60	力学参数	单位	LRB100
剪切模量	MPa	0.392	剪切模量	MPa	0.392
总高度	mm	35	总高度	mm	42
铅芯直径	mm	10	中孔直径	mm	10
橡胶外径	mm	65	橡胶外径	mm	105
橡胶层总高	mm	1.5×4	橡胶层总高	mm	9.8×2
钢板层总高	mm	2.0×4	钢板层总高	mm	2.0×1

注：LRB60 指的是直径为 60mm 的铅芯叠层橡胶支座。

13.2.2 隔震支座性能试验

采用电液伺服压剪试验机，分别对直径为 60 mm 的铅芯橡胶支座和直径为 100 mm 厚橡胶支座进行压缩剪切和压缩试验试验。采用疲劳试验机(MTS)对直径为 100 mm 的厚橡胶支座进行抗拉试验，研究支座的力学性能。

1.单纯压缩试验

对铅芯橡胶支座和厚橡胶支座进行压缩试验。施加在支座上的压向负荷持续加载到 9600 N 后即开始缓慢卸载，单纯压缩试验竖向加载频率为 0.03 Hz，取 9600 N 对应的竖向变形进行竖向刚度计算。表 13-3 为二种支座的单纯压缩试验的基本性能试验参数。其中支座编号中的括号内 9-1、17-1 代表铅芯橡胶支座，9-2、17-2 代表厚橡胶支座。

表13-3　压缩基本性能试验参数

支座编号	支座直径 /mm	橡胶层总厚度 /mm	压向负荷 /N	竖向变形 /mm	竖向刚度 /(kN/mm)
1(9-1)	60	7	9600	0.486	19.74
2(9-1)	60	7	9600	0.463	20.73
3(9-1)	60	7	9600	0.433	22.15
4(9-1)	60	7	9600	0.353	27.23
5(9-1)	60	7	9600	0.425	22.58
6(17-1)	60	6	9600	0.541	17.72
7(17-1)	60	6	9600	0.468	20.48
8(17-1)	60	6	9600	0.507	18.96
9(17-1)	60	6	9600	0.482	19.92
10(9-2)	100	19.7	9600	1.546	6.21
11(9-2)	100	19.7	9600	1.521	6.31
12(9-2)	100	19.7	9600	1.550	6.19
13(9-2)	100	19.7	9600	1.530	6.27
14(9-2)	100	19.7	9600	1.568	6.12
15(17-2)	100	16.5	9600	0.941	10.2
16(17-2)	100	16.5	9600	1.026	9.36
17(17-2)	100	16.5	9600	0.942	10.19
18(17-2)	100	16.5	9600	1.002	9.58
19(17-2)	100	16.5	9600	1.042	9.21

2.压缩剪切试验

对支座施加如表 13-4 所示压向负荷，试验过程中压向负荷保持恒定。试验的加载频率为 0.03 Hz，当支座的水平剪切变形达到 100%时，开始卸载。通过在压剪试验机的四周布置 4 个高精度位移器(精度为 0.001 mm)测量水平位移。表 13-4 所示为两种支座的压缩剪切试验的基本性能试验参数。图 13-3、13-4 分别为铅芯隔震支座压缩剪切试验照片和滞回曲线。

表13-4　压缩剪切基本性能试验参数

支座编号	支座直径/mm	压向负荷/N	橡胶层总厚度/mm	水平负荷/kN	水平变形/mm	100%平均水平刚度/(kN/m)
1(9-1)	60	9600	7	1.980	7.011	141.2
2(9-1)	60	9600	7			
3(9-1)	60	9600	7	2.024	7.025	143.7
4(9-1)	60	9600	7			
5(9-1)	60	9600	7	2.112	7.010	150.5
6(17-1)	60	9600	6	1.944	7.030	162.1
7(17-1)	60	9600	6			
8(17-1)	60	9600	6	2.008	7.080	167.3
9(17-1)	60	9600	6			
10(9-2)	100	39270	19.7	5.150	19.705	130.7
11(9-2)	100	39270	19.7			
12(9-2)	100	39270	19.7	5.023	19.701	127.5
13(9-2)	100	39270	19.7			
14(9-2)	100	39270	19.7	4.988	19.550	127.6
15(17-2)	100	39270	16.5	4.858	16.505	147.2
16(17-2)	100	39270	16.5			
17(17-2)	100	39270	16.5	4.920	16.520	149.1
18(17-2)	100	39270	16.5			
19(17-2)	100	39270	16.5	5.001	16.550	151.1

注：因试验仪器限制，一次试验需两个支座同时进行，故上述得到的水平负荷为两支座和。

图13-3　铅芯橡胶支座压缩剪切性能试验

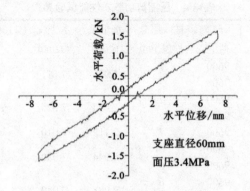

图13-4 铅芯橡胶支座滞回曲线

3.抗拉试验

对厚橡胶支座进行抗拉试验,疲劳试验机加载速率为 10 N/s,缓慢加载至 3 kN(保持拉应力小于 1 MPa)后卸载,可得荷载-位移曲线,由此可得到橡胶隔震支座的竖向抗拉刚度,并同时观察厚橡胶支座的外观变化。表 13-5 所示为厚橡胶支座的抗拉基本性能试验参数。图 13-5 所示为厚橡胶支座抗拉试验。图 13-6 所示为厚橡胶支座的力-位移曲线。可知厚橡胶支座在 3 kN 的拉力作用下仍在弹性范围内,未出现屈服或破坏。并且当轴向拉力达到 3 kN 时卸载,卸载刚度略大于加载刚度,曲线因此呈现一个较小的滞回环。试验过程中观察厚橡胶支座,外观上没有损伤,能看到橡胶层被拉伸后截面积变小,使得钢板呈现微微突出的现象。此外,对比厚橡胶支座的抗压和抗拉试验数据可知,该支座的抗压刚度与抗拉刚度不同,抗拉刚度约为抗压刚度的 1/4。

表13-5 抗拉基本性能试验参数

支座编号	支座直径 /mm	橡胶层总厚度 /mm	压向负荷 /N	竖向变形 /mm	抗拉刚度 /(kN/mm)
1(9-2)	100	19.7	-3000	-1.823	1.646
2(9-2)	100	19.7	-3000	-1.733	1.731
3(9-2)	100	19.7	-3000	-2.201	1.363
4(9-2)	100	19.7	-3000	-2.258	1.329
5(9-2)	100	19.7	-3000	-2.329	1.289
6(17-2)	100	16.5	-3000	-1.551	1.934
7(17-2)	100	16.5	-3000	-1.782	1.684
8(17-2)	100	16.5	-3000	-1.767	1.700
9(17-2)	100	16.5	-3000	-1.802	1.665
10(17-2)	100	16.5	-3000	-1.740	1.724

图13-5　厚橡胶支座抗拉试验

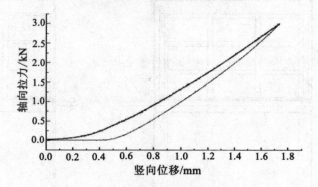

图13-6　厚橡胶支座力-位移曲线

13.2.3 试验模型制作与安装

　　试验所用结构模型主框架为单跨 3 层钢框架结构，材料采用 Q235。平面尺寸为 1.6 m×1.0 m，结构模型总高度 3.27 m。模型外框角柱采用 140mm×10mm 的等边角钢，梁采用 126mm×53mm×5.5mm×9mm 的槽钢，梁柱节点均为刚性连接。置于巨梁上的内部子框架平面尺寸为 0.78 m×1.518 m，每层层高为 0.16 m，每个子框架总高度为 0.96 m。为了便于在子框架中放置配重块，根据刚度等效原则把原型子框架 8 跨×5 跨的 6 层子框架简化成 3 跨×2 跨的子框架，柱子采用 60 mm×2.5 mm 的方钢管，梁采用 40 mm×1.5 mm 的方钢管，梁柱节点也均为刚性连接。内部子框架与外部主框架之间的隔震缝宽均为 15 mm。结构模型设计图及实物图如图 13-7、13-8 所示。

　　根据试验研究目的的不同，分别建立了三组试验模型：抗震结构模型、铅芯支座隔震结构模型和厚橡胶支座隔震结构模型。各试验组支座布置方式如下：

（1）抗震结构模型，即子框架底部与主框架梁采用螺栓固定；

（2）铅芯支座隔震结构模型，即在第2、第3子框架柱底分别布置四个铅芯叠层橡胶支座，主框架与台面固定；

（3）厚橡胶支座隔震结构模型，即在第2、第3子框架柱底布置四个厚橡胶支座，主框架与台面固定。

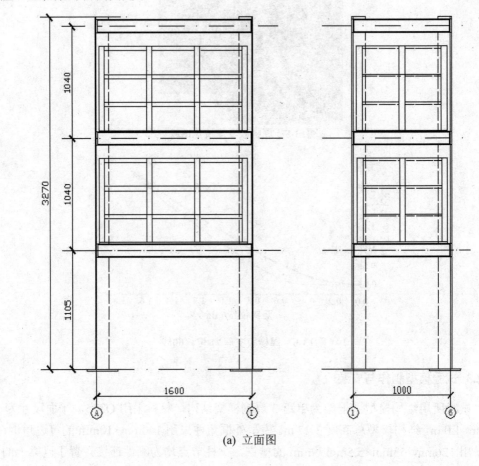

(a) 立面图

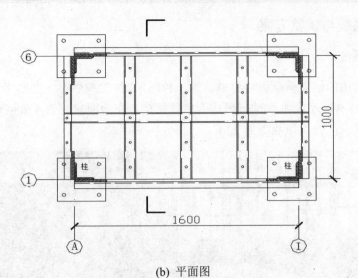

(b) 平面图

图13-7 结构模型设计图

图13-8 结构模型实物图

13.3 试验系统与试验方案

13.3.1 试验系统

本试验所用的地震模拟振动台系统为三台阵系统，主要包括三个水平三自由度振动台，如图 13-9 所示。本次试验结构为单体结构，在台面尺寸为 4 m×4 m 的中间大台上进行，其台面最大承载力为 22 t。

图13-9　地震模拟振动台系统

13.3.2 加速度传感器

加速度传感器采用 DH610 型和 DH612 型磁电式振动加速度传感器。在振动台台面分别布设横向(x 向)及纵向(y 向)加速度传感器各 1 个(共计 2 个)，以测量台面加速度的真实输入情况。为了得到外部主框架和内部子框架的振型及动力特性，在外部主框架的每层主梁(即第 J1 层、J2 层、J3 层)及两个子框架的各层分别沿着 x 方向和 y 方向各布置 1 个(每层 2 个，共 18 个)加速度传感器。在抗震结构中，加速度传感器布置同隔震结构。试验中各个加速度传感器的安装位置及测试方向如表 13-6、图 13-9～图 13-12 所示。

表13-6　DH610、DH 612型加速度传感器编号

楼层	结构模型	
	A 点(x 向)	B 点(y 向)
J3 层	A19	A20
6 层	A17	A18
5 层	A15	A16
4 层	A13	A14
J2 层	A11	A12
3 层	A09	A10
2 层	A07	A08
1 层	A05	A06
J1 层	A03	A04
台面	A01	A02

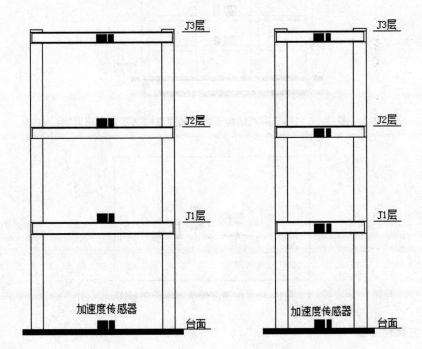

图13-9　巨-子结构主框架加速度传感器立面布置图

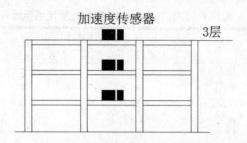

图13-10　巨-子抗震结构子框架加速度传感器立面布置图

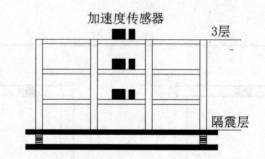

图13-11　巨-子隔震结构子框架加速度传感器立面布置图

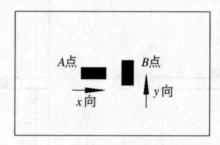

图13-12　加速度传感器平面布置图

13.3.3　位移传感器

本试验采用 NS-WY06 型位移传感器和激光位移计测量相关位移反应。NS-WY06 型拉线式位移传感器的一端固定在结构测点上，另一端则固定在振动台以外地面架设的脚手架上，这样传感器所采集到的是该点的绝对位移。由于本书所指的地震位移是相对于振动台台面固节点的位移，因此还需要在振动台台面上布设位移传感器来记录台面的位移。通过两个传感器在每个时间点的差值来获得相对位移值。

根据试验的要求和试验室仪器配备条件，在外部主框架每层主梁的中部沿 x 向和 y 向各布置一个位移传感器，在 2、3 子框架的顶层沿 x 向和 y 向各布置一个位移传感器(加上振动台面的位移计, 共 12 个位移传感器), 以量测模型结构中各层主框架梁、子框架顶层位移反应。对于隔震结构, 由于激光位移计数量有限, 在第 3 子框架的 y 向和第 2 子框架的 x 向各布置一个激光位移计, 在第 3 子框架的 x 向和第 2 子框架的 y 向采用拉线式位移计, 来量测隔震支座的变形情况(共 2 个激光位移计和 2 个拉线式位移计)。位移传感器的布置如图 13-13～13-16 所示。

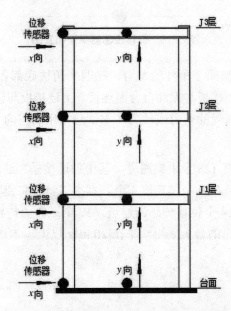

图13-13　巨-子结构主框架位移传感器立面布置图

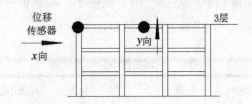

图13-14　抗震2、3子框架位移传感器立面布置图

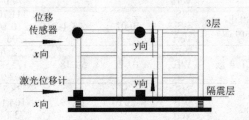

图13-15　隔震2、3子框架位移传感器立面布置图

图13-16　位移传感器平面布置图

为了量测外部主框架四个角柱的受力，在四个角柱底部各布设一个三向力传感器。三向力传感器的下连接板与振动台台面连接，上连接板与模型结构相连，以测量角柱 x、y、z 三个方向所受的剪力或轴力。本试验采用的三向力传感器均为 YBY 型三向力传感器。

本数据采集系统共有 128 个采集通道，其中加速度采集通道 40 个，应变采集通道 64 个，速度 4 个，位移 16 个，其他 4 个。本次试验总共使用 48 个通道，其中 20 个加速度传感器通道，14 个位移传感器通道，12 个三向力传感器通道，2 个激光位移计辅助通道。每个通道的最大采用频率在 20 kHz 以上，本试验所有通道采样频率均设置为 500 Hz。

13.3.4　试验工况

为了研究不同类型场地地震动对结构动力响应的影响，本书选取具有代表性的 I 类场地迁安波、II 类场地 El Centro 波、III 类场地 Taft 波和IV类场地天津波这四条地震动作为试验地震动输入。四条地震动记录如表 13-7 所示。

表13-7　试验用地震动原纪录

场地类型	记录名称	分量	记录间隔/s	持时/s	峰值/(m/s²)	三个方向幅值比例
I 类场地	1976,迁安波	NS WE Vert	0.01	22.02	132.39 97.36 -79.04	1 0.7354 0.5970
II 类场地	1940, El Centro 波	NS WE Vert	0.02	53.4	341.70 210.14 -206.35	1 0.6150 0.6039
III 类场地	1994,Taft 波	NS WE Vert	0.02	54.38	152.70 175.90 -102.90	0.8681 1 0.5850
IV 类场地	1995, 天津波	NS WE Vert	0.01	19.19	78.7 -104.18 73.14	0.7554 1 0.7020

试验首先输入频谱宽度为 0.1～50 Hz 白噪声，对模型结构进行白噪声扫频，以测量模型的振型和周期等动力特性。然后对模型结构在 x 向、y 向和 $x+y$ 双向分别输入地震动，观察在不同地震动下隔震与抗震结构的动力响应。为了确保结构模型的完整性，不对抗震结构组的试验造成影响，先对隔震结构模型进行振动台试验。

基于本次试验的目的，按地震动的输入方向分为：长轴方向(x 向)、短轴方向(y 向)、双轴方向($x+y$)输入。输入加速度幅值取对应 7 度(0.15g)小震、7 度(0.15g)中震、7 度(0.15g)大震、8 度大震、9 度大震的峰值，从小到大依次输入。同时为了分析每个工况后结构振动特性的变化，在下一个工况加载前都输入白噪声进行扫频。隔震与抗震结构模型的试验工况相同，如表 13-8 所示。

表13-8　试验工况

试验工况	地震动	方向	加速度峰值/g	说明
A0	白噪声	y	\	\
A1	迁安波–NS	y	0.316g	7 度罕遇地震
A2	El Centro 波–NS	y	0.316g	7 度罕遇地震
A3	Taft 波–WE	y	0.316g	7 度罕遇地震
A4	天津波– WE	y	0.316g	7 度罕遇地震
A5	迁安波–WE+NS	$x+y$	0.232g+0.316g	7 度罕遇地震
A6	El Centro 波–WE+NS	$x+y$	0.194g+0.316g	7 度罕遇地震
A7	Taft 波–NS+WE	$x+y$	0.274g+0.316g	7 度罕遇地震
A8	天津波–NS+WE	$x+y$	0.239g+0.316g	7 度罕遇地震

13.4　结构模型动力反应

试验通过输入白噪声来测试结构的动力特性，由模态分析得到传统抗震结构、铅芯隔震结构及厚橡胶隔震结构在 7 度(0.15g)小震作用前的第一阶自振周期列于表 13-9 中。从表中可知，铅芯隔震结构和厚橡胶隔震结构的自振周期较传统抗震结构有一定的增强，铅芯隔震结构和厚橡胶隔震结构的自振周期分别约为抗震结构的 1.22 倍和 1.09 倍，铅芯隔震结构的周期比厚橡胶隔震的大一些，但相差不大。这主要是因为隔震结构设置了隔震支座之后，变形主要集中在隔震层，增加了结构的自振周期。

表13-9　模型结构自振周期

模型结构	传统抗震结构/s	铅芯隔震结构/s	厚橡胶隔震结构/s
第一阶自振周期	0.374	0.455	0.409

13.4.1 主框架梁位移反应

根据布置在三层主框架梁上的位移传感器采集到的数据，可得到抗震结构、铅芯隔震结构以及厚橡胶隔震结构在不同地震动作用下的位移反应。7 度(0.15g)罕遇单向(y 向)、双向地震动输入下，三种结构的顶层、中间层、底层主框架梁位移反应幅值如表 13-10、13-11 和 13-12 所示。

表13-10　单向和双向输入下顶层主框架梁位移及控制效果

		迁安波	El Centro 波	Taft 波	天津波
单向(y 向)输入	传统抗震/mm	2.49	4.24	3.49	7.02
	铅芯隔震/mm	1.62	2.73	2.53	4.05
	厚橡胶隔震/mm	1.70	2.93	2.33	5.08
	铅芯隔震控制效果/%	34.9	35.6	35.8	42.3
	厚橡胶隔震控制效果/%	31.7	30.9	33.2	27.6
双向($x+y$)输入	y 向 传统抗震/mm	3.42	5.28	4.79	7.67
	铅芯隔震/mm	1.81	2.97	3.59	4.32
	厚橡胶隔震/mm	1.93	3.11	3.89	5.01
	铅芯隔震控制效果/%	47.1	43.8	26.9	43.4
	厚橡胶隔震控制效果/%	43.6	41.1	20.7	34.8
	x 向 传统抗震/mm	2.06	4.03	3.33	4.91
	铅芯隔震/mm	1.43	2.46	2.11	3.65
	厚橡胶隔震/mm	1.47	2.41	2.44	3.77
	铅芯隔震控制效果/%	30.6	39.0	36.6	25.7
	厚橡胶隔震控制效果/%	28.6	40.2	26.7	23.2

表13-11　单向和双向输入下中间层主框架梁位移及控制效果

			迁安波	El Centro 波	Taft 波	天津波
单向(y 向)输入		传统抗震/mm	2.12	3.49	3.50	5.69
		铅芯隔震/mm	1.36	1.77	2.22	3.31
		厚橡胶隔震/mm	1.49	1.99	2.34	4.16
		铅芯隔震控制效果/%	35.8	49.3	36.6	41.8
		厚橡胶隔震控制效果/%	29.7	43.0	33.1	26.9
双向($x+y$)输入	y 向	传统抗震/mm	2.74	4.25	3.91	6.20
		铅芯隔震/mm	1.50	2.31	2.87	3.54
		厚橡胶隔震/mm	1.56	2.55	3.03	4.15
		铅芯隔震控制效果/%	45.3	45.6	28.4	42.9
		厚橡胶隔震控制效果/%	43.1	40.0	23.4	33.1
	x 向	传统抗震/mm	1.69	3.32	2.74	3.67
		铅芯隔震/mm	1.15	1.85	1.75	2.78
		厚橡胶隔震/mm	1.26	2.01	1.91	2.84
		铅芯隔震控制效果/%	32.0	44.5	36.1	24.3
		厚橡胶隔震控制效果/%	25.4	39.8	30.3	22.6

表13-12　单向和双向输入下底层主框架梁位移及控制效果

			迁安波	El Centro 波	Taft 波	天津波
单向(y 向)输入		传统抗震/mm	1.83	2.71	3.71	3.00
		铅芯隔震/mm	1.09	1.72	1.93	1.54
		厚橡胶隔震/mm	1.18	1.56	2.17	1.75
		铅芯隔震控制效果/%	44.3	36.5	48.0	48.7
		厚橡胶隔震控制效果/%	35.5	42.4	41.5	41.7
双向($x+y$)输入	y 向	传统抗震/mm	2.18	3.38	3.14	4.86
		铅芯隔震/mm	1.16	1.85	2.30	2.89
		厚橡胶隔震/mm	1.27	2.03	2.43	3.22
		铅芯隔震控制效果/%	46.8	45.3	26.8	40.5
		厚橡胶隔震控制效果/%	41.7	39.9	22.6	33.7
	x 向	传统抗震/mm	1.48	2.66	1.01	2.55
		铅芯隔震/mm	1.02	1.30	1.10	1.49
		厚橡胶隔震/mm	1.09	1.39	1.22	1.75
		铅芯隔震控制效果/%	32.4	51.1	42.4	41.6
		厚橡胶隔震控制效果/%	27.6	47.7	36.1	31.4

从表 13-10 至表 13-12 中可以看出，在单、双向地震动作用下铅芯隔震结构和厚橡胶隔震结构的各层主框架梁位移均小于传统抗震结构的主框架梁位移，减震效果较为明显，且铅芯隔震的减振效果比厚橡胶隔震的减振效果大，但减振幅度相差不大，在 10%以内。这主要是因为厚橡胶隔震支座在制作过程中，由于生产原因，其水平刚度略小于铅芯隔震支座，但厚橡胶隔震支座中心没有注入铅芯，故其耗能能力较弱。综合刚度和耗能作用，使得厚橡胶隔震支座的减振效果略低于铅芯隔震支座。不同场地地震动作用下，结构的减振效果不同。这说明了不同地震动对结构的地震响应存在差异。

双向地震作用下各层主框架梁 y 向位移明显较单向作用下各层主框架梁 y 向的大。这主要是由于双向地震的耦合作用会使得结构的地震响应大于仅单向地震下的结构响应。

此外，传统抗震结构、铅芯隔震和厚橡胶隔震结构的各层主框架梁的位移自下而上逐渐变大，顶层主框架梁的位移最大。设置了铅芯叠层支座和厚橡胶支座后，结构的地震位移响应比传统抗震结构地震位移响应减少，这说明了这两种隔震结构能够有效地降低结构的地震反应，保证结构的安全。

13.4.2　子框架顶层位移反应

子框架作为巨型框架结构的重要组成部分，是工作生活的场所，因此子框架的舒适度和安全性是结构振动控制的首要目的。

7 度(0.15g)罕遇单向、双向地震动输入下，抗震结构、铅芯隔震和厚橡胶隔震结构的第 2、3 子框架顶层位移峰值如表 13-13、13-14 所示。从表中可知，铅芯隔震和厚橡胶隔震第 2、3 子框架顶层位移相比传统抗震结构降低很多，且铅芯隔震结构的减震效果略好于厚橡胶隔震的减震效果，这是因为在地震作用下，地震能量传到隔震层，大部分能量被铅芯叠层橡胶支座和厚橡胶支座所隔离或吸收，仅有小部分能量传到上部结构，从而使得两种隔震结构的子框架各层位移响应大大降低。同时，在四条地震动作用下第 2 子框架的顶层位移大于第 3 子框架顶层位移。此外双向地震作用下第 3、2 子框架顶层 y 向位移明显较单向作用下第 3、2 子框架顶层 y 向位移大。这主要是由于双向地震的耦合作用会使得结构的地震响应大于仅单向地震下的结构响应。

表13-13　单向和双向输入下第2子框架顶层位移及控制效果

		迁安波	El Centro 波	Taft 波	天津波
单向(y 向)输入	传统抗震/mm	3.57	4.22	4.26	6.45
	铅芯隔震/mm	1.53	1.97	1.88	2.89
	厚橡胶隔震/mm	1.72	2.21	2.12	3.12
	铅芯隔震控制效果/%	57.14	53.32	55.87	55.19
	厚橡胶隔震控制效果/%	51.82	47.63	50.23	51.63
双向(x+y)输入 y 向	传统抗震/mm	4.11	4.39	4.38	7.35
	铅芯隔震/mm	1.89	2.07	2.01	3.28
	厚橡胶隔震/mm	2.13	2.27	2.13	3.57
	铅芯隔震控制效果/%	54.01	52.85	54.11	55.37
	厚橡胶隔震控制效果/%	48.18	48.29	51.37	51.43
x 向	传统抗震/mm	3.02	5.44	5.16	6.78
	铅芯隔震/mm	1.43	2.64	2.37	3.02
	厚橡胶隔震/mm	1.56	2.86	2.49	3.13
	铅芯隔震控制效果/%	52.65	51.47	54.07	55.46
	厚橡胶隔震控制效果/%	48.34	47.43	51.74	53.83

表13-14　单向和双向输入下第3子框架顶层位移及控制效果

		迁安波	El Centro 波	Taft 波	天津波
单向(y 向)输入	传统抗震/mm	3.11	3.29	3.45	5.49
	铅芯隔震/mm	1.41	1.53	1.59	2.26
	厚橡胶隔震/mm	1.57	1.68	1.72	2.48
	铅芯隔震控制效果/%	54.66	53.50	53.91	58.83
	厚橡胶隔震控制效果/%	49.52	48.94	50.14	54.83
双向(x+y)输入 y 向	传统抗震/mm	3.26	3.34	3.49	5.57
	铅芯隔震/mm	1.48	1.43	1.52	2.64
	厚橡胶隔震/mm	1.61	1.65	1.73	2.86
	铅芯隔震控制效果/%	54.60	57.19	56.45	52.60
	厚橡胶隔震控制效果/%	50.61	50.60	50.43	48.65
x 向	传统抗震/mm	2.56	3.23	3.82	4.25
	铅芯隔震/mm	1.07	1.56	1.72	2.01
	厚橡胶隔震/mm	1.16	1.69	1.89	2.26
	铅芯隔震控制效果/%	58.20	51.70	54.97	52.71
	厚橡胶隔震控制效果/%	54.69	47.68	50.52	46.82

13.4.3 隔震层位移反应

罕遇地震作用下的隔震层位移是关系到结构整体安全性的一项重要指标。7 度 (0.15g)罕遇单向、双向地震作用下，抗震结构、铅芯隔震结构和厚橡胶隔震结构的第 3、2 隔震层的位移峰值列于表 13-15 和表 13-16。从表中可以看出，不同地震动下隔震结构的隔震层位移响应存在差异；铅芯隔震结构的隔震层相对位移小于对应的厚橡胶隔震结构的隔震层位移，这主要是因为厚橡胶支座为天然叠层橡胶支座，中心孔洞没有注入铅芯，因此该厚橡胶支座的水平刚度和耗能能力较小，使得结构的隔震层位移较大。且厚橡胶支座的竖向刚度小，重力和竖向地震力二阶效应也会使得其水平位移增加。第 3 隔震层的位移比第 2 隔震层大。

表13-15　第3隔震层相对位移峰值

地震动	铅芯隔震/mm			厚橡胶隔震/mm		
	单向 y 向	双向 x 向	双向 y 向	单向 y 向	双向 x 向	双向 y 向
迁安波	3.42	2.55	3.64	3.89	3.83	4.58
El Centro 波	4.17	3.62	4.25	3.93	4.16	4.11
Taft 波	3.80	2.72	3.88	5.56	4.02	5.75
天津波	2.34	1.99	2.32	3.41	3.03	3.49

表13-16　第2隔震层相对位移峰值

地震动	铅芯隔震/mm			厚橡胶隔震/mm		
	单向 y 向	双向 x 向	双向 y 向	单向 y 向	双向 x 向	双向 y 向
迁安波	1.92	1.63	2.19	2.40	1.87	2.67
El Centro 波	1.65	1.60	2.11	2.10	2.06	2.94
Taft 波	2.06	1.69	2.32	2.66	1.85	2.61
天津波	1.52	1.32	1.71	1.95	1.64	2.22

13.4.4 主框架加速度反应

根据布置在结构模型中的加速度传感器采集到的数据，可以得到 7 度罕遇下不同地震动仅单向(y 向)和双向($x+y$ 向)输入时抗震结构、铅芯隔震结构和厚橡胶隔震结构的加速度反应。三种结构的顶层、中间层、底层主框架梁加速度反应幅值如表 13-17、13-18 和 13-19 所示。

从下表 13-17 至表 13-19 可以看出，传统抗震结构、铅芯隔震结构和厚橡胶隔震结构的各层主框架梁的加速度，自上而下逐渐降低，顶层主框架梁的加速度最大。设置了铅芯叠层支座和厚橡胶支座后，结构各层主框架梁的加速度响应比传统抗震结构的加速度响应来的小，这说明了这两种隔震结构能够有效的降低结构的地震反应，且铅芯隔震结构的减震效果略优于厚橡胶隔震结构。此外，双向地震作用下各层主框架梁 y 向加速度比单向地震作用下各层主框架梁 y 向加速度峰值大。这主要是由于双向地震的耦合作用会使得结构的地震响应大于仅单向地震下的结构响应。同时，不同地震动下结构的地震响应差异较大，这主要是由于不同频谱特性的地震动导致的。

表13-17　单向和双向输入下顶层主框架梁加速度及控制效果

		迁安波	El Centro 波	Taft 波	天津波
单向(y向)输入	传统抗震/(m/s²)	4.39	4.40	5.50	7.43
	铅芯隔震/(m/s²)	2.01	2.90	4.04	4.61
	厚橡胶隔震/(m/s²)	2.16	3.01	4.32	5.12
	铅芯隔震控制效果/%	54.4	34.1	26.5	38.0
	厚橡胶隔震控制效果/%	50.8	31.8	22.2	31.1
双向($x+y$)输入	y 向 传统抗震/(m/s²)	4.83	4.82	5.56	7.21
	铅芯隔震/(m/s²)	2.13	3.68	4.04	4.04
	厚橡胶隔震/(m/s²)	2.21	3.81	4.84	4.17
	铅芯隔震控制效果/%	55.9	23.7	27.3	44.0
	厚橡胶隔震控制效果/%	54.2	21.0	12.9	42.2
	x 向 传统抗震/(m/s²)	3.18	3.98	4.73	4.67
	铅芯隔震/(m/s²)	1.33	2.49	3.43	3.03
	厚橡胶隔震/(m/s²)	1.88	2.61	3.63	3.23
	铅芯隔震控制效果/%	59.1	37.4	27.5	35.1
	厚橡胶隔震控制效果/%	40.8	34.4	23.2	30.8

表13-18　单向和双向输入下中间层主框架梁加速度及控制效果

		迁安波	El Centro 波	Taft 波	天津波
单向(y 向)输入	传统抗震/(m/s²)	3.64	3.11	4.90	4.39
	铅芯隔震/(m/s²)	1.67	1.85	3.48	2.57
	厚橡胶隔震/(m/s²)	1.86	1.94	3.51	2.74
	铅芯隔震控制效果/%	54.1	40.5	29.0	41.5
	厚橡胶隔震控制效果/%	48.9	37.6	28.4	37.6
双向(x+y)输入	y 向 传统抗震/(m/s²)	4.08	3.74	4.63	5.98
	铅芯隔震/(m/s²)	1.75	2.29	3.54	2.78
	厚橡胶隔震/(m/s²)	1.98	2.83	3.61	2.97
	铅芯隔震控制效果/%	57.1	38.8	23.5	53.5
	厚橡胶隔震控制效果/%	51.5	24.3	22.0	50.3
	x 向 传统抗震/(m/s²)	2.54	2.79	3.85	3.92
	铅芯隔震/(m/s²)	1.22	1.74	2.92	2.45
	厚橡胶隔震/(m/s²)	1.52	1.82	2.97	2.45
	铅芯隔震控制效果/%	52.0	37.6	24.2	37.5
	厚橡胶隔震控制效果/%	40.1	34.8	22.9	34.7

表13-19 单向和双向输入下底层主框架梁加速度及控制效果

		迁安波	El Centro 波	Taft 波	天津波
单向(y向)输入	传统抗震/(m/s²)	2.69	2.81	4.32	3.68
	铅芯隔震/(m/s²)	0.98	1.50	2.55	2.27
	厚橡胶隔震/(m/s²)	1.02	1.61	2.94	2.44
	铅芯隔震控制效果/%	63.6	46.7	40.9	38.3
	厚橡胶隔震控制效果/%	62.1	42.7	31.9	33.7
双向(x+y)输入	y向 传统抗震/(m/s²)	2.64	2.94	3.61	4.16
	铅芯隔震/(m/s²)	1.21	1.83	2.71	2.17
	厚橡胶隔震/(m/s²)	1.42	2.25	2.77	2.32
	铅芯隔震控制效果/%	54.2	37.8	24.9	47.8
	厚橡胶隔震控制效果/%	46.6	23.5	23.3	44.2
	x向 传统抗震/(m/s²)	1.85	2.29	3.12	3.13
	铅芯隔震/(m/s²)	0.90	1.44	2.32	1.92
	厚橡胶隔震/(m/s²)	0.97	1.50	2.41	2.05
	铅芯隔震控制效果/%	51.4	37.1	25.6	38.7
	厚橡胶隔震控制效果/%	47.6	34.5	22.8	34.5

13.4.5 子框架加速度反应

表 13-20 所示为单向地震作用下子框架各层 y 向加速度峰值及减震效果,表 13-21 所示为双向地震作用下子框架各层 x 向加速度峰值及减震效果,表 13-22 所示为双向地震作用下子框架各层 y 向加速度峰值及减震效果。从表中可知铅芯隔震、厚橡胶隔震的子框架各层加速度峰值均小于传统抗震结构的加速度峰值,且四条地震动作用下减震效果均较为明显。同时,铅芯隔震结构的减震效果比厚橡胶隔震结构的减振效果略好。双向地震输入下子框架各层加速度峰值较单向作用下来的大。

表13-20　单向y向输入时子框架各层加速度及减震效果

地震动	楼层	传统抗震/(m/s²)	铅芯隔震/(m/s²)	厚橡胶隔震/(m/s²)	铅芯隔震减震效果/%	厚橡胶隔震减震效果/%
迁安波	2-3	5.33	2.80	3.05	47.4	42.8
	2-2	3.30	1.67	1.78	49.4	46.1
	2-1	1.98	1.02	1.13	48.5	42.9
	3-3	4.22	2.12	2.65	49.8	37.2
	3-2	2.21	1.13	1.24	48.9	43.9
	3-1	1.52	0.88	0.97	42.1	36.2
El Centro 波	2-3	6.24	2.93	3.65	53.0	41.5
	2-2	4.06	1.99	2.06	51.0	50.1
	2-1	2.58	1.27	1.52	50.8	41.1
	3-3	4.90	2.89	2.98	41.0	39.2
	3-2	3.25	1.72	1.93	47.1	40.6
	3-1	1.98	1.01	1.12	49.4	43.4
Taft 波	2-3	7.78	2.63	3.23	66.2	58.5
	2-2	6.03	2.40	2.71	60.1	55.0
	2-1	3.28	1.74	1.93	47.0	41.2
	3-3	6.55	3.40	3.65	48.1	44.3
	3-2	3.25	2.01	2.44	38.5	25.1
	3-1	2.28	1.23	1.47	46.1	35.5
天津波	2-3	7.94	4.26	4.34	46.3	45.3
	2-2	5.92	3.12	3.13	47.3	47.1
	2-1	2.88	1.67	1.84	42.0	36.1
	3-3	4.92	3.19	3.27	35.2	33.5
	3-2	3.28	2.24	2.41	31.7	26.5
	3-1	2.01	1.20	1.29	40.0	35.5

注：表中楼层前缀代表子框架位置，如"2-"代表"第 2 子框架"；下同。

表13-21　双向输入时子框架各层*x*向加速度及控制效果

地震动	楼层	传统抗震/(m/s²)	铅芯隔震/(m/s²)	厚橡胶隔震/(m/s²)	铅芯隔震减震效果/%	厚橡胶隔震减震效果/%
迁安波	2-3	3.40	1.93	2.02	43.2	40.5
	2-2	2.54	1.55	1.61	38.9	36.7
	2-1	1.88	1.21	1.25	35.6	33.5
	3-3	2.10	1.23	1.30	41.4	38.1
	3-2	1.73	1.13	1.15	37.1	33.5
	3-1	1.56	1.02	1.05	34.6	32.7
El Centro 波	2-3	4.14	2.13	2.21	48.5	46.6
	2-2	3.18	1.83	1.92	42.5	39.6
	2-1	2.69	1.52	1.61	43.5	40.1
	3-3	3.65	1.96	2.20	46.3	39.7
	3-2	3.03	1.71	1.85	43.6	38.9
	3-1	2.51	1.46	1.63	41.8	35.2
Taft 波	2-3	4.53	2.78	2.90	38.6	36.0
	2-2	3.72	2.39	2.51	35.8	32.5
	2-1	3.06	1.94	2.04	36.6	34.4
	3-3	3.45	2.06	2.21	40.3	35.9
	3-2	2.86	1.80	1.95	37.1	31.8
	3-1	2.28	1.46	1.58	36.0	30.7
天津波	2-3	4.95	3.46	3.61	30.1	27.1
	2-2	4.15	2.89	3.03	30.4	26.9
	2-1	3.33	2.28	2.45	31.5	26.4
	3-3	3.64	2.58	2.67	29.1	26.6
	3-2	2.98	2.25	2.34	24.5	21.5
	3-1	2.44	1.81	1.91	26.1	21.7

表13-22　双向输入时子框架各层 y 向加速度及控制效果

地震动	楼层	传统抗震 /(m/s²)	铅芯隔震 /(m/s²)	厚橡胶隔震 /(m/s²)	铅芯隔震减震效果/%	厚橡胶隔震减震效果/%
迁安波	2-3	4.67	2.42	2.52	48.2	46.1
	2-2	3.15	1.76	1.85	44.1	41.3
	2-1	2.25	1.27	1.34	43.5	40.4
	3-3	3.08	1.79	1.88	41.9	39.0
	3-2	2.59	1.49	1.50	42.5	42.1
	3-1	2.09	1.22	1.23	41.6	41.5
El Centro 波	2-3	6.86	3.16	3.95	53.9	43.9
	2-2	4.73	2.58	2.64	45.4	44.1
	2-1	3.06	1.78	1.87	41.8	38.9
	3-3	4.26	2.52	2.54	40.8	40.4
	3-2	3.49	2.09	2.15	40.1	38.4
	3-1	2.83	1.67	1.73	41.0	38.9
Taft 波	2-3	8.02	4.15	4.24	48.3	47.1
	2-2	5.77	3.16	3.25	45.2	43.7
	2-1	3.42	2.03	2.10	40.6	38.6
	3-3	3.82	2.30	2.68	39.8	29.8
	3-2	2.98	1.86	2.02	37.6	32.2
	3-1	2.26	1.49	1.57	34.1	30.5
天津波	2-3	7.90	4.07	4.69	48.5	41.9
	2-2	4.78	2.62	2.71	45.2	43.3
	2-1	3.11	1.80	1.86	42.1	40.2
	3-3	4.34	2.98	3.05	31.3	29.7
	3-2	3.39	2.32	2.41	31.6	28.9
	3-1	2.54	1.81	1.89	28.7	25.6

13.4.6 结构模型基底剪力反应

7 度(0.15g)罕遇单向、双向地震作用下，抗震结构、铅芯隔震结构和厚橡胶隔震的基底剪力如表 13-23 所示。从表中可以看出，在四条地震动作用下铅芯隔震和厚橡胶隔震结构对结构 x 向和 y 向基底剪力的控制效果较好，都起到了较好的减震效果，铅芯隔震的控制效果会略好于厚橡胶隔震的控制效果，且不同地震动之间基底剪力的减振效果差异较大，这主要是不同地震动的不同频谱特性造成的，故在进行结构设计时需注意地震动的选取。其中，与传统抗震结构相比，铅芯隔震结构对 x 向基底剪力的控制效果保持在 47%～64%之间，而厚橡胶隔震的控制效果保持在 37%～56%之间。由于耦合作用，三种结构在双向地震输入下结构的基底剪力大于仅单向地震输入下结构的基底剪力。

表13-23　单向和双向输入下结构的基底剪力及控制效果

		迁安波	El Centro 波	Taft 波	天津波
单向(y 向)输入	传统抗震/kN	7.79	18.87	14.33	12.41
	铅芯隔震/ kN	3.38	6.98	7.23	6.55
	厚橡胶隔震/ kN	4.35	10.05	9.14	7.49
	铅芯隔震控制效果/%	56.6	63.0	49.5	47.2
	厚橡胶隔震控制效果/%	44.2	46.7	37.2	39.6
双向(x+y)输入	y 向				
	传统抗震/ kN	8.63	19.15	15.27	13.89
	铅芯隔震/ kN	3.55	7.38	7.09	6.52
	厚橡胶隔震/ kN	4.83	9.13	8.21	7.14
	铅芯隔震控制效果/%	59.1	61.5	48.5	53.1
	厚橡胶隔震控制效果/%	44.1	52.3	46.2	45.9
	x 向				
	传统抗震/ kN	7.95	18.62	14.83	11.76
	铅芯隔震/ kN	3.55	6.85	7.28	6.21
	厚橡胶隔震/ kN	4.44	8.32	8.52	7.12
	铅芯隔震控制效果/%	55.3	63.2	49.4	47.2
	厚橡胶隔震控制效果/%	44.2	55.3	40.8	39.5

13.5　试验结果与数值模拟对比

为了验证数值分析结果的准确性，采用有限元分析软件 ETABS 对抗震结构、铅芯隔震结构和厚橡胶隔震结构建立有限元数值模型，对三种结构模型的振动特性、位移反应以及加速度反应进行了分析研究，并与振动台的实测结果进行了对比分析。限于篇幅，以下给出部分对比结果。

13.5.1　自振周期对比

对三种模型结构每层施加与振动台试验模型同样的配重，并对三种结构进行模态分析，得到三种结构模型的数值计算自振周期如表 13-24 所示。从表中可以看出，结构的数值计算周期与试验周期较为接近，三种结构的自振周期的平均误差为 8.36%左右，且数值计算值略大。这可能是由于理论计算时未考虑梁柱节点刚域的影响，而在试验模型结构存在刚域对结构的影响。此外，还可能是因为试验模型在加工时存在误差，但上述误差仍在可接受的范围内。

表13-24　试验与计算周期对比

模型结构	试验周期/s	计算周期/s	误差/%
铅芯隔震结构	0.455	0.511	10.96
厚橡胶隔震结构	0.409	0.445	8.09
抗震结构	0.374	0.398	6.03

13.5.2 位移对比

在 7 度罕遇(0.15g)四条地震动作用下，三种结构顶层主框架梁 y 向位移反应的试验分析结果与数值计算结果对比如下表 13-25 所示。Taft 波作用下三种结构顶层主框架梁 y 向位移反应时程的计算值与试验值对比如图 13-17 所示。

表13-25　结构顶层主框架梁y向位移试验值与计算值

结构类型	地震动	试验值/mm	计算值/ mm	误差/%
抗震结构	迁安波	2.49	2.73	8.79
	El Centro 波	4.24	4.75	10.74
	Taft 波	3.49	3.88	10.05
	天津波	7.02	7.76	9.54
铅芯隔震结构	迁安波	1.62	1.83	11.48
	El Centro 波	2.73	2.98	8.39
	Taft 波	2.24	2.48	9.68
	天津波	4.05	4.58	11.57
厚橡胶隔震结构	迁安波	1.70	1.88	9.57
	El Centro 波	2.93	3.27	10.40
	Taft 波	2.87	3.50	18.00
	天津波	5.08	5.56	8.63

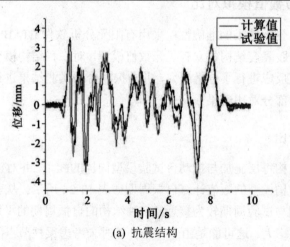

(a) 抗震结构

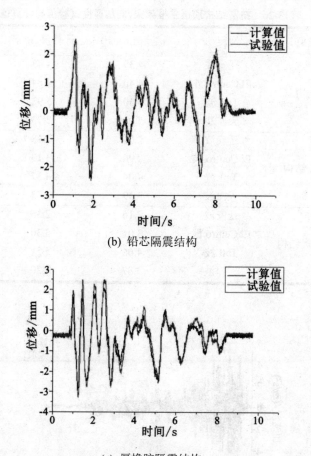

(b) 铅芯隔震结构

(c) 厚橡胶隔震结构

图13-17 结构顶层主框架梁y向位移时程的计算值与试验值对比

13.5.3 加速度对比

在 7 度罕遇(0.15g)四条地震动作用下，三种结构顶层主框架梁 y 向加速度反应峰值的试验分析与理论计算结果见表 13-26，Taft 波作用下三种结构顶层主框架梁 y 向加速度反应时程的计算值与试验值对比如图 13-18 所示。

表13-26　抗震结构顶层主框架梁 y 向加速度试验值与计算值

结构类型	地震动	试验值/(m/s²)	计算值/(m/s²)	误差/%
抗震结构	迁安波	4.39	4.43	9.03
	El Centro 波	4.40	4.84	9.09
	Taft 波	5.50	5.92	7.09
	天津波	7.07	7.73	8.54
铅芯隔震结构	迁安波	2.01	2.18	7.80
	El Centro 波	2.90	3.19	9.09
	Taft 波	4.04	4.37	7.55
	天津波	3.49	3.83	8.88
厚橡胶隔震结构	迁安波	2.16	2.36	8.47
	El Centro 波	3.01	3.30	8.78
	Taft 波	4.66	5.51	15.4
	天津波	3.87	4.20	7.86

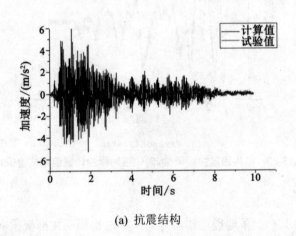

(a) 抗震结构

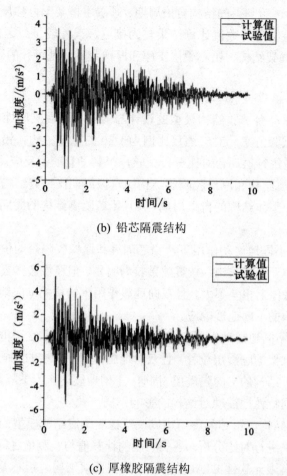

(b) 铅芯隔震结构

(c) 厚橡胶隔震结构

图13-18　结构顶层主框架梁y向加速度时程的计算值与试验值对比

从表 13-25、13-26 和图 13-17、13-18 的对比分析可知，在上述四条地震波作用下，三种结构的顶层主框架梁 y 向位移和加速度反应计算值与试验实测得到的峰值较接近，误差较小，误差最大值为 18%，试验结果与数值计算结果能够较好地吻合。导致误差的原因主要是在试验过程中需要拆换支座以实现不同类型的隔震结构，在拆换隔震支座过程中，需要使用吊车将已安装连接好支座的子框架吊起以调整子框架的位置，子框架在起降过程中受力不均会导致隔震支座受拉，这可能对隔震支座性能造成一定影响。在试验过程中，隔震支座要被反复使用，因此隔震支座的性能会受到一定程度的影响，且在试验中发现个别铅芯隔震的橡胶没有完全复位。而数值分析中每一次的计算结果都是独立的，不会受到上一次计算结果的影响，因此数值计算结果与试验实测的结果间存在误差。

综上可知，本试验测得的结构自振周期、顶层主框架梁位移反应、顶层主框架梁加速度反应的试验结果与数值计算结果较为接近，误差较小。因此采用有限元软件 ETABS 模拟巨型框架结构、铅芯叠层支座和厚橡胶支座是可行的。

13.6 本章小结

本章介绍了振动台试验结构模型的设计与安装、隔震支座性能参数的确定与设计、试验系统及试验方案。对一缩尺比例为 1/30 的抗震结构、铅芯隔震结构以及厚橡胶隔震结构模型进行振动台对比分析试验，得到了其动力反应。有以下结论：

（1）铅芯隔震结构和厚橡胶隔震结构的自振周期比抗震结构的自振周期大，子框架隔震能够增加整体结构的自振周期，并且铅芯隔震结构的周期比厚橡胶隔震的略大一些。

（2）在四条不同地震动作用下，铅芯隔震和厚橡胶隔震的位移响应、加速度响应、基底剪力均小于抗震结构，减震效果较为明显。但厚橡胶隔震的减震效果略低于铅芯隔震结构，总体上相差不大。且双向地震作用下结构的 y 向地震响应均大于仅单向地震作用下结构的 y 向地震响应。

（3）在四条不同地震动作用下，铅芯隔震结构的第 3、2 子框架隔震层位移均小于厚橡胶隔震子框架的隔震层位移。且双向地震作用下结构的 y 向隔震层位移均大于仅单向地震作用下结构的 y 向隔震层。同时，不同地震动作用下隔震层位移相差较大，这主要是因为不同特性地震动对结构的影响不同。

（4）对抗震结构、铅芯隔震结构以及厚橡胶隔震结构模型的动力反应的数值计算结果与实测结果进行对比分析。各类响应的计算值与实测值之间存在误差，但误差较小。说明采用有限元软件 ETABS 来模拟巨型框架结构、铅芯叠层支座和厚橡胶支座是可行的。

第 14 章 巨型框架三维隔震结构有限元分析

14.1 引言

地震动是多分量的，一般认为地震动中的水平向分量对结构的破坏起主要作用，只有在一些特殊的情况下才考虑竖向分量。但是数据显示，地震动竖向分量的影响是不能忽略的，一定程度上竖向地震动会加大结构的地震破坏程度，在有些地震中有时候会超过地震水平分量，所以有必要对水平和竖向耦合地震展开研究。

水平隔震技术仅能对水平地震动起到有效的隔离，而对竖向地震动的减震效果作用很小。有的水平隔震不仅不会减弱竖向地震作用，还会对竖向地震反应有一定程度的放大。三维隔震支座能够同时降低结构的水平和竖向地震响应，具有较好的三维隔震效果。本章以一座高层钢框架结构模型为基础建立巨型框架三维隔震结构(在本章后续分析中简称为三维隔震结构)、巨型框架隔震结构(在本章后续分析中简称为水平隔震结构)、巨-子抗震结构(在本章后续分析中简称为抗震结构)。利用 ETABS 软件建立有限元模型，进行 7 度(0.15g)罕遇地震作用下的动力时程分析，研究在水平竖向耦合地震作用下的三维隔震结构的动力响应规律，并对巨-子抗震、水平隔震、三维隔震结构这三种结构形式进行对比分析研究。

由于隔震支座水平刚度较小，在地震作用下水平侧移比较大，强震作用下当子框架相对位移超过隔震缝的宽度时会导致子框架的周边和主框架的巨型柱发生碰撞。由于地震能量巨大、爆发突然，导致主、子框架碰撞作用时间短、碰撞力巨大，为了避免因为碰撞而造成较大损失，有必要对碰撞问题进行研究分析。

14.2 数值分析模型

本章的框架结构与第 11 章相同。将巨-子抗震结构中子框架底部和巨型梁之间的连接断开，在子框架底部设置普通隔震支座和三维隔震支座形成巨-子水平隔震结构和巨-子三维隔震结构，见图 14-1。

模型中采用 ETABS 内置的 Isolator 1 连接单元来模拟叠层橡胶支座、铅芯橡胶支座。隔震结构中定义了以 LNR500、LNR600、LRB500、LRB600、LRB700 命名的 6 种隔震连接方式，参数如前义所示。

三维隔震支座可分为两部分，水平向为普通隔震支座和竖向为碟形弹簧支座，二者串联在一起不仅保持水平隔震的效果，而且解决了普通隔震支座竖向隔震效果不好的问题。同样利用 Isolator 1 来模拟三维隔震支座。其中 U1 方向来模拟三维隔震支座的竖向性能,其竖向刚度在分析中保持不变;U2、U3 来模拟水平力学性能。竖向刚度设置原则是在满足承载力的前提下,具有较好的竖向隔震效果。将 LNR500 支座对应的 Isolator 1 单元的竖向刚度设置为 40 kN/mm 形成 3D-LNR500 支座;LNR600 和 LRB600 支座竖向刚度设置为 45 kN/mm 形成 3D-LNR600、3D-LRB600 支座,将 LNR700 和 LRB700 支座的竖向刚度设置为 50 kN/mm 形成 3D-LNR700、3D-LRB700 支座。

巨-子水平隔震结构和三维隔震结构的模型参数相同、荷载设置参数也相同,二者的差别在于三维隔震结构布置的隔震支座的竖向(U1 方向)刚度参数与普通支座不同,但是这两种支座的水平向(U2、U3 方向)设置的刚度、阻尼等参数相同。因此在布置隔震支座时,这两种隔震结构形式采用相同的布置方式。

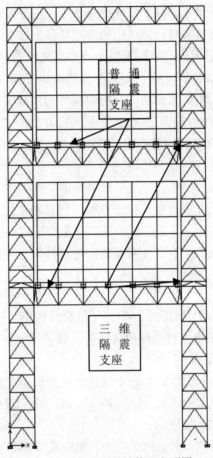

(a) 巨-子水平隔震结构正立面图

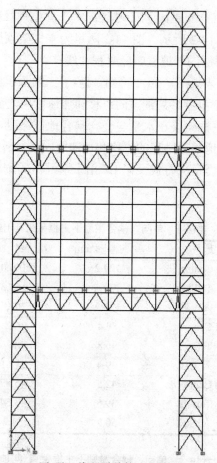

(b) 巨-子三维隔震结构正立面图

图14-1　　两种隔震结构立面图

14.3 耦合地震作用下三维隔震结构动力分析

由于巨-子三维隔震结构中采用的三维隔震支座的竖向刚度较小，因此有必要对巨-子三维隔震结构进行水平向、水平与竖向耦合地震作用下的性能进行对比研究。在本节的动力分析中，选取的地震波为 El Centro 波、Taft 波以及人工波，输入的工况分为水平向(x 向)、耦合向($x+z$ 向)两种。并根据《建筑抗震设计规范》中的规定，将输入的地震波加速度最大值按 1(水平 x)：0.85(水平 y)：0.65(竖向 z)的比例调整，地震波按照 7 度(0.15g)罕遇地震进行调幅。

14.3.1 主框架动力响应

巨-子三维隔震结构在单向、耦合向罕遇地震作用下，主框架梁顶层(第 25 层)、中间层(第 17 层)和底层(第 9 层)相对于基底的水平向位移峰值如表 14-1 所示,主框架各层的加速度峰值如表 14-2 所示。图 14-2 所示为主框架顶层的位移响应时程曲线。图 14-3 所示为主框架顶层的加速度响应时程曲线。

　　由图 14-2、14-3 和表 14-1、14-2 可知,巨-子三维隔震结构在 El Centro 波、Taft 波和人工波的作用下,主框架各层的 x 向位移和加速度由上到下逐渐减小,顶层最大。巨-子三维隔震结构的主框架梁在水平与竖向耦合地震激励作用下的 x 向位移和加速度响应峰值要大于单向地震激励下的位移和加速度响应,增加量在 10%左右。说明竖向地震分量对水平向地震反应有放大作用,由于主框架的刚度较大因而竖向地震的作用对其影响较小。

表14-1　单向、耦合激励下主框架梁x向位移

楼层	地震波	单向激励/mm	耦合激励/mm	增加量
顶层	El Centro 波	129.2	140.0	8.4%
	Taft 波	139.6	152.3	9.1%
	人工波	188.2	201.4	7.0%
中间层	El Centro 波	89.4	97.5	9.1%
	Taft 波	96.8	105.77	9.3%
	人工波	99.4	111.1	11.8%
底层	El Centro 波	42.5	45.87	7.9%
	Taft 波	39.6	43.54	9.9%
	人工波	50.7	54.2	6.9%

表14-2　单向、耦合激励下主框架梁x向加速度

楼层	地震波	单向激励/(m/s²)	耦合激励/(m/s²)	增加量
顶层	El Centro 波	5.61	5.84	4.1%
	Taft 波	6.08	6.30	3.6%
	人工波	4.48	4.79	6.9%
中间层	El Centro 波	3.92	4.12	5.1%
	Taft 波	4.90	5.16	5.3%
	人工波	3.93	4.22	7.4%
底层	El Centro 波	3.06	3.31	8.2%
	Taft 波	4.17	4.38	5.0%
	人工波	3.08	3.33	8.1%

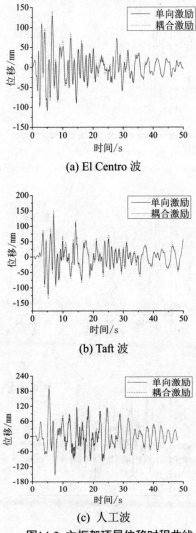

(a) El Centro 波

(b) Taft 波

(c) 人工波

图14-2 主框架顶层位移时程曲线

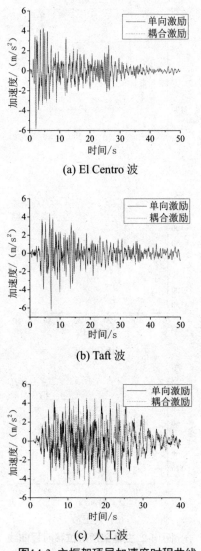

(a) El Centro 波

(b) Taft 波

(c) 人工波

图14-3　主框架顶层加速度时程曲线

14.3.2　隔震子框架动力响应

由于巨-子框架具有二级结构的特点，子框架犹如作用在各主梁层上的多层框架结构。本节分析隔震子框架位移时取各层相对于该隔震层顶部的位移。7 度(0.15g)罕遇地震作用下巨-子三维隔震结构的第 2、第 3 隔震子框架各层位移峰值如表 14-3、14-4 所示。

表14-3　单向、耦合向激励下第2子框架各层位移峰值

地震波	楼层	单向激励/mm	耦合激励/mm	增加量
El Centro 波	15	10.6	12.0	13.2%
	14	9.8	11.1	13.3%
	13	9.4	10.5	11.7%
	12	8.5	9.4	10.6%
	11	7.4	8.2	10.8%
	10	5.8	6.4	10.3%
Taft 波	15	11.7	13.3	13.7%
	14	10.5	11.8	12.3%
	13	9.8	11.0	12.2%
	12	8.7	9.6	10.3%
	11	8.1	9.0	11.1%
	10	6.4	7.1	10.9%
人工波	15	10.8	12.2	13.0%
	14	9.8	11.1	13.3%
	13	8.7	9.7	11.5%
	12	8.1	9.0	11.1%
	11	6.9	7.7	11.6%
	10	4.8	5.3	10.4%

表14-4　单向、耦合向激励下第3子框架各层位移峰值

地震波	楼层	单向激励/mm	耦合激励/mm	增加量
El Centro 波	23	9.8	10.9	11.2%
	22	9.0	10.0	11.1%
	21	8.5	9.3	10.6%
	20	7.8	8.6	9.3%
	19	6.6	7.2	9.1%
	18	4.9	5.3	8.2%
Taft 波	23	10.1	11.4	12.9%
	22	9.6	10.7	11.5%
	21	9.0	10.1	12.2%
	20	8.1	9.0	11.1%
	19	7.5	8.3	10.7%
	18	6.1	6.7	9.8%
人工波	23	9.6	10.7	11.5%
	22	8.7	9.8	12.6%
	21	8.2	9.3	13.4%
	20	7.3	8.1	10.9%
	19	6.1	6.8	11.5%
	18	4.3	4.7	9.3%

7 度(0.15*g*)罕遇地震作用下，巨-子三维隔震结构的第 2、3 隔震子框架各层在单向、水平与竖向耦合向激励下的加速度响应如表 14-5、14-6 所示。第 3 子框架顶层的加速度时程响应曲线如图 14-4 所示。

表14-5　单向、耦合向激励下第2子框架各层加速度峰值

地震波	楼层	单向激励/(m/s²)	耦合激励/(m/s²)	增加量
El Centro 波	15	3.02	3.34	10.9%
	14	2.93	3.19	8.9%
	13	2.82	3.06	8.5%
	12	2.74	2.95	7.7%
	11	2.65	2.81	6.0%
	10	2.55	2.69	5.4%
Taft 波	15	3.26	3.58	9.8%
	14	3.10	3.33	7.4%
	13	3.02	3.20	6.0%
	12	2.91	3.09	6.2%
	11	2.76	2.95	6.9%
	10	2.67	2.81	5.2%
人工波	15	3.38	3.72	10.1%
	14	3.26	3.57	9.5%
	13	3.12	3.36	7.7%
	12	3.01	3.17	5.7%
	11	2.85	3.06	7.4%
	10	2.74	2.91	6.2%

表14-6　单向、耦合向激励下第3子框架各层加速度峰值

地震波	楼层	单向激励/(m/s²)	耦合激励/(m/s²)	增加量
El Centro 波	23	2.92	3.21	9.9%
	22	2.86	3.08	7.7%
	21	2.76	2.93	6.2%
	20	2.68	2.80	4.5%
	19	2.47	2.61	5.7%
	18	2.35	2.48	5.5%
Taft 波	23	3.13	3.47	10.9%
	22	2.99	3.20	7.0%
	21	2.83	3.01	6.4%
	20	2.76	2.92	5.8%
	19	2.63	2.77	5.3%
	18	2.49	2.58	3.6%

续表

地震波	楼层	单向激励/(m/s²)	耦合激励/(m/s²)	增加量
	23	3.14	3.50	11.5%
	22	3.11	3.36	8.0%
人工波	21	3.03	3.27	7.9%
	20	2.87	3.09	7.7%
	19	2.79	2.95	5.7%
	18	2.64	2.76	4.5%

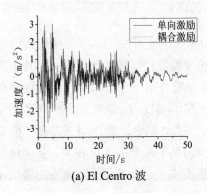

(a) El Centro 波

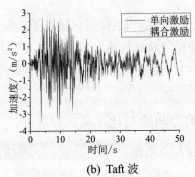

(b) Taft 波

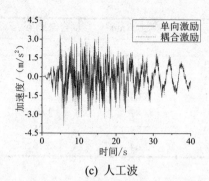

(c) 人工波

图14-4　第3子框架顶层加速度时程曲线

由图 14-3、14-4 和表 14-3~14-6 可知，巨-子三维隔震结构中的隔震子框架在地震动作用下，各层位移和加速度均随楼层增加逐渐增大，其中第 2 子框架的响应大于第 3 子框架。在水平竖向耦合地震作用下，子框架各层的位移和加速度反应大于单向地震激励下的响应，放大比例在 14%以内。说明竖向地震动分量对子框架水平向的位移和加速度响应有放大作用。另外，耦合地震作用下隔震子框架的动力响应放大比例要大于主框架的放大比例，原因是主框架的刚度较大，竖向地震作用对其影响较小，而隔震子框架连接在三维隔震支座上，由于三维隔震支座竖向刚度较小，所示竖向地震分量对其影响较大。

综上，通过对巨-子三维隔震结构主框架和隔震子框架各层在仅水平地震作用和水平与竖向耦合地震作用下的位移和加速度响应对比可知，竖向地震作用分量会放大结构的水平地震响应。因此，在对巨-子三维隔震结构进行抗震设计分析时应适当考虑竖向地震作用的影响。

14.4　三种巨-子结构的动力响应对比

本节利用有限元分析软件分别建立巨-子抗震、水平隔震、三维隔震结构有限元模型，在三向($x+y+z$)耦合激励作用下对这三种结构形式在 7 度(0.15g)罕遇地震作用下的动力响应进行对比分析。

14.4.1　结构自振周期对比

表 14-7 所示为罕遇地震作用下巨-子结构的模态分析结果，图 14-5 所示为三种结构形式的周期对比。其中根据《建筑抗震设计规范》的规定，高层钢结构在罕遇地震作用下分析时阻尼比取 0.05，振型数取 18 阶，分析方法采用特征向量法。

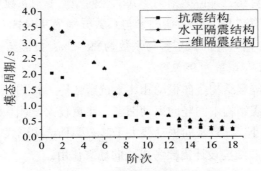

图14-5 结构模态周期变化对比

表14-7 三种结构的自振周期以及竖向振型参与系数

模态	三维隔震结构/s	竖向振型参与系数%	水平隔震结构/s	竖向振型参与系数%	抗震结构/s	竖向振型参与系数%
振型 1	3.467	0.08	3.429	0.03	2.040	0.23
振型 2	3.365	0.03	3.343	0.01	1.900	0.09
振型 3	3.033	0.04	3.001	0.01	1.340	0.13
振型 4	3.004	0.02	2.984	0.00	0.694	0.56
振型 5	2.374	0.28	2.367	0.42	0.679	0.25
振型 6	2.182	0.14	2.174	0.20	0.664	0.23
振型 7	1.385	99.44	1.365	6.06	0.663	0.98
振型 8	1.345	99.14	1.322	1.39	0.614	0.64
振型 9	1.102	44.34	1.077	28.37	0.521	0.31
振型 10	0.750	45.53	0.750	99.93	0.481	18.45
振型 11	0.734	62.74	0.734	99.69	0.461	99.93
振型 12	0.672	65.08	0.672	19.80	0.401	99.76
振型 13	0.562	7.24	0.480	28.26	0.337	6.88
振型 14	0.527	4.67	0.467	5.10	0.299	2.27
振型 15	0.524	43.93	0.380	75.98	0.286	23.78
振型 16	0.485	43.72	0.297	0.79	0.234	89.47
振型 17	0.482	0.88	0.284	2.30	0.224	16.88
振型 18	0.453	0.87	0.264	98.56	0.223	81.50

从图 14-5 和表 14-7 可以看出三维隔震和水平隔震两种结构的自振周期要比抗震结构的大，可见巨-子隔震结构由于使用隔震支座代替了传统抗震结构主子框架之间的固结连接，使其自振周期变大避开了场地的卓越周期从而具有较好的减震控制效果。三维隔震结构和水平隔震结构相比，三维隔震结构的自振周期略大于水平隔震结

构的自振周期。通过对比三种巨型结构形式的竖向振型参与系数可看出来，三维隔震结构竖向振动出现在第 7 阶，竖向振型参与系数分别为 99.44%；而水平隔震结构的竖向振动出现在第 10 阶，竖向振型参与系数为 99.93%；抗震结构的竖向振动出现在第 11 阶，竖向振型参与系数为 99.93%。

综上可知，三维隔震结构竖向振动相比于抗震结构、水平隔震结构而言出现的阶次较早，所以三维隔震结构中的竖向振动因素占比重较大。原因是三维隔震结构中的隔震支座竖向刚度较小，导致竖向振动要大于其余两种结构形式，从自振周期方面来看，也说明了三维隔震结构设计需要考虑竖向地震作用。

14.4.2　结构主框架动力响应对比

三种巨-子结构的主框架水平加速度响应峰值以及减震控制效果如表 14-8 所示。从表中数据可知，三维隔震结构和水平隔震结构的主框架顶层加速度相对于抗震结构有较好的减振控制效果，减震率在 35%～55% 之间。其中，x 向的反应峰值要略大于 y 向的反应峰值，三维隔震结构的反应大于水平隔震结构的反应，减振效果略差于水平隔震，但是二者的减震控制效果较为接近。

表14-8　主框架顶层水平向加速度及减震效果

地震动	三维隔震 /(m/s²)		水平隔震 /(m/s²)		抗震结构 /(m/s²)		三维隔震减震效果/%		水平隔震减震效果/%	
	x 向	y 向	x 向	y 向	x 向	y 向	x 向	y 向	x 向	y 向
El Centro 波	5.84	5.56	5.63	5.13	9.52	9.13	39.0	38.7	40.9	43.8
Taft 波	6.30	6.11	6.12	5.65	11.37	10.97	44.6	44.3	46.3	48.5
人工波	4.79	4.58	4.48	4.23	9.03	8.77	46.9	47.8	50.4	51.8

由于研究的是三维隔震结构，因此有必要对结构的竖向响应进行对比分析，表 14-9 所示为三种巨-子结构主框架顶层竖向的加速度反应以及减震控制效果，图 14-6 所示为竖向加速度时程曲线。

表14-9　主框架顶层竖向加速度减震效果

地震动	三维隔震 /(m/s²)	水平隔震 /(m/s²)	抗震结构 /(m/s²)	三维隔震减震效果/%	水平隔震减震效果/%
	z 向	z 向	z 向	z 向	z 向
El Centro 波	0.52	1.42	1.54	66.2	7.8
Taft 波	0.71	2.40	2.54	72.0	5.5
人工波	0.86	2.51	2.62	67.2	4.2

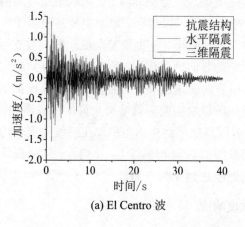

(a) El Centro 波

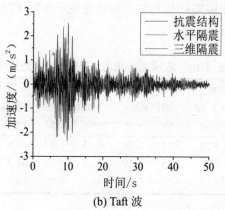

(b) Taft 波

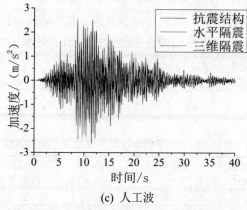

(c) 人工波

图14-6 主框架顶层竖向加速度时程曲线

从图 14-6 和表 14-8、14-9 数据可知，相对于抗震结构来说，三维隔震结构的主框架具有较好的竖向减振效果，达到 65%以上。而水平隔震结构的竖向加速度响应值与抗震结构较为接近，减震效果可以忽略。原因主要是隔震子框架和主框架巨梁层之间的三维隔震支座的竖向刚度较小，子框架竖向振动时隔震支座竖向位移较大，可以隔离一部分传递到子框架的竖向地震作用，而且隔震子框架起到调谐质量阻尼器的作用，降低了主框架的顶层竖向加速度响应。而普通隔震支座的竖向刚度较大，较少吸收竖向地震传来的能量，所以对竖向隔震效果来说水平隔震和抗震结构相差不大。

综上可知，三维隔震巨型框架结构的主框架在三维地震作用下具有一定的减震效果，其 z 向减振效果明显能够达到 65%以上，x 向、y 向减振效果略低于水平隔震结构，但是相差不大，仍然能达到 45%左右。

14.4.3　第 2 子框架加速度响应

三维隔震结构、水平隔震结构和抗震结构在地震作用下的第 2 子框架的水平向加速度峰值如表 14-10 所示。

表14-10　第2子框架顶层水平向加速度减震效果

地震动	三维隔震 /(m/s²)		水平隔震 /(m/s²)		抗震结构 /(m/s²)		三维隔震减震效果/%		水平隔震减震效果/%	
	x 向	y 向	x 向	y 向	x 向	y 向	x 向	y 向	x 向	y 向
El Centro 波	3.34	3.30	3.11	2.99	6.63	6.07	49.6	45.6	53.1	50.7
Taft 波	3.58	3.51	3.36	3.29	7.35	7.11	51.3	50.6	54.3	53.7
人工波	3.72	3.57	3.52	3.35	9.7	9.02	58.8	60.4	61.8	62.9

从表 14-10 中数据可知，三维隔震结构和水平隔震结构的第 2 隔震子框架顶层水平加速度相对于抗震结构都具有较好的减震效果。水平隔震的控制效果要略好于三维隔震结构，主要是因为三维隔震结构在三维地震作用下对水平地震响应有放大作用，但是二者的控制效果相差不大。

第 2 子框架竖向加速度响应值如表 14-11 所示，子框架顶层加速度时程曲线对比如图 14-7 所示。

表14-11　第2子框架顶层竖向加速度减震效果

地震动	三维隔震 /(m/s²)	水平隔震 /(m/s²)	抗震结构 /(m/s²)	三维隔震减震效果/%	水平隔震减震效果/%
	z 向	z 向	z 向	z 向	z 向
El Centro 波	1.55	2.56	2.69	42.4	4.8
Taft 波	1.97	3.54	3.63	45.7	2.5
人工波	2.12	3.71	3.85	44.9	3.6

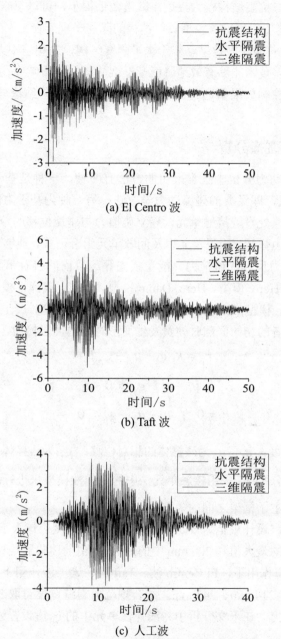

图14-7 第2子框架顶层竖向加速度时程曲线

通过表 14-11 和图 14-7 数据对比可知，三维隔震结构的第 2 子框架顶层竖向减震控制效果比较明显，分别达到 42.4%、45.7%、44.9%。而水平隔震结构的子框架顶层竖向加速度峰值与抗震结构较为接近，减震效果很小，可以忽略。

综上可知，地震作用下三维巨型隔震结构的隔震子框架在三个方向都具有一定的减振效果，x 向、y 向的减振效果略差于水平隔震结构但是相差不大，达到 40% 以上。子框架采用三维隔震技术能够有效地降低子框架的竖向地震响应，且三维隔震技术对竖向加速度的减震控制效果要远远优于水平隔震结构。这些结论与第 13 章试验结论相吻合。

14.5　主、子框架碰撞分析

当前结构碰撞动力分析中经常采用的方法有两种，一种是基于碰撞恢复系数的 stereo-meehanical 法，即经典的碰撞动力学方法；另一种为基于力的接触单元法，即在相邻结构发生碰撞处设置接触单元，建立碰撞力与碰撞位移的数学模型。

接触单元一般由弹簧、阻尼单元以及间隙单元组合而成，能够反映碰撞过程中以及碰撞后的结构动力反应、碰撞力、能量损失等。目前的接触单元有线弹性模型、Kelvin-Voigt 模型、Hertz 模型、Hertz-Damp 模型。其中，线弹性模型是最基本也是应用最广的碰撞模型，模型的刚度相当大，用以模拟结构碰撞时产生的力。当碰撞物体的相对位移超过二者的初始间隙时弹簧发生变形时，出现碰撞力。碰撞力表现如下。

$$F_c = k_1 \left(u_1 - u_2 - g_p \right)$$

$$u_1 - u_2 - g_p \geqslant 0 \tag{14-1}$$

$$F = 0 \quad ; \quad u_1 - u_2 - g_\mathrm{p} \leqslant 0 \tag{14-2}$$

式中，k_1 为碰撞刚度；$u_1 - u_2$ 为碰撞体的相对位移；g_p 为碰撞体的初始间隙。

在本章的碰撞分析中，采用接触单元法中的线弹性模型来进行模拟，其中的 g_p 单元能够很好的模拟主子框架之间的隔震缝。

根据《建筑抗震设计规范》规定，隔震缝的设置宽度应该大于 1.2 倍的罕遇地震下隔震层水平位移的最大值和 200 mm 中的最大值。由前述隔震层位移分析结果可知，7 度 $(0.15g)$ 罕遇地震作用下，El Centro 波、Taft 波、人工波作用下隔震层最大位移峰值分别为 188 mm、214 mm、243 mm，结合规范隔震缝宽度可取 300 mm，此时，主子框架没有发生碰撞。在下文分析中将线弹性单元中的 g_p 值设置为 300 mm，满足要求。

为了分析主、子框架的碰撞响应，在巨-子三维隔震结构的第 2、第 3 隔震子框架的每层 x 向隔震缝之间设置 8 个 g_p 线弹性单元，并将线弹性单元中的碰撞刚度 k_1 设置为 5.0×10^7 kN/m。分析中通过提高地震动烈度来实现主、子框架之间的碰撞，对模

型底部 x 向输入 El Centro 波、Taft 波、人工波三条地震波，将地震动峰值调整至 400 gal，相当于《建筑抗震设计规范》中规定的 8 度罕遇地震，用来模拟主、子框架的刚性碰撞。

为了方便碰撞结果分析，引入无量纲的参数间隙比 γ_G，定义如下式：

$$\gamma_G = \Delta_G / \Delta_{max} \tag{14-3}$$

式中，Δ_G 为主、子框架之间缝的间距，Δ_{max} 为地震作用下避免主、子结果碰撞的最小缝间距。如果 $\gamma_G > 1$ 时，二者不发生碰撞，如果 $\gamma_G < 1$ 时，将发生碰撞。在本节计算中，选取 $\gamma_G = 0.2$，研究碰撞对结构反应的影响。根据上述对隔震缝宽度的确定，定义 $\Delta_{max} = 300\,mm$。

14.5.1 碰撞力

经过计算，当间隙比 $\gamma_G = 0.2$ 时，三条地震波作用下的最大碰撞单元轴力的时程曲线如图 14-8 所示。

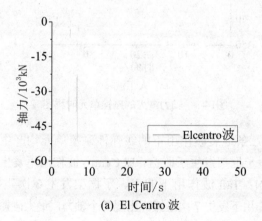

(a) El Centro 波

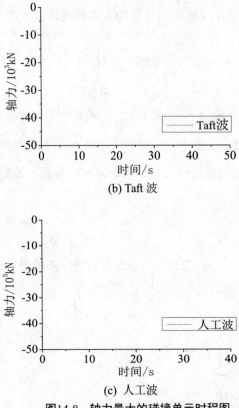

图14-8　轴力最大的碰撞单元时程图

从图 14-8 可知，三条地震波作用下的线弹性碰撞单元均产生了轴力，说明在 8 度罕遇地震作用下主、子框架发生了碰撞，El Centro 波作用下发生了 7 次碰撞，最大碰撞力为 $58.89×10^3$ kN；Taft 波作用下的主、子框架发生 3 次碰撞，最大碰撞力为 $48.77×10^3$ kN；人工波作用下发生 7 次碰撞，出现 7 个轴力，最大碰撞力为 $41.93×10^3$ kN。

14.5.2　加速度

图 14-9、14-10 分别给出间隙比 $\gamma_G = 0.2$ 时第 3 子框架、主框架顶层在 El Centro 波、Taft 波以及人工波作用下的碰撞以及未碰撞的加速度时程曲线。表 14-12 给出碰撞前后加速度峰值变化。

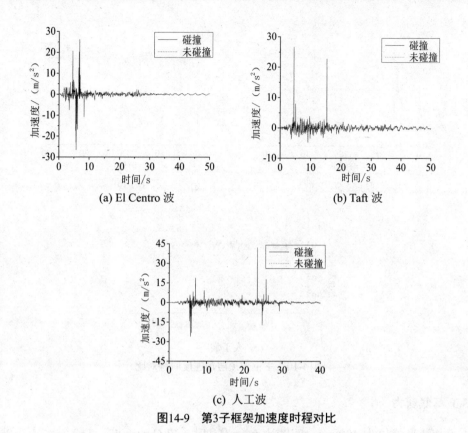

(a) El Centro 波　　　　　　　　　　(b) Taft 波

(c) 人工波

图14-9　第3子框架加速度时程对比

表14-12　结构加速度反应峰值

地震波	第 3 子框顶层			主框架顶层		
	碰撞/(m/s²)	未碰撞/(m/s²)	放大倍数	碰撞/(m/s²)	未碰撞/(m/s²)	放大倍数
El Centro 波	26.57	3.77	7.05	23.20	4.57	5.08
Taft 波	26.65	4.93	5.41	25.13	5.58	4.50
人工波	42.01	4.70	8.94	33.87	5.05	6.71

从图 14-9、14-10 和表 14-12 的对比可以看出，当主、子框架发生碰撞时，子框架以及主框架的加速度峰值在瞬间有很大程度的增加，且主框架在碰撞下的加速度放大倍数要小于子框架的加速度放大倍数，碰撞对主框架的影响大于子框架。可见碰撞对结构造成的影响是瞬时的、巨大的。

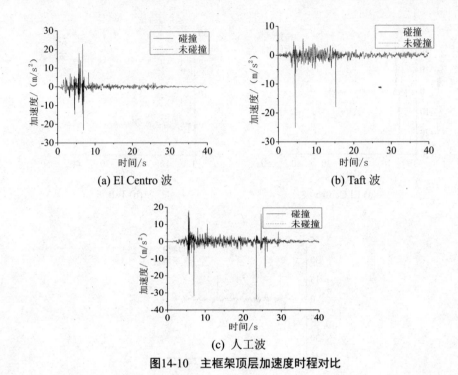

(a) El Centro 波　　　　　(b) Taft 波

(c) 人工波

图14-10　主框架顶层加速度时程对比

14.5.3　基底剪力

当加速度峰值为 400 gal、间隙比 $\gamma_G = 0.2$ 时，El Centro 波、Taft 波、人工波作用下主、子框架碰撞和未碰撞时主框架的 x 向基底剪力峰值及放大倍数如表 14-13 所示。根据表 14-13 可知，主、子框架在发生碰撞的瞬间会放大基底剪力，在 El Centro 波、Taft 波、人工波作用下基底剪力在瞬间分别放大了 2.11 倍、1.85 倍、1.88 倍。

表14-13　x向基底剪力峰值

地震波	碰撞/(10^3kN)	未碰撞/(10^3kN)	放大倍数
El Centro 波	29.20	13.85	2.11
Taft 波	17.85	9.65	1.85
人工波	34.98	18.58	1.88

由主、子框架碰撞的动力分析结果可知，地震作用下主、子框架发生碰撞时，隔震缝之间布置的线弹性碰撞模型 g_p 单元产生巨大的瞬时轴力，相当于在隔震子框架上面施加一个巨大的外力，使得子框架的加速度峰值在瞬间有很大的放大，而且结构的基底剪力也会在瞬时放大，会对主、子框架的安全性和舒适度产生较大的影响，因

此在实际工程中应该尽量避免主、子框架发生碰撞。

14.6 主、子框架碰撞参数分析

影响巨-子三维隔震结构中主、子框架碰撞的因素主要有地震动烈度及方向、主-子框架间距、子框架的高度等，本节将对这些参数变化对主、子框架碰撞反应的影响进行分析。

14.6.1 地震动水平的影响

在模型中，定义主、子框架的间隙比 $\gamma_G = 0.2$，仅以加速度的峰值为变量，地震动选择 El Centro 波、Taft 波、人工波作为输入。对这三种地震波的加速度峰值进行调幅，将峰值分别调幅至 300 gal、400 gal、500 gal、600 gal、700 gal 等五个不同的水平，然后对结构进行时程分析。

时程分析结果如表 14-14 所示，可知随着输入的加速度峰值的增大，主、子框架之间的碰撞力以及碰撞次数也随之发生变化。主、子框架的碰撞力和输入的地震动类型有关，不同的地震波产生的影响规律也是不同的，碰撞力峰值随地震动输入峰值的增加并不是正相关的，有时会出现降低。在三种地震波作用下，碰撞次数和碰撞加速度峰值(此处及下文指第 3 子框架的加速度)基本上和输入加速度峰值呈正相关的特性，也就是随着加速度峰值的增加，碰撞次数和碰撞加速度也在增加。碰撞加速度与碰撞力的变化并不一致，碰撞力最大时候碰撞加速度值并不一定最大，二者并无直接联系。

表14-14　地震动幅值对碰撞力的影响

	地震动峰值/gal	300	400	500	600	700
	El Centro 波	36.55	58.89	57.44	77.5	62.45
碰撞力/10^3kN	Taft 波	6.96	48.77	43.88	46.14	91.50
	人工波	62.16	41.93	89.37	64.87	95.52
	El Centro 波	5	7	5	13	15
碰撞次数	Taft 波	1	3	5	13	19
	人工波	2	7	15	27	41
	El Centro 波	26.52	26.57	80.93	100.08	108.8
加速度/(m/s²)	Taft 波	22.87	26.65	71.13	86.51	102.5
	人工波	26.60	42.01	83.23	99.01	119.5

14.6.2 主、子框架间距的影响

巨-子三维隔震结构中主、子框架之间的间距是直接影响到二者是否发生碰撞的

一个重要因素，本节通过将主、子框架的间隙比 γ_G 作为变量来研究主、子框架间距对碰撞的影响。

表 14-15 所示为间隙比变化对主、子框架碰撞力和加速度峰值的影响，从表中可以看出随着二者间距的增大，碰撞力和加速度变化较为明显，不同地震波作用下的碰撞力和加速度峰值差别较大。不同地震波作用下碰撞力和加速度变化规律是不一致的，并不是随着主、子框架间距的增大而减小，而且碰撞力和加速度峰值并不是出现在间距最小的时候。可见在对碰撞问题进行研究分析时，要根据所采用的地震波做具体分析。

表14-15　间隙比对碰撞力和加速度的影响

	间隙比	0.1	0.2	0.3	0.4	0.5	0.6	0.7
碰撞力/10^3kN	El Centro	47.76	58.89	39.12	26.87	51.39	56.17	66.74
	Taft	37.23	48.77	12.05	28.46	49.13	23.26	17.11
	人工	51.88	41.93	33.40	27.74	48.98	41.34	24.21
加速度/(m/s^2)	El Centro	65.0	26.57	37.84	62.47	88.07	108.1	69.03
	Taft	39.81	26.65	47.27	56.62	37.44	20.54	16.17
	人工	77.32	42.01	90.4	42.65	57.89	69.63	41.32

14.6.3　竖向地震的影响

由于巨-子三维隔震结构采用的是三维隔震支座，其竖向刚度较小，根据前文分析结果，在考虑竖向地震动时，结构的动力响应均比单向水平向地震作用下的响应大。因此，本节针对考虑竖向地震作用下的主、子框架碰撞响应进行研究，同样的三条地震动分别沿水平向(x 向)、水平与竖向耦合向(x+z 向)输入，并将地震动峰值调幅为 400 gal，并设置间隙比 $\gamma_G = 0.2$。

表 14-16 所示为耦合向与单向激励下碰撞力和加速度响应峰值，从表中可知耦合向地震动作用下碰撞力和加速度峰值会大于单向激励的碰撞力和加速度，可见竖向地震分量的参与也会放大地震作用，放大倍数在 10%～20%，且对加速度放大作用略大于碰撞力。另外竖向地震分量的参与也使得耦合向激励下第一次碰撞发生的时间也会略早于单向激励下的发生时间，碰撞的次数也略多于单向激励下的碰撞次数。

表14-16　两种激励下碰撞力和加速度峰值

	地震波	单向激励	耦合激励	放大倍数
碰撞力/10³kN	El Centro 波	58.89	65.57	11.3%
	Taft 波	48.77	55.50	13.8%
	人工波	41.93	48.35	15.3%
加速度/(m/s²)	El Centro 波	26.57	31.09	17.01%
	Taft 波	26.65	32.26	21.05%
	人工波	42.01	49.95	18.90%

14.6.4 子框架高度的影响

为了研究隔震子框架高度对主、子框架碰撞响应的影响，本节在原巨-子三维隔震结构模型基础上通过增加子框架的层数来改变其高度，主、子框架之间的间隙比 $\gamma_G = 0.2$ 保持不变，其余参数保持不变，地震动采用 El Centro 波、Taft 波、人工波，地震动峰值调幅为 400 gal。

1.对碰撞力的影响

图 14-11 为三条地震动作用下，随子框架高度变化的主、子框架碰撞力峰值变化图。根据图 14-11 可知，碰撞力峰值在三条地震动作用下的变化规律有较大的不同，对于 El Centro 波，碰撞力峰值呈现减小增大再减小增大的趋势，最大碰撞力出现在子框架为 6 层时；对于 Taft 波，碰撞力峰值基本上呈现先减小然后增大再减小的趋势，最大碰撞力峰值出现在子框架为 10 层时；对于人工波作用下的碰撞力峰变化规律与 El Centro 波类似，最大碰撞力出现在子框架为 12 层时。

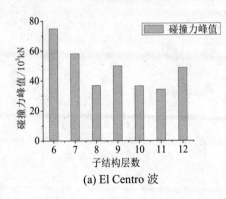

(a) El Centro 波

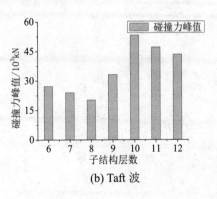

(b) Taft 波

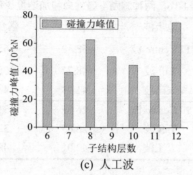

(c) 人工波

图14-11　碰撞力峰值随子框架高度的变化

2.对加速度的影响

图 14-12 所示为随子框架高度变化的主、子框架碰撞加速度峰值变化图。从图中可知，加速度变化规律与输入的地震动类型有较大关系。El Centro 波作用下的加速度值先减小然后增大再减小，加速度最大值出现在第 6 层；Taft 波作用下加速度呈现减小增大减小增大的趋势，加速度最大值出现在第 12 层；人工波作用时，加速度先增大再减小最大值出现在第 8 层。

可见加速度、碰撞力的变化与层高的变化并不是正相关的，二者之间并没有必然联系，反应规律与地震波类型有较大的关系，因此在考虑层高对碰撞的影响时候要根据不同的层数、荷载进行具体分析，对结构进行合理设计。

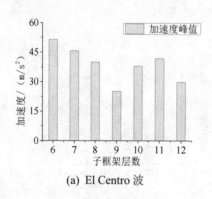

(a) El Centro 波

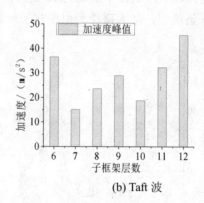

(b) Taft 波

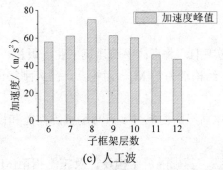

(c) 人工波

图14-12　碰撞加速度峰值随子框架高度的变化

14.7　本章小结

　　本章利用 ETABS 软件建立巨-子抗震、水平隔震、三维隔震三种结构形式的有限元模型，分析了这三种结构在耦合地震作用下的特性。对主、子框架的碰撞动力响应及参数影响进行研究。得到以下结论：

　　（1）当巨-子三维隔震结构在水平与竖向耦合地震作用时，其主、子框架的水平向动力响应要大于仅单向地震输入时的响应。

　　（2）模态分析表明，两种隔震结构的自振周期要大于抗震结构，其中三维隔震结构的竖向振动出现在第 7 阶振型，要比抗震结构、水平隔震结构出现的早。

　　（3）三种结构在三向(x+y+z)地震作用下的时程分析表明，三维隔震结构的水平向动力响应要大于水平隔震结构，但是三维隔震结构的主、子框架在竖向具有很好的减震控制效果，而水平隔震结构的竖向减震效果可以忽略。

　　（4）主、子框架发生碰撞时会在碰撞位置产生巨大的碰撞力，会显著放大子框架和主框架的响应，对结构的安全性和舒适性产生较大影响，因此在进行设计时应尽量避免出现碰撞。

　　（5）水平向地震动峰值对主、子框架碰撞有较大影响，在间隙比一定时，碰撞力峰值与地震动加速度峰值并不成正比，但是碰撞次数基本上随着加速度峰值的增加而增加；竖向地震分量会放大碰撞下的动力响应。

　　（6）主、子框架的碰撞力的大小与间隙比即隔震缝宽度没有必然联系，因此在对隔震缝宽度进行设计时候并不是越宽越好，而是要根据实际情况合理设置。

　　（7）不同的地震动作用下，隔震子框架的高度对主、子框架之间的碰撞响应影响规律有较大不同，在进行碰撞研究时要根据具体荷载进行分析，然后取较优的参数。

参考文献

[1] 傅金华．抗震设计实例[]．北京：中国建筑工业出版社，2008．

[2] [美]Anil K. Chopra．结构动力学[M]．谢礼立，吕大刚等译．北京：高等教育出版社，2005．

[3] 黄立志．大跨度连体高层结构多维多点激励抗震性能和模型制作研究[D]．福州：福州大学，2011．

[4] 党育，杜永峰，李慧．基础隔震结构设计及施工指南[M]．北京：水利水电知识产权出版社，2007．

[5] CECS 126．2001．叠层橡胶支座隔震技术规程[S]．北京：中国工程建设标准化协会，2001．

[6] Scott BD，Park R，Priestley M J N．Stress-stain Behavior of Concrete Confined by Overlapping Hoops at Low and High Strain Rates[J]. ACI Journal. 1982，79(2)：13-27.

[7] 秦宝林. 在 PERFORM-3D 软件支持下对超高层结构实例抗震性能的初步评[D]. 重庆大学，2012．

[8] 聂利英，李建中，范立础.弹塑性纤维梁柱单元及其单元参数分析[J]．工程力学，2004，21(03)：15-20．

[9] 胥开军. 基于纤维模型的钢筋混凝土柱弹塑性数值模拟[J]. 四川建筑，2010，(01)，106-107.

[10] 中华人民共和国行业标准．建筑抗震设计规范[S]．北京：中国建筑工业出版社，2010．

[11] 傅金华．日本抗震结构及隔震结构的设计方法[M]．北京：中国建筑工业出版社，2011．

[12] [美]R.克拉夫，J.彭津著．结构动力学[M]．王光远等译校．北京：高等教育出版社，2006．

[13] 龙驭球，包世华编．结构力学教程（下册）[M]．北京：高等教育出版社，1998．

[14] 杨弗康．结构动力学[M]．北京：人民交通出版社，1987．

[15] 丁文镜．减震理论[M]．北京：清华大学出版社，1988．

[16] 杜永峰，赵国藩．隔震结构中非经典阻尼影响及最佳阻尼比分析[J]．地震工程与工程振动，2000（9）：100～107．

[17] 罗小华，程超．TMD 原理应用在框架房屋结构夹层减震时最优参数值的探讨[J]．四川建筑科学研究，2000，26（2）：20～22．

[18] R. Rana，T. T. Soong． Parametric Study and Simplified Design of Tuned Mass

Dampers[J]. Engineering Structures，Vol.20，1998.

[19] 付伟庆. 磁流变智能隔震与橡胶垫高层隔震的理论与试验研究[D].哈尔滨工业大学，2005.

[20] 付伟庆. 磁流变智能隔震与橡胶垫高层隔震的理论与试验研究[D]. 哈尔滨工业大学, 2005.

[21] 谢礼立, 翟长海. 最不利设计地震动研究[J].地震学报. 2003, 25(3): 250-261.